U0178948

国家出版基金项目
NATIONAL PUBLICATION FOUNDATION

涡轮机械与推进系统出版项目

"两机"专项：航空发动机技术出版工程

航空发动机排气系统设计

张志学 王 强 邵万仁 等 编著

科 学 出 版 社

北 京

内 容 简 介

排气系统是航空发动机的重要组成部分,本书是作者在梳理和总结以往航空发动机排气系统领域工程、科研和教学成果基础上撰写的一本关于其设计的专著。全书共10章,第1章介绍排气系统主要功能及分类;第2章阐述排气系统气动设计基础理论;第3~10章分别重点讲述固定式喷管设计、常规可调式喷管设计、典型矢量喷管设计、新型矢量喷管设计、反推力装置设计及排气系统的红外隐身设计、雷达隐身设计、噪声抑制设计,包括研发依据、国内外研发情况、设计要点或技术要点、设计/应用案例或展望。

本书编写团队主要由中国航空发动机集团有限公司沈阳发动机研究所一线科研人员和北京航空航天大学能源与动力工程学院一线教师组成,本书兼具学术性、先进性和工程实用性。本书适合从事航空发动机排气系统研发的青年工程技术人员、在校高年级本科生及研究生使用,也可以作为相关专业科研人员和航空院校师生的参考书。

图书在版编目(CIP)数据

航空发动机排气系统设计 / 张志学等编著. —北京:科学出版社,2022.12
"两机"专项:航空发动机技术出版工程　国家出版基金项目　涡轮机械与推进系统出版项目
ISBN 978 - 7 - 03 - 073814 - 1

Ⅰ.①航… Ⅱ.①张… Ⅲ.①航空发动机-排气系统-系统设计 Ⅳ.①V231.3

中国版本图书馆 CIP 数据核字(2022)第 220308 号

责任编辑:徐杨峰 / 责任校对:谭宏宇
责任印制:黄晓鸣 / 封面设计:殷 靓

斜 学 出 版 社 出版
北京东黄城根北街 16 号
邮政编码:100717
http://www.sciencep.com

南京展望文化发展有限公司排版
苏州市越洋印刷有限公司印刷
科学出版社发行　各地新华书店经销

*

2022 年 12 月第 一 版　开本:B5(720×1000)
2022 年 12 月第一次印刷　印张:22 1/4
字数:435 000

定价:**170.00 元**
(如有印装质量问题,我社负责调换)

涡轮机械与推进系统出版项目

顾问委员会

"两机"专项：航空发动机技术出版工程
编写委员会

主任委员
尹泽勇

副主任委员
李应红　刘廷毅

委　员
（以姓名笔画为序）

丁水汀	王太明	王占学	王健平	尤延铖
尹泽勇	帅　永	宁　勇	朱俊强	向传国
刘　建	刘廷毅	杜朝辉	李应红	李建榕
杨　晖	杨鲁峰	吴文生	吴施志	吴联合
吴锦武	何国强	宋迎东	张　健	张玉金
张利明	陈保东	陈雪峰	叔　伟	周　明
郑　耀	夏峥嵘	徐超群	郭　昕	凌文辉
陶　智	崔海涛	曾海军	戴圣龙	

秘书组
组　长　朱大明
成　员　晏武英　沙绍智

"两机"专项：航空发动机技术出版工程
设计系列
编写委员会

主 编

李建榕

副主编

李孝堂　高　洁　李中祥　王占学

委 员

（以姓名笔画为序）

涡轮机械与推进系统出版项目
序

　　涡轮机械与推进系统涉及航空发动机、航天推进系统、燃气轮机等高端装备。其中每一种装备技术的突破都令国人激动、振奋，但是技术上的鸿沟使得国人一直为之魂牵梦绕。对于所有从事该领域的工作者，如何跨越技术鸿沟，这是历史赋予的使命和挑战。

　　动力系统作为航空、航天、舰船和能源工业的"心脏"，是一个国家科技、工业和国防实力的重要标志。我国也从最初的跟随仿制，向着独立设计制造发展。其中有些技术已与国外先进水平相当，但由于受到基础研究和条件等种种限制，在某些领域与世界先进水平仍有一定的差距。为此，国家决策实施"航空发动机及燃气轮机"重大专项。在此背景下，出版一套反映国际先进水平、体现国内最新研究成果的丛书，既切合国家发展战略，又有益于我国涡轮机械与推进系统基础研究和学术水平的提升。"涡轮机械与推进系统出版项目"主要涉及航空发动机、航天推进系统、燃气轮机以及相应的基础研究。图书种类分为专著、译著、教材和工具书等，内容包括领域内专家目前所应用的理论方法和取得的技术成果，也包括来自一线设计人员的实践成果。

　　"涡轮机械与推进系统出版项目"分为四个方向：航空发动机技术、航天推进技术、燃气轮机技术和基础研究。出版项目分别由科学出版社和浙江大学出版社出版。

　　出版项目凝结了国内外该领域科研与教学人员的智慧和成果，具有较强的系统性、实用性、前沿性，既可作为实际工作的指导用书，也可作为相关专业人员的参考用书。希望出版项目能够促进该领域的人才培养和技术发展，特别是为航空发动机及燃气轮机的研究提供借鉴。

张彦仲

2019 年 3 月

"两机"专项：航空发动机技术出版工程

序

航空发动机誉称工业皇冠之明珠，实乃科技强国之重器。

几十年来，我国航空发动机技术、产品及产业经历了从无到有、从小到大的艰难发展历程，取得了显著成绩。在世界新一轮科技革命和产业变革同我国转变发展方式的历史交汇期，国家决策实施"航空发动机和燃气轮机"重大科技专项（即"两机"专项），产学研用各界无不为之振奋。

迄今，"两机"专项实施已逾三年。科学出版社申请国家出版基金，安排"'两机'专项：航空发动机技术出版工程"，确为明智之举。

本出版工程旨在总结"两机"专项以及之前工作中工程、科研、教学的优秀成果，侧重于满足航空发动机工程技术人员的需求，尤其是从学生到工程师过渡阶段的需求，借此为扩大我国航空发动机卓越工程师队伍略尽绵力。本出版工程包括设计、试验、基础与综合、材料、制造、运营共六个系列，前三个系列已从2018年起开始前期工作，后三个系列拟于2020年启动，希望与"两机"专项工作同步。

对于本出版工程，各级领导十分关注，专家委员会不时指导，编委会成员尽心尽力，出版社诸君敬业把关，各位作者更是日无暇晷、研教著述。同道中人共同努力，方使本出版工程得以顺利开展，有望如期完成。

希望本出版工程对我国航空发动机自主创新发展有所裨益。受能力及时间所限，当有疏误，恭请斧正。

2019年5月

前　言

　　排气系统是航空发动机的重要组成部分,直接影响发动机及飞机的气动、结构、重量等特性,同时也影响发动机及飞机的安全性、可靠性、维修性和成本,其方案和组成取决于飞机和发动机的类别及用途。非加力式涡喷发动机的排气系统是指涡轮出口之后组织排气的系统,非加力式涡扇发动机的排气系统是指涡轮出口截面之后组织内涵气流和外涵气流混合排气或分开排气的系统,加力式涡喷/涡扇发动机的排气系统是指加力燃烧室出口之后组织排气的系统。就涡喷/涡扇发动机而言,喷管是排气系统最主要和最基本的一个常设部件,位于发动机末端;而反推力装置是排气系统的一个非常设部件,需要与喷管一起组成排气系统。涡喷/涡扇发动机排气系统的重要性主要体现在:发动机推力和耗油率受排气系统推力性能的影响比发动机其他部件大,如果排气系统推力损失增加1%,则在飞行状态下发动机推力损失均大于1%,并且随着飞行速度的增加而增大;发动机喷流与飞机机体外流之间存在相互干扰,使排气系统的设计及其在飞机上的布局对发动机的装机推力和飞机外部阻力影响很大,排气系统/飞机机体的一体化设计十分重要;排气系统不仅产生飞机及其发动机主要噪声源之一的喷流噪声,而且也是发动机内部噪声的后传通道,为降低噪声污染、减小对飞机及发动机结构疲劳强度的不利影响,排气系统采取噪声抑制设计不仅对民用发动机十分必要,而且对军用发动机也很有意义;排气系统既是发动机重要的红外辐射源和雷达散射源之一,也是发动机后腔体中其他热端部件向后进行红外辐射和雷达散射的通道,并且发动机喷流红外隐身也可以通过它的掺混设计予以实现,是军用发动机隐身设计的关键部位;排气系统的特殊设计可以改变喷流方向,具备推力矢量或反推力功能,满足战斗机的短距起降、过失速机动能力或民用飞机的缩短着陆滑跑距离能力;排气系统位于飞机的尾端,其重量不仅对发动机的推重比有直接影响,而且对飞机的气动配平影响较大。随着航空技术的发展,飞机和发动机对排气系统提出了越来越高的要求,多功能、轻重量、高效率已成为涡喷/涡扇发动机排气系统的发展方向。对涡轴/涡桨发动机而言,排气系统是指动力涡轮之后组织排气的系统,一般采用喷管出口面积不可调的固定式喷管,降低喷管压力损失,有助于减小动力涡轮后压力,从而提高动力涡轮输出的功率,提高整机效率。此外,用于武装直升机的涡轴发动机需要进行红外隐身设计,喷管隐身设计是重要的技术途径之一。

全书共10章,第1章对排气系统主要功能及分类进行介绍;第2章对排气系统气动设计基础理论进行详细阐述;第3~7章分别介绍固定式喷管、常规可调式喷管、典型矢量喷管、新型矢量喷管、反推力装置的设计,并且每种排气系统介绍内容的侧重点和篇幅也因作者的工作积累程度不同而有一定的差异;第8~10章分别对排气系统的红外隐身设计、雷达隐身设计、噪声抑制设计进行介绍。

本书由张志学、王强和邵万仁策划,由邵万仁负责各章内容的协调安排、统稿及补充完善,由张志学、王强和邵万仁负责校核和审定。第1章由张志学和邵万仁执笔,第2章由王强和额日其太执笔;第3章3.1节由邵万仁和吴飞执笔,3.2节由邵万仁和汪东执笔,3.3节由王强和丁帅执笔;第4章4.1节由邵万仁和吴飞执笔,4.2节由邵万仁和张志学执笔;第5章5.1节由贾东兵和张志学执笔,5.2节由贾东兵和汪东执笔,5.3节由汪东和邵万仁执笔;第6章6.1节和6.3节由贾东兵和张志学执笔,6.2节由额日其太和王强执笔;第7章7.1节由王强和王彬执笔,7.2节由王强、郑晨匃和姚杰执笔,7.3节由邵万仁和汪东执笔,7.4节由王强和郝健辛执笔;第8章8.1节由邓洪伟和王殿磊执笔,8.2节由邵万仁和张志学执笔;第9章9.1节由杨胜男和张志学执笔,9.2节由邓洪伟、邵万仁和杨胜男执笔;第10章由吴飞和邵万仁执笔。

本书由南京航空航天大学吉洪湖教授、中国航空发动机集团有限公司四川燃气涡轮研究院廖华琳研究员和中国航空发动机集团有限公司沈阳发动机研究所宁怀松高级工程师审稿,他们提出了很多宝贵的指导性意见,在此对三位专家的严格把关和辛勤付出表示感谢。本书由马宏宇、芮长胜两位部门领导审查和把关,在此对两位领导的认真负责和给予的工作支持表示感谢。在本书编写过程中,孙轶、杜桂贤、刘晓瑜等同事提供了内容上的支持,在此也向这几位同事表示感谢。此外,书中各个章节的内容还得益于中国航空发动机集团有限公司沈阳发动机研究所和北京航空航天大学的长期工作积累,在此向两个单位从事航空发动机排气系统科研和教学的团队成员表示由衷的感谢!

由于作者水平有限,书中难免存在不足之处,敬请读者批评指正。

作　者

2022 年 3 月

目 录

第 3 章　固定式喷管设计

第 4 章　常规可调式喷管设计

第5章　典型矢量喷管设计

第6章　新型矢量喷管设计

第7章　反推力装置设计

第8章 排气系统红外隐身设计

第9章 排气系统雷达隐身设计

第 10 章 排气系统噪声抑制设计

第1章
排气系统主要功能及分类

作为航空发动机不可或缺的一个重要组成部分,排气系统可以根据飞机和发动机的需要承担多种功能,其主要功能取决于飞机和发动机的类别及用途,例如,配装喷气式飞机的涡喷/涡扇发动机喷管的主要功能与配装直升机/螺旋桨式飞机的涡轴/涡桨发动机喷管的主要功能差异很大;配装军用飞机的小涵道比涡扇发动机喷管的主要功能与配装民用飞机的大涵道比涡扇发动机喷管的主要功能也有一定的差异。根据所需承担的不同功能,排气系统不可避免地有多种类型,而且每种类型又有不同的具体种类,例如,涡扇发动机喷管的推力矢量功能决定了喷管类型必须是矢量喷管,而矢量喷管有机械调节式轴对称矢量喷管、机械调节式二元矢量喷管、流体控制式矢量喷管可供选择。因此,本章分别阐述涡喷/涡扇发动机喷管、涡喷/涡扇发动机反推力装置和涡轴/涡桨发动机喷管的主要功能及分类。

1.1 涡喷/涡扇发动机喷管的主要功能及分类

1.1.1 主要功能

涡喷/涡扇发动机喷管的主要功能是使流经发动机的气流合理地膨胀到外界环境压力,提高发动机喷流速度,将空气流经发动机获得的热能尽可能多地转化为喷流动能,使发动机产生尽可能大的向前推力;对加力式涡喷/涡扇发动机而言,喷管的另一个重要功能是可以通过调节喷管喉道面积(即最小截面面积,一般用 A_8 代表)来保证发动机正常工作所需要流通能力,与发动机的各种工作状态匹配,以便发动机获得最优的性能。此外,随着航空技术的发展以及飞机需求的变化,喷管的功能不断扩展,例如,可通过喷管的特殊设计,改变发动机喷流方向,实现发动机的推力矢量功能,为飞机提供更灵活、更有力的姿态控制力,从而大大提高飞机的机动能力和作战效能;可通过喷管的特殊设计实现降低喷流噪声、减少发动机内部噪声后传、降低发动机后向红外辐射及雷达散射的功能。

1.1.2　主要分类

涡喷/涡扇发动机喷管类型多种多样,结构形式和组成千差万别。喷管类型的选择主要是根据飞机的用途、主要飞行状态、发动机工作参数及喷管在飞机上的布局等综合要求进行具体的比较和利弊权衡来决定,需要比较和利弊权衡的内容包括喷管性能及其对飞机气动性能的影响、喷管重量及其对飞机起飞总重量的影响、喷管复杂性及其对维护性和制造成本的影响等。只有进行飞机/发动机的一体化设计,才能确保喷管选型合理,并获得最佳的安装性能。例如,J79-5 发动机采用低阻力喷管取代原型的引射式喷管,使 B-58 飞机的亚声速航程大约增加了 10%,在飞行马赫数为 2.0 时的总推力增加了约 2%,飞机的加速性也得到了改善。此外,喷管类型的选择还要综合考虑喷管的气动、结构、重量等特性及安全性、可靠性、维修性、成本等要求。根据具有的不同特征,喷管有多种分类方法,例如,按喷管截面是否可调,可分为固定式喷管和可调式喷管;按喷管出口截面形状,可分为轴对称喷管和二元喷管;按喷管截面面积沿程变化形式(或出口气流速度是否超声速),可分为收敛喷管和收扩喷管;按喷管是否有二次流参与调节工作,可分为机械调节式喷管、引射式喷管和流体控制式喷管;按喷管推力方向是否可调,可分为常规喷管和矢量喷管;按喷管是否具备其他特殊功能,可分为喷流噪声抑制喷管、红外/雷达隐身喷管等。

由于喷管的种类很多,喷管结构差异又非常大,喷管设计时应针对具体型号任务要求进行不同方案和具体结构形式的对比分析,并对喷管性能、运动规律、结构件受力等进行计算,使分析做到量化,从而科学地实现筛选和优化。在实际设计和应用中,喷管通常同时具有两种或两种以上的特征,根据这些类型喷管的实际应用情况和未来发展趋势,喷管的主要类型可综合为固定式轴对称收敛/收扩喷管、可调式轴对称收敛喷管、可调式轴对称收扩喷管、轴对称引射式喷管、机械调节式轴对称矢量喷管、机械调节式二元矢量喷管、流体控制式矢量喷管。

1) 固定式轴对称收敛/收扩喷管

固定式轴对称收敛/收扩喷管可分为用于非加力式涡喷发动机的固定式轴对称收敛喷管、用于非加力式涡扇发动机的混合式喷管、用于非加力式涡扇发动机的分开式喷管。

(1) 用于非加力式涡喷发动机的固定式轴对称收敛喷管的流路型面为收敛型,无可活动的结构件,是结构最简单、重量最轻的喷管。20 世纪 40~50 年代的非加力式涡喷发动机曾广泛采用带尾锥的固定式轴对称收敛喷管,图 1.1 为某涡喷发动机及其固定式收敛喷管结构简图。

(2) 用于非加力式涡扇发动机(主要是大/中等涵道比涡扇发动机)的混合式喷管有一个共同的喷管(即混合喷管),发动机内涵气流与外涵气流通过混合器掺混后在喷管内混合并排出,喷管的流路型面可按需设计为收敛型或收扩型。混合

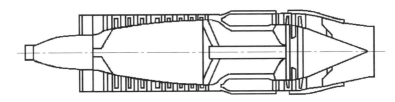

图 1.1 非加力式涡喷发动机及其固定式收敛喷管结构简图

器是混合式喷管用来使发动机内涵气流与外涵气流混合的装置,是混合式喷管设计的关键,适用于大/中等涵道比涡扇发动机的混合器按形状一般可分为环形混合器、波瓣形混合器和锯齿形混合器(图 1.2 和图 1.3),其中环形混合器和波瓣形混合器均在大/中等涵道比涡扇发动机上得到应用(图 1.4 和图 1.5),锯齿形混合器尚在研究之中。

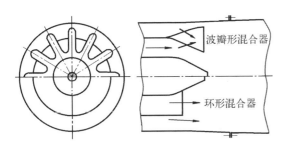

图 1.2 环形混合器和波瓣形混合器示意图

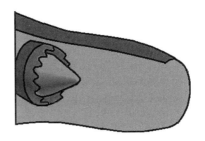

图 1.3 锯齿形混合器示意图[1]

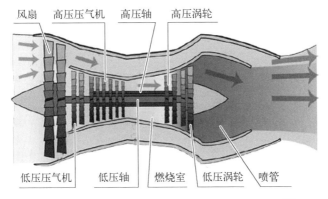

图 1.4 TF33-P-3/103 发动机及其环形混合器[2]

(3) 用于非加力式涡扇发动机(主要是大/中等涵道比涡扇发动机)的分开式喷管由带尾锥的内涵喷管和外涵喷管组成,流经发动机内部的内涵气流和外涵气流互不干扰地分别通过各自的喷管排出,内涵喷管和外涵喷管的流路型面可按需设计为收敛型或收扩型。此外,外涵喷管有长、中长、短三种,而内涵喷管的尾锥也

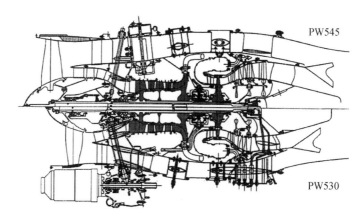

图 1.5　PW530/545 发动机及其波瓣形混合器[3]

有粗长锥、细长锥、短锥之分。分开式喷管在大/中等涵道比涡扇发动机上得到了广泛应用,图 1.6~图 1.8 分别为采用分开式喷管的 Trent - 900 发动机结构简图、CFM56 - 7 发动机结构简图和 GE90 发动机结构简图。

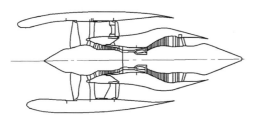

图 1.6　Trent - 900 发动机及其分开式喷管[4]

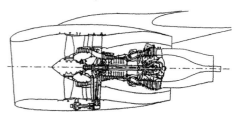

图 1.7　CFM56 - 7 发动机及其分开式喷管[4]

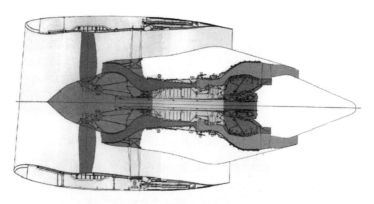

图 1.8　GE90 发动机及其分开式喷管[5]

2) 可调式轴对称收敛喷管

可调式轴对称收敛喷管有多种形式,主要有蛤壳式收敛喷管、塞式收敛喷管、调节片式收敛喷管三种。

（1）蛤壳式收敛喷管（图 1.9）有两个可转动的半圆形或半球形调节壳体,由液压作动筒或气压作动筒驱动,使它们处于开大或关小的位置,从而调节 A_8,这种喷管密封性较差,早期的加力式涡喷发动机曾经采用。

（2）塞式收敛喷管一般有两种（图 1.10 和图 1.11）：一种是依靠机械传动塞锥沿发动机轴线前后移动,从而改变 A_8,这种

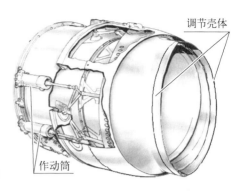

图 1.9　蛤壳式收敛喷管[6]

喷管结构复杂、重量重,塞锥和作动装置（或称机械传动机构）在高温下工作,冷却问题突出,已不再采用;另一种是通过轴向滑动喷管筒体来调节 A_8,这种喷管优于上一种喷管,但仍然存在比较严重的塞锥冷却问题,并且 A_8 调节范围小。

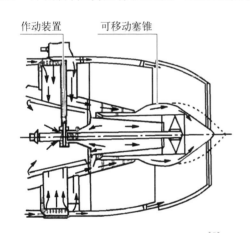

图 1.10　移动塞锥的塞式收敛喷管[7]

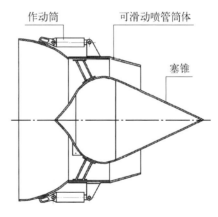

图 1.11　滑动喷管筒体的塞式收敛喷管

（3）调节片式收敛喷管有多种形式,其中按密封结构形式可分为两种,即嵌入式密封收敛喷管和浮动式密封收敛喷管。嵌入式密封收敛喷管的收敛段只由盒形结构的调节片（图 1.12）组成,调节片之间的密封采用的是 1 个调节片的侧边插入相邻调节片的槽框内（图 1.13）,这种喷管在早期研制的涡喷发动机（如 P11F‐300,图 1.14）上被采用。浮动式密封收敛喷管的收敛段由调节片和密封片交替分布组成,并且密封片为浮动结构形式（图 1.15）,其中调节片前端通过铰链与加力筒体后安装边相连,密封片依靠前挂片和后挂片支承在调节片上并可浮动,在气动力作用下,其外壁紧贴调节片内壁,从而起到密封作用,防止喷管内气流泄漏,这种喷管在后期研制的涡喷/涡扇发动机［如 P29‐300（图 1.16）和 RB199MK104（图 1.17）］上被采用。这两种收敛喷管一般由调节片（浮动式密封收敛喷管还包括密

封片)、用于调节 A_8 的机构(简称 A_8 调节机构)等组成,并与加力筒体组成一个完整的单元体,通过液压作动筒驱动调节环轴向移动,转动一组铰接在加力筒体上并锥形排列的调节片(浮动式密封收敛喷管还包括密封片),以便控制 A_8。

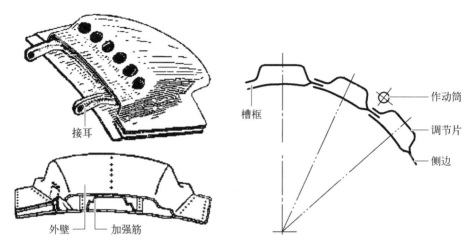

图 1.12　盒形结构的调节片示意图[8]　　图 1.13　调节片嵌入式密封结构示意图

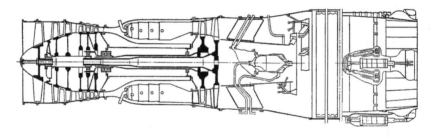

图 1.14　P11F‑300 发动机收敛喷管[9]

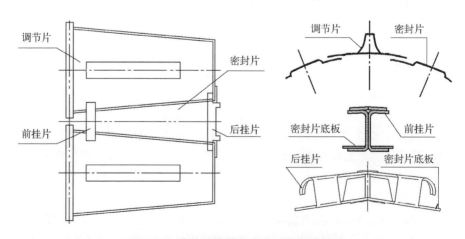

图 1.15　收敛喷管浮动式密封结构示意图

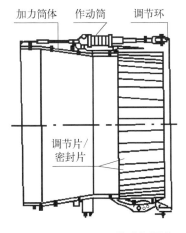

图 1.16　P29 - 300 发动机调节
片式收敛喷管[3]

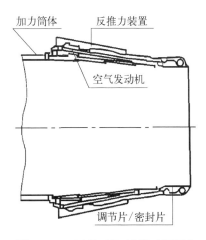

图 1.17　RB199MK104 发动机调节
片式收敛喷管[3]

3) 可调式轴对称收扩喷管

可调式轴对称收扩喷管有多种形式,主要有塞式收扩喷管、调节片式收扩喷管等。

(1) 塞式收扩喷管是指在喷管筒体内部的流路为先收敛后扩张的塞式轴对称喷管,过去曾在一些发动机上被采用。塞式收扩喷管有多种方案,按气动流路型面分类,一般有两种类型,即完全内膨胀式收扩喷管和混合膨胀式收扩喷管(图 1.18和图 1.19),其中前者的塞锥完全位于喷管筒体内部,气流的超声速膨胀过程完全在喷管筒体内部完成;后者的塞锥一部分伸出喷管筒体之外,气流的超声速膨胀过程在喷管筒体内部和外部共同完成,可以利用气流在喷管筒体外部的外膨胀回收部分推力。按调节方式分类,一般有两种形式,即移动塞锥调节 A_8、驱动调节片调节喷管出口面积(一般用 A_9 代表)的塞式收扩喷管(图 1.20)和移动塞锥同时调节A_8 和 A_9 的塞式收扩喷管。

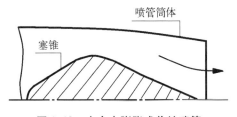

图 1.18　完全内膨胀式收扩喷管

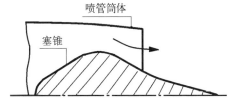

图 1.19　混合膨胀式收扩喷管[10]

(2) 调节片式收扩喷管主要由收敛调节片、收敛密封片、扩张调节片、扩张密封片、外调节片(有些喷管还有专门设计的弹性片,与外调节片一起构成喷管外部表面)、作动筒、连杆等组成,其中外调节片后端与扩张调节片后端采用铰链连接或滑动

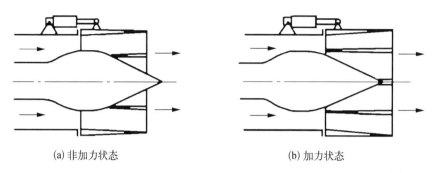

(a) 非加力状态   (b) 加力状态

图 1.20　移动塞锥调节 A_8、驱动调节片调节 A_9 的塞式收扩喷管示意图[7]

连接,前端插入飞机机尾罩(带弹性片的喷管则是弹性片前端插入飞机机尾罩,如图 1.21 所示,AL-31F 发动机收扩喷管就是带弹性片的喷管),形成光滑的锥形型面,以减小喷管外部阻力,现代战斗机配装的涡扇发动机采用的基本上是这种收扩喷管。调节片式收扩喷管有多种形式,其中按 A_8 调节机构形式可分为两种:一种由少量的作动筒、一个调节环、一组收敛调节片、与收敛调节片等数量的骨架等组成,通过相应的液压作动筒(即用于调节 A_8 的液压作动筒,一般简称 A_8 作动筒)同步装置保证各个作动筒活塞的同步运动,带动调节环、骨架等运动机构控制收敛调节片的开大或关小,F110 发动机收扩喷管采用的就是这种 A_8 调节机构(图 1.22);另一种由一组收

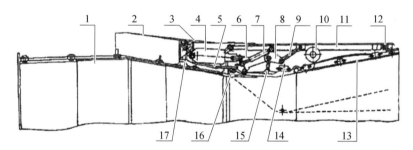

图 1.21　AL-31F 加力式涡扇发动机收扩喷管结构示意图[7]

1-加力筒体;2-弹性片;3-拉杆;4-液压作动筒;5-连杆;6-杠杆;7-套筒式限位杆;
8-摇臂;9-拉杆;10-气压作动筒;11-外调节片;12-最大 A_9 限制装置;
13-扩张调节片;14-限制装置;15-压杆;16-铰接壳体;17-活动承力环

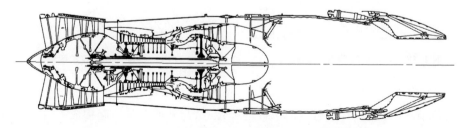

图 1.22　F110 加力式涡扇发动机及其收扩喷管的结构简图[3]

敛调节片、与收敛调节片等数量且并联在一起的作动筒、连杆等组成,通过液压作动筒的流量控制和 A_8 调节机构的同步设计实现各个作动筒活塞运动的同步,控制收敛调节片的开大或关小,AL-31F 发动机收扩喷管采用的就是这种 A_8 调节机构(图 1.21)。

(3)特殊形式的收扩喷管。有一些特殊形式的喷管也可以归类到收扩喷管范围内,主要有以下三种。

① D30-F6 涡扇发动机喷管(图 1.23 和图 1.24):在引射喷管(即内流路不连续的小喷口)状态,第一排调节片处在最小喷口位置,与收敛调节片共同形成喷管的收敛段;在收扩喷管(即内流路连续的大喷口)状态,收敛调节片处在最小喷口位置,第一排调节片与第二排调节片、第三排调节片共同构成喷管的扩张段。

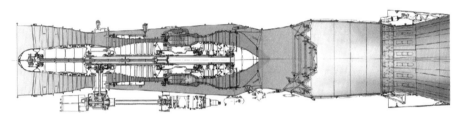

图 1.23　D30-F6 加力式涡扇发动机及其收扩喷管简图[9]

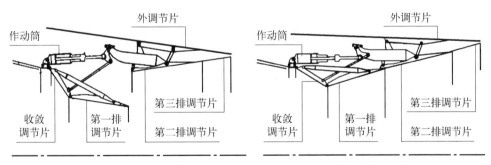

(a) 内流路不连续的小喷口状态　　　　　　(b) 内流路连续的大喷口状态

图 1.24　D30-F6 加力式涡扇发动机收扩喷管示意图[9]

② J57-F13 发动机喷管(图 1.25):喷管的收敛段固定,作动筒驱动调节片调节喷管出口面积,在非加力状态和加力状态时喷管调节片分别处于收敛状态和扩张状态。

③ TF30 发动机虹膜喷管(图 1.26):呈曲面造型的调节片由作动筒驱动在异型导向槽内做轴向运动,在非加力状态和加力状态时喷管调节片内型面分别呈现收敛造型和收扩造型。

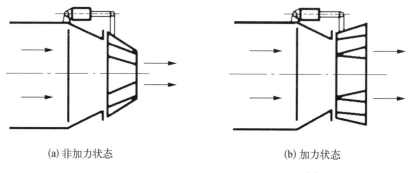

(a) 非加力状态　　　　　　　　　　(b) 加力状态

图 1.25　J57 - F13 发动机收扩喷管示意图[7]

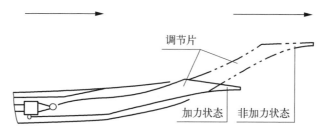

图 1.26　TF30 发动机虹膜喷管示意图[11]

　　4) 轴对称引射式喷管

　　对超声速战斗机采用的加力式涡喷/涡扇发动机而言,除通常选用的机械调节式收扩喷管外,还可以在收敛喷管出口处增加一个与之同轴安装的引射罩,形成引射式喷管,使流经发动机的气流(即主流)在离开收敛喷管后可以引射一股或数股来自进气道或设置在飞机机身上辅助进气装置的空气(即次流)进入引射罩中,流量增加的气流在引射罩内继续膨胀,进一步增大排气速度,增大发动机推力;同时,引射式喷管可以通过引射的空气冷却喷管,从而提高喷管寿命。当主流从收敛喷管排入引射罩时,被引射的次流在其外表面形成环形"冷气壁",调节次流流量或引射罩几何尺寸可以改变"冷气壁"尺寸,从而控制主流的膨胀。引射罩既可以装在飞机上,也可以装在发动机上,按流道型面可分为收敛形、直筒形和收扩形(图1.27);按调节方式可分为固定式和可调式,其中可调式引射罩又分为机械调节和气动调节两种。引射式喷管的推力性能、结构复杂性和重量介于收敛喷管和收扩喷管之间,当超声速战斗机要求喷管尺寸较小、重量较轻时,采用引射式喷管替代收扩喷管可以简化喷管结构设计,也能保证喷管在大部分飞行包线范围内有较好的使用性能,例如,斯贝 MK202、J79 - GE8、M53、M88 - 2 等发动机均采用了引射式喷管(图1.28~图1.31)。值得说明的两点:一是要注意防止引射式喷管在过度膨胀状态下工作,避免过大的推力损失[11];二是要注意消除引射式喷管在飞机做跨声速飞行时可能出现的流动不稳定现象。

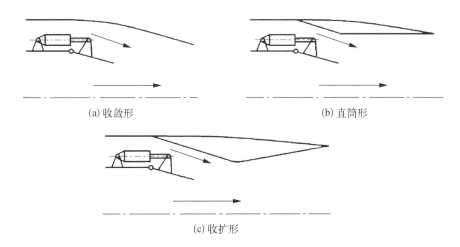

(a) 收敛形   (b) 直筒形

(c) 收扩形

图 1.27 引射式喷管引射罩的三种流道型面

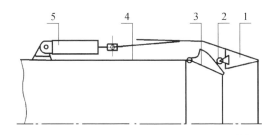 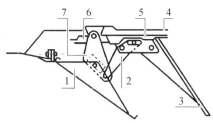

图 1.28 斯贝 MK202 引射式喷管示意图[7]

1-引射罩;2-滚轮;3-收敛喷管调节片;
4-加力筒体;5-作动筒

图 1.29 J79-GE8 引射式喷管示意图

1-收敛喷管;2-曲柄连杆;3-引射罩调节片;
4-外壁;5-支承环;6-作动筒拉杆;7-凸轮式连杆

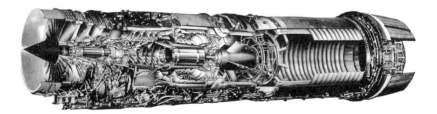

图 1.30 M53 加力式涡扇发动机及其引射式喷管简图[9]

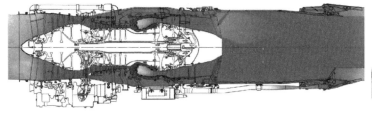 

图 1.31 M88-2 加力式涡扇发动机及其引射式喷管简图[9]和航展照片

5）机械调节式轴对称矢量喷管

机械调节式轴对称矢量喷管可分为常规轴对称矢量喷管、球头铰接式轴对称矢量喷管、三环定向式轴对称矢量喷管、塞式轴对称矢量喷管、三轴承旋转喷管等。

（1）常规轴对称矢量喷管：以轴对称收扩喷管为基础进行改进，在保留原收扩喷管收敛段和 A_8 调节机构［包括 A_8 作动筒、用于调节 A_8 的环（一般简称 A_8 调节环）等］不变的情况下，增加一套可以使扩张段偏转的矢量调节机构（包括矢量作动筒、矢量调节环等），使其可以在扩张段实现 360° 全向偏转，最大喷管偏转角可达 20°，其中矢量调节机构兼有 A_9 调节和扩张段偏转控制功能。图 1.32 为美国 GE 公司研制的 F110 - GE - 129 发动机轴对称矢量喷管结构示意图及航展照片。

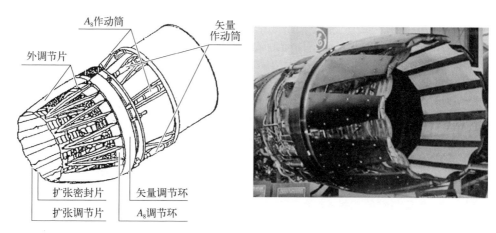

图 1.32　F110 - GE - 129 发动机轴对称矢量喷管结构示意图[7]及航展照片

（2）球头铰接式轴对称矢量喷管：其主要设计是在轴对称收扩喷管与加力筒体之间增加一个作为喷管转向机构的空心球头铰接机构及相应的作动筒，以便在喷管进口实施偏转。空心球头铰接机构前段和后段分别为连接加力筒体的内球头和连接收扩喷管的外球头，在作动筒的驱动下，外球头可贴合在内球头外表面做相对角位移，使收扩喷管整体偏转。这种喷管可以实现 360° 全向推力矢量功能，但喷管偏转角一般只有 5°~6°；如果改为只在俯仰平面内上下偏转，则喷管偏转角可以达到 15°。这种喷管的主要优点是：运动原理非常简单，原收扩喷管不需要任何改动；喷管在偏转中始终保持圆形截面，推力损失小，矢量偏转效率接近 100%。主要缺点是：转动段长度长，而且转动部位靠前，外部阻力很大，结构上受到的附加载荷很大，必须加强承力结构，增重较多；喷管必须伸出飞机机尾罩很长一段距离；空心球头铰接机构内球头与外球头之间的密封设计具有挑战性，并且会增加结构的复杂性。俄罗斯的 AL - 31FP、117、产品 30 等发动机采用了这种喷管（AL - 31FP 发动机球头铰接式轴对称矢量喷管结构示意图及照片见

图 1.33 和图 1.34，T-50 第一阶段使用的 117 发动机球头铰接式轴对称矢量喷管照片见图 1.35），其中 AL-31FP 发动机的喷管由于增加了喷管转向机构，发动机重量增加了 110 kg，长度加长了 0.4 m。

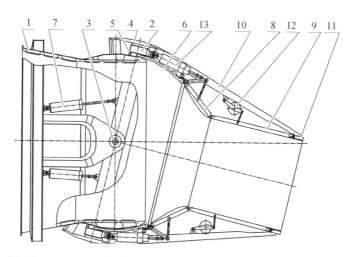

图 1.33　AL-31FP 发动机球头铰接式轴对称矢量喷管结构示意图[9]

1-固定机匣；2-活动机匣；3-轴；4-球形环；5-密封环；6-喷管筒体；
7-矢量作动筒；8-收敛调节片；9-扩张调节片；10-外调节片；
11-扩张调节片导向装置；12-气压作动筒；13-A_8 作动筒

图 1.34　AL-31FP 发动机球头铰接式轴对称矢量喷管照片[9]

图 1.35　117 发动机球头铰接式轴对称矢量喷管照片[12]

（3）三环定向式轴对称矢量喷管：主要设计是以轴对称收扩喷管为基础，扩张段的偏转机构由内环、中环和外环组成，环与环之间各由两个对称分布的圆柱销轴连接，这两组 4 个圆柱销轴相互成 90° 安装，内环可相对外环做俯仰偏转运动或其他角向运动，实现 360° 全向推力矢量功能，喷管偏转角一般可达 20°；当三个环处于中立位置时，可以实施喷管 A_8 和 A_9 的控制，完成原来的收扩喷管功能。如图 1.36 所示，这种喷管只需要 3 个或 4 个作动筒，当这些作动筒的活塞做同步运动时，即可完成原来的收扩喷管功能；当有一对作动筒的活塞做不同步运动时，可完成推力矢量功能。这种矢量喷管机构构思独特,工作原理比较简单,可使喷管结构紧凑、重量轻,最大轮廓尺寸也较小。西班牙航空涡轮发动机工业公司于 1991 年开始为 EJ200 发动机研制这种构思独特的矢量喷管,它比原收扩喷管增重 15%~20%,并于 1998 年进行了首次试车(图 1.37)。

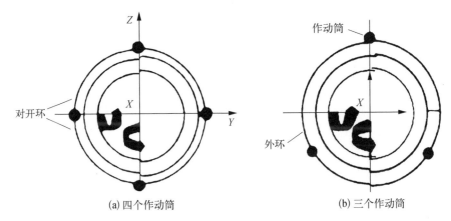

(a) 四个作动筒   (b) 三个作动筒

图 1.36   三环定向式轴对称矢量喷管工作原理[13]

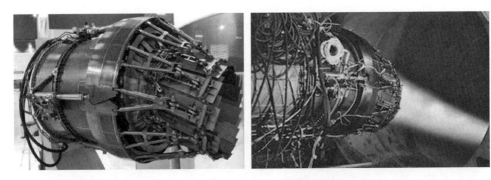

图 1.37   EJ200 发动机三环定向式轴对称矢量喷管[14]**及其试车照片**[15]

(4) 塞式轴对称矢量喷管:是在塞式轴对称收扩喷管基础上发展而来的一种矢量喷管方案,即在塞式轴对称收扩喷管与加力筒体之间增加一个作为喷管转向机构的空心球头铰接机构(主要由内球头和外球头组成)及相应的矢量调节机构,以便在喷管进口实施偏转。因为作为基础的塞式轴对称收扩喷管有多种方案,所以塞式轴对称矢量喷管也相应有多种方案。按塞式轴对称矢量喷管气动流路型面分类,一般可分为完全内膨胀式塞式轴对称矢量喷管和混合膨胀式塞式轴对称矢量喷管;按塞式轴对称收扩喷管调节方式分类,一般有两种形式,即移动塞锥调节 A_8、驱动调节片调节 A_9 的塞式轴对称矢量喷管和移动塞锥同时调节 A_8 和 A_9 的塞式轴对称矢量喷管。如图 1.38 和图 1.39 所示,对移动塞锥同时调节 A_8 和 A_9 的塞式轴对称矢量喷管而言,其结构主要由带内球头的加力筒体、带外球头的喷管筒体、塞锥、球面定心机构、用于同时调节 A_8 和 A_9 的作动筒、矢量作动筒、外罩等组成,通过用于同时调节 A_8 和 A_9 的作动筒驱动塞锥轴向移动,可以实现 A_8 和 A_9 的调节;通过矢量作动筒驱动喷管筒体上的外球头贴合在加力筒体上内球头外表面做相对角位移,使喷管在一定角度内整体矢量偏转,实现 360° 全向推力矢量功能。

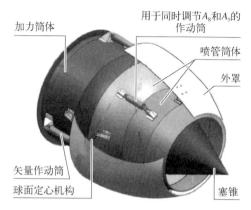

图 1.38　塞式矢量喷管结构组成示意图[16]

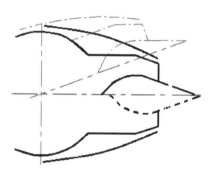

图 1.39　塞式矢量喷管面积调节及矢量偏转示意图

(5) 三轴承旋转喷管:如图 1.40 和图 1.41 所示,三轴承旋转喷管主要由筒体一段、旋转筒体、大尺寸连接轴承(即一号轴承、二号轴承和三号轴承)、前驱动装置(包括液压马达、控制系统等)、后驱动装置(包括液压马达、控制系统等)、喷管等组成,其中旋转筒体由三段按特定角度切开、通过连接轴承连接并可相互旋转的

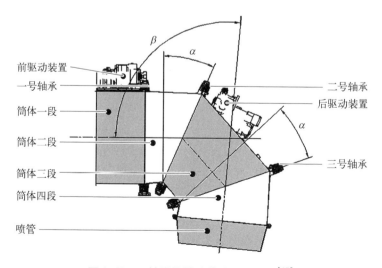

图 1.40　三轴承旋转喷管结构示意图[17]

筒体构成,三段筒体(即筒体二段、筒体三段和筒体四段)基本呈椭圆柱形以保证其斜切的端面为可以安装连接轴承的圆形;工作原理是旋转筒体的三段筒体依靠相互之间特殊几何关系及连接轴承按照一定的角速度运动规律分别绕各自轴线相互旋转运动,喷管从整体处于一条轴线上的状态转换到轴线弯曲的状态,实现向下偏转至与地面垂直,使喷流垂直向下喷射直接产生升力。如图 1.42 所示,苏联短距起飞/垂直降落飞机雅克-141 采用的是 P-79 发动机及其三轴承旋转喷管。

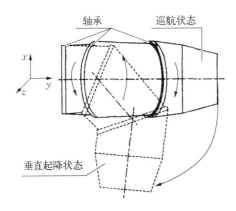

图 1.41　三轴承旋转喷管工作
原理示意图[17]

图 1.42　P-79 发动机三轴承旋转喷管[15]

6) 机械调节式二元矢量喷管

机械调节式二元矢量喷管主要是出于红外隐身和雷达隐身考虑而提出的一种矢量喷管,其结构形式可分为圆转方二元矢量喷管、球面收敛二元矢量喷管、塞式二元矢量喷管等。

(1) 圆转方二元矢量喷管:如图 1.43 和图 1.44 所示,圆转方二元矢量喷管由圆转方段、收敛段和扩张段三部分组成,该喷管进口段由圆形逐渐过渡到矩形,

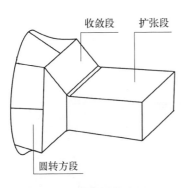

图 1.43　圆转方二元矢量
喷管示意图

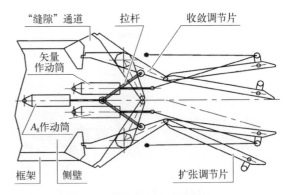

图 1.44　圆转方二元矢量喷管一种
运动机构方案图[9]

喷管可调的收敛段截面和扩张段截面均是矩形。喷管左右两边为固定不动的侧壁,上下两边为可调节的收敛调节片和扩张调节片,收敛调节片对称运动实现 A_8 的调节;扩张调节片对称运动可实现 A_9 的调节,同方向运动可实现发动机喷流方向的改变。美国研制的 F119 发动机及其圆转方二元矢量喷管试车照片如图 1.45 所示。

图 1.45　F119 发动机及其圆转方二元矢量喷管试车照片[9]

（2）球面收敛二元矢量喷管:其最大特点是采用空心球头铰接机构(由定球壳结构、上球面收敛调节片和下球面收敛调节片构成)代替圆转方二元矢量喷管的圆形转矩形过渡段和矩形收敛段,其中上球面收敛调节片和下球面收敛调节片设计有矩形开口,并形成整个喷管流道的最小截面(即喷管喉道),喷管喉道面积 A_8 和出口面积 A_9 通过球面收敛调节片和扩张调节片分别控制,可使喷管在较宽的飞行包线内获得最佳性能。球面收敛二元矢量喷管根据需要有三种可供选择的具体方案。

① 方案一(图 1.46)的结构由定球壳结构、上球面收敛调节片/下球面收敛调节片、偏航结构、上扩张调节片/下扩张调节片、左侧壁/右侧壁、作动筒等组成,具有俯仰矢量功能和偏航矢量功能,其中俯仰矢量功能通过扩张调节片实现,偏航矢量功能通过空心球头铰接机构使整个喷管后段(包括上球面收敛调节片/下球面收

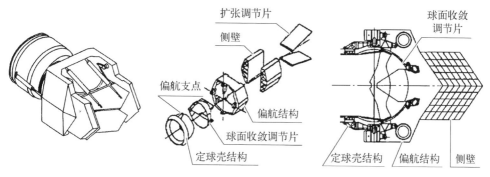

图 1.46　球面收敛二元矢量喷管示意图[18,19]

敛调节片、上扩张调节片/下扩张调节片、左侧壁/右侧壁等)围绕定球壳结构上的偏航支点(即转轴)左右偏转来实现。

② 方案二通过空心球头铰接机构实现俯仰矢量功能和偏航矢量功能,即俯仰矢量功能通过喷管左右两侧的作动筒使上球面收敛调节片和下球面收敛调节片围绕定球壳结构上的转轴同步上下转动来实现。

③ 方案三只具有俯仰矢量功能,该功能通过空心球头铰接机构实现。

(3) 塞式二元矢量喷管:它是在塞式轴对称矢量喷管基础上发展而来的一种二元矢量喷管,可以有多种方案,按喷管气动流路型面分类,一般可分为完全内膨胀式塞式二元矢量喷管和混合膨胀式塞式二元矢量喷管;按 A_8 和 A_9 调节方式可以有四种方案:一是通过塞锥形状改变调节 A_8 和 A_9 的方案,二是通过塞锥沿发动机轴线前后移动调节 A_8 和 A_9 的方案,三是通过喷管筒体前后移动调节 A_8 和 A_9 的方案,四是通过调节片转动调节 A_8 和 A_9 的方案。图 1.47 是第四种方案中的混合膨胀式二元矢量喷管,主要由固定球面段(即空心球头铰接机构前段)、运动球面及圆转方段(即空心球头铰接机构后段)、上调节片/下调节片、左侧壁/右侧壁、塞锥、用于同时调节 A_8 和 A_9 的作动筒和矢量作动筒等组成,通过用于同时调节 A_8 和 A_9 的作动筒驱动上调节片/下调节片实现 A_8 和 A_9 的调节、通过矢量作动筒驱动喷管整体偏转实现推力矢量功能、通过塞锥对发动机后腔体中其他部件(如低压涡轮、加力燃烧室)的遮挡实现高的红外隐身性能和雷达隐身性能。

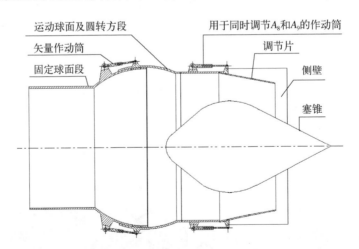

图 1.47 通过调节片转动调节喉道面积的塞式二元矢量喷管

7) 流体控制式矢量喷管

国内外研究的流体控制式矢量喷管方案众多,其中应用前景较好的有四种,即激波控制矢量喷管、喉道偏移矢量喷管、双喉道矢量喷管、逆流控制矢量喷管。

(1) 激波控制矢量喷管:工作原理如图 1.48 所示,通过喷管扩张段壁面上的注气缝(或注气孔)注入二次流,在注气缝前方产生斜激波;主流通过斜激波之后,发生偏转,产生矢量推力。

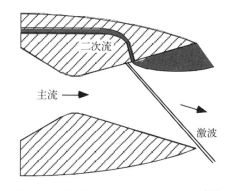

图 1.48　激波矢量控制喷管工作原理[22]　　　图 1.49　喉道偏移矢量喷管工作原理

（2）喉道偏移矢量喷管:是在喷管喉道面积控制技术基础上发展起来的,工作原理如图 1.49 所示。喷管喉道和扩张段都有注气缝,喷管喉道处对称注气可以实现喉道面积控制,不对称注气可以使喷管内部的流动不对称,从而产生矢量推力。另外,通过在扩张段辅助注气,可以进一步提高喷管内部流动的不对称性,从而提高喷管的推力矢量性能[20,21]。

（3）双喉道矢量喷管:是在喉道偏移矢量喷管基础上发展起来的矢量喷管,该喷管在喉道偏移矢量喷管扩张段后面增加了一个收敛段,因此形成上游和下游两个喉道,两个喉道之间形成一个凹腔,其工作原理如图 1.50 所示。凹腔的存在,使气流产生更大的偏转,从而获得更大的推力矢量角[23],推力矢量性能远高于激波矢量控制喷管和喉道偏移矢量喷管。

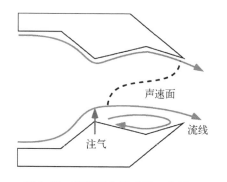
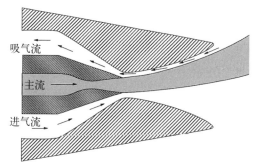

图 1.50　双喉道矢量喷管工作原理　　　　图 1.51　逆流控制矢量喷管工作原理[24]

（4）逆流控制矢量喷管:由主喷管、外罩和吸气系统组成,其工作原理如图 1.51 所示。主喷管和外罩之间形成上下两个独立的吸气缝,并分别与两个独立的吸气系统相连。当吸气系统开启时,由于吸气系统的压力低于环境压力,在主流和外罩壁面之间形成二次逆流。二次逆流和主流之间的剪切层混合并卷吸周围的气体,导致外罩附近的气流加速和压力下降。如果一侧的吸气系统开启,另一侧的吸气缝与环境相通,则主流将转向吸气系统开启侧产生的低压区域,并产生矢量推力。

1.2 涡喷/涡扇发动机反推力装置的主要功能及分类

1.2.1 主要功能

与涡喷/涡扇发动机喷管不同,反推力装置的主要功能是：根据需要,将非加力式涡喷发动机涡轮后燃气、加力式涡喷/涡扇发动机加力燃烧室后气流、非加力式涡扇发动机外涵气流或内涵气流或内外涵混合气流在喷管出口前或喷管出口后全部或部分地折转并向斜前方(折转角度大于 90°)喷出,产生与飞机飞行或滑跑方向相反的向前推力分量(即反推力),从而使飞机迅速、高效、可靠地减速或用于飞机地面倒车。反推力装置用于短时间工作,产生的反推力大小与折转的气流流量、气流速度、气流折转角度、飞机的飞行或滑跑速度等有关。

1.2.2 主要分类

反推力装置类型多种多样,其选型主要取决于发动机类型、安装方式、飞机要求等。根据具有的不同特征,反推力装置可以有多种分类方法,例如,按是否有二次流参与工作可分为机械调节式和流体控制式;按结构形式一般可分为蛤壳式、抓斗式、折流门式和叶栅式;按反推力来源通常可分为冷气流式和热气流式,其中前者的反推力仅来源于非加力式的大涵道比涡扇发动机外涵气流,后者的反推力既可以来源于非加力式涡喷发动机涡轮后燃气或加力式涡喷/涡扇发动机加力燃烧室后气流,也可来源于非加力式涡扇发动机分开式喷管的内涵气流或混合式喷管的内外涵混合气流。反推力装置通常按结构形式和是否有二次流参与调节工作进行分类,主要类型有蛤壳式反推力装置、抓斗式反推力装置、折流门式反推力装置、叶栅式反推力装置和流体控制式反推力装置。

1) 蛤壳式反推力装置

如图 1.52 所示,蛤壳式反推力装置位于发动机喷管出口之前,主要由蛤壳式导流板、喷管筒体、转向出口、出口叶栅、作动筒等组成,在反推力不接通时,导流板处于收起状态,紧贴在发动机喷管内壁的两侧,堵住两侧的转向出口。反推力接通后,两个蛤壳式导流板在作动筒驱动下展开并转入喷管内流路,将喷管内流路堵塞,迫使气流分别通过两侧的转向出口及出口叶栅向斜前方喷出,产生反推力。蛤壳式反推力装置的优点是：折转气流压力高,容易折转,反推力效率高;缺点是：在高温环境下工作,需要冷却;通过发动机的结构传递反推力,需要加强结构。蛤壳式反推力装置是最早得到应用的反推力装置,主要应用于涡喷发动机,如斯贝发动机采用了蛤壳式反推力装置(图 1.53)。

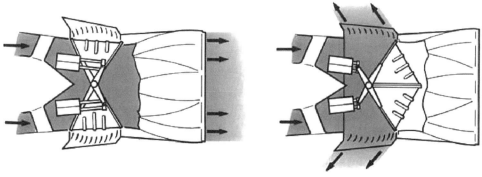

(a) 反推力装置收起状态　　　　　(b) 反推力装置展开状态

图 1.52　蛤壳式反推力装置工作原理示意图[6]

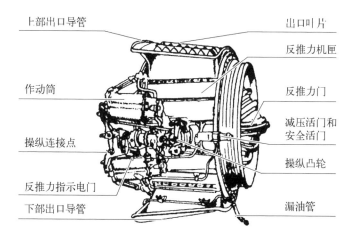

图 1.53　斯贝发动机蛤壳式反推力装置[25]

2) 抓斗式反推力装置

如图 1.54 所示,抓斗式反推力装置位于发动机尾部,主要由两个铰接的抓斗式导流板、作动筒等组成,在反推力不接通时,两个半圆形的导流板处于收起状态,通过前后传动摇臂收拢贴靠在发动机喷管外壁的两侧(有时形成发动机舱的后段)。在反推力接通后,两个导流板展开并偏转到喷管出口后面位置,在距发动机喷管出口 3/4~1 个喷管出口直径处对接在一起,遮挡发动机喷流,迫使喷流以一定的角度向斜前方折转,从而产生反推力,使飞机减速。飞机减速的程度和反推力的大小密切相关,而在喷管出口条件一定时,反推力的大小与反推力气流喷射角密切相关,反推力气流喷射角越小,反推力越大。抓斗式反推力装置既可以用于涡喷发动机,也可以用于小/中等涵道比涡扇发动机。

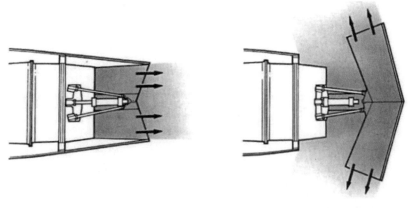

(a) 反推力装置收起状态　　　　　　　　(b) 反推力装置展开状态

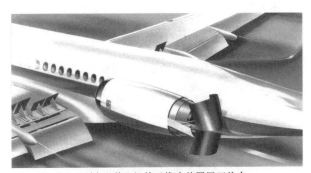

(c) 配装飞机的反推力装置展开状态

图 1.54　抓斗式反推力装置工作原理示意图[6]

3) 折流门式反推力装置

按折流门结构形式,折流门式反推力装置可分为内门/外门式和整体折流门式两种,目前发展比较成熟的是四组的整体折流门式反推力装置。

(1) 如图 1.55 所示,内门/外门式反推力装置主要由在短舱侧壁上沿周向设置的四组或多组转动的内门/外门、作动筒等组成。在收起状态(即正推力状态)时,内门和外门分别与外涵内表面及短舱外表面紧密贴合,保证外涵内表面及短舱外表面的气动造型;在展开状态(即反推力状态)时,作动筒驱动内门和外门分别转动,类似叶栅式反推力装置阻流门的内门挡住外涵气流,类似抓斗式反推力装置导流板的外门对气流起导向和折转作用,使外涵气流在内门/外门作用下向斜前方喷出,从而产生反推力。

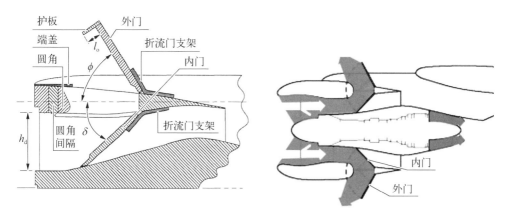

图 1.55　内门/外门式反推力装置结构组成及其工作原理示意图[26,27]

（2）如图 1.56 所示，整体折流门式反推力装置主要由在短舱侧壁上沿周向设置的四组或多组转动的折流门、作动筒等组成，在收起状态时，折流门与短舱紧密贴合，折流门保证外涵内表面及短舱外表面的气动造型；当反推力装置收到展开信

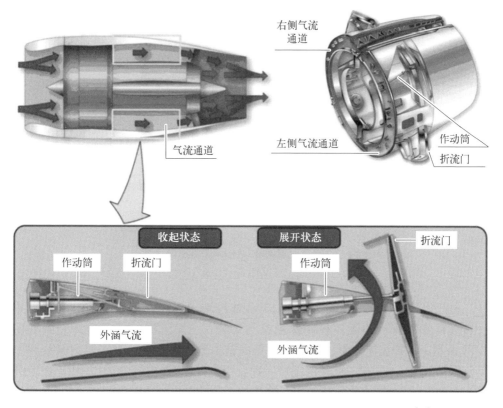

图 1.56　A330 飞机的整体折流门式反推力装置及其工作原理示意图[28]

号时,在作动筒的作用下,折流门绕枢轴转动,每组门的内侧部分起内门/外门式反推力装置的内门作用,挡住外涵气流;外侧部分起内门/外门式反推力装置的外门作用,使外涵气流以一定的角度(一般为 45°~60°)向斜前方喷出,产生反推力。

4) 叶栅式反推力装置

如图 1.57 所示,当反推力装置收到收起信号时,作动筒开始提供动力拖动移动外罩向前移动,阻流门逐步收起并平滑地收拢在发动机外涵外壁上,外涵流路全面打开,实现正向排气并提供正推力,此时反推力装置起外涵喷管作用;当反推力装置收到展开信号时,作动筒开始提供动力推动移动外罩向后移动,当运动到一定位置时,阻流门拉杆开始拉动沿周向布置的阻流门向外涵流路偏转,堵塞外涵流路,通过专门造型的叶栅来控制外涵气流的折转并向斜前方排出,从而产生反推力。20 世纪 70 年代之后,叶栅式反推力装置在大涵道比涡扇发动机为动力的波音系列、空客系列等大型民用飞机以及大型军用运输机上得到比较广泛的应用(图 1.58)。

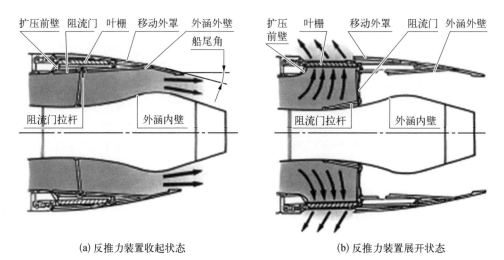

(a) 反推力装置收起状态　　　　　　　　(b) 反推力装置展开状态

图 1.57　反推力装置流路、结构和工作原理示意图[6]

5) 流体控制式反推力装置

通过流体抽吸或注入实现反推力的流体控制式反推力装置概念有多种,其中一种具有应用前景的流体控制式反推力装置——无阻流门式反推力装置如图 1.59 所示。这种流体控制式反推力装置的基本设计思想就是利用喷射系统将发动机内涵气流引出,以一定的角度喷射进发动机外涵,产生气动效应,从而改变外涵气流的流动方向,迫使外涵气流折转并进入反推力装置叶栅排气口,通过叶栅导向叶片,折转的气流向发动机侧前方排出从而产生反推力。

(a) 波音767客机

(b) 波音777客机

(c) C-17军用运输机

图 1.58　采用叶栅式反推力装置的民用飞机和军用运输机

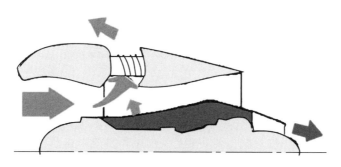

图 1.59　无阻流门式反推力装置示意图

1.3　涡桨/涡轴发动机喷管的主要功能及分类

1.3.1　主要功能

涡桨发动机和涡轴发动机均属于输出轴功率的发动机,二者工作原理基本一致,结构相似,只是可用功的利用特点不同。涡桨发动机(图 1.60)通过动力涡轮将发动机燃气中的绝大部分可用能量转换为轴功率,通过输出轴、减速器等驱动飞机螺旋桨产生拉力或推力;燃气中剩余的小部分可用能量在喷管中转换为排气动能,通过排气的反作用产生少量的推力,一般占发动机总推力的 5%～10%。涡轴发动机(图 1.61)通过动力涡轮将发动机燃气中的几乎全部可用能量转换为轴功率,通过输出轴、减速器等驱动直升机旋翼产生升力和气动控制力;喷管排出的燃气温度和速度均极低,基本上不产生推力。

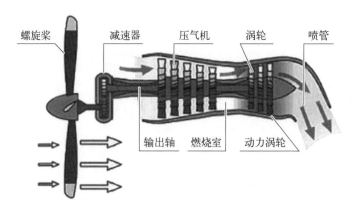

图 1.60　典型涡桨发动机示意图[29]

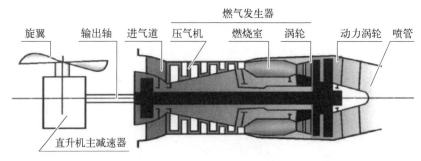

图 1.61　典型涡轴发动机示意图[10]

涡轴/涡桨发动机喷管的主要功能是:收集和整流来自动力涡轮的燃气,以最小的压力损失和尽可能低的速度(在整个飞机飞行包线内小于飞机的飞行速度)排出,减小动力涡轮后压力,从而提高动力涡轮输出的功率,提高整机效率。此外,涡轴发动机喷管及其排出的燃气是武装直升机红外辐射的重要来源,为此需要通过喷管的特殊设计实现降低武装直升机红外辐射的功能。

1.3.2　主要分类

涡桨发动机和涡轴发动机的喷管可用落压比很低,排气速度为亚声速,在喷管出口为亚临界状态。因此,这两种发动机采用的是喷管出口面积不可调的固定式喷管,按流路型面可分为扩压型喷管和先扩压后收敛型喷管,按发动机的排气方向可分为后向排气的环形直喷管、向上/向下或向两侧排气的弯管形喷管和径向排气的带涡流环喷管,按发动机的功率输出轴向前伸出和向后伸出可分为前输出轴发动机喷管和后输出轴发动机喷管。例如,PT6A 系列涡桨发动机喷管(PT6A‑65 涡桨发动机及其喷管见图 1.62)采用先扩压后收敛型喷管,收到了良好的总压恢复效果,其中 PT6A‑27 采用后输出轴,其喷管分为两个水平的弯管形喷管,出口分别位于发动机两侧;T55‑L‑714 涡轴发动机喷管为前输出轴、后向排气的环形扩压型直喷管,尾锥支承在 6 个径向支板上;TB3‑117 涡轴发动机(图 1.63)和 D‑25B 涡轴发动机的喷管为后输出轴的弯管形喷管,D‑27 涡桨发动机喷管为前输出轴的弯管形喷管(图 1.64);涡桨 9(WJ9)喷管采用两侧分叉的带涡流环喷

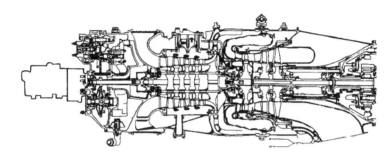

图 1.62　PT6A‑65 涡桨发动机及其喷管[4]

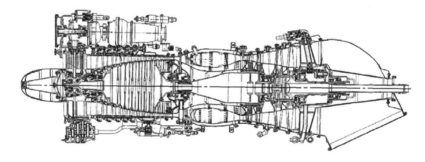

图 1.63　TB3‑117 涡轴发动机及其喷管[15]

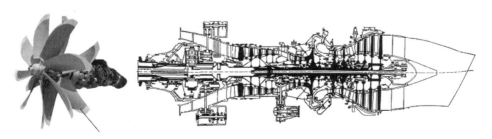

图 1.64　D‑27 涡桨发动机及其喷管[15]

管,动力涡轮后的燃气流经扩压段、涡流环和集气腔后从两侧的排气出口呈径向排出(图1.65)。

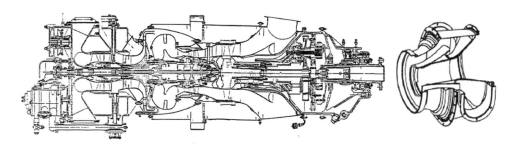

图 1.65　WJ9 发动机及其喷管[3]

参考文献

[1]　Mengle V G. Jet noise characteristics of chevrons in internally mixed nozzles[R]. AIAA - 2005 - 2934, 2005.

[2]　Mason R B. Automated jet engine testing of a TF33 - P100 Pratt & Whitney engine[D]. Fayetteville: University of Arkansas, 2015.

[3]　方昌德. 世界航空发动机手册[M]. 北京:航空工业出版社,1996.

[4]　陈光. 航空发动机结构设计分析[M]. 北京:北京航空航天大学出版社,2006.

[5]　航空航天工业部高效节能发动机文集编委会. 高效节能发动机文集(第六分册)—排气混合器和短舱[M]. 北京:航空工业出版社,1991.

[6]　Rolls-Royce. The Jet Engine[M]. London: Rolls-Royce Technical Publisher, 2005.

[7]　陈光,洪杰,马艳红. 航空燃气涡轮发动机结构[M]. 北京:北京航空航天大学出版社,2010.

[8]　刘长福. 航空发动机构造[M]. 北京:国防工业出版社,1989.

[9]　Иноземцев А А, Сандрацкий В Л. Газотурбинные Двигатели[M]. Пермь: ОАО «Авиадвигатель», 2006.

[10]　朱俊强,黄国平,雷志军. 航空发动机进排气系统气动热力学[M]. 上海:上海交通大学出版社,2014.

[11]　刘大响. 航空发动机设计手册第7册:进排气装置[M]. 北京:航空工业出版社,2000.

[12]　何谦,王巍巍. 俄罗斯第五代军用航空发动机的演进[J]. 航空动力,2018(1): 19 - 22.

[13]　季鹤鸣. 涡扇加力和多功能推力矢量装置[J]. 燃气涡轮试验与研究,2001,14(1): 4 - 9.

[14]　党举红. 战略轰炸机的动力装置需求分析[J]. 航空动力,2018(3): 21 - 24.

[15]　Фомин А В. Отклонение вектора тяги дает МиГ - 29М принципиально новые возможности[J]. Взлет, 2005(8 - 9): 11 - 23.

[16]　赵春生,金文栋,徐速,等. 基于UG/Motion 的轴对称球面塞式矢量喷管运动仿真[J]. 航空发动机,2013,39(5): 51 - 55.

[17]　刘增文,李瑞宇,刘帅,等. 三轴承旋转喷管型面设计与运动规律研究[J]. 机械设计与制造,2014(7): 65 - 67.

［18］梁春华,靳宝林,李雨桐.球形收敛调节片推力矢量喷管的发展［J］.航空发动机,2002(3)：55－58.

［19］Gutierrez J L, Davis C L, Hawkes T M. First full-scale engine evaluation of an IHPTET exhaust nozzle technology demonstrator［C］. 31st AIAA Joint Propulsion Conference and Exhibit, San Diego, 1995.

［20］Miller D M, Yagle P J, Hamstra J W. Fluidic throat skewing for thrust vectoring in fixed-geometry nozzles［C］. 37th AIAA Aerospace Sciences Meeting and Exhibit, Reno, 1999.

［21］罗静,王强,额日其太.两种流体控制矢量喷管内流场计算及分析［J］.北京航空航天大学学报,2004,30(7)：597－601.

［22］Waithe K A, Deere K A. Experimental and computational investigation of multiple injection ports in a convergent-divergent nozzle for fluidic thrust vectoring［C］. The 21st AIAA Applied Aerodynamics Conference, Orlando, 2003.

［23］Flamm J D, Deere K A, Berrier B L, et al. Experimental study of a dual-throat fluidic thrust-vectoring nozzle concept［R］. AIAA－2005－3503, 2005.

［24］Lee Y, Park S H, Kim Y S. Thrust vectoring of sonic jet by using Coanda flap and solenoid valve［J］. AIAA Journal, 2016, 54(9)：2908－2914.

［25］刘长福,邓明.航空发动机结构分析［M］.西安：西北工业大学出版社,2006.

［26］Yetter J, Asbury S, Larkin M, et al. Static performance of several novel thrust reverser concepts for subsonic transport applications［R］. AIAA－96－2649, 1996.

［27］杜刚,金捷.大型运输机发动机反推力装置［C］.大型飞机关键技术高层论坛暨中国航空学会 2007 年年会,深圳,2007.

［28］朱勇.A330 飞机发动机反推系统控制机理［J］.科技创新导报,2018,15(19)：10－11.

［29］罗安阳,周辉华,申余兵.航空涡轮螺旋桨发动机发展现状与展望［J］.航空科学技术,2003(5)：1－5.

第 2 章
排气系统气动设计基础理论

以发动机给出的总体文件为设计输入,排气系统设计按照以需求为牵引、技术树为支撑、技术流程为途径、规范类要素为依据、仿真和试验为验证手段的排气系统研发体系开展,主要包括气动设计、结构设计、强度设计、红外隐身设计、雷达隐身设计噪声抑制设计、热分析、材料工艺选用、可生产性分析、飞机/发动机匹配设计、六性(可靠性、维修性、测试性、保障性、安全性、环境适应性)设计分析、适航设计符合性分析、风险分析等,设计输出主要包括方案设计报告、飞机/发动机匹配评估报告、温度场评估报告、结构方案图、重量估算报告、可生产性评估报告、材料工艺选用方案报告、强度评估报告、方案设计六性初步分析报告、初步适航符合性分析报告、方案评审报告、结构打样图、技术设计报告、重量计算报告、技术设计可生产性分析报告、制造技术要求、六性设计分析报告、适航设计符合性分析报告、热分析报告、强度设计报告、尺寸链计算报告、技术设计评审报告等。排气系统设计对飞机设计和发动机设计均很重要,涉及气体动力学、工程热力学、传热学、机械学、固体力学、材料学、红外物理学、电磁学、气动声学等多个学科,需要设计者比较全面地掌握这些学科的基础理论。由于本书的篇幅有限,本书只能选择其中部分内容作为排气系统设计所依据的基础理论予以阐述,气动设计是排气系统最基础的设计,第 3~10 章的设计内容均需要气动设计作为基础,为此,本章详细阐述发动机排气系统气动设计基础理论。红外隐身设计、雷达隐身设计、噪声抑制设计是为满足飞机/发动机的特殊需求而进行的设计,相应的基础理论与红外隐身设计、雷达隐身设计、噪声抑制设计相结合,分别在第 8~10 章予以阐述。

2.1 气动基础理论

2.1.1 定常一维流的基本方程

连续方程是把质量守恒定律用于流体运动所得的数学关系式。考察通过流管(或管道)的定常流,假设流动是一维的,如图 2.1 所示,通过流管(或管道)的质量

流率方程为

$$\dot{m} = \rho V A = 常数 \tag{2.1}$$

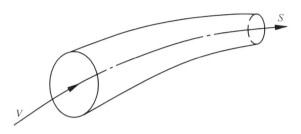

图 2.1　一维流管示意图

在研究气流参数沿流向的变化时,连续方程常采用微分形式。将式(2.1)两边取对数,再微分,可得

$$\frac{\mathrm{d}\rho}{\rho} + \frac{\mathrm{d}V}{V} + \frac{\mathrm{d}A}{A} = 0 \tag{2.2}$$

式(2.1)和式(2.2)适合于任何流体的定常一维流。

动量方程是把牛顿第二定律应用于流体运动所得的数学关系式。对于一维可压缩流体,忽略黏性力和彻体力,表征流体运动的微分形式的欧拉方程为

$$\mathrm{d}P + \rho V \mathrm{d}V = 0 \tag{2.3}$$

式中,压强增量 $\mathrm{d}P$ 和速度增量 $\mathrm{d}V$ 都在等号的一端,因此 $\mathrm{d}P$ 为正值时, $\mathrm{d}V$ 必为负值; $\mathrm{d}P$ 为负值时, $\mathrm{d}V$ 必为正值。也就是说,流体压强增大的地方,速度减小;流体压强减小的地方,速度增大。

能量方程是热力学第一定律应用于流体运动所得到的数学表达式。定常一维流的能量守恒方程为

$$\mathrm{d}q = \mathrm{d}u + P\mathrm{d}\left(\frac{1}{\rho}\right) + \frac{1}{\rho}\mathrm{d}P + V\mathrm{d}V \tag{2.4}$$

式中, $\mathrm{d}q$ 为单位质量流体吸收的热量; $\mathrm{d}u$ 为单位质量流体内能的增量。引入名为焓的热力学参数,焓的定义为

$$h = u + \frac{P}{\rho} \tag{2.5}$$

它的微分为

$$\mathrm{d}h = \mathrm{d}u + P\mathrm{d}\left(\frac{1}{\rho}\right) + \frac{1}{\rho}\mathrm{d}P \tag{2.6}$$

于是,定常一维流的能量方程可以简写为

$$dq = dh + VdV \qquad (2.7)$$

对于绝热流动,流体微团在流动过程中和周围没有热量交换,$dq = 0$,将式 (2.7)沿流管(或管道)积分,可得

$$h + \frac{1}{2}V^2 = 常数 \qquad (2.8)$$

式(2.8)表明,在绝热流动中,管道各个截面上流体的焓和动能之和保持不变,但两者之间却可以相互转换。如果流体的焓减少,则流体的动能增加;反之,如果流体的动能减少,则流体的焓增加。

2.1.2　声速和马赫数

声速是指微弱扰动波在流体介质中的传播速度。假设有一根很长的管子,管子左端有一活塞,将活塞向右推动一下,使它对管内流体产生一个压缩的微弱扰动,扰动以一定速度 a (m/s)向右传播。由定常一维流的连续方程和动量方程可以推导出

$$a^2 = \frac{dP}{d\rho} \qquad (2.9)$$

式(2.9)为声速的基本公式。对于完全气体,在等熵条件下,气体压强 P 和密度 ρ 存在以下关系:

$$\frac{P}{\rho^{\gamma}} = 常数 \qquad (2.10)$$

式(2.10)取对数,再微分,可得

$$\frac{dP}{P} = \gamma \frac{d\rho}{\rho} \qquad (2.11)$$

于是,推导出声速公式的第二个表达式:

$$a^2 = \gamma \frac{P}{\rho} \qquad (2.12)$$

对于式(2.12),代入完全气体状态方程:

$$P = \rho RT \qquad (2.13)$$

可得声速公式的第三个表达式:

$$a^2 = \gamma RT \tag{2.14}$$

对于空气，$R = 287.06\ \text{J}/(\text{kg} \cdot \text{K})$，$\gamma = 1.4$。

对于流动的气体，不能仅仅由声速的大小来表征气流的可压缩程度，这时需用到气流的马赫数。流场中任一点处的流速（V）与该点处（即当地）气体的声速（a）的比值称为该点处气流的马赫数，以符号 Ma 表示：

$$Ma = \frac{V}{a} = \frac{V}{\sqrt{\gamma RT}} \tag{2.15}$$

或

$$Ma^2 = \frac{V^2}{a^2} = \frac{V^2}{\gamma RT} \tag{2.16}$$

式中，V^2 表示气体宏观运动的动能大小；气体温度 T 表示气体分子平均运动的动能大小。因此，马赫数是表示气体宏观运动的动能与气体内部分子无规则运动的动能之比。

气体的可压缩性与马赫数的关系可由微分形式的欧拉方程揭示出来。由式（2.3）可得

$$- V\mathrm{d}V = \frac{\mathrm{d}P}{\rho} \tag{2.17}$$

或

$$- V\mathrm{d}V = \frac{\mathrm{d}\rho}{\rho}\frac{\mathrm{d}P}{\mathrm{d}\rho} \tag{2.18}$$

对于完全气体的等熵过程，有

$$\frac{\mathrm{d}P}{\mathrm{d}\rho} = \frac{\mathrm{d}}{\mathrm{d}\rho}(\text{常数} \cdot \rho^\gamma) = \gamma\frac{P}{\rho} = a^2 \tag{2.19}$$

将式（2.19）代入式（2.18），可得

$$-\frac{V^2}{a^2}\frac{\mathrm{d}V}{V} = \frac{\mathrm{d}\rho}{\rho} \tag{2.20}$$

或

$$- Ma^2\frac{\mathrm{d}V}{V} = \frac{\mathrm{d}\rho}{\rho} \tag{2.21}$$

式中，$\dfrac{\mathrm{d}V}{V}$、$\dfrac{\mathrm{d}\rho}{\rho}$ 分别表示气流速度的相对变化量和气流密度的相对变化量。该式表明，在绝热等熵流动中，气流速度相对变化量所引起的密度相对变化量与 $-Ma^2$ 成正比。

2.1.3　滞止参数、临界参数和速度系数

定常一维流的能量方程（2.8）可用来连接流管（或管道）上任何两个截面上的 h 和 V。假定气体绝能等熵地流入一个如图 2.2 所示的储气箱，那么箱内的 $V = 0$，相应的焓值最大，称为滞止焓，记为 h_0。与 h_0 相对应的温度称为滞止温度或总温，记为 T_0。

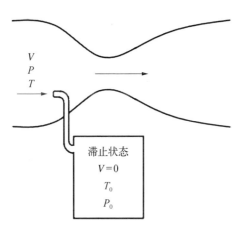

用 h_0 作为式（2.8）右侧的常数，该式变为

$$h + \frac{1}{2}V^2 = h_0 \qquad (2.22)$$

或

$$c_p T + \frac{1}{2}V^2 = c_p T_0 \qquad (2.23)$$

图 2.2　气体滞止状态参数

其中，$h = c_p T$；$h_0 = c_p T_0$；c_p 为气体的比定压热容。与 T_0 相对应的滞止压力，又名总压，记为 P_0；对应的滞止密度，记为 ρ_0。利用完全气体状态方程，用 $P/(\rho R)$ 代替式（2.23）中的 T，该式变为

$$\frac{\gamma}{\gamma - 1}\frac{P}{\rho} + \frac{1}{2}V^2 = \frac{\gamma}{\gamma - 1}\frac{P_0}{\rho_0} \qquad (2.24)$$

式（2.24）称为可压缩流的伯努利方程。

式（2.23）通除以 $c_p T$，并利用 $c_p = \dfrac{\gamma}{\gamma - 1}R$，$a^2 = \gamma R T$，得 $\dfrac{T_0}{T}$ 公式、$\dfrac{P_0}{P}$ 公式、$\dfrac{\rho_0}{\rho}$ 公式分别为

$$\frac{T_0}{T} = 1 + \frac{\gamma - 1}{2}Ma^2 \qquad (2.25)$$

$$\frac{P_0}{P} = \left(1 + \frac{\gamma - 1}{2}Ma^2\right)^{\frac{\gamma}{\gamma - 1}} \qquad (2.26)$$

$$\frac{\rho_0}{\rho} = \left(1 + \frac{\gamma - 1}{2}Ma^2\right)^{\frac{1}{\gamma - 1}} \tag{2.27}$$

定常一维流的能量方程(2.8)中的常数也可以用 h 降到零(静温 $T = 0$)时的流速 $V_{\max}$ 来表达:

$$h_0 = h + \frac{1}{2}V^2 = \frac{1}{2}V_{\max}^2 \tag{2.28}$$

$V_{\max}$ 称为等熵流的最大速度,它只是一个计算用的参考常数,实际上是达不到的,因为温度低到一定程度,气体就要变成液体。$V_{\max}$ 和 T_0、a_0 的关系为

$$V_{\max}^2 = \frac{2\gamma}{\gamma - 1}RT_0 = \frac{2}{\gamma - 1}a_0^2 \tag{2.29}$$

式中,a_0 为滞止声速。

设想从储气箱流出来的气流从 $V = 0$ 一直加速到 $V = V_{\max}$,如图 2.3 所示,中间必有一个截面恰好是流速与声速相等,即 $V = a$,$Ma = 1$,这个截面称为临界截面。临界截面上的流动参数称为临界参数,都加下标“ * ”来表示,如临界声速 a_*、临界压力 P_*、临界温度 T_*、临界密度 ρ_* 等。

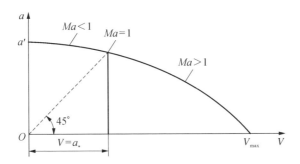

图 2.3　气体由滞止状态加速时声速与流速的关系[1]

在临界截面上,结合声速公式的第二个表达式,式(2.24)变为

$$\frac{a_*^2}{\gamma - 1} + \frac{1}{2}a_*^2 = \frac{a_0^2}{\gamma - 1} \tag{2.30}$$

即

$$a_*^2 = \frac{2}{\gamma + 1}a_0^2 = \frac{2\gamma}{\gamma + 1}RT_0 \tag{2.31}$$

由声速公式(2.14)可知,当地声速 a 随气流温度 T 变化,而临界声速 a_* 只取

决于气流总温 T_0，而与气流温度 T 无关。于是，在马赫数之外，另定义了一个无量纲的速度：

$$\lambda = \frac{V}{a_*} \tag{2.32}$$

这个无量纲速度称为速度系数，或简称 λ 数。λ 数与 Ma 的关系为

$$
\begin{aligned}
Ma^2 &= \frac{V^2}{a^2} = \frac{V^2}{a_*^2} \frac{a_*^2}{a_0^2} \frac{a_0^2}{a^2} \\
&= \lambda^2 \frac{2}{\gamma + 1} \frac{T_0}{T} \\
&= \lambda^2 \frac{2}{\gamma + 1} \left(1 + \frac{\gamma - 1}{2} Ma^2 \right)
\end{aligned}
\tag{2.33}
$$

式(2.33)解得

$$\lambda^2 = \frac{\dfrac{\gamma + 1}{2} Ma^2}{1 + \dfrac{\gamma - 1}{2} Ma^2} \tag{2.34}$$

$$Ma^2 = \frac{\dfrac{2}{\gamma + 1} \lambda^2}{1 - \dfrac{\gamma - 1}{\gamma + 1} \lambda^2} \tag{2.35}$$

式(2.23)通除以 $c_p T_0$，得到用 λ 表达的 $\dfrac{T}{T_0}$ 公式，再代入完全气体状态方程 (2.13)及等熵关系式(2.10)，得到用 λ 表达的 $\dfrac{P}{P_0}$ 和 $\dfrac{\rho}{\rho_0}$ 公式：

$$\frac{T}{T_0} = 1 - \frac{\gamma - 1}{\gamma + 1} \lambda^2 \tag{2.36}$$

$$\frac{P}{P_0} = \left(1 - \frac{\gamma - 1}{\gamma + 1} \lambda^2 \right)^{\frac{\gamma}{\gamma - 1}} \tag{2.37}$$

$$\frac{\rho}{\rho_0} = \left(1 - \frac{\gamma - 1}{\gamma + 1} \lambda^2 \right)^{\frac{1}{\gamma - 1}} \tag{2.38}$$

2.1.4　气体动力学函数

由式(2.36)~式(2.38)或式(2.25)~式(2.27)可知,高速气流的许多公式都可以写成 λ 数(或 Ma)的代数表达式。常用的气体种类也有限,最常用的是空气,其 $\gamma =$ 1.4;喷气发动机中燃烧后气体,其 $\gamma =$ 1.3;火箭发动机中燃烧后气体,其 $\gamma =$ 1.2。

因此,可以把一些常用的函数各给一个符号,并以 λ(或 Ma)为自变量,一劳永逸地算成一系列的数值表。使用时,可以直接查表(可查阅《航空发动机设计手册》及气体动力学相关书籍);反过来,根据函数值可以去查与之对应的 λ 值(或 Ma 值)。这些规定符号的函数名称为气体动力学函数,有下列三组。

1)静总参数比

将式(2.36)~式(2.38)各公式分别给一个符号:

$$\tau(\lambda) = \frac{T}{T_0} = 1 - \frac{\gamma - 1}{\gamma + 1}\lambda^2 \qquad (2.39)$$

$$\pi(\lambda) = \frac{P}{P_0} = \left(1 - \frac{\gamma - 1}{\gamma + 1}\lambda^2\right)^{\frac{\gamma}{\gamma - 1}} \qquad (2.40)$$

$$\varepsilon(\lambda) = \frac{\rho}{\rho_0} = \left(1 - \frac{\gamma - 1}{\gamma + 1}\lambda^2\right)^{\frac{1}{\gamma - 1}} \qquad (2.41)$$

以上三个函数均随 λ 上升而单调下降,如图 2.4 所示。

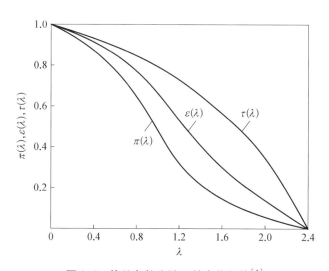

图 2.4　静总参数比随 λ 的变化规律[1]

2)和流量有关的函数

在做一维管流计算时,流量是很重要的参数。若令式(2.1)中的

$$\rho = \rho_0 \varepsilon(\lambda) = \frac{P_0}{RT_0} \varepsilon(\lambda) \tag{2.42}$$

$$V = \lambda a_* = \lambda \sqrt{\frac{2\gamma}{\gamma+1} RT_0} \tag{2.43}$$

则流经任何一个截面的质量流率可以表示为

$$\dot{m} = \lambda \varepsilon(\lambda) \sqrt{\frac{2\gamma}{\gamma+1}} \frac{P_0 A}{\sqrt{RT_0}} \tag{2.44}$$

定义一个流量函数

$$q(\lambda) = \left(\frac{\gamma+1}{2}\right)^{\frac{1}{\gamma-1}} \lambda \varepsilon(\lambda) \tag{2.45}$$

式(2.44)可以简写为

$$\dot{m} = C \frac{P_0}{\sqrt{T_0}} A q(\lambda) \tag{2.46}$$

式中，$C = \left(\frac{2}{\gamma+1}\right)^{\frac{\gamma+1}{2(\gamma-1)}} \left(\frac{\gamma}{R}\right)^{\frac{1}{2}}$，对于空气，$\gamma = 1.4$，$R = 287.06 \text{ J}/(\text{kg} \cdot \text{K})$，$C = 0.040\,418$。

式(2.46)中的滞止压力 P_0 也可以换成静压 P，利用

$$P_0 = \frac{P}{\pi(\lambda)} \tag{2.47}$$

于是，有

$$\dot{m} = C \frac{P}{\sqrt{T_0}} A y(\lambda) \tag{2.48}$$

这里定义另外一个流量函数：

$$y(\lambda) = \frac{q(\lambda)}{\pi(\lambda)} = \frac{\left(\dfrac{\gamma+1}{2}\right)^{\frac{1}{\gamma-1}} \lambda \varepsilon(\lambda)}{\left(1 - \dfrac{\gamma-1}{\gamma+1}\lambda^2\right)^{\frac{\gamma}{\gamma-1}}} \tag{2.49}$$

$q(\lambda)$ 在 $\lambda = 1$ 时达到最大值，$y(\lambda)$ 则随 λ 的增大而单调上升，如图 2.5 所示。

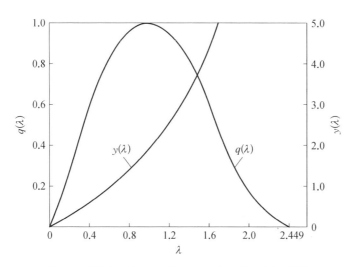

图 2.5　流量函数 $q(\lambda)$ 和 $y(\lambda)$ 随 λ 的变化规律[1]

3）冲量函数

用积分形式的动量方程处理一维管流时，必然会遇到 $(P + \rho V^2)A$ 这样的式子，其表示的是同一截面上单位时间压力的冲量 PA 与动量的冲量 $\rho V^2 A$ 之和。上述式子可以表示为以下三种形式：

$$(P + \rho V^2)A = \frac{\gamma + 1}{2\gamma} a_* \dot{m} Z(\lambda) \tag{2.50}$$

$$(P + \rho V^2)A = P_0 A f(\lambda) \tag{2.51}$$

$$(P + \rho V^2)A = \frac{PA}{r(\lambda)} \tag{2.52}$$

式（2.50）是把 ρV 提出来，利用 $\rho V A = \dot{m}$，以及

$$\frac{P}{\rho V} = \frac{RT}{V} = \frac{RT_0 \tau(\lambda)}{V} = \left(\frac{\gamma + 1}{2\gamma}\right) \tau(\lambda) a_* / \lambda \tag{2.53}$$

定义第一个冲量函数：

$$Z(\lambda) = \lambda + \frac{1}{\lambda} \tag{2.54}$$

式（2.51）是把式（2.50）中的 $\dot{m}$ 用式（2.46）代替，得到第二个冲量函数：

$$f(\lambda) = \left(\frac{2}{\gamma + 1}\right)^{\frac{1}{\gamma - 1}} q(\lambda) Z(\lambda) \tag{2.55}$$

式(2.52)是把式(2.51)中的 P_0 换成 $P/\pi(\lambda)$，得到第三个冲量函数：

$$r(\lambda) = \pi(\lambda)/f(\lambda) \tag{2.56}$$

第一个冲量函数 $Z(\lambda)$ 的表达式太简单，一般不在气体动力学函数表中列出。第二个冲量函数 $f(\lambda)$ 在 $\lambda = 1$ 处有个最大值 $2\left(\frac{2}{\gamma + 1}\right)^{\frac{1}{\gamma - 1}}$，第三个冲量函数 $r(\lambda)$ 则是随 λ 的上升而单调下降，如图 2.6 所示。

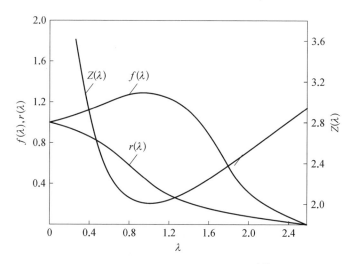

图 2.6　冲量函数随 λ 的变化规律[1]

2.1.5　变截面管流与拉瓦尔喷管

对于定常一维管流，将式(2.21)代入式(2.2)，可得

$$(Ma^2 - 1)\frac{\mathrm{d}V}{V} = \frac{\mathrm{d}A}{A} \tag{2.57}$$

式(2.57)说明，在高速流中，面积变化 $\mathrm{d}A/A$ 所引起的速度变化 $\mathrm{d}V/V$ 不是单调的，要想使速度增大，当 $Ma < 1$ 时，负的 $\mathrm{d}A/A$ 才能产生正的 $\mathrm{d}V/V$；当 $Ma > 1$ 时，正的 $\mathrm{d}A/A$ 就能产生正的 $\mathrm{d}V/V$。

从质量方程来看，$\rho VA =$ 常数，乘积 ρV 增大，A 应缩小；要想使速度不断地增大，相应地，密度必不断地减小。至于乘积 ρV 是增大还是减小，那就要看 ρ 和 V 哪个变得快。由式(2.21)变化形式可得

$$\frac{\mathrm{d}\rho}{\rho} = -Ma^2\frac{\mathrm{d}V}{V} \tag{2.58}$$

当 $Ma < 1$ 时，$\mathrm{d}\rho/\rho$ 的变化没有 $\mathrm{d}V/V$ 快；而当 $Ma > 1$ 时，$\mathrm{d}\rho/\rho$ 的变化超过 $\mathrm{d}V/V$；当 $Ma = 1$ 时，二者恰好相等。也就是说，要使速度不断增大，管道截面应先收缩，超过声速之后，管道截面再放大。流动在最小截面处恰好达到声速，通常把最小截面叫作管道的喉部（或称喉道）。

一般地，使气流加速的管道叫作喷管，使气流减速的管道叫作扩压器。要想使气流由亚声速加速到超声速，喷管的形状应该是先收缩后扩张，如图 2.7 所示。这种收缩-扩张形喷管（简称收扩喷管）是 19 世纪末瑞典工程师拉瓦尔发明的，故这种喷管又叫拉瓦尔喷管。拉瓦尔喷管是产生超声速气流的必要条件之一，真要用它产生超声速气流，喷管上下游还需要具有一定压强比。这个压强比和流动的关系问题放在后续两节中介绍。

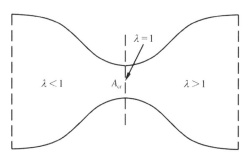

图 2.7　拉瓦尔喷管

2.1.6　收敛喷管的工作状况

截面积单调缩小的喷管，称为收敛喷管或收缩喷管。收敛喷管可以使亚声速气流不断加速，直至声速，即出口截面上的气流马赫数 Ma_e 最大只能达到 1。而 Ma_e 是与压强比 P_e/P_0 相对应的，$Ma_e = 1$ 时的压强比 $P_{e,cr}/P_0$ 就是临界压强比，计作 β_{cr}，它的数值由式(2.26)确定，即

$$\beta_{cr} = \frac{P_{e,cr}}{P_0} = \left(\frac{2}{\gamma+1}\right)^{\frac{\gamma}{\gamma-1}} \tag{2.59}$$

对于空气，$\gamma = 1.4$，$\beta_{cr} = 0.528$；对于 $\gamma = 1.33$ 的燃气，$\beta_{cr} = 0.54$。

设想从储气箱流出来的气流，喷管入口的总压为 P_0，喷管出口的环境压强为 P_b，则收敛喷管的工作状况可分为如下三种。

（1）亚临界工作状况。当 $P_b/P_0 > \beta_{cr}$ 时，喷管内部为纯亚声速流，反压所引起的扰动以声速向喷管内部传播，反压的变化可以影响整个喷管，在这种工作状况下，出口处的气流压强等于环境压强，即 $P_e = P_b$，气体在喷管中将得到完全膨胀。喷管的这种工作状况称为亚临界工作状况。

（2）临界工作状况。当 $P_b/P_0 = \beta_{cr}$ 时，喷管出口气流是声速流，即 $Ma_e = 1$，出口气流压强仍等于环境压强，即 $P_e = P_b$，气体在喷管中仍得到完全膨胀。喷管的

这种工作状况称为临界工作状况。

（3）超临界工作状况。当 $P_b/P_0 < \beta_{cr}$ 时，由于喷管出口截面的气流速度已经达到声速，反压引起的扰动不能越过声速截面，所以扰动不能影响喷管内部的流动；当 P_0 保持不变时，出口截面的气流压强 P_e 不随 P_b 的降低而降低，而是保持 $P_e = \beta_{cr}P_0$；出口截面上的气流仍然是声速流，即 $Ma_e = 1$，喷管的这种工作状况称为超临界工作状况。这时喷管出口处的气流压强没有完全膨胀到环境压强，即 $P_e > P_b$，在这种情况下，气流在喷管出口截面之后还将继续膨胀。

由上面的讨论可知，收敛喷管的工作状况完全由压强比 P_b/P_0 确定；对于每一种工作状况，喷管出口截面上的气流参数具有各自的特点。因此，收敛喷管气流参数的计算方法是：先比较 P_b/P_0 与 β_{cr} 的大小，以此确定喷管的工作状况，然后根据每种工作状况的特点求得气流参数。

2.1.7　收扩喷管的工作状况

与收敛喷管类似，收扩喷管也存在亚临界、临界和超临界三种工作状况；但与收敛喷管不同的是，收扩喷管的超临界工作状况要比收敛喷管复杂得多。收扩喷管的主要工作状况如图 2.8 所示。

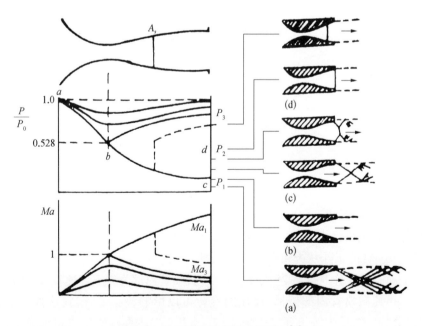

图 2.8　收扩喷管的主要工作状况[2]

1）超临界工作状况

由式（2.46）可知，通过喷管内任意截面的气体质量流率可以表示为

$$\dot{m} = C \frac{P_0}{\sqrt{T_0}} A q(\lambda)$$

在临界截面处 $\lambda = 1$，这时 $q(\lambda) = 1$，于是上式可以改写为

$$\dot{m} = C \frac{P_0}{\sqrt{T_0}} A_* \tag{2.60}$$

以上两式相除可得

$$\frac{A}{A_*} = \frac{1}{q(\lambda)} \tag{2.61}$$

式（2.61）给出的是收扩喷管任意截面的面积与临界截面的面积之比需要满足的气体动力学关系，这个关系式称为面积比公式。

由面积比公式可知，要建立一定 Ma（或 λ 数）的超声速气流，就必须满足一定的管道面积比，这是一个必要条件。具备了一定面积比之后，能否实现超声速流动还要看喷管入口的总压和喷管出口的环境压强情况。下面讨论收扩喷管的压强比 P_b/P_0 对流动的影响，为了方便讨论，假设喷管入口的气流总压 P_0 一定，喷管出口的环境压强 P_b 可以改变，收扩喷管的最小截面积为 A_t。

当面积比 A_e/A_t 给定时，按面积比公式可求得出口截面上气体动力学函数 $q(\lambda_e)$ 及所对应的超声速流马赫数 Ma_e（或 λ_e 数），其中 $Ma_e > 1$（或 $\lambda_e > 1$）；然后计算出该截面上气流压强，记为 P_1，于是

$$P_1 = \pi(\lambda_e) P_0 \tag{2.62}$$

（1）欠膨胀状态：$P_b < P_1$。

当 $P_b < P_1$ 时，如图 2.8（a）所示，气流在喷管内没有得到完全膨胀，在出口截面上气流压强高于环境压强，超声速气流流出喷管后，将继续膨胀；在这个范围内的环境压强变化不影响喷管内部的流动；超声速气流在喷管出口外产生膨胀波系，直到膨胀为环境压强。喷管的这种流动状态称为欠膨胀状态。

（2）完全膨胀状态：$P_b = P_1$。

随着环境压强的升高，喷管内的流动虽然没有变化，但是气流在喷管外的膨胀程度逐渐减小。当 $P_b = P_1$ 时，如图 2.8（b）所示，气流在喷管内得到完全膨胀，喷管出口压强等于环境压强，即 $P_e = P_b$，喷管的这种流动状态称为完全膨胀状态。

（3）一般过膨胀状态：$P_1 < P_b \leqslant P_2$。

环境压强升高到 $P_b > P_1$ 后，如图 2.8（c）所示，喷管出口截面上超声速气流的压强小于环境压强，气流在出口处将产生激波。气流通过激波后，压强提高到与环境压强一样，激波强度由压强比 P_b/P_1 决定。当环境压强 P_b 大得不多时，喷管出

口将产生弱的斜激波。随着环境压强的增大,激波不断增强,激波角逐渐加大。当 P_b 增大到某个 P_2 值时,激波变成贴在喷管出口的正激波。根据正激波关系式,可推出

$$P_2 = P_1\left(\frac{2\gamma}{\gamma + 1}Ma_e^2 - \frac{\gamma - 1}{\gamma + 1}\right) \tag{2.63}$$

当 $P_1 < P_b \leqslant P_2$ 时,气流在喷管出口通过不同强度的激波来达到与环境压强相平衡的状况,所以在这个环境压强的变化范围内,喷管内的流动仍然不受环境压强的影响;这一点和收敛喷管不同,收敛喷管出口气流的压强不可能小于环境压强。收扩喷管的这种流动状态称为一般过膨胀状态。

（4）严重过膨胀状态: $P_2 < P_b < P_3$。

环境压强 P_b 大于气流在喷管出口处产生正激波所能达到的压强 P_2 之后,如图 2.8(d) 所示,激波的传播速度大于出口截面上的气流速度,所以激波向喷管上游移动。随着激波向喷管上游移动,波前马赫数降低,其传播速度越来越小;当激波的传播速度与当地气流速度相等时,激波就会稳定在该截面。环境压强越高,激波位置越靠近喉部;当环境压强提高到某个压强 P_3 时,喷管内激波正好达到喉部,这时的波前马赫数为1,所以激波也就不存在了。这时喷管内流动先在收缩段加速,在最小截面处达到声速,之后在扩张段减速,直到出口截面上气流压强等于环境压强 P_3。

当面积比 A_e/A_t 给定时,由面积比公式可求得出口截面上气体动力学函数 $q(\lambda_e)$ 及所对应的亚声速流马赫数 Ma_e（或 λ_e 数）,为加以区别,亚声速流的马赫数（或 λ_e 数）记作 $Ma_{e, sub}$（或 $\lambda_{e, sub}$）,然后利用气体动力学函数 $\pi(\lambda_{e, sub})$ 求出 P_3,即

$$P_3 = \pi(\lambda_{e, sub})P_0 \tag{2.64}$$

当 $P_2 < P_b < P_3$ 时,喷管内流动只在最小截面之后有一段超声速流,然后经过激波变为亚声速流。所以环境压强的变化可影响到激波后的亚声速区,从而改变激波所处的位置,调整激波后的流速和压强,使气流在喷管出口截面的压强等于环境压强。喷管的这种流动状态称为严重过膨胀状态。

以上所述的收扩喷管四种流动状态,即欠膨胀状态、完全膨胀状态、一般过膨胀状态及严重过膨胀状态,通称为收扩喷管的超临界工作状况。

2) 临界工作状况: $P_b = P_3$

当 $P_b = P_3$ 时,喷管内流动在最小截面处达到声速,在最小截面之前和之后均为亚声速流。收扩喷管的这种工作状况称为临界工作状况。

3) 亚临界工作状况: $P_b > P_3$

环境压强 P_b 若高于 P_3,则整个喷管内部都是亚声速气流,最小截面不再是临

界截面,该截面上的气流也不再是声速流动,而是亚声速流动。环境压强的变化将影响整个喷管内的流动,与收敛喷管亚临界工作状况一样,出口截面上的速度不再与面积比有关,而是由压强比 P_b/P_0 确定:

$$\pi(\lambda_{e,\,\text{sub}}) = P_b/P_0 \tag{2.65}$$

收扩喷管的这种工作状况称为亚临界工作状况。

2.2　喷管理论性能及实际性能

2.2.1　收敛喷管的理论性能

1）亚临界工作状况

在亚临界工作状况下,收敛喷管的出口压强等于环境压强,喷管出口截面的气体动力学函数 $\pi(\lambda_{et})$ 可以表示为

$$\pi(\lambda_{et}) = \frac{P_b}{P_0} = \left(1 - \frac{\gamma-1}{\gamma+1}\lambda_{et}^2\right)^{\frac{\gamma}{\gamma-1}} \tag{2.66}$$

可以得出喷管出口截面 λ 数 λ_{et} 及喷管出口理论速度 V_{et} 分别为

$$\lambda_{et} = \sqrt{\frac{\gamma+1}{\gamma-1}\left[1 - \left(\frac{P_b}{P_0}\right)^{\frac{\gamma-1}{\gamma}}\right]} \tag{2.67}$$

$$V_{et} = \lambda_{et}a_* = \sqrt{\frac{2\gamma}{\gamma-1}RT_0\left[1 - \left(\frac{P_b}{P_0}\right)^{\frac{\gamma-1}{\gamma}}\right]} \tag{2.68}$$

于是,喷管出口理论质量流率 $\dot{m}_t$ 和理论推力 F_{et} 分别为

$$\dot{m}_t = \rho_e V_{et} A_e = \varepsilon(\lambda_{et})\rho_0 A_e\sqrt{\frac{2\gamma}{\gamma-1}RT_0\left[1 - \left(\frac{P_b}{P_0}\right)^{\frac{\gamma-1}{\gamma}}\right]} \tag{2.69}$$

$$
\begin{aligned}
F_{et} &= \dot{m}_t V_{et} + (p_e - p_b)A_e = \rho_e V_{et}^2 A_e \\
&= \rho_e A_e \frac{2\gamma}{\gamma-1}RT_0\left[1 - \left(\frac{P_b}{P_0}\right)^{\frac{\gamma-1}{\gamma}}\right] \\
&= P_b A_e \frac{2\gamma}{\gamma-1}\frac{T_0}{T_e}\left[1 - \left(\frac{P_b}{P_0}\right)^{\frac{\gamma-1}{\gamma}}\right] \\
&= P_b A_e \frac{2\gamma}{\gamma-1}\left[\left(\frac{P_0}{P_b}\right)^{\frac{\gamma-1}{\gamma}} - 1\right]
\end{aligned}
\tag{2.70}
$$

2) 临界及超临界工作状况

在临界及超临界工作状况下,收敛喷管的出口马赫数等于 1,喷管出口理论速度可以表示为

$$V_{et} = a_* = \sqrt{\frac{2\gamma}{\gamma + 1} R T_0} \tag{2.71}$$

于是,喷管出口理论质量流率 $\dot{m}_t$ 和理论推力 F_{et} 分别为

$$\begin{aligned} \dot{m}_t &= \rho_e V_{et} A_e = \rho_* V_* A_* \\ &= \rho_0 A_e \sqrt{\left(\frac{2}{\gamma + 1}\right)^{\frac{\gamma+1}{\gamma-1}} \gamma R T_0} \end{aligned} \tag{2.72}$$

$$\begin{aligned} F_{et} &= \dot{m}_t V_{et} + (P_e - P_b) A_e \\ &= \rho_e A_e \frac{2\gamma}{\gamma - 1} R T_0 + (P_e - P_b) A_e \\ &= P_e A_e \frac{2\gamma}{\gamma - 1} R \frac{T_0}{T_e} + (P_e - P_b) A_e \\ &= (\gamma + 1) P_e A_e - P_b A_e \\ &= P_b A_e \left[\frac{\gamma + 1}{\left(\frac{\gamma + 1}{2}\right)^{\frac{\gamma}{\gamma-1}}} \frac{P_0}{P_b} - 1 \right] \end{aligned} \tag{2.73}$$

2.2.2 收扩喷管的理论性能

1. 最佳面积比

对于收扩喷管,需要重点关注的是喷管在超临界工作状况下的理论性能。在给定的喷管进口总压与环境压强之比 (P_0/P_b) 条件下,总能找到一个喷管出口面积与喷管喉道面积之比 (A_e/A_{th}),使得喷管出口压强等于环境压强 $(P_e = P_b)$。这时喷管的流动状态称为理想完全膨胀状态,所对应的喷管出口面积与喷管喉道面积之比 $(A_e/A_{th})_{id}$ 称为最佳面积比。在理想完全膨胀状态下,喷管出口截面的气体动力学函数 $\pi(\lambda_{id})$ 可以表示为

$$\pi(\lambda_{id}) = \frac{P_b}{P_0} = \left(1 - \frac{\gamma - 1}{\gamma + 1} \lambda_{id}^2 \right)^{\frac{\gamma}{\gamma-1}} \tag{2.74}$$

所对应的喷管出口截面 λ 数 λ_{id} 及喷管最佳面积比 $(A_e/A_t)_{id}$ 分别为

$$\lambda_{\mathrm{id}} = \sqrt{\frac{\gamma+1}{\gamma-1}\left[1-\left(\frac{P_{\mathrm{b}}}{P_0}\right)^{\frac{\gamma-1}{\gamma}}\right]} \tag{2.75}$$

$$\left(\frac{A_{\mathrm{e}}}{A_{\mathrm{th}}}\right)_{\mathrm{id}} = \frac{1}{q(\lambda_{\mathrm{id}})} \tag{2.76}$$

2. 最佳面积比下的理论性能

在超临界工作状况和最佳面积比条件下,收扩喷管的理想完全膨胀速度 V_{id} 及理想流量 $\dot{m}_{\mathrm{t}}$ 分别为

$$V_{\mathrm{id}} = \lambda_{\mathrm{id}} a_* = \sqrt{\frac{2\gamma}{\gamma-1}RT_0\left[1-\left(\frac{P_{\mathrm{b}}}{P_0}\right)^{\frac{\gamma-1}{\gamma}}\right]} \tag{2.77}$$

$$\begin{aligned}\dot{m}_{\mathrm{t}} &= \rho_* V_* A_* = \rho_0\left(1-\frac{\gamma-1}{\gamma+1}\right)^{\frac{1}{\gamma-1}} a_* A_* \\ &= \rho_0 A_{\mathrm{e}}\sqrt{\left(\frac{2}{\gamma+1}\right)^{\frac{\gamma+1}{\gamma-1}}\gamma RT_0}\end{aligned} \tag{2.78}$$

收扩喷管的理想完全膨胀推力 F_{id} 为

$$\begin{aligned}F_{\mathrm{id}} &= \dot{m}_{\mathrm{t}} V_{\mathrm{id}} \\ &= \rho_0 A_{\mathrm{t}}\sqrt{\left(\frac{2}{\gamma+1}\right)^{\frac{\gamma+1}{\gamma-1}}\gamma RT_0}\sqrt{\frac{2\gamma}{\gamma-1}RT_0\left[1-\left(\frac{P_{\mathrm{b}}}{P_0}\right)^{\frac{\gamma-1}{\gamma}}\right]} \\ &= P_0 A_{\mathrm{t}}\sqrt{\frac{2\gamma^2}{\gamma-1}\left(\frac{2}{\gamma+1}\right)^{\frac{\gamma+1}{\gamma-1}}\left[1-\left(\frac{P_{\mathrm{b}}}{P_0}\right)^{\frac{\gamma-1}{\gamma}}\right]}\end{aligned} \tag{2.79}$$

3. 非最佳面积比下的理论性能

在超临界工作状况和非最佳面积比条件下,喷管工作在欠膨胀状态或过膨胀状态,收扩喷管理论性能的计算可分为以下两种情况。

1) 欠膨胀及一般过膨胀状态

在欠膨胀及一般过膨胀状态下,流经收扩喷管的理论流量取决于喷管上游的总温、总压和喷管的喉道面积,计算公式仍为式(2.78)。

当喷管面积比 $A_{\mathrm{e}}/A_{\mathrm{th}}$ 给定时,可由面积比公式[式(2.61)]求得出口截面上气体动力学函数 $q(\lambda_{\mathrm{e}})$ 及所对应的超声速流 λ 数 λ_{e},再由喷管出口截面的 λ_{e} 算出气体动力学函数 $\pi(\lambda_{\mathrm{e}})$ 及所对应的喷管出口压力 P_{e}。于是,欠膨胀及一般过膨胀状态下收扩喷管出口理论速度 V_{et} 和理论推力 F_{et} 分别为

$$V_{et} = \lambda_e a_* = \sqrt{\frac{2\gamma}{\gamma - 1} RT_0 \left[1 - \left(\frac{P_e}{P_0}\right)^{\frac{\gamma-1}{\gamma}} \right]} \qquad (2.80)$$

$$
\begin{aligned}
F_{et} &= (\rho_* V_* A_*) V_{et} + (P_e - P_b) A_e \\
&= \rho_0 A_t \sqrt{\left(\frac{2}{\gamma+1}\right)^{\frac{\gamma+1}{\gamma-1}} \gamma RT_0} \sqrt{\frac{2\gamma}{\gamma-1} RT_0 \left[1 - \left(\frac{P_e}{P_0}\right)^{\frac{\gamma-1}{\gamma}} \right]} + (P_e - P_b) A_e \\
&= P_0 A_t \sqrt{\frac{2\gamma^2}{\gamma-1} \left(\frac{2}{\gamma+1}\right)^{\frac{\gamma+1}{\gamma-1}} \left[1 - \left(\frac{P_e}{P_0}\right)^{\frac{\gamma-1}{\gamma}} \right]} + (P_e - P_b) A_e
\end{aligned}
$$
$$(2.81)$$

2) 严重过膨胀状态

在严重过膨胀状态下,流经收扩喷管的理论流量仍取决于喷管上游的总温、总压和喷管的喉道面积,计算公式仍采用式(2.78)。

在上述条件下,收扩喷管的扩张段存在正激波,气流流经正激波后会产生总压损失,由式(2.60)和式(2.61)联立可得

$$\frac{A_e}{A_{th}} = \frac{P_0}{P_{0e} q(\lambda_{e,\,sub})} \qquad (2.82)$$

式中,P_{0e} 为喷管出口截面的总压;$\lambda_{e,\,sub}$ 为喷管出口截面上气体动力学函数 $q(\lambda_e)$ 所对应的亚声速流 λ 数。这时喷管出口压强 $P_e = P_b$,再由喷管出口截面上气体动力学函数 $\pi(\lambda_{e,\,sub})$ 可得喷管出口总压 $P_{0e} = P_b / \pi(\lambda_{e,\,sub})$,代入式(2.82),即可求出喷管出口截面 λ 数 $\lambda_{e,\,sub}$ 及喷管出口截面总压 P_{0e}。于是,严重过膨胀状态下收扩喷管出口理论速度 V_{et} 和理论推力 F_{et} 分别为

$$V_{et} = \lambda_{e,\,sub} a_* = \sqrt{\frac{2\gamma}{\gamma-1} RT_0 \left[1 - \left(\frac{P_b}{P_{0e}}\right)^{\frac{\gamma-1}{\gamma}} \right]} \qquad (2.83)$$

$$
\begin{aligned}
F_{et} &= (\rho_* V_* A_*) V_{et} + (P_e - P_b) A_e \\
&= \rho_0 A_{th} \sqrt{\left(\frac{2}{\gamma+1}\right)^{\frac{\gamma+1}{\gamma-1}} \gamma RT_0} \sqrt{\frac{2\gamma}{\gamma-1} RT_0 \left[1 - \left(\frac{P_b}{P_{0e}}\right)^{\frac{\gamma-1}{\gamma}} \right]} \\
&= P_0 A_{th} \sqrt{\frac{2\gamma^2}{\gamma-1} \left(\frac{2}{\gamma+1}\right)^{\frac{\gamma+1}{\gamma-1}} \left[1 - \left(\frac{P_b}{P_{0e}}\right)^{\frac{\gamma-1}{\gamma}} \right]}
\end{aligned}
$$
$$(2.84)$$

2.2.3　表征喷管性能的基本参数

喷管的性能一般用流量系数和推力系数来表示。流量系数表示喷管的流通能力,推力系数表示喷管的推进效率。对于引射喷管,由于引入了二次流,其性能包括推力特性和抽吸特性,分别用引射喷管推力系数和引射总压比来表示,其中引射总压比表示主流对次流的抽吸能力。对于涡扇发动机混合式喷管或分开式喷管,推力系数的计算需要考虑内外涵混合排气或分开排气造成的影响,其中衡量混合式喷管气动性能的还有推力增益、混合效率等参数。对于矢量喷管,需要增加喷管的推力矢量角(即有效矢量角)和偏转效率来表示喷管的矢量控制效果,增加推力效率来表示喷管的矢量偏转推力特性[3]。喷管在飞机上的安装特性也是喷管的重要性能指标,用喷管的有效推力系数来表示。

1) 喷管的流量系数和推力系数

喷管的流量系数(C_D)定义为流过喷管喉道的实际流量($\dot{m}_{\text{nz, ac}}$)与理想流量($\dot{m}_{\text{nz, id}}$)之比,即

$$C_D = \frac{\dot{m}_{\text{nz, ac}}}{\dot{m}_{\text{nz, id}}} \tag{2.85}$$

式中, $\dot{m}_{\text{nz, ac}}$ 为通过喷管喉道的实际流量,通过实验或理论计算获得; $\dot{m}_{\text{nz, id}}$ 为一维等熵流动计算得出的通过喷管喉道的理论流量,可按式(2.86)计算:

$$\dot{m}_{\text{nz, id}} = \frac{k_{\text{th}}P_{0,\text{th}}q(\lambda_{\text{th}})}{\sqrt{T_{0,\text{th}}}}A_{\text{th}} \tag{2.86}$$

式中, $k_{\text{th}} = f(\gamma_{\text{th}},\ P_{0,\text{th}}/P_{\text{b}})$; A_{th} 为喷管喉道的几何面积。

喷管的推力系数(C_F)定义为喷管的实际推力($F_{\text{nz, ac}}$)与理想推力($F_{\text{nz, id}}$)之比,即

$$C_F = \frac{F_{\text{nz, ac}}}{F_{\text{nz, id}}} \tag{2.87}$$

式中, $F_{\text{nz, ac}}$ 为通过实验或理论计算获得的喷管实际推力; $F_{\text{nz, id}}$ 为通过喷管的实际流量等熵完全膨胀产生的推力,可按式(2.88)计算:

$$F_{\text{nz, id}} = \dot{m}_{\text{nz, ac}}V_{\text{e, id}} = C_D\dot{m}_{\text{nz, id}}\sqrt{\frac{2\gamma}{\gamma-1}RT_0\left[1-\left(\frac{P_{\text{b}}}{P_{0,\text{th}}}\right)^{\frac{\gamma-1}{\gamma}}\right]} \tag{2.88}$$

式中, $V_{\text{e, id}}$ 为等熵完全膨胀状态下的喷管出口速度。

2) 引射喷管的推力系数和引射总压比

引射喷管的推力系数有两种定义,一种是引射喷管的实际推力与主喷管的理

想推力之比,表达式为

$$C_{F,\,\mathrm{ej}} = \frac{F_{\mathrm{ej}}}{F_{\mathrm{ip}}} \qquad (2.89)$$

另一种是引射喷管的实际推力与主流和次流的理想推力之和的比值,表达式为

$$C_{F,\,\mathrm{ej}} = \frac{F_{\mathrm{ej}}}{F_{\mathrm{ip}} + F_{\mathrm{is}}} \qquad (2.90)$$

式中,F_{ip} 和 F_{is} 分别为主、次流的实际流量等熵完全膨胀所产生的推力。

引射喷管的引射总压比定义为次流总压与主流总压之比,表达式为

$$\pi_{\mathrm{s}} = \frac{P_{0\mathrm{s}}}{P_{0\mathrm{p}}} \qquad (2.91)$$

3) 涡扇发动机混合式喷管的推力系数、推力增益和混合效率

(1) 涡扇发动机混合式喷管的推力系数: 定义为喷管的实际推力与内外涵气流的理想推力之和的比值,表达式为

$$C_{F,\,\mathrm{mix}} = \frac{F_{\mathrm{mix}}}{F_{\mathrm{i,\,inner}} + F_{\mathrm{i,\,outer}}} \qquad (2.92)$$

式中,F_{mix} 为混合式喷管的实际推力;$F_{\mathrm{i,\,inner}}$ 和 $F_{\mathrm{i,\,outer}}$ 分别为流经内外涵的实际流量等熵完全膨胀所产生的推力。

(2) 推力增益: 它是混合式喷管特有的气动性能参数,是衡量混合式喷管性能的综合指标和最终考核指标。对于大/中等涵道比涡扇发动机,相对于分开式喷管,混合式喷管增加推力的机理是发动机内涵高温燃气与外涵冷空气的掺混,这是因为在相同条件下,发动机采用混合式喷管获得的气动效率相对较高,具有潜在的热力学收益。理想的推力增益是基于内外涵气流在混合式喷管出口处达到完全混合,然而由于结构重量、长度等的限制,混合式喷管实际上无法获得理想的推力增益。一般情况下,采用环形混合器和波瓣形混合器的大/中等涵道比涡扇发动机混合式喷管可以分别获得理想推力增益的 20%~40% 和 50%~95%[4]。混合式喷管的推力增益一般用内外涵进口气流参数相同情况下混合式喷管推力和分开式喷管推力的差值与分开式喷管推力的百分数来表示。

(3) 混合效率: 它也是混合式喷管特有的气动性能参数,是衡量混合式喷管内外涵两股气流混合程度的一个度量值,其中最直接的指标是基于流体组分的标量混合效率[5,6],但在实际的混合式喷管中,由于组分的测量比较困难,采用标量混

合效率来衡量混合式喷管内外涵两股气流的混合程度也比较困难。考虑到推力和温度的测量较为简单、可行,因此一般采用基于推力的推力混合效率和基于气体温度的热混合效率。

① 推力混合效率: 定义为混合的实际推力与完全混合的理想推力之比[7],即

$$\eta_m = \frac{F_{g,\,ac} - (F_{gI} + F_{gII})_{ac}}{F_{g,\,id} - (F_{gI} + F_{gII})_{id}} \tag{2.93}$$

式中, F_g 为总推力;下标 I 和 II 分别表示内涵和外涵;下标 ac 和 id 分别表示实际情况和理想情况。理想总推力 $F_{g,\,id}$ 和 $(F_{gI} + F_{gII})_{id}$ 可以通过理论计算获得,实际推力 $F_{g,\,ac}$ 和 $(F_{gI} + F_{gII})_{ac}$ 可以通过实验测量获得。

在缩尺模型气动性能实验时,也可以根据温度测量结果用温度均匀度 ξ_T 替代推力混合效率表征混合式喷管内外涵两股气流的混合程度。温度均匀度 ξ_T 定义为 1 减去混合式喷管出口截面各测点总温偏离质量平均总温的平均值与质量平均总温的比值,温度均匀度 ξ_T 越高,则说明混合式喷管的混合程度也越高,具体的计算公式如下:

$$\xi_T = 1 - \frac{\sum |T_i - T_{cp}|}{N T_{cp}} \tag{2.94}$$

式中, T_{cp} 为质量平均总温; T_i 为混合式喷管出口截面第 i 个测点处的总温; N 为测点数。

② 热混合效率: 过去工程中常采用 Frost 根据一维流动模型推导、定义的热混合效率来衡量混合式喷管的性能。定义为

$$\eta_T = \frac{\int T^{0.5} \mathrm{d}\dot{m} - T_{hot}^{0.5}\dot{m}_{hot} - T_{cold}^{0.5}\dot{m}_{cold}}{T_{mix}^{0.5}(\dot{m}_{hot} + \dot{m}_{cold}) - T_{hot}^{0.5}\dot{m}_{hot} - T_{cold}^{0.5}\dot{m}_{cold}} \tag{2.95}$$

式中, T_{hot} 为喷管入口内涵气体的温度; T_{cold} 为喷管入口外涵气体的温度; $\dot{m}_{hot}$ 为内涵气体的质量流量; $\dot{m}_{cold}$ 为外涵气体的质量流量; T_{mix} 为内、外涵气体完全混合时的温度,其定义如下:

$$T_{mix} = \frac{T_{hot}\dot{m}_{hot} + T_{cold}\dot{m}_{cold}}{\dot{m}_{hot} + \dot{m}_{cold}} \tag{2.96}$$

但是,在使用此方法处理每个单元流量时,混合效率的计算结果可能会出现很大的波动,由此带来很大的误差,需要进行改进。

在保持式(2.95)基本形式的情况下,引入方差的概念,经无量纲化整理后,得到刘-谢热混合效率公式[8,9],其表达式为

$$\eta_{TR} = 1 - \frac{\int (T - T_{mix})^2 \mathrm{d}\dot{m}}{T_{hot}^2 \dot{m}_{hot} + T_{cold}^2 \dot{m}_{cold} - T_{mix}^2 (\dot{m}_{hot} + \dot{m}_{cold})} \tag{2.97}$$

式中，T_{hot}、T_{cold}、$\dot{m}_{hot}$、$\dot{m}_{cold}$、T_{mix} 的定义与式(2.95)相同。

在采用热混合效率计算分析混合式喷管混合效率时，建议采用式(2.97)计算。

4) 涡扇发动机分开式喷管的推力系数

分开式喷管的推力系数定义为外涵喷管和内涵喷管的实际推力之和与内外涵气流的理想推力之和的比值，表达式为

$$C_{F, sep} = \frac{F_{inner} + F_{outer}}{F_{i, inner} + F_{i, outer}} \tag{2.98}$$

式中，F_{inner} 和 F_{outer} 分别表示流经内涵喷管和外涵喷管的实际流量等熵完全膨胀所产生的推力。

5) 矢量喷管的推力矢量角、偏转效率和推力效率

矢量喷管的推力矢量角 δ_F 为喷管推力实际偏转的角度，与喷管的工作状况、喷管偏转角(即几何矢量角) δ_J 相关。矢量喷管的偏转效率 η_δ 定义为推力矢量角 δ_F 与喷管偏转角 δ_J 之比，推力效率 η_F 定义为偏转时总推力与不偏转时总推力之比[3]。

6) 喷管的有效推力系数

喷管装在飞机上飞行时，喷管的外表面有气流流过，在外表面上会产生外部阻力。外部阻力由两部分组成：一部分是喷管外表面上的静压不均匀产生的压差阻力，另一部分是由于气体黏性产生的摩擦阻力和底部阻力。

喷管的有效推力系数为喷管的有效推力与理想推力之比，表达式为

$$C_{F, eff} = \frac{F_{nz, eff}}{F_{nz, id}} \tag{2.99}$$

式中，$F_{nz, eff}$ 为喷管的有效推力，即喷管的实际推力减去外部阻力的净推力值；喷管的外部阻力包括压差阻力、摩擦阻力和底部阻力。

2.2.4 收敛喷管的实际性能

收敛喷管的实际性能可以由实验或数值模拟得到，但在喷管的初步设计阶段，可以通过理论分析或经验公式来近似获取，以下给出收敛喷管实际性能的近似计算方法。

1) 收敛喷管的流量特性

在收敛喷管的实际流动过程中，影响喷管流通能力的主要因素有三个：非等

熵流效应、附面层的影响和三维流效应,其中第一个影响因素可用流量系数 $C_{D\eta}$ 来考虑,第二个影响因素可用流量系数 C_{Db} 来考虑,第三个影响因素可用流量系数 C_{Dc} 来考虑。

(1) 流量系数 $C_{D\eta}$ 定义为

$$C_{D\eta} = \frac{\dot{m}_{\mathrm{t}(\sigma_c \neq 1)}}{\dot{m}_{\mathrm{t}(\sigma_c = 1)}} \tag{2.100}$$

在亚临界条件下,收敛喷管的出口压强等于环境压强,于是有

$$\dot{m}_{\mathrm{t}(\sigma_c = 1)} = \rho_{\mathrm{et}} V_{\mathrm{et}} A_{\mathrm{e}} = \varepsilon(\lambda_{\mathrm{et}}) \rho_0 A_{\mathrm{e}} \sqrt{\frac{2\gamma}{\gamma - 1} R T_0 \left[1 - \left(\frac{P_{\mathrm{b}}}{P_0}\right)^{\frac{\gamma-1}{\gamma}} \right]} \tag{2.101}$$

$$\dot{m}_{\mathrm{t}(\sigma_c \neq 1)} = \rho_{\mathrm{e}} V_{\mathrm{e}} A_{\mathrm{e}} = \varepsilon(\lambda_{\mathrm{e}}) \sigma_c \rho_{0\mathrm{e}} A_{\mathrm{e}} \sqrt{\frac{2\gamma}{\gamma - 1} R T_0 \left[1 - \left(\frac{P_{\mathrm{b}}}{\sigma_c P_0}\right)^{\frac{\gamma-1}{\gamma}} \right]} \tag{2.102}$$

在临界及超临界条件下,收敛喷管的出口马赫数等于 1,于是有

$$\dot{m}_{\mathrm{t}(\sigma_c = 1)} = \rho_{*\mathrm{t}} V_{*\mathrm{t}} A_{*} = \rho_0 A_{\mathrm{e}} \sqrt{\left(\frac{2}{\gamma + 1}\right)^{\frac{\gamma+1}{\gamma-1}} \gamma R T_0} \tag{2.103}$$

$$\dot{m}_{\mathrm{t}(\sigma_c \neq 1)} = \rho_{*} V_{*} A_{*} = \sigma_c \rho_0 A_{\mathrm{e}} \sqrt{\left(\frac{2}{\gamma + 1}\right)^{\frac{\gamma+1}{\gamma-1}} \gamma R T_0} \tag{2.104}$$

(2) 关于喷管内壁附面层对喷管流量系数的影响,可以认为附面层把喷管出口几何截面堵塞了一个附面层位移厚度(δ^*),所以喷管出口截面的有效面积为 A_{e} − 被 δ^* 阻塞的面积。 于是,考虑附面层影响的喷管流量系数 C_{Db} 可以写为

$$C_{Db} = \frac{A_{\mathrm{e}} - 2\pi R_{\mathrm{e}} \delta^*}{A_{\mathrm{e}}} \approx 1 - \frac{2\delta^*}{R_{\mathrm{e}}} \tag{2.105}$$

式中,δ^* 为喷管出口截面的附面层位移厚度;A_{e} 为喷管出口截面面积;R_{e} 为喷管出口截面半径。若认为附面层内速度型呈 1/7 幂的分布规律(对于湍流问题),并用喷管出口直径作为特征长度,设喷管的收敛角为 α,则

$$C_{Db} \approx 1 - \frac{0.185}{\cos\alpha} Re_D^{-0.2} \tag{2.106}$$

式中,Re_D 为喷管出口截面的雷诺数,$Re_D = \dfrac{\rho V D}{\mu}$。

（3）关于三维流效应对喷管流量系数的影响，在亚临界条件下，由喷管流出的气流会在惯性作用下继续收缩，在喷管出口下游形成气动喉道，在这种情况下，流量系数 C_{Dc} 可由半经验公式求出[10]：

$$C_{Dc} \approx \frac{2}{3} \frac{1 - \cos^3 \alpha}{\sin^2 \alpha} \qquad (2.107)$$

在临界及超临界条件下，可用理论分析或无黏流数值模拟的方法得出收敛喷管的出口声速线，如图 2.9 所示，之后沿声速线积分，就能得出考虑三维流效应的喷管流量系数 C_{Dc} 为[10]

$$C_{Dc} = \int (\cos \theta \mathrm{d}y - \sin \theta \mathrm{d}x) \qquad (2.108)$$

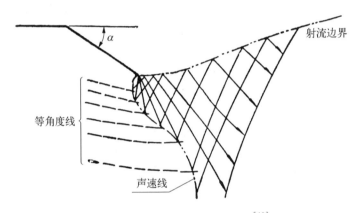

图 2.9　收敛喷管的出口声速线[10]

上述三个因子相乘，就得到收敛喷管的流量系数 C_D，即

$$C_D = C_{D\eta} C_{Db} C_{Dc} \qquad (2.109)$$

2）收敛喷管的推力特性

与上面对收敛喷管实际流通能力的讨论类似，收敛喷管的推力系数也是受非等熵流、附面层及三维流等效应的影响，即喷管的推力系数 C_F 也可以表示为

$$C_F = C_{F\eta} C_{Fb} C_{Fc} \qquad (2.110)$$

式中，第一项 $C_{F\eta}$ 考虑非等熵流效应的影响，表达式为

$$C_{F\eta} = F_{e(\sigma_c \neq 1)} / F_{et(\sigma_c = 1)} \qquad (2.111)$$

第二项 C_{Fb} 考虑喷管内壁附面层的影响，表达式为

$$C_{Fb} \approx \frac{\pi \rho R_e V^2 (1 - 2\theta/R_e)}{\pi \rho R_e^2 V^2} = 1 - \frac{2\theta}{R_e} \qquad (2.112)$$

式中，θ 为喷管出口截面的附面层动量损失厚度。第三项 C_{Fc} 考虑三维流效应的影响，在喷管出口截面声速线确定后，如图 2.9 所示，沿声速线积分，可求出 C_{Fc} 为

$$C_{Fc} = \frac{1}{C_{Dc}} \int \cos\theta(\cos\theta y dy - \sin\theta y dx) \qquad (2.113)$$

2.2.5　收扩喷管的实际性能

与收敛喷管类似，收扩喷管的实际性能也可以由实验或数值模拟得到，但在喷管的初步设计阶段，也可以通过理论分析或经验公式近似获取，以下给出收扩喷管实际性能的近似计算方法。

1）收扩喷管的流量特性

收扩喷管的流量特性主要取决于喷管喉道前的流动状态，因此计算收敛喷管流量特性的方法在计算收扩喷管流量特性时仍然适用，只需要把收敛喷管的出口条件改为收扩喷管的喉道条件即可，不同的是，需要重新分析收扩喷管喉道曲率半径对流量系数的影响。

对于收扩喷管，可用理论分析或无黏流数值模拟的方法得出收扩喷管的喉道声速线和超声速初值线[10]，如图 2.10 所示，沿超声速初值线计算出通过喷管喉道的流量 $\dot{m}$ 后，考虑三维流效应的喷管流量系数 C_{Dc} 可以写为

$$C_{Dc} = \frac{\dot{m}}{\dot{m}_t} \qquad (2.114)$$

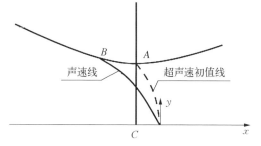

图 2.10　收扩喷管的喉道声速线和超声速初值线

在计算出非等熵流效应、附面层的影响和三维流效应等单项的流量系数 $C_{D\eta}$、C_{Db}、C_{Dc} 后，就可得到收扩喷管的总体流量系数 C_D，即 $C_D = C_{D\eta}C_{Db}C_{Dc}$。

2）收扩喷管的推力特性

在不考虑冷却和漏气损失时，收扩喷管的推力系数 C_F 为

$$C_F = \frac{C_A \phi \dot{m} V_{et} + (P_e - P_b) A_e}{\dot{m} V_i} \qquad (2.115)$$

式中，ϕ 为喷管速度系数；C_A 为喷管发散系数；V_i 为理想完全膨胀速度；V_{et} 为喷管出口理想速度；$\dot{m}$ 为喷管实际流量，$\dot{m} = C_D \dot{m}_t$。设喷管的扩张角为 β，收扩喷管速度系数 ϕ 的估算如图 2.11 所示，发散系数 C_A 的估算如图 2.12 所示[11]。

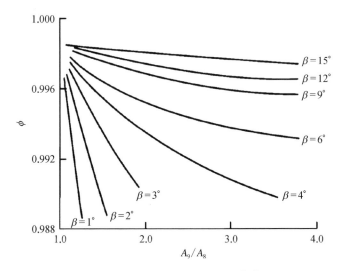

图 2.11　收扩喷管的速度系数[11]

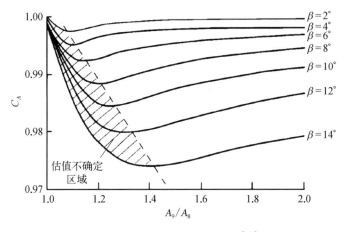

图 2.12　收扩喷管的发散系数[11]

考虑冷却和漏气损失时的收扩喷管推力系数表达式为

$$C_F = \frac{C_A \phi \dot{m} V_{et} + (P_e - P_b) A_e}{\dot{m} V_i} + \Delta C_{FL} + \Delta C_{FC} \quad (2.116)$$

式中，ΔC_{FL} 为喷管漏气带来的推力损失系数；ΔC_{FC} 为冷却气流带来的推力损失系数。以上两个推力损失系数的分析计算方法可参见文献[12]。

2.2.6　反推力装置的性能

衡量反推力装置气动性能的参数一般用反推力效率 η_R 和流量系数 $C_{D,R}$（或

有效反推力面积比 $K_{R,eff}$ [13]）来表示,其中反推力效率用于衡量反推力装置在反推力状态下的反推力性能,流量系数(或有效反推力面积比)用于衡量反推力装置在反推力状态下的流通能力。

1) 热气流式反推力装置(如蛤壳式反推力装置和抓斗式反推力装置)的性能

(1) 反推力效率 η_R 定义为在相同发动机工况下,反推力装置的实际轴向反推力 $F_{RX,ac}$ 与正推力状态下喷管的理想推力 $F_{nz,id}$ 之比,即

$$\eta_R = \frac{F_{RX,ac}}{F_{nz,id}} \tag{2.117}$$

(2) 流量系数 $C_{D,R}$ 定义为在相同发动机工况下,通过反推力装置的反推力气流实际流量 $W_{R,ac}$ 与正推力状态下喷管的理想流量 $W_{nz,id}$ 之比,即

$$C_{D,R} = \frac{W_{R,ac}}{W_{nz,id}} \tag{2.118}$$

(3) 有效反推力面积比 $K_{R,eff}$ 定义为在相同发动机工况下,反推力装置的反推力气流出口有效面积与正推力状态下的喷管喉道有效面积之比,即

$$K_{R,eff} = \frac{(C_{D,R}A_R)}{(C_{D,nz}A_{nz})} \tag{2.119}$$

式中, $C_{D,R}$ 为反推力装置反推力气流出口的流量系数; A_R 为反推力装置反推力气流出口面积; $C_{D,nz}$ 为喷管的流量系数; A_{nz} 为喷管喉道面积。

2) 冷气流式反推力装置(如折流门式反推力装置和叶栅式反推力装置)的性能

(1) 反推力效率 η_R 定义为在相同发动机工况下,反推力装置的实际轴向反推力 $F_{RX,ac}$ 与正推力状态下外涵喷管的理想推力 $F_{fannz,id}$ 之比,即

$$\eta_R = \frac{F_{RX,ac}}{F_{fannz,id}} \tag{2.120}$$

(2) 流量系数 $C_{D,R}$ 定义为在相同发动机工况下,通过反推力装置的反推力气流实际流量 $W_{R,ac}$ 与正推力状态下外涵喷管的理想流量 $W_{fannz,id}$ 之比,即

$$C_{D,R} = \frac{W_{R,ac}}{W_{fannz,id}} \tag{2.121}$$

(3) 有效反推力面积比 $K_{R,eff}$ 定义为在相同发动机工况下,反推力装置的反推力气流出口有效面积与正推力状态下的外涵喷管喉道有效面积之比,即

$$K_{R, eff} = \frac{C_{D, R} A_R}{C_{D, fannz} A_{fannz}} \tag{2.122}$$

式中,$C_{D, R}$ 为反推力装置反推力气流出口的流量系数;A_R 为反推力装置反推力气流出口面积;$C_{D, fannz}$ 为外涵喷管的流量系数;A_{fannz} 为外涵喷管喉道面积。

在理想情况下,有效反推力面积比应接近1,以最大限度降低反推力装置工作时对风扇运行的不利影响。对于给定的压比,有效反推力面积比的降低可能会使风扇工作点转变为喘振状态。

参考文献

[1] 潘锦珊,等.气体动力学基础[M].北京:国防工业出版社,1989.

[2] 徐华舫.空气动力学基础[M].北京:北京航空学院出版社,1987.

[3] 邵万仁.基于数值模拟的轴对称矢量喷管内流特性研究[J].航空动力学报,2008,23(5):822-829.

[4] 陈光.航空发动机结构设计分析[M].北京:北京航空航天大学出版社,2006.

[5] 谢翌.涡扇发动机波瓣混合排气系统气动热力性能研究[D].北京:北京航空航天大学,2012.

[6] 刘友宏,谢翌.菊花形混合器混合效率理论计算[J].航空动力学报,2009,24(4):740-745.

[7] 朱俊强,黄国平,雷志军.航空发动机进排气系统气动热力学[M].上海:上海交通大学出版社,2014.

[8] Xie Y, Liu Y H. A modified thermal mixing efficiency and its application to lobed mixer nozzle for aero-engines[J]. Heat Transfer Research, 2011, 42(4): 317-335.

[9] Xie Y, Liu Y H. Numerical investigation of lobe spacing ratio on performance of forced mixer nozzle[J]. Heat Transfer-Asian Research, 2011, 40(7): 593-607.

[10] 吴达,郑克扬.排气系统的气动热力学[M].北京:北京航空航天大学出版社,1989.

[11] 马丁利 J D,海泽 W H,戴利 D H.航空发动机设计[M].侯志兴,等译.北京:科学出版社,1992.

[12] Oates G C,等.飞机推进系统技术与设计[M].陈大光,等译.北京:航空工业出版社,1992.

[13] Yetter J A, Asbury S C, Larkin M J, et al. Static performance of several novel thrust reverser concepts for subsonic transport applications [C]. 32nd AIAA/ASME/SAE/ASEE Joint Propulsion Conference and Exhibit, Lake Buena Vista, 1996.

第 3 章
固定式喷管设计

固定式喷管在 20 世纪 40~50 年代的非加力式涡喷发动机和 60 年代以后的大/中等涵道比涡扇发动机上得到了广泛应用。与涡喷发动机相比,涡扇发动机的单位推力(即发动机推力与发动机空气质量流量之比)比较小,因而推进效率高、耗油率低,并且耗油率随涵道比的增加而下降,为此喷气式干线飞机的发动机由涡喷发动机转向涡扇发动机并且发动机的涵道比不断增大。大/中等涵道比涡扇发动机的固定式喷管分为混合式和分开式两种,各有优势。此外,涡轴/涡桨发动机采用的也是固定式喷管,喷管形式多种多样。由于非加力式涡喷发动机目前已经很少使用,本章将分别阐述大/中等涵道比涡扇发动机混合式喷管、大/中等涵道比涡扇发动机分开式喷管和涡轴/涡桨发动机喷管的设计。

3.1 大/中等涵道比涡扇发动机混合式喷管设计

3.1.1 研发依据

大/中等涵道比涡扇发动机喷管的选型需要从经济性、环保性、结构重量等方面综合考虑,典型的大/中等涵道比涡扇发动机混合式喷管和分开式喷管的选型数据如表 3.1 和表 3.2 所示。

表 3.1 典型的大/中等涵道比涡扇发动机混合式喷管选型数据

发动机	涵道比	混合器形式	取证时间	发动机	涵道比	混合器形式	取证时间
PW530	3.9	波瓣形	—	CFM56 - 5C2	6.6	波瓣形	1991 年
PW545	4.0	波瓣形	—	TAY610	3.18	波瓣形	1986 年
JT8D - 217	1.7	波瓣形	1980 年	BR725	4.4	波瓣形	2009 年
PW6000	5.0	波瓣形	2004 年	RB211 - 524G	4.3	波瓣形	1988 年
Passport	5.8	波瓣形	2016 年	D - 30KP	2.3	波瓣形	—

续　表

发动机	涵道比	混合器形式	取证时间	发动机	涵道比	混合器形式	取证时间
PS－90A	4.6	波瓣形	1992 年	RB211－535E4	4.3	环形	1983 年
SaM－146	4.4	波瓣形	2010 年	Trent768	5.0	环形	1994 年
AI－22	4.77	波瓣形	—	V2500－A1	5.8	环形	1988 年
TF33－P－3/103	1.36	环形	—	AI－222－25	—	环形	—

表 3.2　典型的大/中等涵道比涡扇发动机分开式喷管选型数据

发动机	涵道比	取证时间	发动机	涵道比	取证时间	发动机	涵道比	取证时间
JT15D－1	3.3	1971 年	CFM56－3B1	5.0	1984 年	GP7000	8.7	2006 年
JT15D－5	2.0	1983 年	CFM56－5A1	6.0	1987 年	RB211－535C	4.4	1981 年
JT9D－7R4	4.9	1980 年	CFM56－7B18	5.5	1996 年	Trent977	8.5	2004 年
PW2037	5.8	1983 年	LEAP－1A	11.0	2015 年	Trent1000	10.0	2007 年
PW4084	6.4	1994 年	CF34－1A	6.2	1982 年	TrentXWB	9.6	2011 年
PW1133G	12.0	2014 年	GE90	8.4	1995 年	D－436K	6.2	1987 年
CFM56－2	6.0	1979 年	GEnx－1B64	9.6	2007 年			

　　混合式喷管有利于增加发动机推力/降低耗油率、抑制喷流噪声,但也会增加重量;对于采用冷气流式反推力装置的大/中等涵道比涡扇发动机,与分开式喷管相比,混合式喷管可以使反推力装置产生的反推力相对增大。从表 3.1 和表 3.2 可以看出,喷管选型主要与发动机涵道比有关,当涵道比在 6.6 以上时,由于内外涵的气流流量差别较大,采用混合式喷管带来的收益有限,而且发动机外廓尺寸也较大,采用混合式喷管会大幅度地增加发动机重量,因此应该采用分开式喷管;只有当涵道比在 6.6 以下时才考虑采用混合式喷管,其中涵道比在 5.5 以下时,发动机采用混合式喷管更多;涵道比为 5.5~6.5 时,发动机既可采用分开式喷管,也可采用混合式喷管。此外,喷管选型还与发动机配装飞机的航程有一定关系,短程支线飞机的发动机重量较轻,且耗油量有限,采用混合式喷管节省的燃油可能无法抵消重量增加带来的影响;远程干线飞机的发动机耗油量很高,采用混合式喷管可以节省较多的燃油,明显提高其经济性,并且其体积和重量均较大,增加的重量对其影响不大。因此,混合式喷管是涵道比在 6.6 以下的大/中等涵道比涡扇发动机增加发动机推力/降低耗油率、抑制喷流噪声的有效方法之一。

在适用于大/中等涵道比涡扇发动机混合式喷管的三种混合器(图 1.2 和图 1.3)中,环形混合器主要依靠内外涵气流的表面湍流进行混合,其结构简单、重量轻、流阻损失小,但混合性能较差,出口流场不均匀并随飞行状态变化较大,在大/中等涵道比涡扇发动机中有少量应用(表 3.1,图 1.4、图 3.1、图 3.2)。波瓣形混合器是 20 世纪 70 年代末开始发展起来的一种新型混合器,既可以在较短的混合长度内达到非常高的混合效率,又具有较低的压力损失,从而可以更有效地增加发动机推力/降低耗油率、抑制喷流噪声。例如,与分开式喷管相比,采用波瓣形混合器的混合式喷管可使耗油率降低 2.5%~3.0%,抑制喷流噪声 2~4 dB[1]。为此,波瓣形混合器在大/中等涵道比涡扇发动机中均得到了比较广泛的应用(表 3.1,图 1.5、图 3.3)。此外,国外正在研究锯齿形混合器[2-4],研究结果表明,锯齿形混

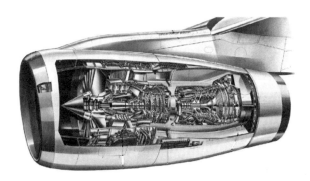

图 3.1 V2500 发动机及其混合式喷管[6]

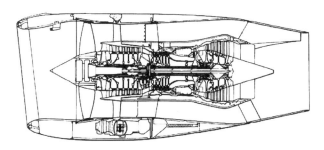

图 3.2 RB211 发动机及其混合式喷管[6]

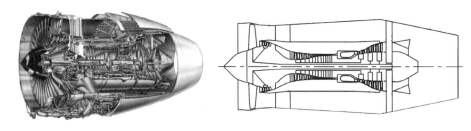

图 3.3 PS‑90A 发动机及其混合式喷管[6]

合器不仅具有与波瓣形混合器相同的功能,并且还具有堵塞比小、重量轻、易于加工的优点[5]。

3.1.2　国内外研发情况

1) 国外研发情况

鉴于燃油价格的提高和燃油的潜在短缺以及民用飞机噪声限制严格,为了在增加发动机推力/降低耗油率和抑制喷流噪声方面获得更大的收益,国外早在 20 世纪 60 年代就开始了在涡扇发动机混合式喷管中应用波瓣形混合器的机理研究、缩尺模型气动性能试验等基础研究工作,例如,Frost[7] 对比研究了环形混合器和波瓣形混合器;20 世纪 70 年代后期,国外投入力量开展了波瓣形混合器在大/中等涵道比涡扇发动机混合式喷管中应用的数值计算、缩尺模型气动性能试验等研究工作,例如,美国在涵道比 6.5 的高效节能发动机(E^3)研制中先后完成了波瓣形混合器及相应的混合式喷管的气动设计、结构设计、缩尺模型气动性能试验、缩尺模型静态声学特性和模拟飞行声学特性试验、整机试验验证等工作[1]。从 20 世纪 80 年代中后期开始,国外一些大/中等涵道比涡扇发动机混合式喷管先后采用了波瓣形混合器,例如,CFM56 - 5C 发动机采取了多种提升性能的设计和噪声抑制设计,而采用波瓣形混合器的混合式喷管是最重要的设计,该设计使发动机的耗油率和噪声水平降低较多。由文献[8]可知,CFM56 - 5C 发动机巡航状态的耗油率比采用分开式喷管的 CFM56 - 5A1 发动机降低了 5%,配装飞机的噪声水平比采用分开式喷管的 CFM56 - 5A/5B 发动机配装飞机降低了 9.1 dB,比采用分开式喷管的 CFM56 - 3 发动机配装飞机降低了 12.8 dB。尽管波瓣形混合器已经在国外大/中等涵道比涡扇发动机上得到实际应用,但为满足更高的性能要求和飞机噪声适航标准,在 20 世纪 80 年代之后,波瓣形混合器的研究工作仍在持续,例如,1991 年,Babbitt 等[9]完成了 9 种波瓣形混合器在大涵道比涡扇发动机混合式喷管缩尺模型上的试验研究,目的在于验证和进一步改进高性能混合器的设计参数,解决波瓣形混合器与发动机/飞机的固定安装一体化难题。1993 年,Mohamed[10] 采用 30% 缩尺的 LF1500 型发动机模型研究了波瓣数目、尾缘剪切、切成凹扇形、混合长度等几何参数对波瓣形混合器及相应的混合式喷管性能的影响。1994~1996 年,McCormick[11]、Simon 等[12,13]进一步开展了波瓣形混合器增强混合的机理研究。此外,在 20 世纪 80 年代之后,波瓣形混合器的型号研制工作仍在持续,例如,乌克兰新研的第一台 AI - 22 发动机于 2000 年 9 月出厂,该发动机采用了波瓣形混合器;英国 R. R 为庞巴迪全新公务机研发的新型涡扇发动机珍珠 15 已于 2018 年初获得欧洲航空安全局认证,该发动机也采用了波瓣形混合器。

2) 国内研发情况

国内在大/中等涵道比涡扇发动机混合式喷管及波瓣形混合器设计技术研

究方面起步较晚,2005 年之后,陆续开展了大涵道比涡扇发动机混合式喷管波瓣形混合器的气动性能研究和喷流噪声抑制技术研究,包括混合式喷管设计技术和噪声抑制技术的计算物理模型建立、适用软件开发、数值仿真、试验验证等研究工作。例如,刘友宏等[14-20]开展了波瓣形混合器主要设计参数对混合式喷管气动性能影响的数值计算研究;康冠群[21]开展了混合式喷管的内外流场数值模拟、气动性能计算研究并与分开式喷管进行了对比;邵万仁[22]针对大涵道比涡扇发动机混合式喷管开展了气动设计技术和喷流噪声抑制技术的数值计算与试验研究。

3.1.3　设计要点

1. 波瓣形混合器强化混合的主要机理

混合式喷管主要几何参数如图 3.4 所示,波瓣形混合器强化混合机理(图 3.5 和图 3.6)如下。

(1) 在同样进口面积情况下,与环形混合器相比,波瓣形混合器具有更大的波瓣出口周长,增加了内外涵两股气流混合界面的面积,从而增强混合。

(2) 波瓣出口的波瓣状造型能够诱导一个大尺度流向涡排,该涡排由彼此转向相反的流向涡(其强度在很大程度上取决于波瓣的几何形状)组成,能以很小的

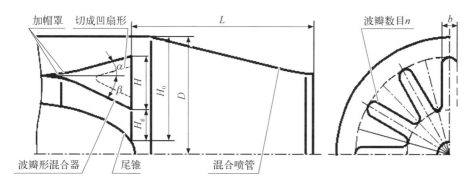

图 3.4　混合式喷管主要几何参数示意图

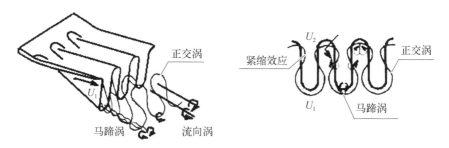

图 3.5　波瓣形混合器内外涵强迫混合机理示意图[11]

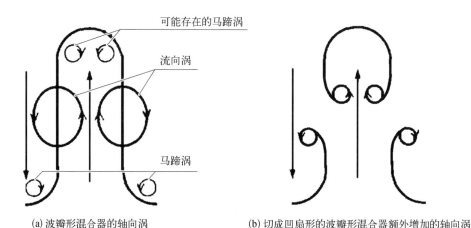

(a) 波瓣形混合器的轴向涡 　　　　　　　(b) 切成凹扇形的波瓣形混合器额外增加的轴向涡

图 3.6　波瓣形混合器轴向涡示意图[23]

压力损失显著地增强混合,对强化混合起主要作用。

（3）波瓣形混合器还能生成一种从波瓣尾缘周期性排出的正交涡（即法向涡），这种涡由两股气流的轴向速度差诱导而产生,属于 Kelvin-Helmholtz 不稳定旋涡。流向涡使正交涡变形为缩颈结构,该结构不稳定,可产生强的湍流,从而强化混合。

（4）对于切成凹扇形的波瓣形混合器,除原有的流向涡外,还将在切成凹扇形的每个波瓣处形成两对流向涡,使波瓣出口附近的流向涡强度比没切成凹扇形的高,从而促进混合。

2. 发动机参数的影响

影响大/中等涵道比涡扇发动机混合式喷管性能的发动机参数主要有发动机涵道比、喷管落压比、混合器内外涵进口气流的总压比和总温比、混合器出口两股气流的速度比等。虽然这些发动机参数在某种程度上由发动机循环决定,在混合式喷管设计中基本上不能改变,但是在发动机总体性能设计中必须考虑这些参数对混合式喷管性能的影响。

（1）发动机涵道比对混合式喷管的混合效率、总压恢复系数和推力系数都有一定的影响,其中对总压恢复系数的影响较大,对于一定长度的混合器,增大发动机涵道比有助于提高混合式喷管的总压恢复系数,却不利于混合效率的提高。

（2）在混合器内外涵进口气流的总温比不变时,改变喷管落压比对混合式喷管的温度场基本无影响,因而混合效率对喷管落压比不敏感;总压力恢复系数对推力系数的影响与喷管落压比有关,其随喷管落压比的增加而降低。

（3）混合器内外涵进口气流的总压比接近 1.0 时,混合损失最小,总压恢复系数最大,并可获得较高的喷管落压比,因此混合器一般在等静压和接近等总压情况下混合。

（4）混合器内外涵进口气流的总温比越高，推力增益也越高，而混合效率只有微弱的变化。

（5）混合器出口两股气流的速度比和速度值对混合效率有一定的影响，但不显著。较高的速度比并不意味着较高的推力增益，因为混合引起的压力损失也将增加。可以认为，存在一个最佳的混合器出口两股气流的速度比来平衡混合效率和压力损失，并和可能的发动机循环匹配。

3. 主要几何参数的影响

波瓣形混合器、混合喷管和尾锥的许多几何参数可以为优化混合式喷管的综合性能而改变，最优的混合式喷管综合性能取决于这些可变几何参数的最佳组合。主要可变几何参数对混合式喷管综合性能的影响情况如下。

（1）相对混合长度 L/D：它是影响性能的一个重要几何参数，其中 L 为混合段长度（即从波瓣出口到混合式喷管出口的长度），D 是对应波瓣出口截面处的混合喷管内径。L/D 对混合效率有较大影响，而对压力损失的影响相对较小。增大 L/D，有利于内外涵两股气流的均匀混合，能改善混合效率，降低耗油率，但会增加摩擦损失和结构重量，并且可能会带来潜在的安装问题。为此，在混合式喷管设计中，L/D 应当取比气动性能最佳所需的值小一些，一般在 $0.5 \sim 0.8$ 选取，以便在性能和重量之间获得最佳折中。

（2）波瓣形状：它是决定混合器性能的重要参数，对混合效率和压力损失都有重要影响。波瓣形状包括三个方面：混合器出口截面上的波瓣形状、沿纵向的波瓣峰线和谷线的形状、波瓣出口附近侧壁切凹扇口的形状（切成凹扇形，即将每个波瓣侧壁切掉一部分）。混合器出口截面上的波瓣形状采用内涵波瓣侧壁平行、两端用圆弧连接的波瓣形状，可以使混合式喷管获得较好的性能。借助波瓣尾缘剪切来调整出口平面几何形状，对于一个给定的混合器可优化其性能，并且可能存在一个最佳的尾缘剪切。确定波瓣沿波瓣峰线形状和谷线形状的基本原则是，使气流流过波瓣时不会出现局部分离或受阻，一般采用等压力梯度进行设计，可以通过计算流体力学（computational fluid dynamics，CFD）数值仿真或缩尺模型气动性能试验来确定。在波瓣出口附近侧壁切成凹扇形的设计可使混合式喷管的混合效率提高、压力损失减少和重量减轻。

（3）波瓣数目 n：增加 n 可以提高混合效率，但也会增加压力损失。如果混合器形状合适，适当增加 n 可以改善混合式喷管性能。根据设计经验，n 一般在 $12 \sim 20$ 范围内选取。

（4）波瓣出口角 α/β：它对混合效率和压力损失都有较大影响，其中对压力损失影响较大，增大波瓣出口角（外扩张角 α 和内扩张角 β）有利于强化混合，但也会增加压力损失。波瓣出口角一般不要超 $25°$，否则可能会引起边界层分离，造成分离损失。但切成凹扇形的混合器波瓣出口角可以超过 $25°$，因为切成凹扇形的波瓣能减少分离的可能性。

（5）穿透率 H/H_0：它对混合效率和压力损失有重要影响，增大 H/H_0 可使内涵气流沿径向向外流动，增加两股气流之间的接触，强化径向混合，从而提高混合效率，但同时也带来较高的压力损失。因此，H/H_0 选择的基本准则是：在不使气流在波瓣内出现分离和导致压力损失过大的条件下，使 H/H_0 尽量大些，通常在 $0.55 \sim 0.85$ 范围内选取。

（6）混合器与尾锥之间的间隙 H_g：它决定着波瓣形混合器中心部分的混合均匀程度，减小 H_g 能使混合效率提高，但压力损失也会增加。根据经验，混合器与尾锥之间的间隙面积一般控制在波瓣出口处内涵流通面积的 5% 左右。

（7）尾锥形状：通过改进尾锥形状设计，可以改变混合式喷管截面积沿流向的变化规律，从而有可能减少波瓣形混合器的压力损失。

（8）波瓣加帽罩：在混合器波瓣起始处的内外涵两侧加上起整流作用的帽罩，可以改善波瓣形混合器周围的流场，从而改善混合器性能，但波瓣加帽罩会增加一定的重量。

在选定混合器各主要几何参数时，还必须考虑它们之间的相互影响及对其他相关部件几何设计的影响。例如，在确定波瓣峰线形状、谷线形状和波瓣出口角时，必须与波瓣数目、出口高度、出口宽度等几何参数一起考虑，以保证波瓣截面积沿流向变化不大，从而避免气流在波瓣内出现分离问题；在混合器设计时希望进口附面层厚度尽量小，要考虑它与短舱挂架的一体化设计等，以充分发挥波瓣形混合器强化混合的作用，提高推力增益。

4. 其他影响

（1）涡轮出口余旋对混合式喷管性能不利。环形混合器随着涡轮出口余旋角度的增加而遭受较严重的性能损失，波瓣形混合器虽然大大降低了与涡轮出口余旋有关的性能损失，但是仍显示出有较大的损失，这种损失比简化涡轮得到的预计增益还要大得多。为此，要精心设计涡轮以尽可能地减小涡轮出口余旋。

（2）混合式喷管的混合器与涡轮承力框架等部分密切相关，因此应该把混合器与涡轮承力框架以及结构支架/导流板作为一个整体来考虑，使总体损失最小。例如，为了克服混合器/导流板之间的干扰，混合器必须与上游导流板一体化设计，其结果是：压力损失几乎不会增加而且混合效率也不会明显减小；对于具有大的发动机固定结构支架的喷管，导流板/结构支架结合点必须做到与混合器一体化，以避免喷管内产生较大的压力损失，最佳设计可能要对导流板结合区域的波瓣形混合器外形进行改进。

5. 气动设计方法

（1）根据大/中等涵道比涡扇发动机的总体设计要求和设计输入，论证包括流路和波瓣形混合器参数在内的混合式喷管技术方案。在选定混合式喷管气动流路、混合器各主要几何参数时,还必须考虑它们对混合式喷管气动性能的影响及它们之间的相互影响。

(2)通过 CFD 数值仿真或采用依据设计经验公式编制的混合式喷管气动热力性能参数估算及波瓣结构参数设计程序,对混合式喷管技术方案进行气动性能估算。

(3)选择不同的流路和波瓣形混合器参数反复计算,最终择优确定满足设计指标要求的流路和波瓣形混合器设计参数。

6. 材料和工艺

混合式喷管的混合喷管一般可选用钛合金(如 TC4),尾锥和混合器一般可选用高温合金(如 GH536)或不锈钢(如 1Cr18Ni9Ti),这两类材料的品种主要是锻件(如安装边、加强环、承力环)和板材,主要工艺是焊接(如电阻焊、氩弧焊)和机械加工。

随着新材料新工艺的发展,为减轻结构重量,混合式喷管也可考虑采用连续纤维增强陶瓷基复合材料及其相关工艺来生产制造。连续纤维增强陶瓷基复合材料密度较小(为高温合金的 1/4~1/3),耐高温能力好(工作温度约为 1 650℃),具有高比强、高比模、优良的抗破损能力和耐腐蚀能力,尤其是具有较高的高温强度和高温稳定性,被认为是未来发动机热端部件理想的替代材料,可以降低 15%~25%的冷却空气流量,有利于提高发动机性能;不足之处是硬度高(仅次于金刚石和立方氮化硼),脆性大,在切削力的作用下容易产生毛刺、分层、撕裂、崩边等损伤,影响加工质量甚至导致零件报废,加工工艺性差。正在迅速发展之中的连续纤维增强陶瓷基复合材料有多种,目前研究较多的是连续非氧化物纤维增强碳化硅基复合材料,主要有碳纤维增强碳化硅复合材料(简称 C_f/SiC 复合材料)、碳化硅纤维增强碳化硅复合材料(简称 SiC_f/SiC 复合材料)和氧化物纤维增强氧化物基复合材料(简称 O_x/O_x 复合材料)。

(1)C_f/SiC 复合材料的密度为 1.8~2.1 g/cm³,碳纤维的高温易氧化特性使其对裂纹十分敏感,需要使用隔热涂层或保护性陶瓷涂层。由于碳纤维的商业化程度高,成本相对较低,C_f/SiC 结构件制备相对容易,工艺相对比较成熟,因而 C_f/SiC 复合材料在有限寿命领域的导弹和火箭上得到了较多的应用。在长寿命领域的航空发动机上,国外也开展了包括 C_f/SiC 复合材料调节片/密封片的挂片试车验证、整机试车验证和飞行试验在内的应用研究和试验验证工作。在缺乏优质碳化硅纤维的情况下,C_f/SiC 复合材料可以作为一种轻质材料,用于中等温度结构件使用;也可以作为一种过渡性材料使用,通过制备工艺和保护性陶瓷涂层的研究,解决寿命不足问题。例如,GE 公司与 Goodrich 公司合作为 F414 发动机研制了 C_f/SiC 复合材料的扩张调节片和扩张密封片,并进行了整机试车和飞行试验;法国斯奈克玛

（SNECMA）公司与 SEP（Societe Europeene de Propulsion）公司合作，研制出 C_f/SiC 复合材料喷管外调节片，并于 1996 年应用在 M88 - 2 发动机喷管（图 3.7）上。为解决高温条件下暴露出的碳纤维和碳化硅基体由于氧化损伤造成的寿命较短的问题，SNECMA 公司于 20 世纪 90 年代开发了采用自愈合技术的新一代 C_f/SiC 复合材料，并在 M88 - 2E4 发动机上验证了其减轻重量和延长寿命的效果。SNECMA 公司还与 P&W 公司合作，在 F100 - PW - 220 发动机和 F100 - PW - 229 发动机上验证了新一代 C_f/SiC 复合材料喷管密封片（图 3.8），该密封片满足了 4600 个总加速循环寿命的要求。

图 3.7 M88 - 2 喷管 C_f/SiC
复合材料外调节片[6]

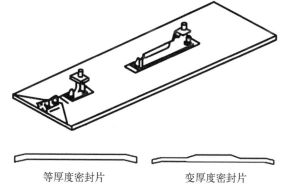

等厚度密封片   变厚度密封片

图 3.8 SNECMA 与 P&W 合作的 C_f/SiC
复合材料密封片示意图[24]

（2）SiC_f/SiC 复合材料的密度为 $2.4 \sim 2.6 \ \mathrm{g/cm^3}$，碳化硅纤维在 1 000℃ 才开始氧化，碳化硅基体表面在高温干燥环境中会生成致密稳定的 SiO_2 薄膜作为保护层，可阻止进一步被氧化，所以 SiC_f/SiC 复合材料在 1 500 ~ 1 600℃ 的富氧环境中仍能保持良好的抗氧化性。与 C_f/SiC 复合材料相比，SiC_f/SiC 复合材料不仅具有更高的力学性能、更长的高温使用寿命，而且具有较高的氧化稳定性，但仍然需要隔热涂层或保护性陶瓷涂层，以提高 SiC_f/SiC 复合材料在航空发动机环境中的服役可靠性。为此，SiC_f/SiC 复合材料是长寿命领域的航空发动机热端部件最有潜力的替代材料，目前已在航空发动机上得到试用或应用，其中在喷管上主要用于军用加力式小涵道比涡扇发动机的调节片、密封片和隔热屏以及民用大/中等涵道比涡扇发动机的波瓣形混合器和尾锥。例如，SNECMA 公司与 SEP 公司合作，研制出减重 60% 的 SiC_f/SiC 复合材料收敛调节片并在 M53 发动机上进行了试车验证；SNECMA 公司与 Herakles 公司合作研制出用于 CFM56 - 5C 发动机的 SiC_f/SiC 复合材料波瓣形混合器和尾锥，已在空客 A320 上通过了 700 个发动机循环的验证，耐温超过 700℃ 的同时可减重 35%。

（3）O_x/O_x 复合材料在氧化性气氛下性能相对稳定，具有天然的抗氧化优势，可以克服非氧化物纤维增强的陶瓷基复合材料高温抗氧化能力不足的问题，不必使用昂贵且沉重的隔热涂层或保护性陶瓷涂层，是一种很有发展前途的新型耐高温抗氧化材料，其中国外研究最多的是连续氧化铝纤维增强的氧化铝基复合材料（即 Al_2O_{3f}/Al_2O_3 复合材料）。与 SiC_f/SiC 复合材料相比，Al_2O_{3f}/Al_2O_3 复合材料的优点是：环境稳定性好，制备周期短，价格低；缺点是：力学性能（特别是抗高温蠕变性）和耐温能力差一些，密度较高。采用高性能连续 Al_2O_3 纤维制备的这种复合材料的强度超过 350 MPa，短时间的使用温度可以达到 1 500℃，长时间的使用温度可以达到 1 200℃，在高达 1 150℃ 的燃气环境中可以长期服役达 1 万小时以上，为此 Al_2O_{3f}/Al_2O_3 复合材料更适合在服役条件较温和、对寿命要求高的民用发动机上使用。例如，波音公司、R. R 公司等四家公司联合采用 Al_2O_{3f}/Al_2O_3 复合材料研制了民用大涵道比发动机的喷管筒体和尾锥，并于 2014 年 10 月试飞成功；NASA 公司、R. R 公司及 COIC 公司于 2010 年采用 Al_2O_{3f}/Al_2O_3 复合材料研制了 AE3007 发动机波瓣形混合器和尾锥，并进行了相关地面测试；Passport 发动机混合式喷管采用了 Al_2O_{3f}/Al_2O_3 复合材料波瓣形混合器（图 3.9）。

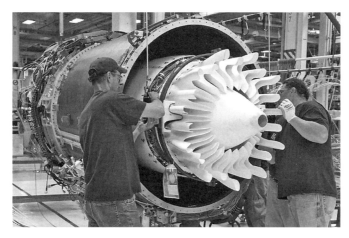

图 3.9 Passport 发动机的 Al_2O_{3f}/Al_2O_3 复合材料波瓣形混合器[25]

经过几十年的发展，连续纤维增强陶瓷基复合材料的制备工艺已经趋于成熟，部分技术成果已经成功应用到包括喷管在内的发动机热端部件上，主要的制备工艺是：化学气相渗透（chemical vapor infiltration, CVI）工艺、聚合物浸渍裂解（polymer infiltration and pyrolysis, PIP）工艺和熔体浸渗（melt infiltration, MI）工艺，这三种工艺均有自己的优点和不足，单一工艺已越来越难以满足发动机热端部件的制备需求，连续纤维增强陶瓷基复合材料的制备也由单一工艺逐渐向两种或三种工艺联合使用转变。连续纤维增强陶瓷基复合材料的二次加工技术是促进其应用产业化的关键因素,目前的加工方法主要有传统的机械加工、高压水射流加工、超声波加工、电火花加工、激光加工等。此外,连续纤维增强陶瓷基复合材料结构件的制备工艺成型能力相对较差,在保证外形结构和连接结构与金属结构件一致的前提下,全陶瓷结构实现比较困难。因此,可以采用机械紧固件法或胶合法实现自身的连接或与金属材料的连接,有时这两种方法可以组合使用,以确保高可靠性或满足局部应力条件。

3.1.4 应用案例:中等涵道比涡扇发动机混合式喷管方案设计

1. 设计要求

1)气动设计要求

(1)飞机的发动机安装形式为翼根下安装,这种安装形式要求采用混合式喷管(图3.10)。

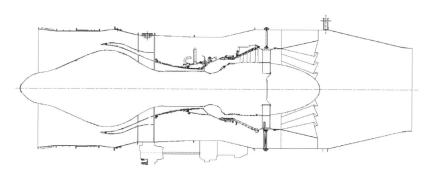

图 3.10 发动机总体方案

(2)设计点为海平面静止、标准大气条件下起飞状态,与分开式喷管相比,推力增益大于2%;与采用环形混合器的混合式喷管相比,推力增益大于0.5%。

2)结构设计要求

(1)混合式喷管由混合喷管、波瓣形混合器、尾锥等组成(图3.10),其中混合喷管为固定式收敛喷管,混合器采用波瓣形混合器,混合喷管带有用于安装辅助吊挂的承力环。

(2)发动机总体需要提出重量要求,具体数值在此处省略。

(3)成本低、继承性好、可靠性高、寿命长、风险低。

2. 设计输入

1)气动设计输入

发动机总体需要提供设计点喷管主要截面气动参数(包括混合器初始混合截面内外涵气动参数和喷管出口截面气动参数)和截面面积,具体数值在此处省略。

2）结构设计输入

与发动机的接口形式、尺寸以及安装辅助吊挂的承力环轴向位置见图 3.10，具体数值在此处省略。

3. 方案设计

1）气动方案设计

（1）混合器内涵流路为扩张式，有利于提高混合效率、减小混合器压力损失，但是由于波瓣的特殊形状，极易引起局部内涵气流的分离。为避免内涵气流的分离、减少扩压损失，内涵流路按等压力梯度设计，当量扩张角为 7°。混合喷管靠近出口的后段应有一定长度的平直段，以减小喷流径向分速度，提高发动机推力。

（2）在考虑结构重量等因素的前提下，采用三维 CFD 数值仿真的方法，对影响混合式喷管综合性能的几何参数（图 3.4 和表 3.3）进行优化设计，确定的主要几何参数如表 3.3 所示。影响混合式喷管气动性能和结构重量的最主要可变几何参数是 L/D，增大 L/D 能改善混合效率，但考虑到附加的摩擦阻力、增加的额外重量和加长发动机短舱带来的潜在安装问题，更倾向于减小 L/D。

表 3.3　影响混合式喷管综合性能的几何参数、影响分析及选择

主要几何参数		对混合式喷管性能的影响	设计方案
相对混合长度 L/D		增大 L/D 能改善性能，但会增加重量	0.507
波瓣出口角	α	增大 α 和 β 利于混合，但会增加压力损失	12°
	β		22°
穿透率 H/H_0		增大 H/H_0 利于混合，但会增加压力损失	0.405
间隙 H_g		减小 H_g 能提高混合效率，但也会增加压力损失	见结构设计方案
波瓣加帽罩		可改善流场和性能，但会增加重量	无
波瓣数目 n		适当增加波瓣数目可改善性能	12
波瓣形状		一般内涵两侧壁平行时性能较好	侧壁平行，$H/b = 3.26$
尾锥形状		优化尾锥形状，有可能减少压力损失	见结构设计方案
切成凹扇形		可以减轻重量，并可能改善性能	无

（3）三维 CFD 数值仿真结果为：与分开式喷管相比，混合式喷管的推力增益为 2.3%；与采用环形混合器的混合式喷管相比，推力增益为 0.9%。为此，该气动

设计方案可以满足推力增益指标。

2）结构设计方案

混合式喷管结构设计方案如图 3.11 所示,主要由波瓣形混合器、尾锥、喷管前筒体、喷管后筒体及传力可调拉杆组成。

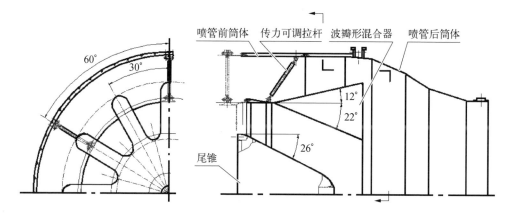

图 3.11　混合式喷管结构设计方案

（1）波瓣形混合器(图 3.12)由安装边、内壁、外壁、转接环、安装座和波瓣组成,尾锥(图 3.13)由安装边、锥壁、加强环、通风管安装座组成。

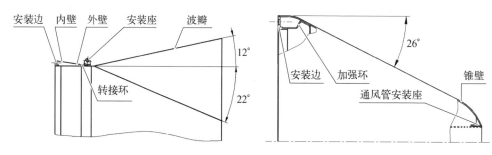

图 3.12　波瓣形混合器设计方案　　　　**图 3.13　尾锥设计方案**

（2）混合喷管(图 3.14)分为喷管前筒体和喷管后筒体是为了解决传力可调拉杆的安装问题,连接这两段筒体的安装边也可同时增强悬臂段筒体的强度和刚性。喷管前筒体由安装边、筒体、安装座、加强筋组成,其中前安装边的轴向位置设在波瓣形混合器安装边前 20 mm 处,以方便波瓣形混合器的拆装;安装座用于连接传力可调拉杆;加强筋用于加强喷管前筒体,改善喷管前筒体的受力。喷管后筒体由安装边、筒体、承力环、加强筋及加强轮箍组成,其中承力环用于安装辅助吊挂,加强筋用于加强最前面的第一段筒体,加强轮箍用于加强最后面出口段筒体的强

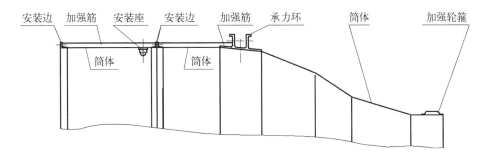

图 3.14　混合喷管前筒体和后筒体的设计方案

度和刚性。

（3）传力可调拉杆（图 3.15）的设计主要是为了改善混合喷管的受力，因为发动机的辅助吊挂位于混合喷管承力环处，与其前面的涡轮后内涵向外涵传力拉杆有约 730 mm 的悬臂距离，使混合喷管的受力情况不理想。传力可调拉杆主要由拉杆、拉杆柄、球头、螺母组成，共计 6 根并沿周向均布。由于传力可调拉杆处于外涵气流中，其材料选择密度小的钛合金，以减轻重量。

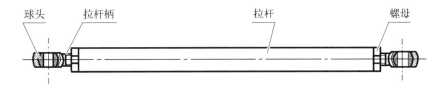

图 3.15　传力可调拉杆设计方案

3）材料选择和重量估算

总体性能的初步估算结果表明，发动机涡轮后排气温度极限≤650℃，考虑到材料选择的温度裕度，尾锥和波瓣形混合器所选择材料的工作温度应≥700℃，其中波瓣形混合器在悬臂条件下工作，并承受一定的气动载荷，其特殊的几何形状也容易产生变形，为此应同时选择刚性比较好的材料；发动机外涵气流极限温度≤177℃，计算表明，混合喷管的筒体壁温很低，预计极限壁温≤300℃。为此，混合喷管的筒体材料应选择密度小的钛合金，以减轻重量。据此计算或分析得到的混合式喷管各结构件壁温估算、材料选择和重量估算结果如表 3.4 所示。由表 3.4 可知，混合式喷管的总重量为 131.55 kg，无法满足总体结构要求，为减轻重量，后续可以考虑的技术措施有三个：用新一代金属键化合物材料 Ti_3Al（允许工作温度为 700~750℃）取代目前的 GH536、GH3128；进一步优化气动设计，缩短混合器波瓣形的长度；将波瓣出口附近侧壁切成凹扇形（图 3.4）。

表 3.4　混合式喷管壁温估算、材料选择和重量估算

序号	结　构　件		壁温估算	材料选择	结构件重量/kg		总重量/kg
1	尾锥	安装边	<650℃	GH536,锻件	3.40	10.60	131.55
		加强环		GH536,壁厚 0.8 mm	1.80		
		锥　壁		GH536,壁厚 0.8 mm	5.40		
		通风管安装座		GH536			
2	波瓣形混合器	安装边	<650℃	GH536,锻件	3.40	42.88	
		转接环	<600℃	GH536,锻件	3.30		
		内　壁	<650℃	GH536,壁厚 1.5 mm	2.10		
		外　壁	<300℃	GH536,壁厚 0.8 mm	3.40		
		波　瓣	<650℃	GH3128,壁厚 1.2 mm	30.5		
		安装座	<300℃	TA15	0.03×6 = 0.18		
3	喷管前筒体	安装边	<180℃	TA15,锻件	3.0×2 = 6.0	18.36	
		筒　体		TA15,壁厚 1.5 mm	10.80		
		加强筋		TA15,壁厚 5.0 mm	0.11×12 = 1.32		
		安装座		TA15	0.04×6 = 0.24		
4	喷管后筒体	安装边	<300℃	TA15,锻件	3.00	57.91	
		承力环		TA15,锻件	21.50		
		第一段筒体		TA15,壁厚 1.5 mm	7.05		
		其余筒体		TA15,壁厚 1.2 mm	21.60		
		加强轮箍		TA15,壁厚 1.2 mm	3.68		
		加强筋		TA15,壁厚 5.0 mm	0.09×12 = 1.08		
5	传力可调拉杆		<300℃	TA15	0.16×6 = 0.96	0.96	
6	其他(螺栓、螺母等)		<300℃	TA15	0.01×60+0.02×6×2 = 0.84	0.84	

3.2　大/中等涵道比涡扇发动机分开式喷管设计

3.2.1　研发依据

随着涡扇发动机涵道比不断增大,发动机内外涵气流流量的差距越来越大,采

用混合式喷管获得的推力增益和噪声抑制收益也越来越不明显,而结构重量增加却越来越大。与混合式喷管相比,分开式喷管的优点是:结构形式简单、重量轻,可使内涵喷管和外涵喷管各自处于最佳工作状态,能在较宽的飞行包线内获得较高的推力性能,并且这些优点随着发动机涵道比的增大而变得更加明显;缺点是:高温内涵气流以远高于外涵气流的速度喷出,会产生很大的喷流噪声。因此,分开式喷管在大/中等涵道比涡扇发动机上得到了比较广泛的应用(表 3.2 和图 1.6~图 1.8、图 3.16、图 3.17),并且基本上是涵道比 6.6 以上大涵道比涡扇发动机的唯一选择。

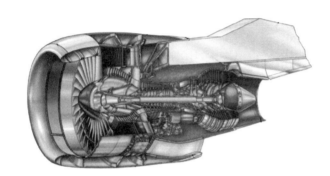

图 3.16　PW4084 发动机及其分开式喷管[6]

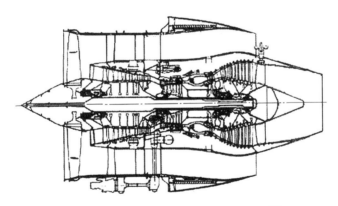

图 3.17　D‑18T 发动机及其分开式喷管[8]

3.2.2　国内外研发情况

1) 国外研发情况

国外很早就开展了涡扇发动机分开式喷管的基础研究和应用研究工作,主要采用喷管缩尺模型试验进行气动性能研究,通过不断优化获得满意的设计,并于20 世纪 60 年代末、70 年代初将分开式喷管应用于大/中等涵道比涡扇发动机上。例如,采用分开式喷管的 JT9D 涡扇发动机和 JT15D 涡扇发动机分别在 1969 年和

1971 年取得适航证,采用分开式喷管的 TF39 涡扇发动机在 1969 年定型。此后,随着计算机技术的发展,基于数值模拟技术的分开式喷管设计方法有了长足的发展,其中早期主要通过求解二维/三维的 Euler/Navier-Stokes 方程来进行流场计算与性能分析,后期主要针对喷流噪声抑制设计开展噪声预测研究。尽管分开式喷管在大/中等涵道比涡扇发动机上得到了广泛应用,但为满足更高的性能要求和飞机噪声适航标准,针对分开式喷管的研究工作仍在持续[26-33],例如,Thomas、Craig 等通过求解雷诺时均 Navier-Stokes 方程对比研究了多种带或不带吊挂以及内涵喷管带有不同数量锯齿的分开式喷管的湍流流场特性,采用数值模拟与试验相结合的方法,研究了吊挂与喷流相互作用对喷流噪声的影响。

2) 国内研发情况

国内在大/中等涵道比涡扇发动机分开式喷管设计技术研究方面起步较晚,主要开展的是气动性能研究和喷流噪声抑制技术研究。例如,邵万仁等[34]论述了包括分开式喷管在内的大涵道比涡扇发动机喷管设计要求、主要关键技术及其技术途径,并对今后工作的开展提出了意见和建议;康冠群等[35,36]数值模拟了内涵喷管分别为锯齿形喷管和小突片喷管的分开式喷管喷流三维流场,并对比研究了分开式喷管与混合式喷管的气动特性;唐宇峰等[37]采用 Gasturb 软件计算分析了内外涵喷管喉道面积变化对发动机性能的影响,得到了最合理的内外涵喷管喉道面积;熊剑等[38]基于并行多目标遗传算法对分开式喷管进行了气动优化,得到了一组在三个目标上都优于初始设计的 Pareto 最优设计;朱彦伟等[39]计算分析了某型涡扇发动机分开式喷管的流量特性,获得了外界气体流动因素对内外涵喷管流量系数的影响;张建东等[40]开展了分开式喷管气动型面参数化设计方法和气动性能的数值研究,通过控制内外涵喷管流路的中心线形状和流通面积,设计了喷管气动型面;环夏等[41]采用数值模拟方法研究了分开式喷管相关设计参数对其性能的影响,获得了相关结论;陈灿平等[42]数值模拟了几何结构不同的两种分开式排喷管流场,分析了外涵流路内吊挂对内外涵流动的影响规律及外涵喷管喷流特性对内涵流动的影响规律。

3.2.3 设计要点

1. 内外涵喷管选型

为获得良好的发动机推力性能,分开式喷管的设计既要保证良好的设计点性能,还要有较好的非设计点状态性能,并要考虑其在飞机上的安装。大涵道比涡扇发动机一般选取巡航状态作为设计点,内外涵喷管的类型在理论上有收敛喷管和收扩喷管两种,内外涵喷管选型主要取决于设计点喷管落压比的大小,例如,为了更好地与发动机在起飞状态和巡航状态时的特性相匹配,JT9D-7Q 涡扇发动机的外涵喷管选择了收扩喷管。

2. 内外涵喷管的推力组成

大涵道比涡扇发动机外涵喷管产生的推力大于内涵喷管产生的推力,例如,对涵道比为 5 一级的涡扇发动机而言,在设计点和地面起飞状态,外涵喷管产生的推力分别约占发动机总推力的 70% 和 80%。如图 3.18 所示,内外涵喷管的推力一般主要由三部分组成,第一部分为喷管出口气流速度与飞行速度差产生的推力;第二部分为喷管出口截面静压与当地大气压差产生的推力;第三部分为内涵喷管尾锥/外涵喷管后锥体表面静压与当地大气压差产生的推力。以某涵道比为 5 一级的涡扇发动机内外涵喷管为例,在设计点,这三部分推力所占内外涵喷管总推力的比例情况为:第一部分推力分别占内外涵喷管总推力的 91% 和 60%,第二部分推力分别占内外涵喷管总推力的 1% 和 34%,第三部分推力分别占内外涵喷管总推力的 8% 和 6%。

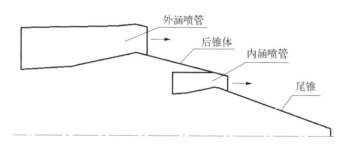

图 3.18　大涵道比涡扇发动机分开式喷管示意图

3. 气动设计准则

(1) 内涵喷管的设计与其落压比有关,设计点喷管落压比大于临界落压比,内涵喷管需要设计成收扩喷管;为了兼顾喷管落压比小于临界落压比的地面起飞、爬升等状态,内涵喷管一般设计成欠膨胀的收扩喷管,通过内涵喷管气流在喷管内的部分膨胀增加内涵喷管的推力。如果内涵喷管落压比不大,内涵喷管也可设计成收敛喷管。

(2) 外涵气流马赫数较低,喷管扩张时速度增益较小,综合考虑各因素,外涵喷管设计成外部膨胀式收敛喷管,即在流通截面积上按收敛喷管设计,通过外涵喷管气流在喷管外部的膨胀降低飞行时短舱的外部阻力。

(3) 分开式喷管的设计应该综合考虑安装结构的影响,通过飞机/发动机一体化设计,尽量消除不利影响,以避免喷管内产生较大的压力损失。

4. 气动设计常规方法

一般情况下,大涵道比涡扇发动机内外涵喷管的设计有两种选择,一是内外涵喷管均设计成收敛喷管,二是内外涵喷管分别设计成收扩喷管和收敛喷管。由于后者的气动设计方法更具有代表性,以后者为例说明内外涵喷管的气动设计方法。

1) 内涵喷管设计

内涵喷管气流温度高、速度高，喷管流路型面对压力损失影响较大，因此喷管流路型面的设计十分关键；为提高内涵喷管推力，在确保喷管出口及尾锥表面不产生负推力的前提下，尽可能提高喷管出口轴向速度。

(1) 内涵收敛段设计。收敛段设计常采用的收缩曲线有五次曲线、双三次曲线、维托辛斯基曲线等，建议采用维托辛斯基曲线作为收敛段的收缩曲线。如果采用维托辛斯基曲线作为喷管的收缩曲线，则可以采用维托辛斯基公式来计算收敛段各截面面积，确定进口截面和出口截面的内涵内壁面半径，但该公式并未确定收敛段长度，为此需要在结构布局、重量及压力损失之间均衡设计收敛段长度。例如，如图 3.19 所示，内涵外壁面设计成为平直线形状，为使内涵内壁型面光滑，在进口截面和出口截面之间取 n 个中间截面，使用维托辛斯基公式可以计算出各个中间截面的内涵内壁面半径 R_i 及面积。

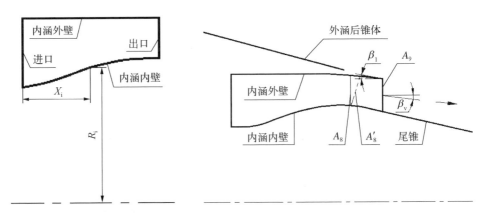

图 3.19　内涵喷管收敛段
设计示意图

图 3.20　内涵喷管扩张段设计示意图

(2) 内涵扩张段设计。如图 3.20 所示，扩张段主要影响喷管流量系数（或气动喉道气动面积 A_8）、喷管出口面积 A_9 及内涵喷管气流出流角度 β_v。由于喷管出口气流速度与飞行速度差产生的推力占内涵喷管总推力的比值最大，β_v 对推力的影响较大。此外，扩张段内涵外壁面角度 β_1 是影响 β_v 的主要几何参数，对尾锥表面静压影响也较大，β_1 的确定需要综合其对 β_v 及尾锥表面静压的影响。

(3) 尾锥设计。内涵气流从喷管喷出后继续膨胀，扩张流路内侧为尾锥，外侧为气流气动边界。尾锥角度（或尾锥型面）是影响内涵喷管气流出流角度 β_v 的主要几何参数，而尾锥表面静压与内涵喷管推力密切相关。为此，设计尾锥型面时，需要考虑的因素有尾锥型面与扩张段内涵外壁面角度的匹配、尾锥表面平均静压。为避免因尾锥角度过大而造成尾锥表面气流分离,尾锥型面建议设计成等压力梯度型面。

2)外涵喷管设计

如图 3.21 所示,外涵喷管设计成收敛喷管,但外涵喷管由于喉道气动面积 A_{18} 偏离喉道几何面积 A'_{18},前者略小于后者,外涵喷管实际为先收敛后略扩张的喷管。

(1)收敛段型面设计。外涵气流流速较低,流路型面对压力损失的影响不如内涵喷管敏感,此外,外涵收敛段型面一般设计成近似均匀收敛。

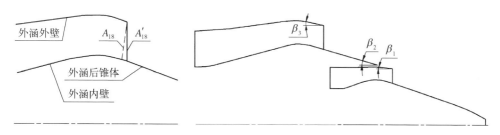

图 3.21　外涵喷管几何喉道与气动喉道示意图　　　图 3.22　外涵喷管设计示意图

(2)外涵后锥体角度设计。如图 3.22 所示,外涵后锥体角度 β_2 不但影响外涵喷管气流出流角 β_v 和流量系数,而且影响外涵后锥体本身表面静压分布。从压差产生推力的角度考虑,β_v 越大越有利;而从速度差产生推力的角度考虑,希望 β_v 越小越好。为此,选取 β_2 时,需要综合考虑 β_v、流量系数及外涵后锥体表面静压分布。

(3)外涵后段外壁面角度设计。外涵后段外壁角度 β_3 对外涵喷管气流出流角 β_v 有直接影响,从而影响外涵喷管的推力。此外,β_3 对外涵喷管流量系数也有影响,从而影响外涵喷管的喉道气动面积。为此,β_3 的确定需要综合考虑 β_v 和流量系数,其中 β_v 是主要考虑因素。β_3 的确定应既保证速度差产生的推力,又使外涵后锥体表面静压略大于环境压力,并同时满足设计点与地面状态总体对外涵喷管的喉道气动面积要求。

5. 气动设计的中位面方法

如果内外涵喷管均设计成收敛喷管,则内外涵喷管的内部流动阻力主要有两个:壁面摩擦产生的摩擦阻力和喷管沿程壁面变化产生的型面阻力。在喷管长度固定的情况下,降低喷管内部流动阻力的主要方法有两个:设计连续、光滑的流动型面和设计合理的收敛段沿程面积变化规律。喷管由内外两个壁面组成,通常的设计方法是分别设计两条型线,然后匹配出喷管流路。这种方法的缺点是无法精确控制每一流动截面的面积,从而无法准确得到性能最佳的喷管流路,同时由于壁面控制参数众多,需耗费大量时间才能匹配出满足设计要求的喷管型面。因此,本小节提出一种低阻力内外涵收敛喷管的高效设计方法——中位面方法,主要设计思路是通过控制喷管内外壁面的中位面走向得出喷管的走向,同时采用合理的沿程面积变化规律使喷管内部的流动损失达到最小,从而设计出参数精确可控、性能优良的喷管方案。

1) 喷管中位面型线设计

喷管中位面型线设计可以采用多条曲线组合的形式,该种设计方法可以实现喷管壁面的连续,但在曲线的结合处存在曲率不连续的过渡点,在曲率不连续的点容易产生速度和压力的突变,从而降低喷管的性能。因此,喷管中位面型线应采用多项式曲线或 B 样条曲线。

(1) 多项式曲线方法。为减少壁面曲率不连续带来的流动损失,选取五次多项式曲线作为喷管的中位面型线。该曲线具有光滑无拐点,一阶、二阶导数连续的特点,曲线方程具有如下形式:

$$y = a_0 + a_1x + a_2x^2 + a_3x^3 + a_4x^4 + a_5x^5 \tag{3.1}$$

其一阶导数为:

$$y' = a_1 + 2a_2x + 3a_3x^2 + 4a_4x^3 + 5a_4x^4 \tag{3.2}$$

其二阶导数为:

$$y'' = 2a_2 + 6a_3x + 12a_4x^2 + 20a_5x^3 \tag{3.3}$$

设定中位面型线的起始点坐标、一阶导数和二阶导数分别为(x_1, y_1)、y'_1、y''_1,终止点坐标、一阶导数和二阶导数分别为(x_2, y_2)、y'_2、y''_2,根据线性方程组(3.4)求出a_0、a_1、a_2、a_3、a_4、a_5。将a_0、a_1、a_2、a_3、a_4、a_5代入方程,即可得到该曲线方程。

$$\begin{bmatrix} 1 & x_1 & x_1^2 & x_1^3 & x_1^4 & x_1^5 \\ 1 & x_2 & x_2^2 & x_2^3 & x_2^4 & x_2^5 \\ 0 & 1 & 2x_1 & 3x_1^2 & 4x_1^3 & 5x_1^4 \\ 0 & 1 & 2x_2 & 3x_2^2 & 4x_2^3 & 5x_2^4 \\ 0 & 0 & 2 & 6x_1 & 12x_1^2 & 20x_1^3 \\ 0 & 0 & 2 & 6x_2 & 12x_2^2 & 20x_2^3 \end{bmatrix} \begin{bmatrix} a_0 \\ a_1 \\ a_2 \\ a_3 \\ a_4 \\ a_5 \end{bmatrix} = \begin{bmatrix} y_1 \\ y_2 \\ y'_1 \\ y'_2 \\ y''_1 \\ y''_2 \end{bmatrix} \tag{3.4}$$

(2) B 样条曲线方法。与多项式曲线相比,B 样条曲线(图 3.23)更加灵活多变,可通过调节控制点坐标改变喷管的走向,从而对发动机表面的"凸出物"进行合理避让,更加合理地利用紧凑覆盖的准则,确保发动机喷管在满足性能设计要求

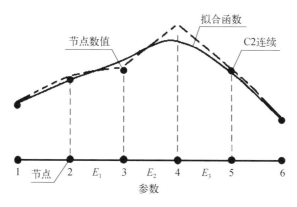

图 3.23 B 样条曲线示意图

的同时占据最小的几何空间。

2）喷管沿程面积变化规律设计

风洞、水洞对收敛段出口的气流有着比较严苛的要求,其收敛段设计常采用的收缩曲线有 Batchelor-Shaw 曲线、Pennylvania 曲线、维托辛斯基曲线、五次曲线、双三次曲线等,这些收敛曲线具有不同的面积变化规律。因此,喷管沿程面积变化规律设计可参考这些风洞收敛段面积变化规律,根据实际工作需求选择合适的收敛曲线。

3）影响喷管性能的其他几何参数及其选择

由于内外涵喷管均为外部膨胀的塞式收敛喷管,影响内涵喷管性能的其他几何参数主要是内涵喷管中位面型线偏移率和尾锥角度,而影响外涵喷管性能的其他几何参数主要是外涵喷管中位面型线偏移率和外涵后锥体角度。内外涵喷管的这几个主要几何参数可统一简化为图 3.24 中的几何参数,其中 L 为喷管长度,ΔR 为喷管中位面型线偏移距离,β 为尾锥角度或外涵后锥体角度,中位面型线偏移率定义为 $\delta = \Delta R / L$。研究表明,β 在 $10° \sim 13°$ 取值时,喷管可获得较好的推力性能;δ

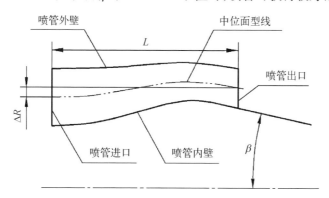

图 3.24 影响喷管性能的其他几何参数示意图

越小,喷管性能越好,但由于实际发动机结构的限制,δ 在不大于 0.07 时喷管同样可以获得较优的推力性能和流通能力。

4) 设计程序编制及择优设计

应用软件对上述设计方法编制程序,输入内外涵喷管的相关参数,即可开展内外涵喷管方案的择优设计。

6. 发动机安装结构的影响

(1) 大涵道比涡扇发动机安装形式一般为翼下吊装,通过安装结构安装在发动机短舱内(图 3.25),上部通过飞机吊挂与机翼相连接,下部通过连接结构连接短舱的左右两半。气动设计技术研究表明,安装结构(主要是下隔离板和飞机吊挂)对分开式喷管的外涵喷管流场和气动性能有一定的影响,其中下隔离板对外涵喷管流场和气动性能的影响相对较小,但其前后缘形状至关重要,设计时要着重考虑;飞机吊挂对外涵喷管的流场有较大影响,飞机吊挂的设计需要详细研究。

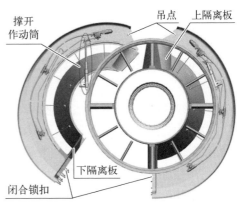

图 3.25　发动机分开式喷管安装照片[43]及示意图

(2) 外涵喷管流路(图 3.25)一般由两个 C 型通道组成,在流路优化设计中,上隔离板型面需要与飞机吊挂匹配(图 3.26),其中飞机希望飞机吊挂足够宽,而发动机希望吊挂尽可能窄、上隔板型面转折长度尽可能长,以减小外涵流路的压力损失和对风扇性能的影响;下隔离板型面(图 3.27)也对发动机性能有一定影响,

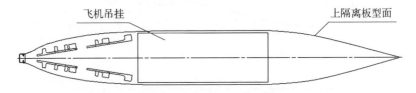

图 3.26　上隔离板型面及其与飞机吊挂匹配示意图

可采用五次多项式拟合曲线作为型面,其前部与中介机匣正下方主支板光滑过渡。除需要确定上隔离板型面、下隔离板型面外,还需要考虑发动机辅助安装节(图 3.28)的安装,通过外涵内壁面及上隔离板的局部修型(图 3.29),避免与发动机辅助安装节干涉。

图 3.27　下隔离板型面示意图

图 3.28　发动机辅助安装节结构示意图

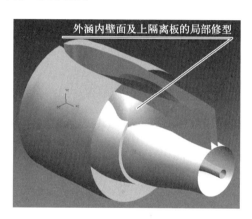

图 3.29　外涵内壁面及上隔离板的局部修型示意图

7. 材料和工艺

分开式喷管的内涵喷管具有进口气流温度高、载荷大的特点,材料一般可选用高温合金(如 GH536)或不锈钢(如 1Cr18Ni9Ti),两类材料的品种主要是锻件和板材,主要工艺是焊接(如氩弧焊)和机械加工;外涵喷管具有进口气流温度较低、载荷大、直径大的特点,材料一般可选用铝合金(如 2A09)或钛合金(如 TC4),两类材料的品种主要是锻件和板材,主要工艺是铆接和机械加工。

随着新材料新工艺的发展,为减轻结构重量,分开式喷管也可考虑采用连续纤维增强陶瓷基复合材料、聚酰亚胺树脂基复合材料及其相关工艺来生产制造,例如,外涵喷管可以选择聚酰亚胺树脂基复合材料及其相关工艺来生产制造。树脂基复合材料具有材料和结构双重性,制造材料即制造结构,其性能主要与增强纤维和树脂基体有关,常用的增强纤维有碳纤维和其他高性能有机纤维,树脂基体研究最多的是高温固化环氧树脂基体、双马树脂基体、耐高温聚酰亚胺基体和氰酸酯树脂基体。树脂基复合材料具有重量轻、比强度高、比模量大、耐腐蚀性好、成形方便且工艺成熟等优异性能,已经广泛地应用于涡扇发动机的进气机匣、外涵机匣、整流叶片、包容机匣以及发动机短舱、反推力装置等部件。聚酰亚胺树脂基复合材料则是树脂基复合材料中耐温能力最高的一种,可耐中等工作温度并具有优异的热稳定性,例如,NASA 开发的 PMR15 聚酰亚胺树脂基复合材料在288~316℃范围内可使用 1 000~10 000 h,以 T300 增强的 PMR15 聚酰亚胺树脂基复合材料已用于M88、F404、F414、F110 - GE - 132、F119、F136、CF6、GE90、PW4000 等发动机。聚酰亚胺树脂基复合材料的优点是密度小(密度为 1.5~1.6 g/cm³),强度高,耐化学腐蚀,具有良好的抗疲劳性能、减振性能、破损安全性,可设计性强,可以制造大型整体结构件。聚酰亚胺树脂基复合材料在收扩喷管上主要用于结构简单、工作温度较低的外调节片和外密封片,以替代常用的不锈钢、钛合金,达到减轻重量的目的。例如,P&W 公司 1976 年开始尝试研制树脂基复合材料外调节片,在 F100 发动机上进行了地面试验和飞行试验,外调节片减重 22%;碳纤维增强的 PMR15 聚酰亚胺树脂基复合材料外调节片于 20 世纪 90 年代应用到 F100 - PW - 229 发动机上。对于长期高温热环境下聚酰亚胺树脂基复合材料的抗氧化问题,需要通过涂覆抗氧化涂层加以解决。目前制造聚酰亚胺树脂基复合材料结构的主要方法是预浸料-热压罐成形工艺,针对此成形工艺较复杂、生产效率低、制造成本高和产品质量重复性较差等缺点,国外正在发展更为先进的能显著提高生产效益、缩短固化时间和装配时间的制造技术,例如,采用缝合预形或三维编织预形增强体的树脂转移模塑成形、树脂膜渗透成形、真空辅助树脂渗透成形、树脂膜熔浸法、预浸纤维束自动铺放、电子束固化及膜片成形等。此外,在聚酰亚胺树脂基复合材料结构件制造中广泛采用金属件预埋技术,通过把金属连接件经电子束"毛化"后,与复合材料固化成型,可以提高承载能力,提高连接效率,减轻结构质量,充分发挥复合材料的整体性能,避免传统的机械连接制孔带来的应力集中和纤维断裂问题。

3.2.4 应用案例:中位面方法在分开式喷管气动设计中的应用及分析

1. 中位面方法在外涵喷管气动设计中的应用

NASA Langley 中心完成了一种涵道比为 9 的涡扇发动机分开式喷管缩尺模型气动性能试验[44],试验报告中给出了试验件、试验工况和试验结果的相关数据。以 NASA Langley 中心试验件的外涵喷管进出口几何参数为输入,采用中位面方法完成了外涵喷管新气动方案设计,其中喷管中位面型线采用五次多项式曲线,喷管沿程面积变化规律设计采用维托辛斯基曲线。NASA Langley 中心试验件和外涵喷管新气动方案如图 3.30 和图 3.31 所示。

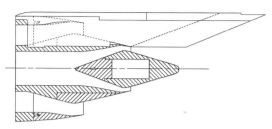

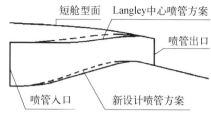

图 3.30　分开式喷管缩尺模型试验件示意图[44]　　　　图 3.31　外涵喷管新气动方案

2. 中位面方法在外涵喷管气动设计中的应用分析

由图 3.31 可见,外涵喷管的新气动方案内外壁面型线与 NASA Langley 中心气动方案存在较大差别,除在靠近喷管入口及出口处基本重合外,新气动方案的壁面半径大于 NASA Langley 中心气动方案。新气动方案的这种改变压缩了喷管外壁面与短舱型面之间的空间,增大了喷管内壁面与发动机轴线之间的距离,在不改变短舱型面的基础上增大了发动机布置空间,对工程设计具有一定的现实意义。由 NASA Langley 中心外涵喷管和新外涵喷管的型面曲率分析结果(图 3.32 和图3.33)可见,NASA Langley 中心外涵喷管的内外壁面型线曲率连续,但变化剧烈且变化趋势不一致,而喷管壁面型线曲率变化剧烈会引起流动损失增加,从而导致喷管气动性能下降;新外涵喷管壁面型线曲率连续且均匀变化,此种曲率分布可有效地降低喷管流动损失,从而使喷管气动性能得到提高。

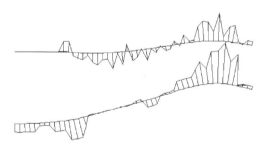

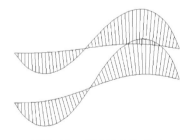

图 3.32　NASA Langley 中心外涵　　　　　图 3.33　新外涵喷管壁面
　　　　喷管壁面曲率变化　　　　　　　　　　　曲率变化

在相同工况下,采用成熟的商业软件对 NASA Langley 中心外涵喷管和新外涵喷管进行数值模拟和气动性能对比。喷管入口均采用压力入口条件,选取周围 5倍外涵喷管出口直径、后向 20 倍外涵喷管出口直径作为计算域,在整个计算域内划分结构化网格。计算模型选用 Realizable $k - \varepsilon$ 模型,采用标准壁面函数;求解方法采用标准压力处理,压力-速度耦合采用效率较高的 SIMPLEC 算法,动量方程、湍动能和湍流耗散等均采用精度较高的二阶迎风格式。从两种喷管气动性能的对比(图3.34)可以看出,两种喷管的流量系数和推力系数随喷管落压比 NPR 的变化趋势基本相同,新外涵喷管在流量系数和推力系数上均优于 NASA Langley 中心外涵喷管。

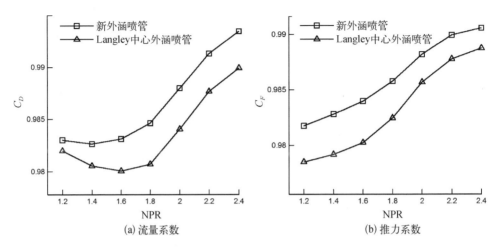

图 3.34　新外涵喷管与 NASA Langley 中心外涵喷管的气动性能对比

如图 3.35 和图 3.36 所示,为获得新外涵喷管综合性能最优时外涵后锥体角度 β 和中位面型线偏移率 δ 的取值范围,以 NASA Langley 中心外涵喷管 $\beta=13°$、$\delta=0.07$ 作为参考基准,研究 β 在 $6°\sim20°$ 范围内及 δ 在 $0\sim0.2$ 范围内变化时对新外涵喷管气动性能的影响规律。

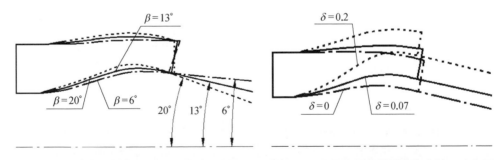

图 3.35　外涵后锥体角度变化情况示意图　　图 3.36　中位面型线偏移率变化情况示意图

在喷管落压比 NPR 为 1.5、2 和 2.5 时,从 β 对新外涵喷管气动性能的影响规律(图3.37)可以看出,随着 β 的增加,新外涵喷管的流量系数呈逐渐下降趋势,且在不同落压比时表现出基本相同的规律;减小 β 可以提高喷管的流量系数,但同时导致喷管长度急剧增加,喷管重量也将显著增加。新外涵喷管的推力系数随 β 的增加呈先增大后减小趋势,在 $\beta=13°$ 附近时达到最大值。在 $\beta=10°\sim14°$ 时,推力系数均达到较大数值且变化不明显。$\beta < 10°$ 或 $>14°$ 时，推力系数呈明显下降趋势，且越远离 $10° \sim 14°$ 区间，下降越明显。当 β 由 $10°$ 减小到 $6°$ 时，喷管出口气流产生的推力有所增加，但外涵后锥体产生的推力下降明显，从而导致推力系数逐渐下降。当 β 由 $14°$ 增大到 $20°$ 时，外涵后锥体产生的推力显著增加，但喷管出口推力下降，因此也导致推力系数逐渐下降。综合考虑 β 对流量系数和推力系数的影响，β 在 $10° \sim 13°$ 范围内选择比较合适。

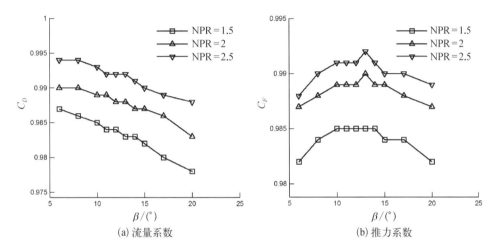

(a) 流量系数　　　　　　　　(b) 推力系数

图 3.37　外涵后锥体角度对新外涵喷管气动性能的影响规律

在喷管落压比 NPR 为 1.5、2 和 2.5 时，从 δ 对新外涵喷管气动性能的影响规律(图 3.38)可以看出，随着 δ 的增大，新外涵喷管流量系数和推力系数均呈下降趋势，且在喷管落压比较低时下降趋势更为明显。当 δ 由 0 增加到 0.2 时，喷管的

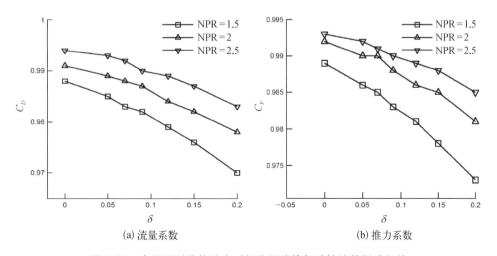

(a) 流量系数　　　　　　　　(b) 推力系数

图 3.38　中位面型线偏移率对新外涵喷管气动性能的影响规律

流量系数下降 1.1%~1.7%,推力系数下降 0.8%~1.6%。δ 增大引起喷管内部阻力增加,从而导致流量系数和推力系数均有不同程度的降低。$\delta=0$ 可以使喷管的流量系数和推力系数均达到最佳,但在实际工程应用中,由于发动机结构及尺寸的限制无法实现;在满足工程应用的基础上,选取合适的 δ 可以使喷管实现在该种发动机结构及尺寸限制下的最优性能。当 δ 由 0 增加到 0.07 时,喷管的流量系数下降 0.4% 左右,推力系数下降 0.2%~0.4%,此时喷管流通能力和推力性能下降并不明显,在实际工程应用中选取 $\delta<0.07$ 可以实现较好的喷管流通能力和推力性能。

3.3 涡桨/涡轴发动机喷管设计

3.3.1 研发依据

活塞式发动机具有耗油率低、结构简单、成本低、工作可靠等特点,在喷气式发动机发明之前,是唯一可用的飞机动力装置。活塞式发动机功率与飞机飞行速度的 3 次方成正比,随着飞行速度的提高,要求发动机功率大大增加,从而其重量和体积均随之迅速增加,已经不能满足飞机高速飞行的需要。另外,在飞机飞行速度接近声速时,活塞式发动机螺旋桨的效率会急剧下降,无法有效地将发动机输出功率转变为推进飞机的拉力,也限制了飞机飞行速度的提高。为此,飞机要进一步提高飞行速度,必须研制功率更大、重量更轻的新型动力装置。涡喷发动机的出现不仅使飞机飞行速度接近甚至超过声速,而且使飞机载重更大、飞得更高,但是涡喷发动机也有很大的弱点,如经济性差、耗油率高。涡桨发动机(图 1.60)在 20 世纪40 年代后期随着喷气式发动机的崛起而诞生,其主要优点是:与活塞式发动机相比,结构简单,重量轻,无往复运行结构件,振动小,单位重量产生的功率大,经济性更好,特别是随着飞机飞行速度的提高,其性能更为优越;与涡喷发动机相比,耗油率低,起飞推力大。涡桨发动机的不足之处是:由于螺旋桨特性的限制,配装涡桨发动机的飞机飞行高度低、飞行速度慢。随着涡扇发动机的出现,大型远程民用飞机和军用运输机的动力装置已经被大涵道比涡扇发动机所取代,但由于涡桨发动机在亚声速短航线内的经济性好,采购和维修费用低,噪声也能满足要求,在一些中小型支线客机/运输机、通用飞机中仍然被广泛采用。

自 1936 年世界上第一架直升机诞生以来,因其具有垂直起落和悬停功能,不受场地限制,使用方便,在军民用领域得到广泛的应用。直升机动力装置可分为活塞发动机和涡轴发动机(图 1.61)两种,其中 20 世纪 50 年代中期以前活塞发动机是直升机的唯一动力装置,但其性能低、操纵复杂等缺点直接影响到直升机的进一步发展;20 世纪 50 年代中期,直升机开始采用涡轴发动机。与活塞发动机相比,涡轴发动机具有重量轻、体积小、功率大、振动小、易于起动、便于维修和操纵等一系列优点,因此得到迅速发展和广泛应用。20 世纪 60 年代以后,新研制的直升机基本上均采用涡轴发动机作为动力装置。

　　喷管是涡桨/涡轴发动机必不可缺少的一个部件,这两种发动机的燃气流在喷管出口为亚临界状态,为此这两种发动机采用的是喷管出口面积不可调的固定式喷管。涡桨/涡轴发动机的固定式喷管虽然没有涡喷/涡扇发动机喷管复杂,但对涡桨/涡轴发动机的气动性能、结构重量等也有较大的影响。此外,直升机及螺旋桨飞机飞行速度和飞行高度均较低、机动性差,极易被攻击,在军用涡轴/涡桨发动机(特别是军用涡轴发动机)喷管设计中,还需要考虑喷管的红外隐身问题。

3.3.2　国内外研发情况

1)国外研发情况

　　涡桨发动机综合了已有的涡喷发动机和活塞发动机的优点,又克服了这两种发动机的一些不足,因而自 20 世纪 40 年代后期诞生以来得到了国外的高度重视,投入了大量的研发力量开展技术研究与应用工作,并在 20 世纪 50~60 年代广泛用作民用飞机和军用运输机的动力装置。1950 年,第一架采用涡桨发动机的英国"子爵"号客机投入航线,发动机为"达特"涡桨发动机。随后英、美等国家不断研制出多种型号涡桨发动机并投入使用,迄今国外已经成功地发展了四代涡桨发动机。第一代是指 20 世纪 70 年代以前投产的,主要有"达特"、PT6A‐65、NK‐4、AI‐20 等型号的发动机(图 1.62、图 3.39 和图 3.40);第二代是指 20 世纪 70 年代末至 80 年代初期研制的,主要有 PW100 系列早期型号(图 3.41)、TB7‐117(图 3.42)、CT7‐5、TPE331‐14/15 等;第三代是指 20 世纪 90 年代以后投入使用的发动机,主要有 AE2100、TPF351‐20(图 3.43)、PW150A 等;第四代指 2011 年投产的 TP400‐D6 等发动机[45,46]。

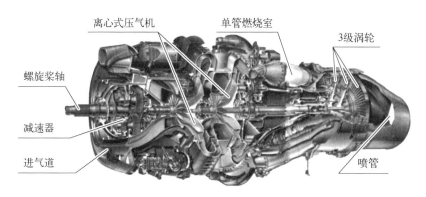

图 3.39　"达特"涡桨发动机[47]

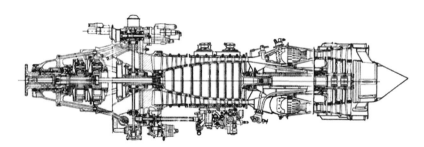

图 3.40　AI-20 涡桨发动机[6]

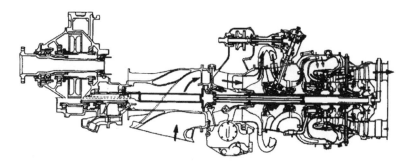

图 3.41　PW100 涡桨发动机[48]

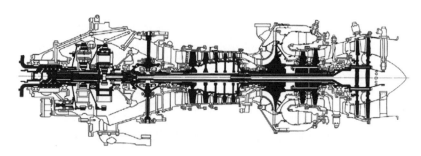

图 3.42　TB7-117 涡桨发动机[6]

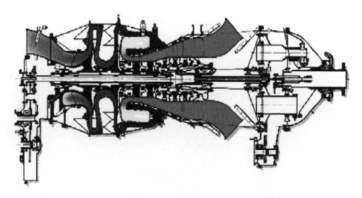

图 3.43　TPF351-20 涡桨发动机及其喷管[6]

自 1955 年透博梅卡公司研制出第一台配装云雀 II 直升机的阿都斯特 I 型涡轴发动机开始,涡轴发动机产品和技术不断发展升级,至今已发展了四代,技术水平进步主要表现在:功重比和单位功率提高、耗油率降低、可靠性提高。第一代涡轴发动机是 20 世纪 50 年代研制的,并于 20 世纪 60 年代开始服役,主要代表机型有阿都斯特、T53、宁巴斯、D - 25B(图 3.44)等。第二代涡轴发动机是 20 世纪 60 年代研制的,主要代表机型有 T63、T64、诺姆、赫耶 C、TB2 - 117A、T53 - L - 703 等。第三代涡轴发动机于 20 世纪 70 年代设计,于 20 世纪 80 年代投产,主要代表机型有法国透博梅卡公司研制的 TM333、美国 GE 公司研制的 T700 - GE - 701、俄罗斯克里莫夫设计局研制的 TB3 - 117(图 1.63)等,分别装备 AS322、UH - 60A、AH - 64A、米 - 24 等直升机。第四代涡轴发动机于 20 世纪 80 年代末开始研制,代表机型有美国的 T800 - LHT - 800、英法联合研制的 RTM322、德法英联合研制的 MTR390,以及俄罗斯的 TVD1500、D - 136(图 3.45)等。

图 3.44　D - 25B 涡轴发动机及其喷管[6]

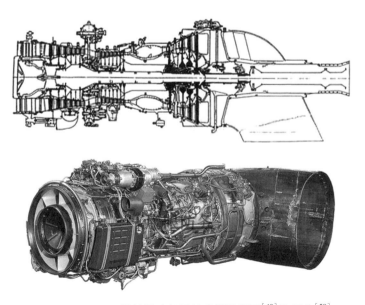

图 3.45　D - 136 涡轴发动机及其喷管示意图[49]和照片[50]

国外在研制各种涡桨/涡轴发动机的同时,也研制出了能够满足各种涡桨/涡轴发动机要求的喷管,如"达特"涡桨发动机喷管(图 3.39)、PT6A-65 涡桨发动机喷管(图 1.62)、D-27 涡桨发动机喷管(图 1.64)、TB3-117 涡轴发动机喷管(图 1.63)、D-25B 涡轴发动机喷管(图 3.44)、D-136 涡轴发动机喷管(图 3.45)。其中"达特"涡桨发动机喷管为前输出轴的弯管形喷管,D-25B 涡轴发动机和 D-136 涡轴发动机的喷管均为后输出轴并转向侧面的弯管形喷管。

2) 国内研发情况

国内涡桨/涡轴发动机及其喷管的研制起步于 20 世纪 60 年代对苏联涡桨/涡轴发动机的仿制,此后国内逐步开始自行研制。例如,涡桨 5(WJ5)发动机于 1966 年开始研制,1977 年设计定型,用于 Y-7 飞机,喷管为筒体与内锥由 3 个整流支板连接的喷管;涡桨 6(WJ6)发动机(图 3.46)于 1969 年开始研制,1976 年设计定型,用于 Y-8 飞机,喷管为带有 6 个径向支板的弯管形喷管;涡轴 8(WZ8)发动机(图 3.47)于 20 世纪 80 年代按法国阿赫耶 1C1 发动机生产专利转让合同进行国产化研制,1992 年设计定型,用于直 9 飞机,喷管为后输出轴、向上弯曲的扩压型喷

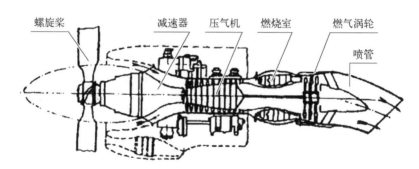

图 3.46　WJ6 发动机及其喷管[8]

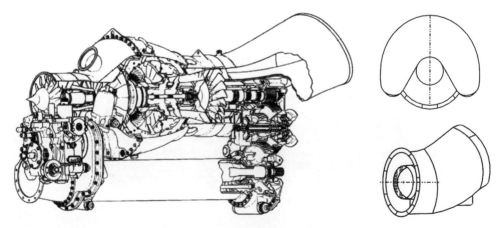

图 3.47　WZ8 发动机及其喷管[48,51]

管;涡桨 9(WJ9)(图 1.65)是以涡轴 8 发动机为原准机改型设计的发动机,于 1995年取得民航型号合格证并开始交付使用,用于 Y-12 飞机,喷管为带涡流环的喷管。

3.3.3　设计要点

1. 设计特点

(1)由于涡桨发动机和涡轴发动机的喷管只能产生少量的推力或基本上不产生推力,可根据飞机和发动机的需要灵活安排排气方向,为此喷管可按需设计成不同排气形式的喷管,如后向排气的环形直喷管(如 T55-L-714 涡轴发动机喷管)、向上/向下或向两侧排气的弯管形喷管(图 1.62~图 1.64、图 3.39、图 3.44~图 3.47)及径向排气的带涡流环喷管(图 1.65)。

(2)按发动机的功率输出轴伸出方向,涡桨/涡轴发动机可分为前输出轴和后输出轴两类。前输出轴发动机喷管的流路型面和结构比较简单,根据飞机安装的需要,喷管可以是后向排气,也可能向上/向下或向两侧排气。后输出轴发动机喷管因输出轴需要从喷管中通过而不能以环形直喷管的形式向后排气,喷管的流路型面很不规则(图 1.63、图 3.44、图 3.45 和图 3.47),结构比较复杂,形式多种多样,从而使燃气气流在其中的流动成为三维的复杂流动。如果设计得不好,则会造成气流从壁面分离,从而引起附加的压力损失并减小有效的流通面积。喷管出口形状有圆形的,也有非圆形的;有单一喷管出口的,也可能有多个喷管出口的,例如,设计成分叉的两个排气管并由发动机轴心线两侧排出燃气(图 1.62)。

(3)因为涡桨/涡轴发动机喷管内及喷管出口的燃气流速都是亚声速的,所以当喷管内的流场或喷管出口的流场受到扰动时,其干扰必然前传,而使动力涡轮后的流场受到影响。动力涡轮后的压力场不均匀(即存在压力畸变)时,则动力涡轮的效率会下降,从而使输出功率减少。

(4)涡轴发动机喷管外露热结构和排出的高温燃气是直升机主要的红外辐射源,其中高温燃气发出的红外辐射强度与燃气的温度分布和组分浓度分布有关。现代军用直升机为了在战场上防备敌方红外制导武器的攻击,减小自身热辐射强度,普遍采用红外隐身技术。该技术除设法降低发动机外露热结构表面温度外,主要是将外界冷空气引入喷管内,掺进高温燃气中,降低燃气温度和燃气中所含二氧化碳(CO_2)、水蒸气(H_2O)的浓度,以降低红外辐射强度。先进的红外隐身技术往往要将喷管、冷却空气流路以及发动机的安装位置通盘考虑,形成了一个完整、有效的红外隐身设计。

2. 气动设计原则

首先,在涡桨/涡轴发动机总体性能设计时要选定喷管出口气流速度,其原则是:喷管出口气流速度在整个飞行包线范围内应不小于飞机的飞行速度,以保证喷管内气流流动的稳定；在满足上述要求的前提下，喷管出口气流速度越小越好，以便使动力涡轮后的反压尽可能低，从而使动力涡轮输出的功率尽可能大。

其次，根据总体性能给出的喷管进口气流速度和出口气流速度设计喷管内流路型面。一般情况下，涡桨发动机喷管只能产生少量的推力，当喷管出口气流速度小于进口气流速度时，喷管内流流路设计成扩压型；当喷管出口气流速度大于进口气流速度时，为回收部分推力并改善发动机的安装性能，喷管内流流路设计成收敛型或先扩压后收敛型。例如，PT6A-65 涡桨发动机喷管（图 1.62）采用先扩压后收敛的流路型面，收到了良好的总压恢复效果。涡轴发动机喷管不产生推力，一般采用扩压型喷管（如 T55-L-714 涡轴发动机喷管），以便高温燃气在动力涡轮内充分膨胀做功，使得动力涡轮出口静压低于大气压，从而使燃气的热焓尽可能多地转变为轴功率，通过动力涡轮后的燃气需要减速增压才能排入大气。对于相同参数的涡桨/涡轴发动机，涡桨发动机排气动能一般大于涡轴发动机排气动能，而输出轴功率一般小于涡轴发动机输出轴功率。

3. 喷管内流流路一维气动估算方法

由于喷管内燃气流动一般处于湍流状态，其流动损失应主要依靠试验获得，但在发动机初步设计阶段也可按一维流动来进行估算。

根据流量公式，可以获得喷管出口截面的面积表达式：

$$A = \frac{\dot{m}\sqrt{T_{05}}}{CP_{05}q(\lambda)} \tag{3.5}$$

式中，$\dot{m}$ 为通过喷管的质量流率；$C = \sqrt{\frac{\gamma}{R}\left(\frac{2}{\gamma+1}\right)^{\frac{\gamma+1}{\gamma-1}}}$；$q(\lambda)$ 为用速度系数表征的流量函数。在排气过程中，气流不对外做功，又没有外来的能量供给，因此总温不变，气流经过喷管的过程为等温过程，由此可计算得出喷管出口截面的总温 T_{05} 和总压 P_{05} [51]。

$$T_{05} = T_{04}, \quad P_{05} = P_{04} \times \sigma_n \tag{3.6}$$

式中，σ_n 为喷管总压恢复系数；喷管进口截面的总温 T_{04} 和总压 P_{04} 由发动机总体性能计算给定。

出口截面为亚临界所满足的压力条件为

$$\frac{P_5}{P_{05}} < \pi_{cr} = \left(\frac{\gamma+1}{2}\right)^{\frac{\gamma}{\gamma-1}} \tag{3.7}$$

喷管出口的排气速度为

$$V_5 = a_5 \times Ma_5 = \sqrt{\gamma R T_5} \times Ma_5 \tag{3.8}$$

喷管产生的推力为

$$F_R = W_0 [(1 - \beta - \delta_1)(1 + f) + \delta_1] V_5 - W_0 V_0 \tag{3.9}$$

以上式中，π_{cr} 为临界压比；a_5 为喷管出口声速；Ma_5 为喷管出口马赫数；V_5 为飞行速度；W_0 为发动机入口气流流量；β 为飞机引气系数；δ_1 为涡轮引气系数；f 为油气比。

4. 喷管红外隐身设计

涡轴发动机红外隐身设计包括暴露于直升机外部的发动机热结构红外隐身设计和高温排气红外隐身设计两个部分，这两个部分的设计通过在喷管上采取特殊措施予以实现，从而形成具有红外隐身功能的喷管（即红外抑制器）设计方案。暴露于直升机外部的热结构红外隐身设计方案是：将发动机喷管弯曲向上，遮挡喷管内部的热结构；同时，喷管外壁采用轻质隔热材料覆盖或采取壁面冷却方式降低壁温。这种设计方案可以避开来自尾部水平方向和底半球方向的红外导弹攻击。在高温排气红外隐身设计中，影响发动机高温排气红外辐射强度的因素最主要的是排气的温度及其分布，然后是排气的压力及其分布、排气成分的分压、排气的尺寸及几何形状等；同时，还应考虑大气温度及发动机在直升机上的安装位置对红外辐射强度的影响。高温排气红外隐身设计的主要措施有：采用高效率的空气引射器，利用发动机高温排气的动能，将周围的冷空气引入，与高温排气掺混以降低排气温度、冲淡排气中二氧化碳（CO_2）和水蒸气（H_2O）的浓度，降低排气的红外辐射，这是目前最主要且有效的方法；采用改善高温排气与周围环境大气掺混的设计，将通常的圆截面喷管改为二元喷管或多路二元喷管以及采用波瓣形喷管可以耗散排气动能，缩短排气长度，降低排气温度，进而大大地降低发动机高温排气的红外辐射。

5. 材料和工艺

根据喷管进口气流温度的高低，涡轴/涡桨发动机喷管通常采用的材料有不锈钢（如 0Cr18Ni9Ti）、钛合金、高温合金，其中安装边采用机加件或锻件，喷管筒体、尾锥、支板等一般采用板材钣金成型，焊接工艺一般采用氩弧焊。例如，苏联研制的 TB2-117A 涡轴发动机喷管为钛合金焊接结构；某涡桨发动机喷管采用带涡流环的结构形式，由高温合金 GH4169 锻制的前/中/后安装边与由高温合金（如 GH1140、GH4169）板材冲压成型的内外壳体经焊接而成。

3.3.4　应用案例：喷管结构设计和红外隐身设计

1. 喷管结构设计

涡桨/涡轴发动机喷管的具体结构设计要根据不同飞机和发动机的任务需求或安装形式来确定，图 1.62~图 1.65、图 3.39、图 3.44~图 3.47 给出了分别用于不同飞机或发动机的涡桨/涡轴发动机喷管的主要结构形式。用于 A400M 新型军用运输机的 TP400 涡桨发动机[47]如图 3.48 所示,该前输出轴涡桨发动机喷管采用的是简单的收敛型喷管。用于国产运输直升机的 WZ6C 涡轴发动机如图 3.49 所示,该后输出轴涡轴发动机喷管采用的是分叉的弯管形喷管,喷管内流流路为扩压型。

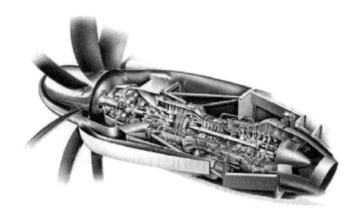

图 3.48　TP400 涡桨发动机[47]

图 3.49　WZ6C 涡轴发动机

2. 喷管红外隐身设计

图 3.50 给出了安装在美国阿帕奇 AH‐64 直升机用 T700‐GE‐701 发动机上的红外抑制器结构简图。该红外抑制器把发动机喷管分成三路,各自与弯曲的混合管连接,被引射的冷空气来自发动机舱、滑油散热器和辅助进气口。混合管是由三个外表面带肋片、宽高比约为 5:1 的二元喷管组成的,混合管上的肋片是为了利用直升机旋翼下洗气流和/或前飞的滑流来对流冷却混合管的壁面。通过排气引射冷却和肋片冷却,它们的综合效果可使混合管壁温由未冷却前的 399℃降低到 93.3℃。此外,混合管本身呈弯曲形以利于对内腔体红外辐射的遮挡。采取这些综合技术后,该红外抑制器使喷管总红外辐射强度下降了 94%,排气的

红外辐射强度降低了 90%。安装红外抑制器的阿帕奇 AH‐64 直升机如图 3.51 所示。

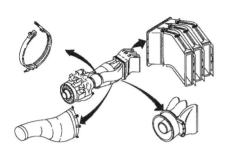

图 3.50　安装在 T700‐GE‐701 发动机上的红外抑制器结构简图

图 3.51　安装红外抑制器的阿帕奇 AH‐64 直升机

图 3.52 给出了安装在黑鹰 UH‐60M 的新一代红外抑制器照片及其结构简图。为了降低红外抑制器带来的发动机功率损失,在红外隐身效能和发动机功率之间需要追求平衡性原则。据报道,美国陆军航空应用技术管理中心在 2002 年秋季启动了应用于黑鹰 UH‐60M 的新一代红外抑制器的研究,其特点在于排气引射混合管能够根据红外隐身需要进行偏转,在低威胁环境直流排气以降低发动机性

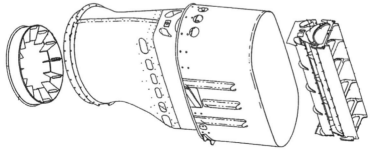

图 3.52　安装在黑鹰 UH‐60M 的新一代红外抑制器照片及其结构简图

能损失,在高威胁环境偏转排气以遮挡喷管内部的高温热结构。

参考文献

[1] 航空航天工业部高效节能发动机文集编委会. 高效节能发动机文集(第六分册)——排气混合器和短舱[M]. 北京: 航空工业出版社,1991.

[2] Callender B, Gutmark E. A far-field acoustic investigation into chevron nozzle mechanisms and trends[C]. 41st Aerospace Sciences Meeting and Exhibit, Reno, 2003.

[3] Henderson B, Kinzie K. Aero-acoustic improvements to fluidic chevron nozzles[C]. 27th AIAA Aeroacoustics Conference, Cambridge, 2006.

[4] Calkins F T, Butler G W. Variable geometry chevrons for jet noise reduction[C]. 27th AIAA Aeroacoustics Conference, Cambridge, 2006.

[5] Vinod G M. Jet noise characteristics of chevrons in internally mixed nozzles[C]. 11th AIAA/CEAS Aeroacoustics Conference, Monterey, 2005.

[6] Иноземцев A A, Сандрацкий B Л. Газотурбинные Двигатели [M]. Пермь: ОАО «Авиадвигатель», 2006.

[7] Frost T H. Practical bypass mixing systems for fan jet aero-engines [J]. Aeronautical Quarterly, 1966, 17(5): 141 – 160.

[8] 陈光. 航空发动机结构设计分析[M]. 北京: 北京航空航天大学出版社,2006.

[9] Babbitt R R, Cohn J A, Fleming K J. Advanced high bypass mixed-flow exhaust system design study[C]. 27th Joint Propulsion Conference, Sacramento, 1991.

[10] Abolfadl M A, Sehra A. Experimental investigation of exhaust system mixers for a high bypass turbofan engine[C]. 31st Aerospace Sciences Meeting, Reno, 1993.

[11] McCormick D C. Vertical and turbulent structure of a lobed mixer free shear layer[J]. AIAA Journal, 1994, 32(9): 1852 – 1859.

[12] Simon C M, Yu J H Y, Jeffrey K L T. Velocity measurements downstream of a lobed-forced mixer with different trailing-edge configurations[J]. Journal of Propulsion and Power, 1995, 11(1): 87 – 97.

[13] Yu S C M, Yip T H, Liu C Y. The mixing characteristics of forced mixers with scalloped lobes [R]. AIAA 96 – 0117, 1996.

[14] 刘友宏,樊超,谢翌,等. 波瓣数对波瓣强迫混合排气系统性能影响[J]. 航空动力学报, 2010,25(8): 1683 – 1689.

[15] Xie Y, Liu Y H. Numerical investigation of lobe spacing ratio on performance of forced mixer nozzle[J]. Heat Transfer-Asian Research, 2011, 40(7): 593 – 607.

[16] 丁玉林,刘友宏,谢翌,等. 尾缘凹扇及综合修形对波瓣混合器性能影响[J]. 航空动力学报,2012,27(10): 2236 – 2242.

[17] 谢翌. 涡扇发动机波瓣混合排气系统气动热力性能研究[D]. 北京: 北京航空航天大学,2012.

[18] 李腾,刘友宏,谢翌,等. 波瓣高宽比对波瓣强迫混合排气系统性能影响[J]. 航空动力学报,2013,28(8): 1736 – 1743.

[19] 刘友宏,张少鹏,杨旭,等. 波瓣尾缘切角对涡扇发动机混合排气系统气动热力性能影响[J]. 推进技术,2013,34(6): 734 – 740.

[20]　刘友宏,杜力伟,谢翌,等.波瓣凹扇修形对波瓣强迫混合排气系统性能影响[J].科学技术与工程,2013,13(18):5226-5233.

[21]　康冠群.先进排气系统多场耦合及气动方案对比的数值研究[D].北京:北京航空航天大学,2013.

[22]　邵万仁.涡扇发动机排气噪声抑制技术研究[D].北京:北京航空航天大学,2014.

[23]　Mengle V G. Jet noise reduction by lobed mixers with boomerang scallops[R]. AIAA-99-1923, 1999.

[24]　梁春华.纤维增强陶瓷基复合材料在国外航空发动机上的应用[J].航空制造技术,2006(3):40-45.

[25]　温杰. Passport 发动机的设计特点及其关键技术[J].航空动力,2018(1):23-26.

[26]　Saiyed N H, Mikkelsen K L, Bridges J E. Acoustic and thrust of separate-flow exhaust nozzles with mixing devices for high-bypass ratio engines[R]. NASA/CP-2000-209948, 2000.

[27]　Mikkelsen K L, McDonald T J. Static and wind tunnel aero-performance tests of NASA AST separate flow nozzle noise reduction configurations[R]. NASA/TM-2001-210712, 2001.

[28]　Thomas R H, Kinzie K W, Paul P S. Computational analysis of a pylon-chevron core nozzle interaction[R]. AIAA-2001-2185, 2001.

[29]　Bridges J, Wernet M P. Turbulence measurements of separate flow nozzles with mixing enhancement features[R]. NASA/TM-2002-211592, 2002.

[30]　Doty M J, Henderson B S, Kinzie K W. Turbulence measurements of separate-flow nozzles with pylon interaction using particle image velocimetry[J]. AIAA Journal, 2007, 45(6):1281-1289.

[31]　Thomas R H, Kinzie K W. Jet-pylon interaction of high bypass ratio separate flow nozzle configurations[R]. AIAA 2004-2827, 2004.

[32]　Hunter C A, Thomas R H, Abdol-Hamid K S, et al. Computational analysis of the flow and acoustic effects of jet-pylon interaction[R]. AIAA-2005-3083, 2005.

[33]　Liew K H, Urip E, Yang S L, et al. Performance cycle analysis of a two-spool, separate-exhaust turbofan with interstage turbine burner[R]. NASA/TM-2005-213660, 2005.

[34]　邵万仁,尚守堂,张力,等.大涵道比涡扇发动机排气喷管技术分析[C].大型飞机关键技术高层论坛暨中国航空学会 2007 年年会,深圳,2007.

[35]　康冠群,王强.V 形尾缘分开排气喷管喷流流场的数值模拟[J].航空动力学报,2011,26(1):154-160.

[36]　康冠群,王强.分开式与混合式排气喷管气动特性对比研究[J].航空发动机,2013,39(6):24-30.

[37]　唐宇峰,沈锡钢,李泳凡,等.喷管喉道面积变化对大涵道比分排涡扇发动机性能的影响[J].航空发动机,2011,37(1):11-15.

[38]　熊剑,王新月,施永强,等.基于并行多目标遗传算法大涵道分开式排气系统气动优化设计[J].航空动力学报,2012,27(6):1384-1390.

[39]　朱彦伟,袁长波.大涵道比发动机喷管流量系数数值计算与分析[J].计算机仿真,2013,30(1):159-164.

[40]　张建东,陈俊,王维,等.分开排气系统的 1 种设计方法及其性能研究[J].航空发动机,2014,40(2):47-50.

[41]　环夏,杨青真,高翔,等.大涵道比涡扇发动机分开式排气系统设计参数影响研究[J].航空工程进展,2013,4(2):211-218.

[42]　陈灿平,李漫露,田晓沛.分开式排气系统气动性能与喷流特性数值研究[J].航空发动机,2017,43(2):23-30.

[43]　王翔宇.民用航空发动机维修市场特点探析[J].航空动力,2018(3):59-62.

[44]　Asbury S C, Yetter J A. Static performance of six innovative thrust reverser concepts for subsonic transport applications[R]. NASA/TM-2000-210300, 2000.

[45]　周辉华.国外涡桨发动机的发展[J].航空科学技术,2013(1):18-22.

[46]　卜振鹏,吴雄.浅谈国外舰载机发动机发展现状及特点[J].航空动力,2021(3):15-18.

[47]　刘大响,陈光等.航空发动机:飞机的心脏[M].北京:航空工业出版社,2003.

[48]　刘长福,邓明.航空发动机结构分析[M].西安:西北工业大学出版社,2006.

[49]　方昌德.世界航空发动机手册[M].北京:航空工业出版社,1996.

[50]　搜狐.详解现役最大直升机,曾在汶川地震立下汗马功劳[EB/OL].https://www.sohu.com/a/239581367_99938912[2022-8-30].

[51]　盛柏林,李琼,伍恒,等.某型涡桨发动机气动热力仿真计算[J].海军航空工程学院学报,2016,31(2):121-126.

第4章
常规可调式喷管设计

从20世纪50年代中期起,加力式涡喷/涡扇发动机先后在战斗机上得到应用,以便接通加力后提供足够的推力保证飞机达到超声速。接通加力后,发动机的排气温度骤然增加,排气容积流量随之显著增加,固定式收敛喷管已无法满足加力式涡喷/涡扇发动机的工作需要;为了保证发动机的工作状态不变,喷管的 A_8 必须可调,从最大状态(即中间状态)到全加力状态一般要求 A_8(即喷管喉道面积)增大50%~170%,以适应因加力燃烧而增大的排气容积流量,保持涡轮后压力的稳定,避免高压压气机失速。相反,切断加力后,发动机的排气温度突降,A_8 需要随排气容积流量的减小而减小。为此,通过调节机构按需调节 A_8 的收敛喷管应运而生。随着航空技术的发展,战斗机对飞行马赫数和飞行高度的要求也越来越高,加力式涡喷/涡扇发动机的性能也不断提高,在起飞状态下,喷管可用落压比超过临界落压比,达到 2.5~3.0;随着飞行马赫数和飞行高度的增加,喷管可用落压比能够达到 15~20 甚至更高。在这种情况下,发动机如果仍继续采用收敛喷管,则喷管在极度欠膨胀的条件下工作,气流从喷管喷出后还要继续膨胀,从而造成很大的推力损失。据评估,当飞行马赫数为 1.5、2.5 和 3.0 时,收敛喷管造成的推力损失分别约为 10%、30% 和 50%。当飞机飞行马赫数大于 1.5 时,为减小气流欠膨胀造成的推力损失,采用引射式喷管或收扩喷管替代收敛喷管势在必行。可调式喷管包含的类型不仅仅局限于可调式的收敛喷管、引射式喷管和收扩喷管,各类机械调节式的轴对称矢量喷管和二元矢量喷管也均属于可调式喷管,但本书将可调式的收敛喷管、引射式喷管和收扩喷管归类为常规可调式喷管。相对于引射式喷管而言,可调式的收敛喷管和收扩喷管在加力式涡喷/涡扇发动机上得到了更为广泛的应用,为此本章分别阐述收敛喷管和收扩喷管的设计。

4.1　收敛喷管设计

4.1.1　研发依据

加力式涡喷/涡扇发动机的可调式收敛喷管通过调节 A_8,可以改变发动机的推力和耗油率,改善发动机的起动性能以及接通/切断加力时尽量减少对发动机工作的影响,从而能使发动机在各种工作状态下均获得良好的性能。可调式收敛喷管主要有蛤壳式收敛喷管(图 1.9)、塞式收敛喷管(图 1.10 和图 1.11)、调节片式收敛喷管(图 1.14、图 1.16 和图 1.17)三种,得到普遍应用的收敛喷管是调节片式收敛喷管中的浮动式密封收敛喷管(图 1.16 和图 1.17),这种喷管一般由调节片、密封片、调节机构(包括作动筒、调节环等)组成,并与加力筒体组成一个完整的单元体,通过液压作动筒驱动调节环轴向移动,转动一组铰接在加力筒体上并锥形排列的调节片/密封片,以便控制 A_8。

对于飞行马赫数为 1 左右或短时间超声速飞行(马赫数小于 1.5)的中小型战斗机用加力式涡喷/涡扇发动机,喷管可用落压比不大(一般为 3.0~5.0),采用收敛喷管能维持较高的喷管性能。因为在此可用落压比范围内,即使不能实现完全膨胀,其推力也只比完全膨胀时的推力降低 1%~3%,而如果采用收扩喷管,则会增加重量和阻力。收敛喷管的缺点是:喷管可用落压比较大时,气流因无法实现充分膨胀而造成较大的推力损失,并且在非加力状态下因喷管环形底部面积较大而引起阻力增加。为减少由气流不完全膨胀造成的推力损失,收敛喷管在实际应用中通常安装在加长的飞机机尾罩内,与机尾罩一起组成最简单的引射式喷管,增大飞机超声速飞行时的发动机推力。

4.1.2　国内外研发情况

1) 国外研发情况

为满足加力式涡喷发动机的研制需求,国外从 20 世纪 50 年代开始陆续研制收敛喷管,例如,美国于 20 世纪 50 年代研制了 J75 涡喷发动机及其收敛喷管;苏联于 20 世纪 50~60 年代先后研制了 P11F‐300、P13、P25、P29‐300 等涡喷发动机及其收敛喷管(图 1.14 和图 1.16)。在 20 世纪 60~70 年代,收敛喷管开始应用于加力式涡扇发动机,例如,英国、德国和意大利于 20 世纪 60 年代末期至 70 年代初期联合研制了 RB199 涡扇发动机及其收敛喷管(RB199MK104 发动机收敛喷管见图 1.17)。此外,乌克兰 2004 年首飞的 AI‐222‐25F 和 AI‐222‐25KFK 两型加力式涡扇发动机均采用了收敛喷管。

2) 国内研发情况

国内收敛喷管的研制起步于 20 世纪 50~60 年代对苏联加力式涡喷发动机的仿制,例如,涡喷 7 的收敛喷管按苏联 P11F‐300 发动机仿制。此后,国内逐步开始自行研制加力式涡喷/涡扇发动机及其收敛喷管,其中涡喷 13 及其收敛喷管是1978 年在总结涡喷 7 和涡喷 7 乙研制经验的基础上参照国外同系列发动机而研制的;涡扇 6 及其收敛喷管于 1965 年开始设计,并于 1968 年首次台架运转;昆仑发动机及其收敛喷管于 20 世纪 80 年代开始研制,于 2003 年完成设计定型。

4.1.3　设计要点

1. 喷管设计需要关注的问题

1）收敛喷管与飞机机尾罩的气动一体化设计问题

对于安装在飞机机尾罩内的收敛喷管,在综合考虑结构尺寸、受力、重量等前提下,气动设计不仅需要对最大收敛半角 $\alpha_{\max}$、最小收敛角 $\alpha_{\min}$、喷管调节片长度 L_s 等内流流路设计参数进行优化,而且需要与飞机机尾罩进行一体化考虑和优化,需要优化的流路参数(图 4.1)包括喷管出口面积比 A_e/A_8、喷管间隔比 L/D_8、机尾罩喉道直径比 D_s/D_8、机尾罩喉道间距比 S/D_8 等,其中 A_e 为机尾罩出口面积,D_e 为机尾罩出口直径,A_8 为收敛喷管出口面积,D_8 为收敛喷管出口直径,L 为收敛喷管出口至机尾罩出口的距离,D_s 为引射罩最小截面直径,S 为收敛喷管出口至机尾罩最小截面的距离;此外,引射流量比(即次流与主流的换算流量比)n 也是需要优化的参数。

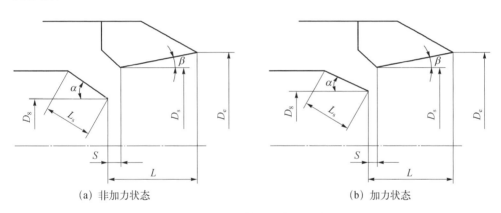

（a）非加力状态　　　　　　　　　（b）加力状态

图 4.1　引射喷管流路参数示意图

喷管与飞机机尾罩的气动一体化设计应从飞机总体方案开始,否则有可能会出现问题或故障。例如,某飞机在飞行高度为 3 000 ~ 4 000 m、飞行马赫数为 0.82 ~ 0.96 的飞行中出现了跨声速振动故障,找到的故障原因是收敛喷管与飞机机尾罩之间气动不匹配。收敛角 α 主要影响喷管的流量系数,α 增大,则收敛调节片的长度和重量减小,但也会导致流量系数减小,使 A_8 增大,从而导致喷管外廓尺寸和重量增大,$\alpha_{\max}$ 一般应为 30° ~ 45°,$\alpha_{\min}$ 一般应不小于 2°,喷管调节片长度 L_s 与最大 $D_{8\max}$ 的比值通常在 0.34 ~ 0.39 范围内选择。例如,斯贝 MK202 发动机收敛喷管调节片长度 $L_s = 240$ mm,$\alpha_{\max} = 44°$。在 $A_e/A_8 = 1.44 ~ 2.25$、$L/D_8 = 0.5 ~ 1.195$、$D_s/D_8 = 1.11 ~ 1.2$、$S/D_8 = 0.044 ~ 0.3$、$n = 0 ~ 0.059$ 范围内获得的试验结果如下。

（1）飞机跨声速飞行时,喷管推力损失为 3.6% ~ 20%;飞行马赫数为 2.0 和 2.4 时,喷管的推力增益分别为 8.3% ~ 10.9% 和 13% ~ 19.7%。由此可见,流路参

数和 n 对喷管推力性能的影响在飞机跨声速飞行时最大,在飞行马赫数为 2.4 时次之,在飞行马赫数为 2.0 时较小。

(2)飞机在实际使用中高速飞行的时间很短,低速和跨声速飞行占大部分时间。为此,对于飞行马赫数小于 2.2 的飞机,气动设计时应特别注意改善飞机亚跨声速飞行时的推力损失。飞机机尾罩不可调时,在非加力状态下,建议 A_e/A_8 和 L/D_8 分别在 1.9~2.08 和 0.2~0.7 范围内选取;在加力状态下,建议 A_e/A_8 和 L/D_8 分别在 1.4~1.7 和 0.2~0.7 范围内选取。飞机机尾罩不可调时,A_e/A_8 在非加力状态下将变得很大,会在飞机亚跨声速飞行时造成较大的外部阻力,为此机尾罩可根据需要设计成可调的。例如,P29-300 发动机与米格-23 飞机相配时,机尾罩采用了可调设计。飞机机尾罩可调时,在非加力状态下,建议 A_e/A_8 和 L/D_8 分别在 1.23~2.0 和 0.2~0.8 范围内选取;在加力状态下,建议 A_e/A_8 和 L/D_8 分别 1.5~1.8 和 0.2~0.8 范围内选取。

(3)飞机亚跨声速飞行时,增大 n,可减小喷管的推力损失;n 随喷管落压比进行调节,喷管可以获得较好的推力性能。

2)液压作动系统设计问题

收敛喷管的 A_8 调节是通过 A_8 调节机构来实现的,可供 A_8 调节机构的作动筒选择的动力源包括但不限于发动机燃油、飞机液压油、发动机高压压气机后的压缩空气,其中动力源的首选是发动机燃油,以减少与飞机的接口;当 A_8 随发动机操纵杆转角变化时,动力源选择飞机液压油,可使发动机相关系统简化。在调节机构中,由液压作动筒、液压油管等组成的系统称为液压作动系统,液压作动系统设计需要关注的问题如下。

(1)多个作动筒的活塞运动必须保持同步。多个作动筒在实际工作中会不同程度地出现活塞运动的不同步问题,从而有可能造成喷管偏斜、A_8 不准、调节片之间相互干涉,甚至会使加力筒体和飞机机尾罩受到喷流的附加气动力作用,影响飞机操纵性。为此,液压作动系统需要设计相应的同步装置。

(2)A_8 的开大或关小必须与发动机其他部件/系统的工作协调。例如,接通加力时,发动机仅用 1.2 s 就能达到全加力状态,使喷管进口气流的温度突增,喷管必须快速开大 A_8 并与加力燃油泵供油流量的变化速率精确同步和匹配,使 A_8 适应气流容积的增加,以保证涡轮前后的压比保持不变,确保发动机工作平稳、无过大的起始推力突跃;相反,切断加力时,喷管进口气流的温度突降,喷管必须快速关小 A_8,使 A_8 适应气流容积的减小。此外,当喷管发生故障而无法开大 A_8 时,加力燃油泵也应停止供油。如果 A_8 的开大或关小与加力燃油泵供油不协调,发动机则会出现问题,例如,某涡扇发动机在调试初期的一次切断加力过程中,由于喷管关小 A_8 的速率大于加力燃油泵减少供油的速率,涡轮后的压力突升,发动机发生喘振。为此,发动机总体对 A_8 的开大时间和关小时间有明确的要求。

（3）作动筒的活塞与筒体之间及活塞杆与筒体之间一般采用密封橡胶圈进行密封，而管路接头之间则一般利用球面接嘴进行密封。在橡胶圈密封设计中，应按相关标准［如《O 形密封圈及密封结构的设计要求》（HB/Z 4—1995）］进行必要的计算，确定橡胶圈的拉伸率和压缩率，使计算结果满足具体的密封要求。为了保证液压作动系统良好的密封性，需在喷管总装完毕后对液压作动系统进行密封试验，试验压力取其工作压力的 1.5~2 倍。

2. 主要设计技术

1）喷管浮动式密封结构设计技术

收敛喷管早期的密封结构设计为调节片嵌入式密封（图 1.12 和图 1.13），例如，苏联 P11F‑300 发动机（图 1.14）以及国内涡喷 6、涡喷 7 的收敛喷管采用的就是这种密封结构。这种密封结构设计存在三个问题：一是受调节片搭接边重叠量的限制，A_8 的变化范围有限；二是调节片冲压成形困难，零件上经常有明显的皱纹等质量缺陷；三是调节片搭接边重叠量很大，调节片搭接部分的刚性不足，常常发生变形，从而导致摩擦力加大，在调节片运动时容易卡住。为解决上述问题，提高喷管运动的灵活性和密封效果，收敛喷管后期采用了先进的浮动式密封结构设计（图 1.15），苏联 P29‑300 发动机以及国内涡喷 7 甲、涡喷 7 乙、涡扇 6、昆仑发动机的收敛喷管均采用了这种密封结构。

2）喷管圆弧凸轮运动机构设计技术

作为调节机构的组成部分，收敛喷管早期的运动机构设计一般采用调节环在调节片外侧工作型面上滑动的方式调节 A_8，例如，涡喷 6 和涡喷 7 的收敛喷管采用的就是这种运动机构。因为这种运动机构存在调节环与调节片外侧工作型面之间的滑动摩擦，将造成调节片外侧工作型面受到较大的正压力，需要的作动筒拖动力较大。此外，收敛喷管也可采用曲柄连杆运动机构调节 A_8，例如，阿塔‑9K50 发动机的引射喷管采用的就是曲柄连杆运动机构（图 4.2），9 个作动筒带动调节环轴向移动，进而带动连杆，使喷管的 18 对调节片/密封片和引射罩的 18 对调节片/密封片开大或关小。这种连杆运动机构的优点是：所需作动筒行程小，作动筒长度小，重量轻；调节片结构简单，不需要外侧工作型面，可以减轻重量；缺点是：A_8 变化范围有限，如果 A_8 变化范围较大，则运动机构的连杆需要加长，但受外廓尺寸的限制，在结构上难以实现。随着飞机和发动机技术的发展，收敛喷管后期采用了先进的圆弧凸轮运动机构设计（图 4.3），利用调节环的滚轮在调节片外侧的圆弧凸轮工作型面上滚动的方式调节 A_8，如涡喷 7 甲、涡喷 7 乙、涡扇 6 及昆仑发动机的收敛喷管均采用了这种运动机构。与调节环在调节片外侧工作型面上滑动的方式相比，这种运动机构设计减小了摩擦力，降低了对作动筒拖动力的需求。相对于曲柄连杆运动机构，这种运动机构有四个优点：一是 A_8 变化范围大；二是可以通过改变圆弧凸轮半径的方法来调整 A_8 变化过程作用于作动筒的气动负荷；三是圆弧凸

轮运动机构相当于连杆较长的曲柄连杆运动机构,作动筒承受的轴向力变化较小;
四是 D_8 与作动筒行程之间的关系曲线可以设计得比较平滑(即接近直线关系),
作动筒活塞运动的不同步性引起的 A_8 变化量较小,对作动筒活塞运动的同步性要
求不高。

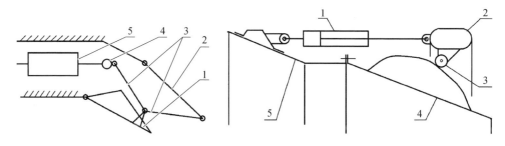

图 4.2 阿塔-9K50 引射喷管示意图

1-喷管调节片;2-引射罩调节片;
3-连杆;4-调节环;5-作动筒

图 4.3 采用圆弧凸轮运动机构的收敛喷管示意图

1-作动筒;2-调节环;3-滚轮;4-调节片;5-加力筒体

3) 喷管精密铸造结构调节片设计技术

采用浮动式密封结构设计的调节片承受喷管的气动力和调节环上滚轮的压
力,使其受到弯曲和挤压,其中滚轮接触点使调节片外侧的圆弧凸轮工作型面产生
较大的接触应力;调节片内壁的工作温度很高,非加力状态为 600℃ 左右,加力状
态为 900℃ 左右。因此,喷管调节片负荷大,受力情况比较复杂,壁温高,工作条件
十分苛刻。早期收敛喷管(如涡喷 7 甲、涡喷 7 乙的收敛喷管)的调节片采用的是
钣料冲压焊接结构设计,这种结构的圆弧凸轮工作型面偏薄,滚轮接触面积小,在
较大负荷作用下,圆弧凸轮工作型面经常发生压坑故障。为使调节片结构设计合
理,具有足够的强度和刚度,工作可靠,寿命长,后期的收敛喷管(如昆仑发动机的
收敛喷管)采用了先进的精密铸造结构调节片设计,这种结构的具体设计及优点
如下。

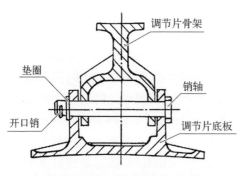

图 4.4 收敛调节片组成示意图

(1) 为便于铸造,调节片设计成骨架
和调节片底板两个零件,并通过销轴将它
们连成一体(图 4.4),其中骨架的上表面
为特定的圆弧凸轮工作型面,调节片底板
的外壁上设计有一些加强筋。由于骨架
和调节片底板的厚度可按需设计,使骨架
和调节片底板均可达到较高的刚性,从而
保证承受较大的负荷而不变形。

(2) 骨架和调节片底板的材料均应

选用抗氧化、抗腐蚀、耐高温、抗疲劳的铸造合金,选用的合金铸造工艺性良好,长期工作组织和性能稳定,并具有较好的焊接性能,便于铸件缺陷的补焊。精密铸造结构调节片可使其承载能力大大提高,降低圆弧凸轮工作型面压坑故障发生的可能性。

4)液压作动系统的蜗轮蜗杆型机械同步装置设计技术

收敛喷管的 A_8 调节机构一般由少量的作动筒、一个调节环、一组调节片/密封片以及与调节片等数量的骨架等组成(图 4.3),根据工作原理,相应的液压作动系统同步装置主要分为流量同步装置和机械同步装置两类。流量同步装置是借助同步活门,通过调整弹簧压力和更换流通面积不同的节流嘴来调整作动筒活塞的运动速度,保持进入各作动筒的燃油或液压油流量相同,实现各个作动筒活塞运动的同步性(图 4.5)。同步

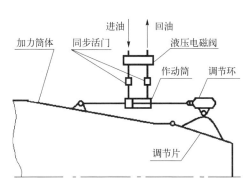

图 4.5 采用流量同步装置的作动系统示意图

活门控制 A_8 开大时间、关小时间以及作动筒活塞运动同步性,作动筒的活塞运动速度近似为常数,不受发动机气流参数变化快慢的影响,喷管无快速响应能力。这种同步装置适用于作动筒数量较少、喷管在发动机调节计划中处于开式调节的情况,但不适用于先进的喷管闭式调节计划,曾在早期的收敛喷管中得到应用。

当喷管在发动机调节计划中处于闭式调节时,调节计划要求 A_8 作为闭环可以随发动机不同工作状态时气流参数的变化而自动调节,既能实现快速变化又能实现慢速变化,保证发动机稳定工作。机械同步装置则可以满足喷管在发动机调节计划中处于闭式调节的情况,这种装置有扇形齿啮合型、导轨型和蜗轮蜗杆型三种,其中蜗轮蜗杆型同步装置得到了广泛应用,如 J79、P29-300、涡扇 6、昆仑等发动机的喷管均采用了这种同步装置。蜗轮蜗杆型同步装置是在作动筒的活塞杆上安装蜗轮,把作动筒活塞的线性位移通过蜗杆转变为蜗轮的转动;各蜗杆之间再用软轴机械相连,软轴传递相位角,保持各个作动筒活塞运动的同步。蜗轮蜗杆型同步装置的工作原理及主要设计[1]如下。

(1)如图 4.6 所示,丝母和活塞固定在一起,丝母与丝杠啮合,而丝杠靠一对向心推力轴承支承和固定。在丝杠上装有蜗轮,而蜗轮又与蜗杆啮合,蜗杆由轴承支承,软轴两端分别插入相邻作动筒的蜗杆中,形成整环连接,使所有的丝杠、丝母、蜗轮、蜗杆、软轴及活塞机械地连接在一起,形成机械同步装置。当活塞在油压和气动力作用下轴向移动时,随之移动的丝母带着丝杠转动,使蜗轮、蜗杆、软轴也跟随转动;当软轴转动时,蜗杆、蜗轮、丝杠也跟随转动,并通过丝母带动活塞轴向移动。由于它们之间靠机械方法连接,活塞的移动量与蜗杆转角之间存在一一对

应的线性关系。如果作动筒活塞运动出现不同步,则各蜗杆转角会出现差异,从而使各蜗杆之间的软轴受到扭力,其扭矩随不同步值的增大而变大,并通过蜗杆、蜗轮、丝杠传到丝母上,转变成活塞上的周向力和轴向力。周向力通过尾柄传到调节环上;而轴向力使移动较快的活塞减慢,并使移动较慢的活塞加快,从而保证各活塞的运动速度和位移基本一致,实现同步。

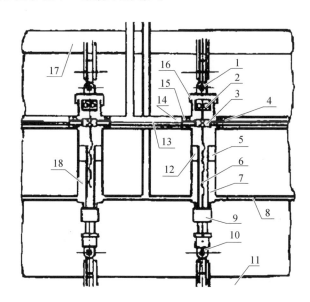

图 4.6　采用蜗轮蜗杆型同步装置的作动系统示意图

1-尾杆;2-向心推力轴承;3-蜗轮;4-蜗杆;5-丝母;6-丝杆;
7-作动筒体;8-液压油管;9-螺帽;10-尾柄;11-调节环;12-活塞;
13-软轴;14-液压油管;15-轴承;16-螺帽;17-作动筒安装环;18-作动筒

（2）各作动筒的液压油管与作动筒相互串联,软轴安装在液压油管中,受到液压油管的保护,不易被外物碰伤,从而使结构紧凑,便于解决密封问题。软轴是介于功率型与控制型之间的一种动力传动软轴,以传递运动为主,可正转亦可反转,但又不是简单的运动,而是需要克服作动筒活塞运动产生的不同步力。

蜗轮蜗杆型同步装置有四个优势:一是主要结构件安装在作动筒内,与液压作动系统有机组合在一起,结构紧凑;二是可使喷管各个作动筒活塞运动的同步性提高一个数量级,例如,采用流量同步装置的涡喷 7 发动机喷管各个作动筒活塞运动的不同步值不大于 10 mm,采用蜗轮蜗杆型同步装置的涡扇 6 发动机喷管各个作动筒活塞运动的不同步值不大于 0.5 mm;三是由于油路中不存在节流装置,进回油路均畅通无阻,液压作动系统在喷管调节器的控制下可实现 A_8 随气流参数变化速率的大小进行快速或者慢速调节,使喷管具有快速响应能力,以改善发动机的加速性和高度-速度特性;四是可与状态操纵盒匹配使用,在喷管开式调节计划中

控制 A_8 的变化,不必频繁更换节流嘴来调整同步性,减少同步性的调整工作量和由此引起的燃油或液压油泄漏故障,并能改善调节环的受力。

3. 材料和工艺

可调式收敛喷管主要的材料和工艺一般为:调节片、密封片、调节环等主要结构件材料采用高温合金板材(如 GH3128、GH3039),相应的工艺为钣金成型和氩弧焊接,其中后期研发的喷管调节片采用铸造高温合金(如 K424、K408)精密铸造;安装边采用高温合金(如 GH536)锻件,作动筒筒体和拉杆采用钛合金(如 TC6、TC11)锻件,活塞、丝杠、蜗杆采用合金结构钢(如 38CrMoAlA)锻件,丝母、蜗轮采用铝青铜(如 QAL10 - 4 - 4)锻件,液压油管采用不锈钢(如 1Cr18Ni9Ti)管材。

4.1.4　应用案例:加力式涡扇发动机可调式收敛喷管结构设计

在某加力式涡扇发动机收敛喷管研制过程中先后开展了收敛喷管、引射式喷管的缩尺模型气动性能试验和内外流风洞吹风试验,并进行了浮动密封试验、调节片强度试验,解决了收敛喷管设计中存在的各种技术问题,并经受了整机试车考验。本节以该收敛喷管为例,具体介绍可调式收敛喷管的结构设计。

1. 主要设计要求

(1)采用与加力筒体组成一个单元体的可调式收敛喷管,并与飞机机尾罩组成引射式喷管。

(2)喷管全程无级可调,采用喷管调节器,A_8 按调节计划自动跟随,要求喷管调节器感受到信号后迅速开大或关小 A_8。

(3)选用 6 个作动筒,作动筒直径不大于 54 mm,每个作动筒承受的轴向力不应超过 2 500 kgf(1 kgf = 9.806 65 N)。

(4)发动机总体需要给出飞机提供的液压油压力范围,提出喷管出口直径 D_8 可调范围(气动面积对应的直径)的要求,具体数值在此处省略。

2. 方案论证及方案设计

根据与飞机联合进行的各种喷管缩尺模型气动性能试验和内外流风洞吹风试验的结果,选择的方案是:收敛喷管与飞机不可调的收扩形机尾罩一起组成引射式喷管,并利用开辅助进气门的设计引入三股流和四股流,改善亚跨声速时的推力损失;收敛喷管由带圆弧凸轮工作型面的调节片和密封片交替分布组成,选用液压作动系统实现 A_8 的开大或关小,采用圆弧凸轮运动机构调节 A_8。收敛喷管设计方案如图 4.7 所示。

1) D_8 可调范围确定

发动机总体在提出 D_8 可调范围(即 $D_{8min} \sim D_{8max}$)时没有考虑喷管流量系数的影响,所提出的要求为气动面积所对应的 D_8,在喷管设计时应在考虑喷管流量系数影响的前提下确定 D_8 可调范围;发动机总体所提出的 D_8 可调范围为发动机总体

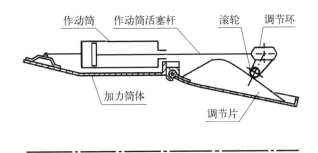

图4.7　收敛喷管设计方案示意图

设计的理论值,这个数值与实际发动机的情况通常存在一定的偏差。因此,在喷管结构设计时,D_8可调范围需要留有一定的余量。

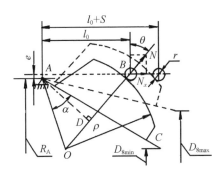

图4.8　圆弧凸轮运动机构简化示意图

2)喷管运动分析

为了便于分析和计算,将圆弧凸轮运动机构简化为运动性质不变的曲柄连杆运动机构,运动机构的结构参数如图4.8所示。

(1)运动机构参数选用分析。选用原则是机构运动准确、灵活、无干涉,工作可靠;机构受力合理,例如,确保作动筒活塞杆始终承受拉力,并且拉力的变化范围不宜过大;调节片铰链中心A所承受的轴向力方向保持不变;机构刚性好,重量轻。各种机构参数之间相互制约、相互影响,其综合性能与各结构参数的排列组合有关。

①偏心距e(滚轮中心B运动轨迹与调节片铰链中心A之间的距离,高于A点向上为正)为正值时调节片对调节环滚轮产生的正压力N及其水平分量(即作动筒承受的轴向力)N_x减小,受力情况好,负值时受力情况差,但加大e,将加大调节环外径,而调节环外径受到喷管最大外廓的限制。

②D_8最小时滚轮中心B至调节片铰链中心A的距离l_0是可变参数,l_0增大,一方面使θ(即调节片对调节环滚轮产生的正压力N与其垂直分量的夹角)增加,N_x加大,调节片圆弧凸轮工作型面高度增加;另一方面,使力臂l_{AD}增大,N_x变小。l_0减小时则反之,并且如果l_0太小,可使作动筒在某些状态下承受压力。l_0需要与作动筒长度匹配,确保实现D_8的最小值。

③调节片铰链中心A至调节片出口C点的连线l_{AC}也是可变参数,l_{AC}的选用首先应满足D_8变化的要求,其次需综合考虑。l_{AC}缩短,调节片所受气动负荷减小,有利于减轻重量;但l_{AC}缩短,收敛角α增大,当收敛角α大于45°时,气动损失急剧增加,喷管流量系数变小。

④ 由于结构的限制,调节片铰链中心 A 至发动机中心线的距离 R_A 的选择范围较小。R_A 太大,将使喷管的运动机构外廓超出喷管最大外廓尺寸;R_A 太小,将使喷管无法实现 D_8 的最小值。

⑤ 由于结构的限制,调节环滚轮半径 r 的选择范围也较小。r 增加,则作动筒的最大行程 S_{max}(D_{8min} 至 D_{8max} 的作动筒行程)变小,作动筒轴向尺寸减小;但 r 太大,D_8 最大时滚轮将与调节片内壁干涉。r 太小,则调节片圆弧凸轮工作型面受力面积减小。

⑥ 增大 S_{max} 可使调节片圆弧凸轮工作型面变得平缓,N 和 N_x 减小,但会增加作动筒和调节片/密封片的长度和重量;相反,则会使 D_8 与 S 之间的变化曲线太陡,不同步性和 S 误差引起的 D_8 变化量增大,对发动机性能影响较大。在作动筒拖动力、运动机构受力和发动机性能允许的前提下,S_{max} 应选择小一些,并应随着 D_8 调节范围的增大而增大。

⑦ 增大调节片圆弧凸轮工作型面的曲率半径 ρ,N 和 N_x 增大,但 N_x 在整个 D_8 调节范围内的变化范围缩小;使 D_8 与 S 之间的变化曲线和调节片圆弧凸轮工作型面变得平缓,不同步性和 S 误差引起的 D_8 变化量减小,对发动机性能的影响减小。减小 ρ,则反之。在作动筒拖动力和运动机构受力允许的前提下,ρ 应选择大一些。

(2)运动计算。采用数学分析法选 64 种运动机构参数的排列组合进行计算,通过对计算结果的对比和分析,在满足总体性能和总体结构要求的前提下,力求作动筒承受的轴向力小和调节片安装座受力合理,最终选择一组综合性能最佳的机构参数:首先根据结构需要选定调节片长度 X_{AC} 和调节片铰链中心 A 至调节片内表面高度 b(图 4.9),然后选择 e、l_0、R_A、r 和 ρ,最后通过上述数据计算求得其余的机构参数。此外,根据上述机构参数,可求出 D_8 与 S 的变化曲线和 A_8 与 S 的变化曲线。

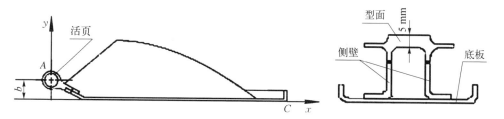

图 4.9　调节片及其圆弧凸轮工作型面结构设计示意图

3)喷管受力分析

首先,根据调节片内外壁压力大小和分布,求出作用在调节片上的气动力和气动力矩;然后,根据作用与反作用原理求出加力筒体和调节环分别承受的径向力和轴向力,其中加力筒体承受的轴向力由加力筒体的安装边向前传递到发动机的主安装节,调节环承受的轴向力由作动筒、轮箍和加力筒体向前传递至发动机的主安装节;最后,根据调节环承受的轴向力求出作动筒承受的轴向力 N_x。由于在上述受力分析时,仅仅考虑了气动负荷,摩擦力及其他影响因素未考虑,在计算 N_x 时需要乘以一个放大系数(如1.2)进行修正。计算点选取:根据飞机的飞行包线,选取具有代表性的发动机状态点进行计算,如设计点(即飞行马赫数为0,海拔高度为0 km)、最大气动负荷点(即飞行马赫数为1.0,海拔高度为0 km)、最小气动负荷点(即飞行马赫数为1.8,海拔高度为23 km),其他特殊点根据需要进行计算。通过上述计算,找出喷管和液压作动筒承受的最大轴向力,并给出喷管受力与作动筒行程 S 之间的关系等。

3. 喷管结构设计

1)调节片和密封片的结构设计

(1)调节片和密封片的数量越多,喷管出口形状越接近圆形,但会带来调节片与密封片之间的干涉问题;调节片和密封片的数量太少,则喷管出口形状偏离圆形太大,影响喷管气动性能。同时,调节片和密封片的数量需要与作动筒的数量匹配,一般应呈倍数关系,以便充分利用空间安排作动筒的周向位置。参见图1.15、图4.9,根据 D_8 的可调范围,通过调节片与密封片搭接宽度和间隙、调节片和密封片前挂片是否相碰等的计算分析,确定调节片/密封片的数量、调节片底板进口宽度/出口宽度、密封片进口宽度/出口宽度、调节片活页宽度。为使调节片转动灵活,并便于装配,调节片活页宽度应比计算值偏小一些。

(2)如图4.9所示,为加强圆弧凸轮工作型面的刚性,防止滚轮将其表面剪切成压坑,工作型面采用 GH33 锻件并焊接到调节片的2个侧壁上,型面厚度为5 mm;为提高圆弧凸轮工作型面的耐磨性,减小摩擦力,圆弧凸轮工作型面镀铬。为减轻重量并保证足够的刚度和强度,调节片其余部分选用 GH44 板材经冲压焊接成型;调节片底面涂 W-2 高温瓷漆,以提高抗氧化能力。

(3)参见图1.15,密封片靠前挂片和后挂片支承在调节片上并可浮动,其中前挂片和后挂片采用 GH44 材料机械加工并焊接到 GH44 板材冲压成型的密封片底板上。

2)调节环的结构设计

调节环的设计采用长圆形剖面形状,轴向长度为90 mm;调节环由板材冲压焊接成型,上面焊有支架,用于固定滚轮和左右2个挂片,滚轮可以在调节片圆弧凸轮工作型面上滚动。为减小滚轮与调节片圆弧凸轮工作型面之间的摩擦力,滚轮表面镀银。

3)液压作动系统设计

液压作动系统采用6个作动筒配蜗轮蜗杆型机械同步装置的设计,其在喷管调节器的控制下开大 A_8 或关小 A_8,6个作动筒沿周向均布。为减小活塞和作动筒筒体内壁的摩擦,提高活塞运动的灵活性,作动筒活塞的密封采用了1道橡胶圈并在橡胶圈外圆上套上1个氟塑料环(图4.10)。S_{max} 确定为140 mm,因为作动筒两端接头除承受轴向力外,还承受扭矩,为此接头采用轴线相互垂直的销轴进行连接

（图 4.11）。作动筒筒体和盖之间采用螺纹连接并焊死（图 4.12），再组合加工盖的内孔和筒体内孔，以提高其同心度。

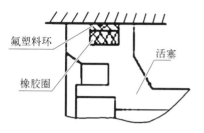

图 4.10　作动筒活塞密封设计示意图

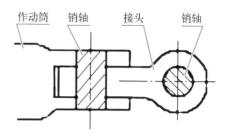

图 4.11　作动筒两端接头设计示意图

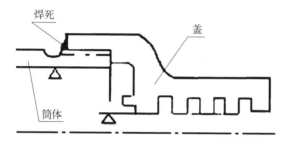

图 4.12　作动筒筒体和盖之间连接设计示意图

4.2　收扩喷管设计

4.2.1　研发依据

收扩喷管可根据发动机工作状态的变化调节 A_8（即收缩段末端截面面积，通常称为喉道面积）和 A_9（即喷管出口面积），使气流尽可能在喷管扩张段达到完全膨胀，以满足飞机亚跨声速和超声速时多状态的使用要求。例如，用于欧洲战斗机 EF2000 的 EJ200 加力式涡扇发动机采用了收扩喷管（图 4.13），与配装收敛喷管相比，在加力状态的超声速飞行条件下推力增大了 6%，耗油率降低了 10%；在亚声速巡航/待机条件下推力损失非常小，并且耗油率有所降低[2]。收扩喷管有塞式收扩喷管、调节片式收扩喷管等多种形式（图 1.18~图 1.26），现代战斗机配装的涡扇发动机采用的基本上是调节片式收扩喷管，如 AL－31F、RD－33、NK－32、F100、F101、F110、F404、F136、EJ200 等发动机均采用了这种收扩喷管（图 1.21、图 1.22、图 4.13~图 4.17）。收扩喷管虽然可使飞机在宽广的飞行包线内获得良好的性能，但是也付出了一些代价。与收敛喷管相比，收扩喷管结构复杂，重量增加，喷管外廓直径增加并因此可能在飞机亚声速飞行时增加较多的安装阻力。

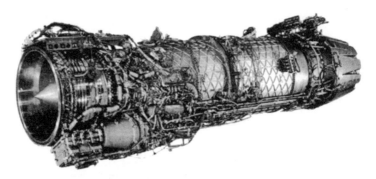

图 4.13 EJ200 加力式涡扇发动机及其收扩喷管[3]

图 4.14 NK‑32 加力式涡扇发动机及其收扩喷管[4]

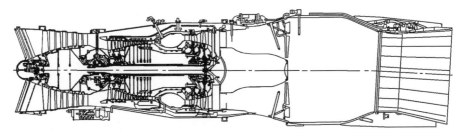

图 4.15 RD‑33 加力式涡扇发动机及其收扩喷管[3]

图 4.16 F100 加力式涡扇发动机及其收扩喷管简图及试车照片[5]

图 4.17　F136 - GE - 100 加力式涡扇发动机及其收扩喷管[5]

4.2.2　国内外研发情况

1）国外研发情况

美国 GE 公司于 20 世纪 50 年代研制了 J79 加力式涡喷发动机及其收扩喷管，该收扩喷管进行了与飞机机尾罩的一体化设计，取代原来的引射式喷管，用于 F - 4 飞机和 F - 104 飞机。从 20 世纪 60 年代开始，美国陆续研制了配装加力式涡扇发动机的收扩喷管，例如，P&W 公司于 1968 年开始研制 F100 发动机及其平衡梁式收扩喷管（图 4.16），其中 F100 - PW - 100 发动机于 1973 年定型并投入使用；GE 公司为 B - 1 战略轰炸机研制了 F101 - GE　100 发动机及其收扩喷管，1972 年开始整机运转，1983 年正式交付美空军；GE 公司于 1979 年开始研制 F110 发动机（图 1.22），1985 年初定型投产，该发动机的收扩喷管由 F404 发动机的喷管改型而来；GE 公司于 1991 年开始研制 F414 发动机并于 1998 年定型，该发动机的收扩喷管采用了 F110 - GE - 129IPE 发动机技术；为满足常规起落型的 F - 35A 的研制需要，P&W 公司研制了 F135 - PW - 100 发动机及其收扩喷管，GE 公司研制了 F136 - GE - 100 变循环发动机及其收扩喷管（图 4.17）。此外，苏联等其他国家也从 20 世纪 70 年代开始研制配装加力式涡扇发动机的收扩喷管。例如，苏联于 1976~1985 年研制了 AL - 31F 发动机及其收扩喷管（图 1.21），于 1977~1987 年研制了 RD - 33 发动机及其收扩喷管（图 4.15），于 1977~1986 年研制了用于超声速轰炸机图 - 160 和图 - 22M 的 NK - 32 发动机及其收扩喷管（图 4.14）；英国、德国、意大利和西班牙四国于 20 世纪 80 年代后期联合研制了 EJ200 发动机及其收扩喷管（图 4.13）；法国 SNECMA 公司于 1999 年开始设计 M88 - 3 发动机并于 2006 年定型，其中主要改进之一是用收扩喷管取代原来的引射式喷管[2]。

2）国内研发情况

国内最早的收扩喷管设计技术研究可以追溯到 20 世纪 70 年代的模型试验研究，但相对系统的技术研究始于 20 世纪 90 年代中期，主要的工作有：一是开展了包括调节片壁温计算[6]、加装小突片对喷流红外辐射影响缩尺模型试验[7]、缩尺模型气动性能试验研究在内的收扩喷管设计技术研究；二是设计了中等推力涡扇发动机收扩喷管;三是研制了大推力涡扇发动机收扩喷管。2005 年以后,国内进一步开展了收扩喷管设计技术研究工作,提高了收扩喷管设计能力。

4.2.3　设计要点

1. 喷管设计需要关注的问题

1) 喷管内流流路参数设计问题

在喷管内流流路参数的设计中,不仅需要综合考虑喷管内流流路参数对喷管推力特性、流量特性的影响,而且也要考虑喷管的结构尺寸、载荷和重量,其中收敛段内流流路参数的设计与收敛喷管的相同,扩张段内流流路参数设计需要确定扩张调节片长度 L_k、扩张调节片扩张角 β(即最大扩张角 β_{max}、最小扩张角 β_{min})、A_9(即 A_{9max}、A_{9min})等(图 4.18)。

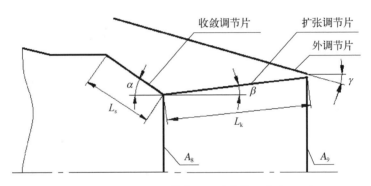

图 4.18　收扩喷管内外流路参数示意图

L_k 与飞机飞行马赫数和喷管可用落压比有关,飞机飞行马赫数越大,喷管可用落压比也越高,L_k 也需要相应地加长,但要综合考虑结构尺寸和重量的限制,L_k 一般选择为收敛调节片长度 L_s 的 2 倍左右;β 的变化直接影响喷管推力系数,β 增大,喷管的长度和重量减小,但容易引起气流在扩张段的分离,影响喷管的推力系数,β 的变化一般应控制在 $1° \sim 16°$。随着飞机飞行马赫数的增加,喷管可用落压比相应增加,为保证气流尽可能地完全膨胀,喷管面积比 A_9/A_8 也需要平稳地增大,但这个比值要受到与飞机气动外形相适应的喷管外部表面形状的限制。在飞机起飞和跨声速飞行时,喷管可用落压比较小,减小 A_9/A_8,可以减小 β,消除气流过度膨胀引起的损失,增大喷管推力系数;与此同时,也伴随着喷管外部收缩角 γ 的增大,从而造成喷管外部阻力的增大。对于飞行马赫数小于 2.2 的飞机,选取 A_9/A_8 时应特别注意改善飞机亚跨声速飞行时的推力损失,其中非加力状态下 A_9/A_8 一般选为 $1.1 \sim 1.2$,加力状态下 A_9/A_8 一般选为 $1.4 \sim 1.5$;为保证飞机起飞状态下喷管工作的稳定性,A_9/A_8 应大于 1.05[8];为获得尽可能高的喷管内流推力特性和考虑喷管结构的可实现性，A_9 的变化一般应在 $3.0 \leqslant A_{9max}/A_{8min} \leqslant 3.8$ 范围内[8]。

2）喷管外流流路与飞机机尾罩一体化设计问题

收扩喷管暴露在外流中，为保持飞机的气动外形，需要通过其外部的外调节片（对带弹性片的喷管而言，还包括弹性片）与飞机机尾罩进行匹配，因此收扩喷管的气动设计还包括喷管外流流路参数的设计。喷管外调节片被看成飞机机尾罩的延伸段，与机尾罩一起统称为飞机后体。由于外流的作用及发动机喷流强烈的干扰作用，飞机后体附近的外流流动非常复杂，并且 A_9 变化很大，很容易引起外流的分离并产生很大的干扰阻力，带来复杂的喷管外流流路与飞机机尾罩一体化设计问题。对于典型的超声速飞机，飞机后体长度虽然只占机身总长度的 20%~25%，但后体阻力却占飞机总阻力的 38%~50%。因此，收扩喷管外流流路需要与飞机机尾罩进行一体化设计。

对单发飞机而言，飞机机尾罩外形可设计成"干净"的流线型，减少对喷管的不利干扰，并使外流在喷管外部表面得到很好的再压缩。影响收扩喷管外部阻力的因素主要是喷管外部收缩角 γ、长细比、底部面积以及喷管外部表面形状，在喷管外流流路设计中减小外部阻力的原则如下。

（1）应尽可能减小 γ。γ 的数值与外调节片长度和 A_9 密切相关，并且在发动机不同工作状态下会有较大的改变，其中在飞机亚声速飞行的非加力状态很大，一般为 15°~20°，局部甚至达到 30°，此时 γ 对外部阻力影响比较大，减小 γ 可以减少或消除气流分离，从而减小外部阻力。在喷管外部流路设计中需要对 γ 加以限制，最大的 γ 应小于喷管外部表面发生气流分离的收缩角，一般不大于 20°。

（2）应尽可能加大喷管长细比。增大喷管长细比可以减小喷管外部阻力，在飞机跨声速飞行时更为明显，但会增加喷管的长度和重量。减小喷管重量的最直接办法是减小喷管长度，但会导致飞机亚声速飞行时 γ 很大，引起喷管外部表面发生气流分离和外部阻力增大，在跨声速时更为明显。因此，在喷管外流流路设计中需要综合考虑喷管的外部阻力、外部载荷、结构尺寸、重量等各个因素以及这些因素对飞机的影响。

（3）应尽可能减小喷管底部面积。在非加力状态，由于 A_9 关小，通常在喷管底部形成一定的环形底部面积，从而产生外部阻力。底部面积对外部阻力的影响与 γ 有关：当 γ 比较大时，少量的底部面积对外部阻力影响不大；当 γ 较小时，外部阻力对底部面积很敏感，底部面积对外部阻力影响较大。底部面积对外部阻力的影响还与喷管落压比有关，底部面积较小时，喷管落压比增大使外部阻力减小，而且阻力水平也较低；底部面积较大时，喷管落压比增大使外部阻力增大。

（4）喷管外部表面形状应为流线型并与飞机机尾罩的气动外形相适应，喷管外调节片、机尾罩彼此之间结合处不应出现迎风面的台阶和尖角，应尽可能圆弧过渡,以便减小喷管的外部阻力。如果这些结合处无法做到圆弧过渡,则应保持结合处外形的光滑过渡。例如,为减小 F‑16 飞机后体阻力,以 F110‑GE‑129 发动机为基准,美国开展了减小喷管外部阻力措施的二维计算流体动力学敏感性研究[9],研究的具体措施(图 4.19)有三种:一是延长喷管(分别延长 4 in 和 8 in,1 in = 2.54 cm),减小 γ;二是消除机尾罩与外调节片结合处背风面台阶和喷管出口处扩张调节片与外调节片之间的背风面台阶;三是通过改变喷管外调节片形状和向前或向后移动喷管外铰链 2 in(允许铰链直径略有变动)两种方法,分别减小喷管外部在喷管出口处的局部收缩角。研究结果表明,前两种措施均可以明显减小喷管外部阻力;后一种措施对喷管外部阻力的影响并不明显。

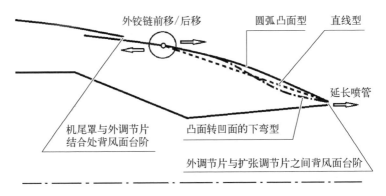

图 4.19　减小喷管外部阻力措施示意图

对双发飞机而言,机体流线复杂,双喷管中间外形有凹陷,喷管表面压力恢复较差;双喷管之间有底部面积,即使有中间整流,也将付出阻力代价。为此,与单发飞机相比,在相同条件下,双发飞机的后体阻力要大一些,喷管外流流路与飞机机尾罩一体化设计问题也要复杂一些,需要额外考虑双喷管之间的干扰问题,包括双喷管间距的选择、双喷管之间的整流等问题。

对于喷管外流流路与飞机机尾罩一体化设计的研究,国外在 20 世纪 70 年代主要是通过缩尺模型内外流风洞吹风试验的方法进行,但这种试验比较复杂,成本高,周期长;20 世纪 80 年代起,开始通过数值模拟的方法进行,数值模拟的方法虽然不能完全取代试验,但可以大大减少试验次数,可以模拟宽广飞行包线内喷管内外流的流动,并揭示喷管内外流的流动本质。为获得最佳的喷管内外流综合性能,需要对影响喷管内外流气动特性的众多参数进行影响规律的研究并进行多方案的对比,工作量很大,数值模拟方法仍然无法满足外流流路与飞机机尾罩一体化设计研究的需求。为此,随着各种优化设计方法的发展,遗传算法、试验优化设计方法等优化设计方法在飞机机尾罩/收扩喷管一体化气动设计的数值模拟中得到应用,进一步提高了工作效率。

3）外部载荷问题

收扩喷管外部载荷取决于喷管外部压力分布,而喷管外部压力分布不仅受到喷管外部表面形状、喷管落压比的影响,还受到飞机局部结构、飞行姿态、飞行马赫数等的影响。与喷管承受的内部载荷相比,喷管的外部载荷通常比较小,但是作为喷管承受载荷的一个组成部分,它也影响喷管结构载荷和作动系统载荷的确定,进而影响喷管的具体结构设计、重量和成本;此外,喷管外部载荷还会通过喷管传递给发动机其他一些部件,影响这些部件的结构载荷和结构设计。因此,喷管外部载荷十分重要,在喷管设计时必须对其进行有效的评估,评估方法包括喷管内外流的数值模拟、缩尺模型内外流风洞吹风试验等。如果喷管外部载荷评估偏差较大,则会由此给喷管结构设计带来风险,甚至会造成喷管故障。例如,F100 发动机在 F-15 飞行试验期间外调节片普遍出现面板上滚焊缝端头裂纹故障,并且还出现了轴向支承梁屈曲、面板与梁的分离等故障,这些故障均表明外调节片所承受的载荷已超出其本身的承受能力。为排除这些故障,美国在 F-15 飞行试验时对外调节片进行了压力测量,测得的压力载荷约是原来的飞机缩尺模型内外流风洞吹风试验压力数据的 2 倍。如果喷管外部表面因飞机机体结构的影响而存在湍流,则会造成喷管外部表面存在非稳态的压力分布,从而引起外调节片的结构颤振,严重时会造成外调节片出现裂纹和断裂,如 F404 发动机在 F-18 战斗机飞行中就出现了这种故障。

2. 主要设计技术

1）冷却系统设计技术

提高涡轮前燃气进口温度和加力燃烧室出口温度是提高发动机推力性能的主要途径,但也会造成喷管热负荷的大幅度增加,例如,就目前最先进的涡扇发动机而言,在加力状态,加力燃烧室出口燃气温度已达 2 000 K 左右,已经超出目前常用的高温金属材料许用极限。当喷管内流道结构件(主要是调节片和密封片)的壁温超出设计要求时,喷管内流道结构件将会出现翘曲、裂纹、烧蚀等故障,并且这些故障出现后经常会继续急剧发展并可能进一步导致喷管内流道结构件的断裂。此外,当液压作动筒密封橡胶圈过热时,液压作动筒将会失去密封性,并可能造成喷管附近空间起火的后果。为了满足日益提高的发动机推力性能要求并保证喷管结构安全和液压作动筒正常工作,先进的涡扇发动机必须对喷管采取有效的冷却措施,并严格控制冷却气量。此外,喷管冷却设计的目的还有:使内流道结构件壁温尽量低,以便采用钛合金等低密度合金,降低结构重量;降低后方各个可探测到的内流道结构件壁温,减少红外辐射强度;增加喷管内流道结构件的蠕变寿命,提高喷管可靠性。由于喷管各内流道结构件所处的工作环境不同,喷管各内流道结构件的合理冷却是一个非常复杂的技术问题,先进高效冷却技术的应用是解决问题的关键。收扩喷管冷却系统一般采用内冷与外冷相结合的冷却设计。

外冷设计是将来自发动机舱的二次流作为冷却气流引入由收敛调节片、收敛密封片、扩张调节片、扩张密封片以及外调节片构成的空腔内(图 4.20),既能以对流冷却方式冷却这些结构件,又可以冷却空腔内的液压作动筒。外冷设计所需的发动机舱冷却气流来自飞机进气道或机身辅助进气门,一般为发动机总进气量的 1%~3%。

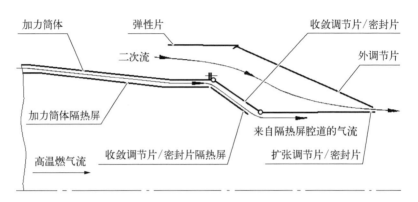

图 4.20　喷管收敛段全长隔热屏的冷却系统示意图

内冷设计比较复杂,根据喷管热负荷的高低和喷管的选材,内冷设计方案有多种。

(1) 收敛段缝槽气膜冷却方案。即利用来自发动机外涵的加力筒体隔热屏出口冷却气流(该冷却气流可以在收敛段内壁表面形成一道比较强的缝槽气膜)冷却收敛调节片和收敛密封片的内壁。

(2) 收敛段全长隔热屏+扩张段缝槽气膜冷却方案(图 4.20)。即在喷管收敛调节片和收敛密封片的内壁上同时增设全长隔热屏,隔热屏进口的腔道高度应确保来自加力筒体隔热屏出口的冷却气流完全进入隔热屏内,降低收敛调节片和收敛密封片的壁温,从隔热屏出口流出的冷却气流则可以对扩张调节片和扩张密封片进行一定的冷却。这种方案不仅冷却效果较好,而且结构简单可靠,在 F110 发动机等涡扇发动机收扩喷管上得到广泛的应用。在具体的内冷设计中,可根据实际需要,在这种隔热屏设计方案基础上进行灵活设计,例如,如果需要进一步提高收敛段的冷却效果,则可以设计带有气膜孔的隔热屏;如果需要减轻重量和简化设计,则可以仅在承力的收敛调节片内壁上增设隔热屏;如果仅需冷却收敛段,则可以缩短隔热屏长度,形成短隔热屏方案;为提高冷却效果,隔热屏也可以考虑采用其他更高效的冷却方式和冷却结构。

(3) 收敛段全长隔热屏+高效的扩张段新型冷却方案。收扩喷管收敛段因设计有全长隔热屏得到了有效冷却,但从隔热屏出口流出的冷却气流对扩张段的冷却作用却十分有限,因而喷管内壁最高温度通常会出现在扩张段。壁温较高的扩张段也需要采取进一步的冷却措施,但一般不采用常规的隔热屏设计及带有气膜孔的隔热屏设计。主要有三个原因:一是由于结构限制,无法将来自收敛段隔热屏出口的冷却气流大部分地引入扩张段隔热屏内,影响隔热屏作用的发挥;二是扩张段内气流为超声速气流,流场复杂,常常伴随着激波作用,而激波的入射对气膜保护层将产生不利影响,气膜的冷却效果受到影响;三是扩张段超声速气膜冷却和收敛段亚声速气膜冷却在机理上存在较大的区别,后者的研究成果无法简单地外推到前者。为寻找高效的扩张段新型冷却方案,国内外均开展了大量的数值模拟和试验研究工作,提出了多种对喷管扩张段进行冷却的方案。扩张段新型冷却方案研究主要集中在两个方面:一是对流冷却、冲击冷却、复合冷却等冷却方式的研究和层板、多斜孔壁等冷却结构的研究,二是排气引射冷却技术的研究。排气引射冷却技术是利用主流(即高温燃气流)的引射作用将来自发动机舱的冷却气流引入扩张段内部,在扩张调节片和扩张密封片的内壁上形成冷却气膜,对扩张段进行冷却,图 4.21 和图 4.22 是四种有发展前景的排气引射冷却技术方案。

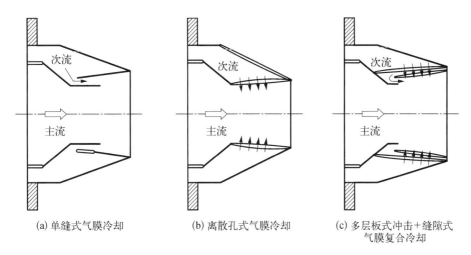

(a) 单缝式气膜冷却　　　　(b) 离散孔式气膜冷却　　　　(c) 多层板式冲击+缝隙式
　　　　　　　　　　　　　　　　　　　　　　　　　　　　　　气膜复合冷却

图 4.21　收扩喷管扩张段排气引射冷却技术三种方案试验模型示意图[10]

在这四种排气引射冷却技术方案中,单缝式气膜冷却方案和离散孔式气膜冷却方案是利用主流的引射作用将来自发动机舱的冷却气流分别通过喷管喉道后面的冷却缝和扩张段上的若干排气膜孔引入扩张段内部,沿着扩张段内壁形成冷却气膜,对扩张段进行冷却;多层板式冲击+缝隙式气膜复合冷却方案和多层板式冲击+离散孔式气膜复合冷却方案是利用主流的引射作用将来自发动机舱的冷却气流通过扩张段外壁上的冲击孔进入扩张段夹层,对扩张段内壁进行冲击冷却,然后分别通过扩张段内壁上的冷却缝和若干排气膜孔进入扩张段内部,沿着扩张段内

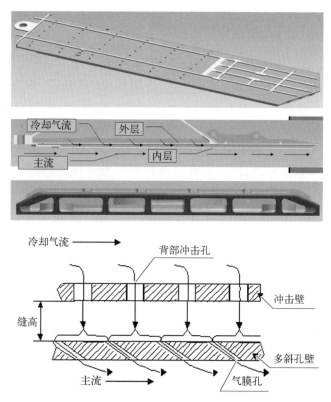

图 4.22 多层板式冲击+离散孔式气膜复合冷却喷管方案的
双层结构调节片底板及排气引射冷却原理示意图

壁形成冷却气膜,对扩张段进行冷却。多层板式冲击+离散孔式气膜复合冷却方案
(图 4.22)具有冷气用量小、冷却效率高的特点,作为一种新兴的组合冷却方式具
有良好的工程应用潜力,冷却效率与冲击孔径、冲击间距、气膜孔径、气膜孔的轴向
与展向间距、吹风比、密度比、湍流度等几何或气动参数有关。

2) A_9 调节设计

收扩喷管在理论上需要采用两套液压作动系统对 A_8 和 A_9 分别进行精准调
节,A_9 可以尽可能地按气流完全膨胀进行调节。这种 A_9 独立调节设计虽然可以使
收扩喷管在一个较宽的落压比范围内均能获得优异的性能,但由此带来的问题是:
结构比较复杂,重量也较重。实际上,由于结构上的限制以及考虑到飞机的外部阻
力要求,最大 A_9 受到限制。为此,在飞机高马赫数飞行时 A_9 无法达到按气流完
全膨胀所要求的数值,喷管仍然要有一定的推力损失。为简化结构和减轻重量,
现代先进的收扩喷管一般只采用一套液压作动系统精准控制 A_8,而 A_9 的调节则
通过机械调节设计或机械调节/气压作动筒调节和气动调节相结合的设计来
实现。

（1）机械调节设计一般通过圆弧凸轮运动机构或曲柄连杆运动机构调节 A_8，并通过四连杆运动机构使 A_9 随 A_8 的变化产生一一对应的改变（即对应于每个 A_8 均存在一个唯一的 A_9），以实现不同 A_9/A_8 的调节特性，如 F100 发动机、F101 发动机的收扩喷管均采用了这种机械调节设计（图 4.23 和图 4.24）。机械调节设计的优点是结构简单、重量轻、调节方便，缺点是 A_9/A_8 与喷管可用落压比不能很好地匹配，无法在所有工作状态下按气流完全膨胀调节 A_9，在某些工作状态下喷管推力损失加大。

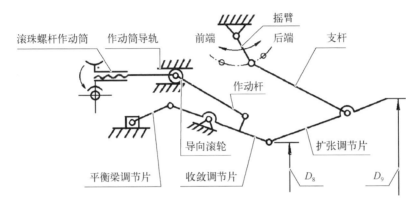

图 4.23　F100 收扩喷管运动机构简化示意图

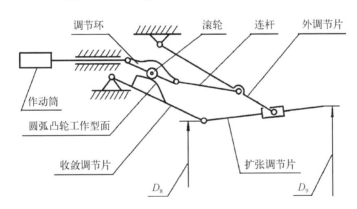

图 4.24　F101 收扩喷管运动机构简化示意图

（2）机械调节/气压作动筒调节和气动调节相结合的设计是将机械调节设计中的拉杆与扩张调节片或与外调节片的固定连接改为有限制的活动连接，同时增加其他限制结构的设计；将若干气压作动筒在扩张调节片外侧的圆周方向连成一个封闭环，由引入的高压压气机气体驱动。此时，A_9 不再与 A_8 一一对应，而是可以按飞机飞行状态和发动机工作状态在一定范围内改变，使喷管在宽广的飞行包线内具有较好的性能。A_9 调节由两方面因素决定：一是 A_8 决定扩张调节片和外调

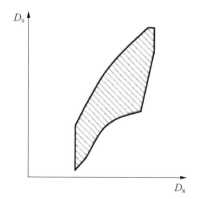

图 4.25　AL-31F 发动机收扩喷管 A_9 的调节范围[9]

节片的"浮动"范围;二是在限制结构限定的范围内,由气压作动筒的拖动力、扩张调节片和外调节片的内外表面压差以及 A_9 变化时所受到的其他阻力(如摩擦力等)共同决定扩张调节片和外调节片的最终位置,从而确定 A_9。机械调节/气压作动筒调节和气动调节相结合的设计拓宽了 A_9 的调节范围,在一定范围内改善了喷管的推力性能。例如,AL-31F 发动机收扩喷管(图 1.21)采用的就是这种设计,该喷管的 A_9 按飞机飞行状态和发动机工作状态在图 4.25 中的阴影区域内改变,在此区域内,A_9 取决于气压作动筒的拖动力、扩张调节片和外调节片的内外表面压差以及 A_9 变化时所受到的其他阻力的平衡;在此区域的边界上,其不平衡力由相应的限制结构承受。

3. 材料和工艺

可调式收扩喷管主要的材料和工艺一般为:安装边、调节片、密封片、拉杆等主要结构件的材料为铸造高温合金(如 K3、K424、K4648),工艺为无余量精密铸造;喷管筒体材料为高温钛合金(如 Ti55),工艺为钣金精密成型和电子束焊接;隔热屏材料为高温合金板材(如 GH3128),工艺为钣金成型和氩弧焊接;调节环采用钛合金(如 TA15)环锻件,作动筒的筒体采用不锈钢(如 1Cr11Ni2W2MoV)或钛合金(如 TA15)锻件,外调节片和弹性片采用钛合金板材(如 TA15、TC2),液压油管材料采用不锈钢(如 0Cr18Ni9Ti)管材或钛合金(如 TA16)管材。

随着发动机性能的提高,喷管进口气流温度和压力也随之增高,用于收扩喷管的冷却气量越来越紧张,收扩喷管的调节片、密封片等结构件在严酷的高温环境和热、力、氧耦合作用下工作,要求用于这些结构件的材料具有足够的高温强度、刚度和寿命,现有高温合金的耐温水平已接近极限。此外,喷管位于发动机及飞机的尾端,其重量对飞机的气动配平影响较大,要求用于喷管的材料具有较低的密度。为此,新材料新工艺的应用在收扩喷管设计中显得十分重要,对高比强、高比模及综合性能优良的新型轻质耐高温结构材料以及更可靠、更优化的新工艺有迫切的需求。金属间化合物材料是正在发展并且相对成熟的新材料,金属间化合物材料一般由二元、三元或多元金属元素组成,其微观结构既有金属键又有共价键,兼具金属和陶瓷两种特性,是处于高温合金与陶瓷材料之间的一种新型耐高温结构材料。与传统的镍基高温合金相比,金属间化合物材料的耐高温性能好,密度低,强度相当,耐磨,耐蚀,生产工艺基本相同,但脆性较大。金属间化合物材料主要有钛铝类、镍铝类和铁铝类,目前已在发动机喷管上得到应用的金属间化合物材料是前两类中的 Ti_3Al 和 Ni_3Al。Ti_3Al 的密度为 $4.7 \sim 4.85\ g/cm^3$,具有优异的高温强度和抗蠕变、抗疲劳及抗氧化性能,长期工作温度可达 $750\ ℃$,短期工作温度还可以更高,在作为喷管高温承力结构材料方面具有极大的潜力,既可以取代镍基高温合金(密度为 $8.2 \sim 8.5\ g/cm^3$)板材,采用精密成型和电子束焊接工艺制造喷管筒体,也可以取代钛基高温合金,采用精密热模锻和无余量精密铸造工艺制造调节环、拉杆、调节片、密封片等,如 F100 发动机收扩喷管密封片的材料就是 Ti_3Al。Ni_3Al 的密度约为 $7.5\ g/cm^3$,屈服强度随着工作温度的升高而升高,长期工作温度可达 $1\,000\ ℃$,短期工作温度可达 $1\,100\ ℃$,高温抗氧化性能好,最低熔化点高达 $1\,390\ ℃$,但缺口敏感性差,可取代镍基高温合金,采用无余量精密铸造工艺制造喷管调节片和密封片,如 F404 发动机收扩喷管调节片采用的就是这种材料。

4.2.4　应用案例:F100 发动机收扩喷管设计分析

常规收扩喷管(如图 4.24 所示的 F101 发动机收扩喷管)的收敛调节片相当于一个悬臂梁,以绕其前端的铰链旋转来调节 A_8,收敛调节片承受的压力载荷较大,调节 A_8 所需的作动筒拖动力也较大,为此需要一套液压作动筒来提供拖动力。P&W 公司研制的 F100 发动机采用了不同于常规收扩喷管的平衡梁式收扩喷管,本节在参考文献[11,12]等相关资料基础上对该喷管的设计情况予以分析。平衡梁式收扩喷管(图 4.23)的技术创新之处在于:喷管收敛调节片以绕着位于离其前端约为其长度三分之一处的铰链旋转来调节 A_8,铰链的位置约为收敛调节片受力的平衡点,收敛调节片相当于一个平衡梁,利用气动力矩的平衡方式使作动筒拖动力与常规收扩喷管相比大大减小,从而可以采用空气马达驱动的滚珠螺杆作动筒来替代液压作动筒。

1. 基本结构设计

如图 4.26 所示,喷管共有三组调节片/密封片:平衡梁调节片 16/平衡梁密封片 12、收敛调节片 20/收敛密封片 11、扩张调节片 23/扩张密封片 10,而外调节片 26 彼此之间直接相互搭接。

F100 发动机收扩喷管的收敛调节片 20 有 15 个,分别通过铰链 19 安装在 30 个 A 型支架 18 上,铰链 19 位于离收敛调节片 20 前端约为收敛调节片长度三分之一处,并与隔热屏 13 尾端对准,A 型支架 18 固定在喷管筒体 4 后部的 2 个环形安装边 8 上,喷管筒体 4 悬臂固定在加力筒体 14 的后安装边上。平衡梁调节片 16 的前端与加力筒体 14 后安装边延伸段相连接,该连接点能使平衡梁调节片 16 转动和轴向移动,其前部还用前箍 15 将它们相互连接,前箍 15 的直径可变,平衡梁调节片 16 的后端与收敛调节片 20 的前端用铰链 17 连接。扩张调节片 23 的前端

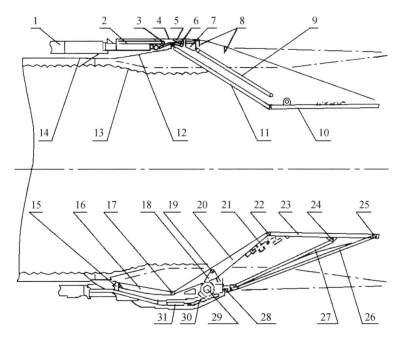

图 4.26 F100 加力式涡扇发动机平衡梁式收扩喷管结构示意图

1-滚珠螺杆作动筒;2-作动筒导轨;3-导向滚轮;4-喷管筒体;5-调节环导轨;6-导向滚轮;
7-调节环;8-环形安装边;9-作动杆;10-扩张密封片;11-收敛密封片;12-平衡梁密封片;
13-隔热屏;14-加力筒体;15-前箍;16-平衡梁调节片;17-铰链;18-A 型支架;19-铰链;
20-收敛调节片;21-曲柄作动机构;22-铰链;23-扩张调节片;24-铰链;25-铰链;
26-外调节片;27-支杆;28-A_9/A_8 对 A_8 变化关系选择机构;29-蜗轮;30-蜗杆;31-柔性传动轴

在喷管喉道处用铰链 22 与收敛调节片 20 的后端相连接,扩张调节片 23 中间有 1 个铰链 24 连接支杆 27,支杆 27 与 A_9/A_8 对 A_8 变化关系选择机构 28(图 4.27)连接,即支杆 27(即图 4.27 中的支杆 6)的另一端通过图 4.27 中的铰链 5 与图 4.27 中的摇臂 8 连接。外调节片 26 后端由铰链 25 与扩张调节片 23 的后端连接,该铰链能使它们相互转动和滑动,外调节片 26(即图 4.27 中的外调节片 7)的前端通过图 4.27 中的铰链 5 与图 4.27 中的摇臂 8 连接。喷管筒体 4 前部沿周向均布 5 个滚珠螺杆作动筒 1,各滚珠螺杆作动筒 1 之间采用软轴相互连接,由 1 个可逆转的空气马达通过软轴驱动各滚珠螺杆作动筒 1。喷管筒体 4 内装有作动筒导轨 2 及与其相配并在其上滑动的导向滚轮 3,同时为了保证各个滚珠螺杆作动筒 1 活塞运动的同步性,还装有调节环 7,它靠导向滚轮 6 在调节环导轨 5 上定心并移动。作动杆 9 的一端铰接于调节环 7,另一端与位于收敛调节片 20 后端的曲柄作动机构 21(图 4.28)相连接。喷管筒体 4 底部装有蜗轮 29、蜗杆 30 和柔性传动轴 31,也由 1 个空气马达通过它们来驱动 A_9/A_8 对 A_8 变化关系选择机构 28。

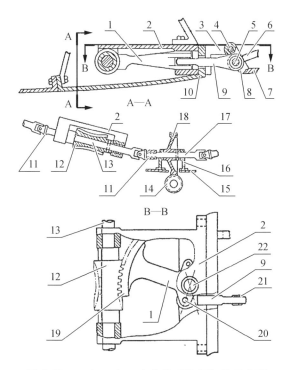

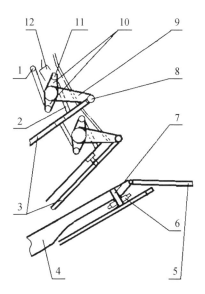

图 4.27　A_9/A_8 对 A_8 变化关系选择机构示意图

1-曲柄；2-支架；3-支架；4-铰链；5-铰链；6-支杆；
7-外调节片；8-摇臂；9-作动杆；10-喷管筒体环形安装边；
11-万向接头；12-蜗杆；13-轴；14-蜗杆；15-喷管筒体；
16-支架；17-轴；18-蜗轮；19-扇形蜗轮；20-球接头；
21-球接头；22-铰链

图 4.28　曲柄作动机构示意图

1-球接头；2-连杆；3-作动杆；
4-收敛调节片；5-扩张调节片；
6-曲柄组件；7-曲柄轴；8-球接头；
9-输入作动臂；10-输出作动臂；
11-球接头；12-支架

A_9/A_8 对 A_8 变化关系选择机构和曲柄作动机构的结构均比较复杂，为此详细说明如下：

（1）A_9/A_8 对 A_8 变化关系选择机构。如图 4.27 所示，在喷管筒体环形安装边 10（即图 4.26 中的环形安装边 8）的后面装有支架 3，摇臂 8 通过铰链 4 铰接在支架 3 上，并通过铰链 5 分别与作动杆 9、外调节片 7（即图 4.26 中的外调节片 26）和支杆 6（即图 4.26 中的支杆 27）连接，而作动杆 9 通过球接头 21 套在铰链 5 上。在喷管筒体环形安装边 10 的前面装有支架 2，曲柄 1 通过铰链 22 安装在支架 2 上，并通过球接头 20 与作动杆 9 连接，曲柄 1 的另一个臂上带有扇形蜗轮 19，它与蜗杆 12 相啮合，蜗杆 12 通过轴 13 支承在支架 2 的两个凸耳之间，轴 13 彼此之间以万向接头 11 相互连接成一个圆圈。考虑到热膨胀的影响，万向接头 11 与轴 13 采用花键和键槽的连接形式。在一个轴 17 上装有蜗轮 18（即图 4.26 中的蜗轮 29），支承于支架 16 上，支架 16 固定在喷管筒体 15（即图 4.26 中的喷管筒体 4）上。在喷管筒体 15 底部装有蜗杆 14（即图 4.26 中的蜗杆 30）与蜗轮 18 啮合，当空气马达通过柔性传动轴(即图 4.26 中的柔性传动轴 31)带动蜗杆 14 时,所有的轴 13 跟随转动,装在轴 13 上的蜗杆 12 带动扇形蜗轮 19,使曲柄 1 绕铰链 22 转动,从而移动作动杆 9,改变铰链 5(即支杆 6 的前铰接点)位置。由图 4.26 可知,在 A_8 不变的情况下,若支杆 6 的前铰接点位置从前往后摆动,则 A_9 由大变小,即改变了 A_9/A_8;同时,这个机构也保证调节片运动的同步性。

(2)曲柄作动机构。如图 4.28 所示,在收敛调节片 4(即图 4.26 中的收敛调节片 20)后端与内表面相垂直方向上向外伸出曲柄轴 7,曲柄组件 6 通过轴承安装在曲柄轴 7 上,曲柄组件 6 带有 1 个输入作动臂 9 和 2 个输出作动臂 10,其中输入作动臂 9 用球接头 8 与作动杆 3(即图 4.26 中的作动杆 9)连接,2 个输出作动臂 10 分别以球接头 11 与连杆 2 连接。每个收敛调节片 4 上的 2 个连杆分别与相邻调节片边缘上的支架 12 以球接头 1 相连接,这样绕着调节片圆周形成 1 个箍,当作动杆 3 移动时,输入作动臂 9 和输出作动臂 10 绕曲柄轴 7 转动,使箍的直径可变,并保证各调节片运动的同步性。

2. 调节机构工作原理

如图 4.23 所示,喷管有两套调节机构:A_8 调节机构和 A_9 调节机构(即用于调节 A_9 的机构)。A_8 调节机构由滚珠螺杆作动筒、作动筒导轨、导向滚轮、作动杆、收敛调节片等组成,由滚珠螺杆作动筒驱动,从而确定 A_8。A_9 调节机构由扩张调节片、支杆、摇臂等组成,由该机构确定 A_9。

(1)A_8 调节机构。如图 4.26 所示,根据发动机工作要求来调节 A_8,切断加力时,由压气机引气驱动可逆转的空气马达,通过滚珠螺杆作动筒 1 将转动变成移动,推动调节环 7,调节环 7 再向后推动作动杆 9,从而操纵曲柄作动机构 21,使箍(图 4.28 和曲柄作动机构的描述)的直径缩小,关小 A_8;接通加力时,空气马达反向旋转,使喷管运动反之,开大 A_8。A_8 最小位置和最大位置分别如图 4.26 中实线和点划线所示。

(2)A_9 调节机构。根据飞机不同的飞行马赫数来选择 A_9/A_8 对 A_8 的变化关系。从图 4.26 可以看到,当支杆 27 的前铰接点位置确定后,收敛调节片 20、扩张调节片 23、支杆 27 和 A 型支架 18 组成四连杆运动机构,从而确定了 A_9/A_8 对 A_8 的变化关系(图 4.29)。当飞行马赫数小于 1.1(即喷管落压比小于 2.7)时,A_9/A_8 对 A_8 变化关系选择机构 28 将支杆 27 的前铰接点移至后端位置,使

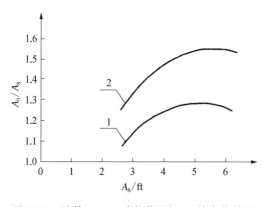

图 4.29　喷管 A_9/A_8 对喉道面积 A_8 的变化关系

A_9/A_8 对 A_8 变化关系按小的喷管面积比曲线 1 变化;当飞行马赫数增大,喷管落压比大于 4.0 时,支杆 27 的前铰接点被移至前端位置,使 A_9/A_8 对 A_8 变化关系按大的喷管面积比曲线 2 变化;当喷管落压比在 2.7~4.0 时,支杆 27 的前铰接点被移至前端和后端之间的某一位置,使 A_9/A_8 对 A_8 变化关系在曲线 1 和曲线 2 之间变化。支杆 27 的前铰接点位置如前所述由空气马达通过柔性传动轴 31、蜗杆 30、蜗轮 29 和图 4.27 中的曲柄 1 和作动杆 9 来驱动。

3. 主要设计特点

(1)采用平衡喷管结构件所受压力载荷方法减小作动筒拖动力。喷管四组调节片所承受压力载荷的情况如下。

① 平衡梁调节片所承受的极限载荷是均匀压力载荷,具体情况如图 4.30 所示。

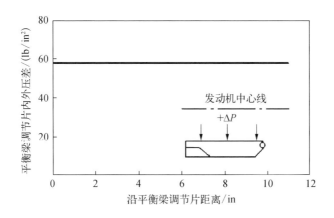

图 4.30 平衡梁调节片压力分布

② 收敛调节片前部承受均匀压力,而后部承受的压力随气流加速至喉道而逐渐减小(图 4.31)。

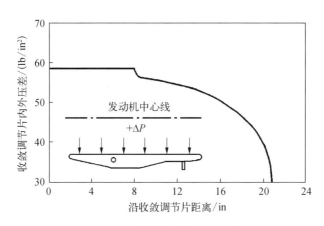

图 4.31 收敛调节片压力分布

③ 扩张调节片有两个压力载荷状态(图 4.32),当 A_9/A_8 对于喷管可用落压比显得太大而出现过膨胀时,扩张调节片压力载荷对收敛调节片后铰接点的作用力方向使 A_8 减小;反之,当喷管出现不完全膨胀时,扩张调节片压力载荷对收敛调节片后铰接点的作用力方向使 A_8 增大。

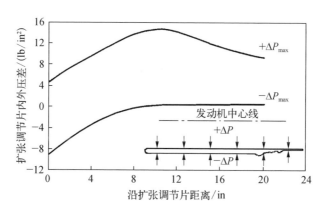

图 4.32　扩张调节片压力分布

④ 外调节片压力载荷是调节片的一个典型载荷分布(图 4.33),外调节片后铰接点载荷通过扩张调节片传到收敛调节片,这个铰接点载荷虽小,但对平衡梁铰链的力臂大。

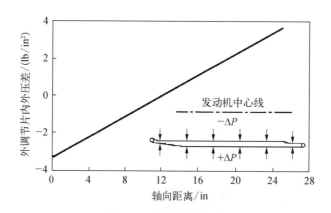

图 4.33　外调节片压力分布

四组调节片上的压力载荷积分对平衡梁的铰链均产生一个力矩,其作用方向使 A_8 增大,称为正力矩;反之,其作用方向使 A_8 减小,称为负力矩。在飞机的各种飞行状态下,通过喷管几何尺寸调整,使正力矩和负力矩相等,因此驱动喷管运动的作动筒拖动力减小至最小。

(2) 重量轻。如上所述,由于驱动喷管运动所需的作动筒拖动力小,可采用空气马达驱动的滚珠螺杆作动筒代替笨重的液压作动筒,并取消了液压油管。喷管调节片所承受的气动载荷由收敛调节片上的铰链通过 A 型支架传到喷管筒体的承力结构件上,并且径向力变成周向力,受力合理。与采用悬臂梁式调节片的常规收扩喷管相比,没有力偶引起的应力,所以承力结构件可以设计得较轻。喷管收敛调节片和收敛密封片的内壁设计有隔热屏,采用发动机外涵空气冷却喷管内壁。因此,喷管筒体、平衡梁调节片、调节环、外调节片等结构件广泛采用了钛合金材料,并且还采用了由钛合金芯和面板构成的新型蜂窝夹层结构。

　　(3) 推力性能高。F100 发动机收扩喷管的 A_8 和 A_9 分别随飞机飞行马赫数和发动机工作状态进行无级调节,A_9/A_8 可随飞行马赫数进行调节,为此在宽广的飞机飞行包线内,喷管均可提供接近最佳值的推力性能。此外,作为加力燃烧室燃烧段的一部分,喷管平衡部分(即平衡梁调节片和收敛调节片上 A 型支架铰接点前的部分)内侧的加力筒体和隔热屏直径减小,使喷管外廓尺寸减小,缩小了飞机的迎风面积,降低了飞机后体阻力。

参考文献

[1]　龚正真,马淑德.航空发动机可调喷管蜗杆型机械同步系统研究[J].航空发动机,1986(3):36-42.

[2]　刘永泉.国外战斗机发动机的发展与研究[M].北京:航空工业出版社,2016.

[3]　方昌德.世界航空发动机手册[M].北京:航空工业出版社,1996.

[4]　党举红.战略轰炸机的动力装置需求分析[J].航空动力,2018(3):21-24.

[5]　Инfloresцев A. A, Сандрацкий B. Л. Газотурбинные Двигатели[M]. Пермь: OAO 《Авиадвигатель》, 2006.

[6]　金捷,赵景芸.带隔热板的轴对称收-扩喷管调节片壁温计算[J].燃气涡轮试验与研究,1999,12(3):34-44.

[7]　黄勇,郭志辉,魏福清,等.收-扩喷管加小突片对尾喷流红外辐射的影响[J].航空动力学报,2001,16(1):19-22.

[8]　刘大响.航空发动机设计手册第 7 册[M].北京:航空工业出版社,2000.

[9]　靳宝林,郑永成.利用计算流体动力学减少 F-16 喷管阻力[J].航空发动机信息,1995(6):11-18.

[10]　额日其太,王强,吴寿生,等.喷管超音段壁面排气引射冷却方案气动特性研究[J].航空动力学报,2001,16(4):376-380.

[11]　George A B. Effect of F-15 aircraft induced aerodynamic loads on the evolution of the F100 balanced beam nozzle[C]. 12th Propulsion Conference, Palo Alto, 1976.

[12]　McDermott J F. F100/F401 augmented turbofan engines-high thrust-to-weight propulsion systems[C]. SAE International National Aerospace Engineering and Manufacturing Meeting, San Diego, 1972.

第5章
典型矢量喷管设计

推力矢量控制(thrust vector control, TVC)技术是指通过喷管的特殊设计使发动机喷流偏转并利用由此产生的推力分量来替代原飞机舵面或增强舵面的操纵功能,从而对飞机飞行姿态进行实时控制的技术,该技术可以突破失速障碍,实现大迎角过失速机动,从而扩大飞机的飞行包线,提高飞机的安全性、机动性和敏捷性,缩短飞机起落滑跑距离,减小飞机阻力,降低飞机结构重量、制造成本和寿命期成本,延长飞机航程,进而提高飞机空战效能和战场生存能力。这种具备变换推力方向功能的喷管称为矢量喷管,主要有机械调节式轴对称矢量喷管、机械调节式二元矢量喷管、流体控制式矢量喷管三大类型,而这三大类型矢量喷管又分别包含多种具体的形式,这些喷管在技术上各有千秋,矢量喷管类型及具体形式的选择主要取决于飞机的任务需求,并从飞机/发动机一体化设计角度进行综合平衡。根据这些矢量喷管的国内外研发进展以及技术特点,本书将技术成熟度高并比较具有代表性的轴对称矢量喷管、圆转方二元矢量喷管、球面收敛二元矢量喷管归类为典型矢量喷管,并分别阐述这三种矢量喷管的设计;而将塞式矢量喷管、流体控制式矢量喷管、三轴承旋转喷管归类为新型矢量喷管,将在第6章分别阐述这三种矢量喷管的设计。

5.1 轴对称矢量喷管设计

5.1.1 研发依据

轴对称矢量喷管完全保留了轴对称收扩喷管良好的气动性能,只是在结构上扩大了扩张段的功能,使之既能产生超声速气流,又能按飞机需要偏转气流方向。轴对称矢量喷管的技术优势包括:气流偏转在扩张段内实施,气动负荷相对较小,10 t推力级的发动机产生的附加气动力不到2 000 kgf,配装F110发动机的轴对称矢量喷管附加气动力经实测不到3 t,矢量调节机构可以做得比较轻巧,增重很少;在扩张段实施偏转,相对飞机安装质心最远,新增力矩也最大,作用效果最佳;矢量偏转依靠扩张段偏转实现,矢量状态工作时所占的空间及外廓尺寸相对较小;A_9

由矢量调节环单独控制,喷管更容易获得最佳的落压比,可以充分发挥收扩喷管在气动性能方面的优势,同时该方案对于发动机隐身和飞机超声速巡航也均有益无害。此外,轴对称矢量喷管易于工程应用,一是飞机不需要做较大的改装即可实施矢量推进,而且飞机和发动机之间界面清楚,所以相融性很好;二是新旧飞机都可以换装,可最大限度地减少飞机换装的风险,很容易在现役飞机上进行此项技术的试验验证。综上所述,轴对称矢量喷管因具有众多的技术优点而成为国内外航空界的研究重点。

5.1.2　国内外研发情况

1)国外研发情况

轴对称矢量喷管设计技术研究最早开始于美国,1988 年初 GE 公司首次提出轴对称矢量喷管方案并开始缩尺模型气动性能试验,1989 年开始台架试验件设计,1990 年 9 月在 F110 - GE - 129 发动机上进行了包括喷管偏转角达 17° 全加力试车在内的轴对称矢量喷管(图 1.32)地面台架验证试验,1992 年在 F16 飞机上进行了飞行验证。在此后的 3 年时间里,GE 公司主要与洛克希德公司合作在F16MATV 飞机(即多轴推力矢量验证机)上进行轴对称矢量喷管飞行试验研究,着重试验了中低速时大攻角条件下的机动性。P&W 公司将平衡梁式收扩喷管(图4.26)改装成轴对称矢量喷管(图 5.1),于 1990~1992 年采用 F100 - PW - 229 发动机完成了轴对称矢量喷管地面台架验证试验,试车时数达到 82 h,其中加力状态试车时数为 8.5 h,推力矢量循环超过 1 300 次,在喷管偏转角±20° 条件下测量到的侧向力为 1 816 kgf,喷管偏转角速度为 45(°)/s;1992~1994 年完成了飞行前试验,试车时数达到 48 h,其中加力状态试车时数为 12 h,推力矢量循环 50 250 次,喷管偏转角速度为 120(°)/s。此后,P&W 公司与麦克唐纳道格拉斯公司和空军莱特试验室合作,在 F15 ACTIVE 飞机(先进综合控制技术验证机)上完成了轴对称矢量喷管飞行试验研究。此外,苏联于 1997 年初在批生产 RD - 33 发动机收扩喷管

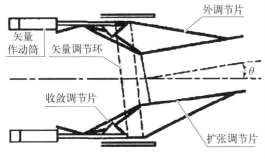

图 5.1　F100 - PW - 229 发动机轴对称矢量喷管结构示意图[1]及航展照片

（图 4.15）基础上研制了第一台轴对称矢量喷管，完成了地面台架验证试验，喷管偏转角达 15°，喷管偏转角速度达到 30(°)/s；于 2003 年 8 月在米格－29OVT 飞机上完成了首飞，图 5.2 为苏联在批生产 RD－33 发动机收扩喷管基础上研制的轴对称矢量喷管及其配装的飞机。

图 5.2　RD－33 发动机轴对称矢量喷管[1]及其配装的飞机[2]

2）国内研发情况

国内对轴对称矢量喷管设计技术的研究始于 20 世纪 90 年代，国内多家高校和研究单位对轴对称矢量喷管设计相关的气动特性分析技术、运动机构设计与分析技术、控制规律及控制系统设计技术等方面开展了研究[3-19]，其中，王永华等[6]、吕雪燕等[9]对轴对称矢量喷管的应用及其影响进行了研究，王玉新等[3]、高阳等[7]、郭秩维等[11]、李晓明等[12]、柳亚冰等[13]在轴对称矢量喷管运动机构的设计优化及仿真分析等方面开展了研究，于芳芳等[14]、朱燕等[15]在轴对称矢量喷管内外流气动特性分析和仿真方面开展了研究，段渝波等[16]、陈杰等[17]分别对轴对称矢量喷管应急复位液压系统和执行机构协同控制方案进行了研究，杨军刚等[18]开展了轴对称矢量喷管调节环结构优化设计研究，王玉新等[19]开展了轴对称矢量喷管载荷变形的控制补偿研究。

5.1.3　设计要点

1. 喷管设计需要关注的问题

轴对称矢量喷管是从轴对称收扩喷管发展而来的，在进行设计时优先选择一款成熟的轴对称收扩喷管为原型进行功能扩展设计，或者按照 4.2 节收扩喷管设计所介绍的方法进行方案设计，设计中要额外关注以下几个问题。

（1）在喷管内流流路设计方面，喷管偏转时喷管内部形成了复杂的三维流动，需采用相应的技术手段对复杂流动情况下的喷管内流流路进行优化，使喷管的气动性能满足发动机总体提出的技术指标要求。

（2）在扩张段运动机构设计方面,扩张段是一套多自由度复式连杆空间运动机构,需在飞机限定的轮廓内实现 360° 全向推力矢量功能;其中密封片与调节片的协调运动问题需要进行特殊设计,以满足密封效果优异和可靠性高的要求。

（3）在结构和强度方面,喷管偏转对喷管结构产生了可观的附加载荷(不仅仅限于扩张段),需进行反复的结构/强度优化,以实现结构重量和可靠性的良好平衡。

（4）在作为矢量调节机构组成部分的液压作动系统方面,喷管增加了一套驱动扩张段的液压作动系统(由矢量作动筒、液压油管等组成),矢量作动筒既需要与收敛段协调运动,实现 A_9/A_8 的调节,又要按照飞机控制系统的指令实施扩张段的偏转。由于矢量作动筒直接参与飞机的姿态控制,为保障飞行安全和作战效能,需要给矢量作动筒设置双裕度+应急处理的功能,需要特别的设计技术,相应的电子控制器也必须进行多裕度设计。

（5）在新材料新工艺方面,随着喷管功能的增加和载荷的增大,不可避免地会导致喷管重量的增加,如果能够采用比强度更高的材料及其相应工艺进行设计,可以有效地控制重量增加的程度。

（6）在与发动机主机匹配方面,轴对称矢量喷管具备在飞行包线内的 A_9/A_8 主动控制能力,需设计兼顾气动性能和结构限制的全包线喷管运动控制规律,保证在整个飞行包线内,发动机能够提供尽可能高的推力。

（7）在飞机/发动机一体化方面,喷管需与飞机协调开展吊挂点布置、液压作动筒所需液压动力来源等诸多飞机/发动机一体化工作。

2. 喷管设计关键技术

为了实现 360° 全向推力矢量功能,轴对称矢量喷管(图 5.3)设计有以下几项关键技术。

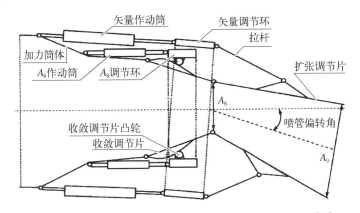

图 5.3　典型轴对称矢量喷管结构组成和工作原理示意图[18]

1) 多自由度的矢量调节环运动机构设计

如图 5.3 所示,矢量调节环是轴对称矢量喷管相对于轴对称收扩喷管独有的特殊功能结构件,矢量调节环具备沿喷管轴线平移和 360°全向倾斜的功能,平移时可以调节 A_9,倾斜时则改变扩张段偏转的方向。由于喷管是一个空心结构,矢量调节环不能简单地直接从轴线上得到支撑,必须采用一些特殊的机构实现矢量调节环的多自由度运动。图 5.4 是一种比较典型的矢量调节环定心机构,该定心机构由导轨、滑块和摇臂组成,导轨平行于喷管轴线设置,3 套定心机构呈120°均布于加力筒体之外,摇臂和矢量调节环之间用球头连接形成点支撑。3个导轨同步运动时,矢量调节环平移;3 个导轨差动时,矢量调节环倾斜,同时由于 3 套定心机构的约束,矢量调节环的中心基本上保持在喷管轴线上。

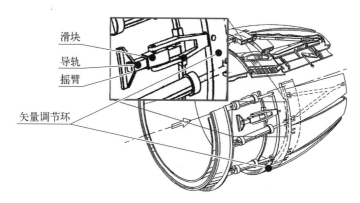

图 5.4　典型轴对称矢量喷管矢量调节环定心机构[20]

2) 可以切向偏转的扩张调节片设计

如图 5.5 所示,轴对称矢量喷管矢量偏转时,在偏转方向两侧的扩张调节片会产生切向偏转运动,而轴对称收扩喷管的收敛调节片与扩张调节片之间采用的是销轴连接,只能径向转动,因此必须改变设计方案,增加其自由度。最简单的办法

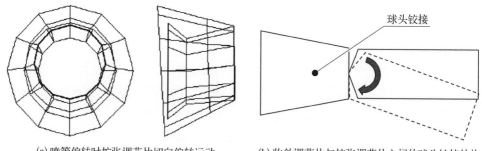

(a) 喷管偏转时扩张调节片切向偏转运动　　　(b) 收敛调节片与扩张调节片之间的球头铰接结构

图 5.5　轴对称矢量喷管偏转时扩张调节片的切向偏转运动示意图

如图 5.5 所示,将收敛调节片与扩张调节片之间的销轴改为球头铰接方式,并将扩张调节片前端修剪掉边角以避免切向偏转时与收敛调节片干涉,这样就可以实现扩张调节片的切向偏转功能。

3)扩张密封片协调运动机构设计

轴对称矢量喷管扩张密封片跟随扩张调节片进行多向偏转运动,并时刻保持在相邻的 2 个扩张调节片中间位置,需要设计专门的协调运动机构。图 5.6 显示的是一种典型的扩张密封片协调运动机构,该机构由用销轴连接在扩张密封片上的摇臂和 2 个两端用球头铰接方式分别连接在摇臂和扩张调节片上的连杆组成,原理上这就是 1 个变形的平行四边形机构,这种运动机构能够完美地满足扩张密封片在跟随扩张调节片进行多向偏转运动时保持在相邻的 2 个扩张调节片中间位置的要求。

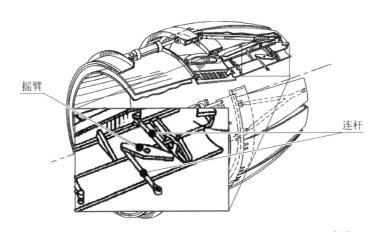

摇臂

连杆

图 5.6　典型轴对称矢量喷管矢量扩张密封片协调运动机构[20]

4)结构拓扑优化设计技术

结构拓扑优化是在尺寸优化和形状优化之后发展起来的一门面向概念设计的优化学科,其实质是在结构的概念设计阶段寻求材料在设计空间的最佳分布形式,或者寻求结构的最佳传力路径。为满足轴对称矢量喷管的减重、简化结构、多学科多工况的工作环境等需求,开展轴对称矢量喷管结构拓扑优化设计十分必要。由于拓扑优化设计技术对较大型连续体结构件减重效果明显,对小型连接类零件意义较小。因此,从轴对称矢量喷管结构件的结构特点和承担的功能分析,矢量喷管调节机构和内流道结构件(主要是调节片和密封片)应用拓扑优化技术具有一定的应用前景和可行性,调节机构中的 A_8 调节环和矢量调节环为大型钛合金环锻焊接件,设计重量较大,拓扑优化设计可以明显减重;收敛调节片骨架和扩张调节片支架为高温合金铸造件,虽然单件设计重量不大,但数量较多,拓扑优化设计也可以明显减重。拓扑优化技术应用需要关注的问题如下。

① 在拓扑优化前,要对结构件的工作环境和约束条件进行深入分析和详细计算,尽可能使结构件约束条件和载荷环境准确;在拓扑优化过程中,进行多状态迭代优化和验证分析,以保证优化结构能够涵盖发动机各个状态的需求。

② 结构拓扑优化设计虽然可以大幅改善结构件结构性能和降低结构重量,但是拓扑优化后的结构基本属于不规则形状,传统的制造工艺实现较为困难。随着增材制造技术的快速发展,使航空领域的结构拓扑优化成为可能。因此,结构拓扑优化设计一般需要与增材制造技术相结合,根据喷管结构件工作环境选取适用于增材制造的材料和工艺。

5) 增材制造应用技术

增材制造技术以全新的"离散+堆积"成形思想为基础,根据三维计算机辅助设计(CAD)数据由计算机控制将材料逐层叠加来制造实体结构件,是一种"变革性"的低成本、短周期、高性能、"控形/控性"一体化、绿色、数字制造的技术,可实现设计引导制造、功能性优先设计和最优化设计,大大提升了结构件设计的自由度,是对传统制造工艺的一种全新补充和完善。目前可在航空发动机中应用的主要是金属材料的增材制造技术,该技术在大型整体结构、复杂结构、薄壁类结构以及小批量多品种结构件的设计、制造等方面具有无可比拟的先天优势,在发动机轴对称矢量喷管研制过程中具有比较广泛的应用前景,具体为:可用于整体结构、复杂结构、薄壁类结构的制造加工,以取代铸造、锻造等传统工艺,例如,可用于制造常规可调式喷管的调节片、密封片、支架等,也可用于制造二元矢量喷管的扩张调节片和侧壁;可用于提高结构件集成度的创新设计,例如,对采用圆弧凸轮运动机构调节喷管喉道面积的收扩喷管而言,收敛调节片通常由调节片底板、骨架以及二者的连接件(销轴、垫圈等)组成(图4.4),如果采用增材制造技术,则可以将其简化为一个结构件,减轻重量,提高可靠性;可用于喷管研发过程中的一些结构件的单件试制或小批量生产,实现快速反应、快速验证及定制生产;可用于高温合金精密铸件(如调节片、密封片等)裂纹修复。金属材料的增材制造成形工艺有多种,其中适用于航空发动机的主要有两种:激光选区熔化(SLM铺粉式)工艺和激光熔积成形(LDM送粉式)工艺。激光选区熔化工艺使用激光照射预先铺展好的金属粉末,层层叠加,直到金属结构件成形,适用于直接成形具有复杂形状或结构的功能性中小型金属结构件,其主要技术特点是:材料使用范围广,成形精度较高,力学性能高于铸件,成形速度较低,成形尺寸受限,成本相对较高。激光熔积成形工艺使用激光将金属粉末直接熔融,逐层沉积成型,主要用于结构件表面强化、残损结构件修复、多金属材料复合结构件的加工制造、复杂大型结构件的直接成型制造,其主要技术特点是:材料使用范围广,成形精度较低,力学性能突出(与锻件相当),成形速度中等,成形尺寸不受限,成本中等。

5.1.4　应用案例：轴对称矢量喷管内流特性数值模拟分析

1. 分析目的

（1）全面地研究轴对称矢量喷管（以下简称 AVEN）的推力系数 C_F、流量系数 C_D、推力矢量角 δ_F、偏转效率 η_δ 和推力效率 η_F，分析喷管偏转角 δ_J 和喷管落压比 NPR 对内流特性的影响，获得设计工况的 AVEN 内流特性，并为后续开展 AVEN 的气动设计提供数据支持。

（2）与 AVEN 的冷态缩尺模型矢量特性试验结果进行了对比，验证专用三维有黏定常程序和计算方法。

2. 计算程序和计算方法

计算采用的是专为 AVEN 流场计算开发的三维有黏定常程序，程序采用结构网格方法生成三维结构网格，计算网格如图 5.7 所示，其中轴向网格用代数法生成并采用指数规律加密，周向网格用 TTM 法生成，计算中网格数目均为 $62\times37\times37$；采用 Jamson 有限体积法划分网格，湍流模型为 B－L 代数模型。程序进口边界上给定亚声速来流的总温、总压和流动方向角，流动速度由内点一阶外插；出口边界上，当气流超声速流出时，所有参数外推，当气流亚声速流出时给定出口反压，其他量采用与超声速出口边界类似的方法外推。物面边界上速度采用无穿透边界条件，压力采用零法向梯度，壁面温度采用绝热壁面条件。

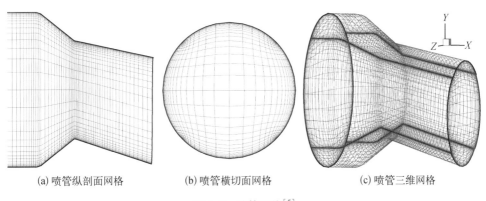

(a) 喷管纵剖面网格　　　(b) 喷管横切面网格　　　(c) 喷管三维网格

图 5.7　计算网格[5]

3. 计算相关参数

AVEN 计算工况及参数如表 5.1 所示，其中 AVEN 的设计工况在非加力和加力时分别为 FJL1 和 JL1，缩尺模型矢量特性试验采用台式六分力动力应变天平测力，试验工况在非加力和加力时分别为 FJL5 和 JL5。AVEN 非矢量状态（即 $\delta_J = 0°$）的内流流路设计如图 5.8 所示，其中非加力和加力时喷管出口面积与喉道面积之比分别为 1.15 和 1.10，喷管进口面积与喉道面积之比分别为 2.14 和 1.13；缩尺模型矢量特性试验照片如图 5.9 所示。

表 5.1 计算工况及喷管参数[5]

计算工况	非加力/加力	设计落压比	全尺寸/缩尺	冷态/热态	出口反压	备 注
FJL1	非加力	3.2	全尺寸	热态(639 K)	0.533 P_H	同时计算分析 NPR(NPR = 2.6~3.5)的影响
FJL2				冷态(300 K)	0.533 P_H	
FJL3				热态(639 K)	P_H	
FJL4			缩尺(1:17)	热态(639 K)	0.533 P_H	
FJL5				冷态(300 K)	P_H	与试验研究参数一致
JL1	加力	3.0	全尺寸	热态(1 970 K)	0.533 P_H	同时计算分析 NPR(NPR = 2.4~3.3)的影响
JL2				冷态(300 K)	0.533 P_H	
JL3				热态(1 970 K)	P_H	
JL4			缩尺(1:17)	热态(1 970 K)	0.533 P_H	
JL5				冷态(300 K)	P_H	与试验研究参数一致

注:P_H 为试验研究工况下的喷管出口反压;0.533P_H 为设计工况下的喷管出口反压。

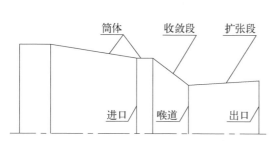

图 5.8 内流流路示意图[5]

图 5.9 缩尺模型试验照片[5]

4. 计算结果及分析

1) 设计工况下的内流特性

AVEN 在非加力和加力设计工况(即 FJL1 和 JL1)下的内流特性计算结果如表 5.2 所示。由计算结果可以看出,在非矢量状态,非加力工况下,$C_F = 0.980\ 0$,$C_D = 0.950\ 5$;加力工况下,$C_F = 0.988\ 8$,$C_D = 0.993\ 1$。在矢量状态,δ_F 随着 δ_J 的加大而增大,$\delta_F > \delta_J$,同时内流特性变差,其中 C_D 和 η_δ 的变化相对显著,但在 $\delta_J \leqslant$

20°情况下仍具有较好的内流特性,即非加力工况下,$C_F \geqslant 0.971\,7$,$C_D \geqslant 0.897\,3$,$\eta_\delta \geqslant 1.139\,5$,$\eta_F \geqslant 0.936\,0$;加力工况下,$C_F \geqslant 0.981\,4$,$C_D \geqslant 0.925\,8$,$\eta_\delta \geqslant 1.009\,8$,$\eta_F \geqslant 0.925\,3$,并且 η_δ 比 δ_F 与 δ_J 的差值更能反映出 AVEN 的矢量偏转效果,而 η_F 也比 C_F 的变化更能直接地体现 AVEN 矢量偏转造成的推力损失。矢量特性的计算结果与试验数据非常接近,计算误差很小,其中非加力工况 $\eta_\delta \leqslant 2.72\%$,$\eta_F \leqslant 2.48\%$;加力工况 $\eta_\delta \leqslant 3.54\%$,$\eta_F \leqslant 2.94\%$。由此可见,$\delta_J$ 对 AVEN 内流特性影响明显,η_δ 和 η_F 能够更直观地反映 AVEN 的矢量偏转特性,AVEN 在设计工况下具有良好的内流特性。计算采用的 AVEN 三维流场计算程序和计算方法具有很高的计算精度,该程序和计算方法的计算结果可信,可以满足 AVEN 内流特性研究的需要。

表 5.2　AVEN 在设计工况下的内流特性计算结果[5]

设计工况	$\delta_J/(°)$	C_F	C_D	$\delta_F/(°)$		η_δ		η_F	
		计算值	计算值	计算值	试验值	计算值	试验值	计算值	试验值
非加力	0	0.980 0	0.950 5	0	0	—	—	—	—
	5	0.979 3	0.949 9	7.502	—	1.500 5	—	0.998 6	—
	10	0.978 6	0.942 2	13.296	12.944	1.329 6	1.294 4	0.989 8	0.998 6
	15	0.976 0	0.924 2	18.288	—	1.219 2	—	0.968 7	—
	20	0.971 7	0.897 3	22.789	22.657	1.139 5	1.132 8	0.936 0	0.913 4
加力	0	0.988 8	0.993 1	0	0	—	—	—	—
	5	0.988 2	0.988 5	6.202	—	1.240 4	—	0.996 8	—
	10	0.987 0	0.978 4	11.432	11.397	1.143 2	1.139 7	0.987 5	1.001 5
	15	0.985 6	0.954 3	16.126	—	1.075 1	—	0.957 9	—
	20	0.981 4	0.925 8	20.188	20.936	1.009 8	1.046 8	0.925 3	0.953 3

2)喷管落压比对内流特性的影响

对非加力和加力的设计工况(即 FJL1 和 JL1 计算工况)进行喷管落压比 NPR 的影响研究,计算结果如图 5.10 所示。由图 5.10 可知,NPR 对 AVEN 的内流特性有影响,随着 NPR 的增大(即由过膨胀→完全膨胀→欠膨胀),非加力工况和加力工况内流特性的变化趋势基本相同,即 C_F 明显增大,C_D 和 η_F 略有减小,δ_F 和 η_δ 明显减小。此外,NPR 对 AVEN 矢量特性(即 δ_F、η_δ 和 η_F)影响的计算结果与缩尺模型矢量特性试验结果吻合较好,其中非加力工况 δ_F 相差的最大值为 0.679°,η_δ 和 η_F 的最大误差分别为 5.17% 和 2.47%;加力工况 δ_F 相差的最大值为 0.987°,η_δ 和 η_F 的最大误差分别为 4.47% 和 4.06%。

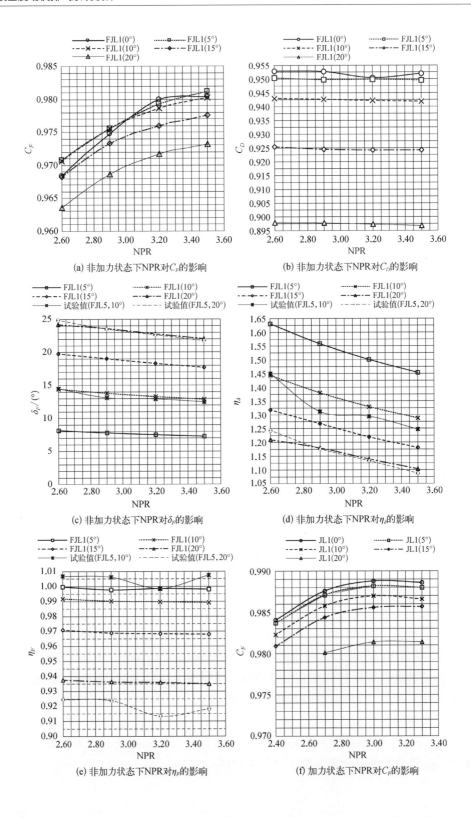

(a) 非加力状态下NPR对C_F的影响

(b) 非加力状态下NPR对C_D的影响

(c) 非加力状态下NPR对δ_F的影响

(d) 非加力状态下NPR对η_δ的影响

(e) 非加力状态下NPR对η_F的影响

(f) 加力状态下NPR对C_F的影响

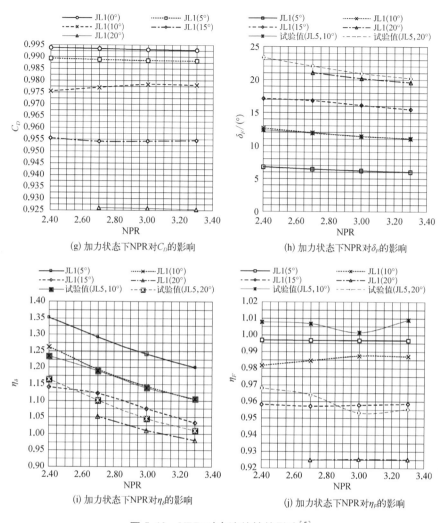

图 5.10　NPR 对内流特性的影响[5]

5. 结论

（1）δ_J 对 AVEN 内流特性影响明显，η_δ 和 η_F 能够更直观地反映 AVEN 的矢量偏转特性，AVEN 在设计工况下具有良好的内流特性，其中在非矢量状态，非加力工况下，$C_F = 0.980\,0$，$C_D = 0.950\,5$，加力工况下，$C_F = 0.988\,8$，$C_D = 0.993\,1$；在矢量状态，δ_F 随着 δ_J 的加大而增大，$\delta_F > \delta_J$，同时内流特性变差，但在 $\delta_J \leqslant 20°$ 情况下，非加力工况下，$C_F \geqslant 0.971\,7$、$C_D \geqslant 0.897\,3$、$\eta_\delta \geqslant 1.139\,5$、$\eta_F \geqslant 0.936\,0$，加力工况下，$C_F \geqslant 0.981\,4$、$C_D \geqslant 0.925\,8$、$\eta_\delta \geqslant 1.009\,8$、$\eta_F \geqslant 0.925\,3$。计算结果与冷态缩尺模型矢量特性试验数据非常吻合，说明采用的三维流场计算程序和计算方法具有很高的计算精度，可以满足 AVEN 内流特性研究的需要。

（2）NPR 对 AVEN 内流特性有影响，在研究的 NPR 变化范围内，随着 NPR 的增大（即由过膨胀→完全膨胀→欠膨胀），非加力工况和加力工况的内流特性变化趋势基本相同，即 C_F 明显增大，C_D 和 η_F 略有减小，δ_F 和 η_δ 明显减小。

5.2　圆转方二元矢量喷管设计

5.2.1　研发依据

圆转方二元矢量喷管是具有俯仰推力矢量功能和良好隐身特性的矢量喷管，F119 发动机配装了圆转方二元矢量喷管（图 1.45 和图 5.11），用于美国现役战斗机 F-22A。圆转方二元矢量喷管研制的目的是提高飞机在亚声速和超声速下的机动性及飞机隐身性能。F-22A 战斗机飞行试验结果表明如下结果。

（1）采用俯仰推力矢量后，战斗机的过失速机动能力极大提高。在攻角 40°时，可绕轴线做 360° 滚转；在飞行速度极小（110 km/h）时，可在 60° 攻角时以 30(°)/s 的速率滚转，且控制无任何问题。

（2）采用俯仰推力矢量后，战斗机的敏捷性大大提高。在所有攻角范围内，由矢量喷管和平尾共同完成对俯仰的精确控制；俯仰角速度高达 60(°)/s；在攻角大于 30°时，利用矢量喷管和差动平尾共同完成对偏航的控制，滚转角速度可达到更大值；在 20° 攻角下，其滚转角速度从 50(°)/s 增至 100(°)/s；在超声速状态下，矢量喷管和平尾交联，共同进行操纵，可使战斗机在飞行马赫数大于 1.4 时的盘旋角速度提高 30%。

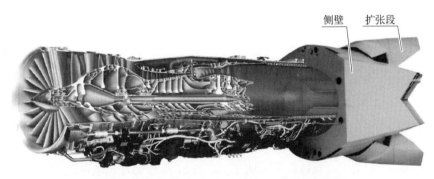

图 5.11　F119 发动机及其圆转方二元矢量喷管[20]

与轴对称矢量喷管相比，圆转方二元矢量喷管的主要优点如下。

（1）运动机构简单，运动结构件少，易于实现矢量偏转功能，有利于提高运动机构的可靠性。

（2）喷管后部扁平，易于与双发飞机的翼身融合，减小飞机的后体阻力，且能在机翼上诱导出超环量，使飞机升力进一步增大，降低升阻比。研究文献显示，常规布局双发飞机由轴对称喷管改为二元喷管，在喷管/飞机后机体一体化优化的基础上可将飞机后体阻力降低 5%,可以提高飞机的加速性能和超声速巡航能力。

（3）有利于红外隐身和雷达隐身。例如,喷管型面规则,比较容易在喷管内部设置全程的冷却系统,降低壁温;喷管矩形出口增大了喷流与外界大气的混合界面,喷管圆转方过程中导致侧壁拐角压力梯度增大,形成的涡流强化了喷流与外界大气的掺混,有利于缩短喷流的高温核心区长度;喷管的矩形出口可以遮挡发动机后腔体中其他热端部件的红外辐射和雷达散射。

圆转方二元矢量喷管的不足之处是:结构受力条件差,结构比较笨重,重量为轴对称矢量喷管的 1.3~1.5 倍;内流要从圆形截面过渡到矩形,内流特性差,推力损失较大;对现役飞机而言,改装量大。

5.2.2　国内外研发情况

1）国外研发情况

圆转方二元矢量喷管设计技术的研究始于 20 世纪 70 年代,由美国 P&W 公司率先开始研究。20 世纪 70 年代初,对圆转方二元矢量/反推力喷管方案(图 5.12)进行了研究,认为其可实现俯仰推力矢量、反推力等功能,并且具有结构简单、重量较轻等优点;1974 年,进行了圆转方二元矢量/反推力喷管的风洞缩尺模型气动性能试验,并完成了改进设计;1982 年 6~7 月,在 F100 发动机上完成了非飞行重量的圆转方二元矢量/反推力喷管 30 h 地面台架验证试验;1988 年 2 月到 1990 年 5 月,完成了飞行重量的圆转方二元矢量/反推力喷管 336.5 h 地面台架验证试验和 137.5 h 高空台试验;1989 年 5 月到 1990 年 3 月,在 F‑15 STOL/MTD 验证机上完成了累积 19.5 h(加力状态为 4 h)的第 1 阶段飞行试验和累积 40 h 的第 2 阶段飞行试验(图 5.13)。至此,F‑15STOL/MTD 验证机成为世界上第一架在飞行中验证了推力矢量/反推力功能的战斗机。

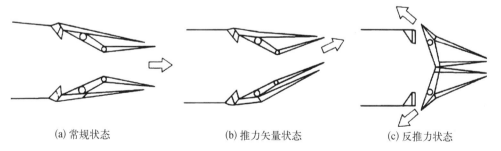

(a) 常规状态　　　　　(b) 推力矢量状态　　　　　(c) 反推力状态

图 5.12　圆转方二元矢量/反推力喷管工作原理[21]

20 世纪 80 年代中后期,P&W 公司将圆转方二元矢量/反推力喷管安装在 XF119 FX602 发动机上进行了试验验证。验证结果发现,由于在设计中没有重点考虑阻力、重量、效率、耐久性、维护性、费用等因素,该喷管明显不适合应用到生产型战斗机上;特别是,反推力机构对冷却的要求很高,使喷管重量大大增加,导致其

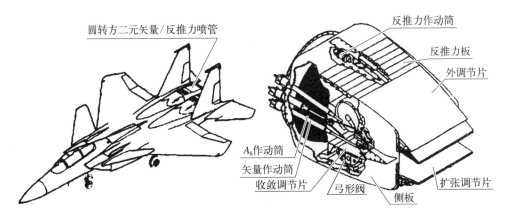

图 5.13   F‑15 STOL/MTD 验证机及其配装的圆转方二元矢量/反推力喷管[22]

所带来的可操作性方面的收益不能与所需增加的重量、成本和维护工作相抵消。为此,在陆续解决了重量重、耐久性不好等技术难点后,P&W 公司去掉了其反推力机构,发展为圆转方二元矢量喷管。此后,圆转方二元矢量喷管方案应用于 F119 发动机,与 F119 发动机一起进入工程研制,在 F‑22A 战斗机上进行了飞行试验,与 F119 发动机一起于 1998 年完成设计定型,于 2002 年投入使用。

20 世纪 80 年代后期,苏联开始推力矢量技术的研究,在圆转方二元矢量喷管方面进行了一些尝试性的研制工作。1985 年设计了一个圆转方二元矢量喷管,并在苏‑27 原型机上进行了试验;此后,将圆转方二元矢量喷管(图 5.14)配装在试验飞机 LL‑UV(PS)(1990 年在苏‑27UB№02‑02 飞机基础上研制)左发 AL‑31F 上进行了首次飞行。在"发动机‑2002"展览会上,展出了配装圆转方二元矢量喷管的 R179‑300 发动机全尺寸模型(图 5.15)。

图 5.14   配装在试验飞机 LL‑UV(PS) 上的二元矢量喷管[2]

图 5.15   配装在 R179‑300 全尺寸模型上的二元矢量喷管[2]

2)国内研发情况

国内大约从 1992 年开始关注二元矢量喷管技术并进行相关研究工作[23-34],方昌德[23]、张加圣等[24]、杨伟[26]对美国 F - 22A 的研发情况进行了跟踪研究,对使用二元矢量喷管的第四代战斗机性能指标和作战效能的影响进行了分析评估,陈本柱[27]、赵震炎等[28]对二元矢量喷管技术的发展和技术状况进行了研究,游磊等[29]、张宏义等[30]、陈玲玲等[31]、邓洪伟等[32]对二元矢量喷管气动特性及优化仿真方法开展了研究,李娜等[33]、陈怀壮[34]对二元喷管型面设计方法和结构设计及优化方法进行了研究。

5.2.3　设计要点

1. 喷管气动方案优化设计

(1)圆转方二元矢量喷管的内部流动是复杂的三维流动,目前还没有通用的低维气动特性分析方法能够准确预测圆转方二元矢量喷管的内流特性,需要采用三维数值模拟方法对其气动性能进行计算分析。常见的几种商用软件均可以对圆转方二元矢量喷管的内流特性做出比较准确的分析,计算时一般采用耦合-隐式求解方法,选用 RNG $k - \omega$ 模型。边界条件一般设定为:喷管进口采用压力进口条件,给定进口气流总压、总温等参数;喷管出口采用压力出口边界条件,给定总压、总温;两个对称面设置为面对称边界条件。

(2)影响圆转方二元矢量喷管气动性能的参数较多,不同的参数组合不但直接影响其气动性能,还会对其隐身等性能产生影响,因此必须综合考虑各方面的需求并进行合理的折中。例如,圆转方段长度 L 主要影响喷管的重量和气动性能,二者需要折中考虑。当喉道宽高比 AR(即发动机中间状态时喷管喉道的宽度与高度之比)为 2~3 时,L/D(D 为喷管进口直径)可以取得小一点,一般在 0.3~0.4。研究结果表明,喷管的总压恢复系数、推力系数和流量系数均随圆转方段长度 L 的增加略有升高,但变化量均很小。此外,研究表明,圆转方二元矢量喷管矢量偏转时,随喷管偏转角的增大,喷管推力系数减小,喷管偏转角为 20°时推力系数减小约 2%,这个值与飞行状态、喷管落压比、喷管特征几何参数等相关,较准确的结果可以采用前述三维数值模拟方法进行详细分析[34]。

2. 喷管冷却设计

圆转方二元矢量喷管属于非轴对称喷管,NASA 的研究结果表明,与相应尺寸的轴对称喷管相比,非轴对称喷管有较大的表面面积需要冷却。图5.16 所示为三种二元喷管[二元收扩喷管(2D/C - D 喷管)、二元塞式喷管(WEDGE 喷管)和塞锥迎角可变的二

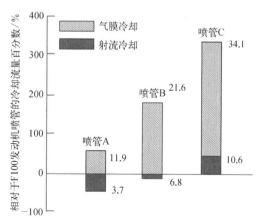

图 5.16　冷却方案对三种二元喷管冷却流量的影响[35]

元塞式喷管(VIP 喷管)〕冷却设计方案相对于 F100 发动机平衡梁式收扩喷管(简称 F100 发动机喷管)的冷却流量百分数,其中图中横坐标表示三种二元喷管,喷管 A 代表二元收扩喷管,喷管 B 代表塞锥迎角可变的塞式二元喷管,喷管 C 代表塞式二元喷管,所注数字代表冷却所需的总空气流量百分数。

由图 5.16 可见,与 F100 发动机喷管相比,采用目前的气膜冷却设计方案,三种二元喷管的总冷却流量要多出 53% ~ 337%,所用的冷却流量最终要转换到喷管的推力损失。例如,F100 发动机从平衡梁式收扩喷管所需的冷却流量 7.8% 增加到二元收扩喷管所需的 11.9%,会增加 1.2% 的喷管推力损失。为此,圆转方二元矢量喷管需要采用更为有效的冷却设计方案。由于具有矩形剖面,喷管的内外表面间具有较大的容腔,所以圆转方二元矢量喷管也便于采用气膜、对流、射流等比较复杂的冷却设计方案。图 5.16 还表示了采用射流冷却设计方案使喷管最高壁温保持相同的研究结果,即与 F100 发动机喷管相比,采用射流冷却设计方案的二元收扩喷管所需冷却流量减少了 53%,这可使喷管推力提高约 1%。第四代发动机的喷管工作温度可达到 2 100 K 左右,而现有第三代发动机喷管的冷却设计方案难于满足配装第四代发动机的圆转方二元矢量喷管研制需求,因此先进的喷管冷却技术是圆转方二元矢量喷管研制需要重点突破的关键技术之一。

3. 喷管轻重量结构设计

与相应尺寸的常规轴对称收扩喷管相比,圆转方二元矢量喷管的主要缺点之一是重量较重。图 5.17 显示了三种二元喷管和一种具有推力矢量功能和反推力功能的先进轴对称喷管与常规轴对称收扩喷管(无推力矢量功能和反推力功能)的重量对比,图中横坐标表示三种二元喷管及其具备的推力矢量/反推力功能(TV 代表具备推力矢量功能,TR 代表具备反推力功能),喷管 1 代表二元收扩喷管,喷管 2 代表单边膨胀二元喷管,喷管 3 代表塞式二元喷管,喷管 4 代表具有推力矢量功能和反推力功能的先进轴对称喷管,阴影部分表示不同研究结果的重量变动范围。由图 5.17 可

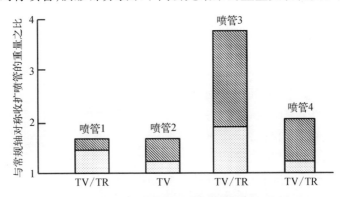

图 5.17　三种二元喷管和一种先进轴对称喷管与
常规轴对称收扩喷管的重量对比[35]

见,喷管 4 的重量与喷管 1 及喷管 2 的差别不大。圆转方二元矢量喷管重量增大的主要原因是二元喷管的结构效率较低,即二元喷管不像轴对称喷管那样受张力,而是受弯曲载荷;二元喷管结构容易因压力载荷和热梯度而产生变形。此外,与常规轴对称收扩喷管相比,具有反推力功能的圆转方二元矢量喷管需要增加矢量调节机构和反推力机构。圆转方二元矢量喷管轻重量结构设计的重点之一是新材料新工艺应用,即由于圆转方二元矢量喷管在结构上具有大的平表面,因此比较容易采用连续纤维强化陶瓷基复合材料及其相关工艺、钛合金及钛超塑性成形技术等新材料新工艺。

5.2.4　应用案例: 圆转方二元矢量喷管气动方案优化设计

1. 设计要求

(1) 喷管为圆转方二元矢量喷管(图 5.18),由圆转方段、收敛段和扩张段组成,收敛段和扩张段的侧壁平直(即两段的宽度相等),通过调节上下对称的收敛调节片、扩张调节片对称运动实现喷管喉道面积 A_8、出口面积 A_9 的控制,通过调节扩张调节片同方向运动实现矢量偏转。

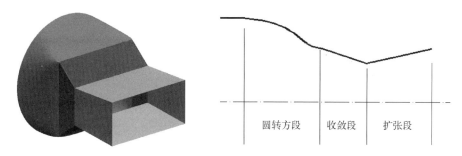

圆转方段　收敛段　扩张段

图 5.18　二元收扩喷管示意图

(2) 喷管气动性能指标满足发动机总体要求,其中设计点(即地面台架中间状态,喷管落压比为 3.985)和高空非加力状态(喷管落压比为 13.54)的推力系数不小于 0.97。

2. 设计输入

发动机总体需要提供设计点和高空非加力状态的喷管进口气动参数及 A_8、A_9 等参数,具体数值在此处省略。

3. 喷管气动方案设计方法

1) 圆转方段气动设计方法

圆转方段从进口圆截面过渡到出口方截面,型面变化剧烈,其设计对喷管的性能和结构质量均有重要影响。设计原则是:在保证喷管性能的前提下,圆转方段长度应尽可能短,以减轻重量。圆转方段流路采用超椭圆曲线进行设计,标准的超椭圆曲线的表达式为

$$\left(\frac{y}{a}\right)^{n} + \left(\frac{z}{b}\right)^{n} = 1.0 \tag{5.1}$$

式中, a 表示超椭圆曲线长半轴; b 表示短半轴; n 为指数。

在圆转方段进口面积、出口面积和圆转方段长度已知的情况下,还需要确定不同截面处的面积、超椭圆曲线长半轴尺寸、短半轴尺寸和指数。

(1) 圆转方段截面积的计算方法。随着轴向尺寸的变化,圆转方段截面积的变化可以有多种规律,最为常见的是线性变化和二次曲线变化,其中二次曲线面积收缩率前段比后段变化慢,比较符合圆转方段当量扩张角的变化规律,为此选用此种截面积变化规律,其表达式为

$$Acs(x) = Acs(0) - [Acs(0) - Acs(L)](x/L)(x/L) \tag{5.2}$$

式中, x 表示不同轴向位置处的截面; L 表示圆转方段长度; 0 表示圆转方段进口。

(2) 超椭圆曲线长半轴尺寸、短半轴尺寸的计算方法。有直线方程和三次曲线方程两种方法,其中直线方程得到的出口角比较尖锐,而三次曲线方程在圆转方进口处和出口处的一阶导数都是0,圆转方段光滑连续,为此选用三次曲线方程,表达式为

$$\begin{cases} a(x/L) = r - (r - w)[3(x/L)^{2} - 2(x/L)^{3}] \\ b(x/L) = r - (r - h)[3(x/L)^{2} - 2(x/L)^{3}] \end{cases} \tag{5.3}$$

式中, r 表示圆转方段进口圆的半径; w、h 分别表示出口矩形的长半轴尺寸、短半轴尺寸。

(3) 指数 n 的计算方法。圆转方段各截面的面积和长半轴尺寸、短半轴尺寸变化规律确定之后,可以通过迭代法求解超椭圆曲线的指数 n。对于任意给定的圆转方段截面,由截面面积、长半轴尺寸、短半轴尺寸的变化规律可以求得该截面的面积、长半轴尺寸、短半轴尺寸。根据式(5.1),超椭圆曲线的面积应为

$$S = 4\int_{0}^{a} b[1 - (y/a)^{n}]^{1/n} \mathrm{d}y \tag{5.4}$$

选定截面处的面积已知,因此只要选择不同的 n 值,利用已知的长半轴尺寸、短半轴尺寸,按照式(5.4)求出面积,并与已知的截面积进行对比,通过迭代即可求得该截面处的指数 n。

按以上过程进行计算机编程,可计算得到圆转方段不同截面处的相关参数,进而完成气动设计。

2) 收敛段和扩张段的气动设计方法

设计收敛段和扩张段时,需要考虑收敛调节片收敛角和扩张调节片扩张角的大小,收敛角主要影响喷管流量系数,扩张角主要影响喷管推力系数。在圆转方段出口面积、A_8 和 A_9 一定的前提下,收敛调节片和扩张调节片的长度越长,则收敛角

和扩张角越小,但是喷管长度和重量也随之增加。因此,需要合理设计收敛调节片和扩张调节片的长度,以得到合适的收敛角和扩张角,并且需要在喷管性能和重量之间进行折中。另外,收敛调节片和扩张调节片的长度还会影响发动机与飞机的匹配及后体阻力,设计时也应予以考虑。

4. 喷管气动方案优化设计

1) 优化设计参数选择

影响喷管性能的主要因素是喷管喉道宽高比 AR、圆转方段长度 L、收敛调节片长度 L_s 和扩张调节片长度 L_k。为此,在设计点对 AR、L、L_s 三个参数进行计算优化,在高空非加力状态对 L_k 进行计算优化,原因是 L_k 的影响在喷管落压比较大时才能体现出来。为此,以 $AR = 2.4$、$L = L_1$(单位为 mm,本节下同)、$L_s = L_2$、$L_k = L_3$ 为基准,分别对 AR、L、L_s、L_k 进行计算优化。

2) 气动性能计算方法

由于二元收扩喷管在高度方向和宽度方向上同时具有面对称性,计算时只需选取喷管的 1/4 即可。在计算模型的网格划分中,圆转方段采用非结构化网格,收敛段和扩张段采用结构化网格,并在壁面附近做了加密处理。计算时采用耦合-隐式求解方法,选用可信度和精度较高且较为常用的 RNG $k - \omega$ 模型。边界条件设定为:喷管进口采用压力进口边界条件,给定进口气流总压、总温等参数;喷管出口采用压力出口边界条件,给定总压、总温;两个对称面设置为面对称边界条件。

3) 气动方案优化

(1) AR 的影响。由图 5.19 可见,随着 AR 的增加,喷管推力系数略有变化,$AR = 2.4$ 时最大。

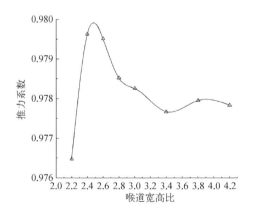

图 5.19　推力系数随喉道宽高比的变化[36]

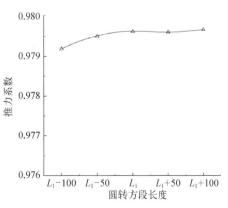

图 5.20　推力系数随圆转方段长度的变化[36]

(2) L 的影响。由图 5.20 可见,喷管推力系数随 L 的增加略微有所升高,这表明 L 的增加虽然可以使流场更加有序,局部损失降低,但由于气流与壁面接触面积的同步增加,壁面摩擦损失增加,从而导致 L 的增加并没有给喷管气动性能带来明显收益。

(3) L_s 的影响。由图 5.21 可见,随着 L_s 的增加,喷管推力系数有所增大。由于 L_s 增加时,喷管重量也要增加,选择 L_s 时应综合考虑。

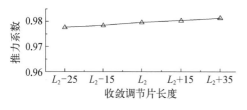

图 5.21 喷管性能参数随收敛调节片长度的变化[36]

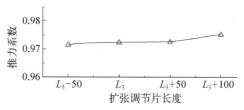

图 5.22 喷管性能参数随扩张调节片长度的变化[36]

(4) L_k 的影响。由图 5.22 可见,随着 L_k 的增加,喷管推力系数增加。选择 L_k 时应综合喷管性能、重量等因素进行折中考虑。

4) 优化结果

综合考虑各因素的影响,确定优化结果为:$AR = 2.4$,$L = L_1$,$L_s = L_2$,$L_k = L_3$。该优化方案的气动性能满足设计要求:设计点时推力系数为 0.979 6,高空非加力状态时推力系数为 0.972 4。

5.3 球面收敛二元矢量喷管设计

5.3.1 研发依据

球面收敛二元矢量喷管(图 1.46)具有如下独特的优势。

(1) 球面收敛二元矢量喷管既兼顾了轴对称矢量喷管的轴对称截面结构效率高、重量轻和压力分布均匀的优点,又兼顾了圆转方二元矢量喷管的矩形横截面结构有利于红外/雷达隐身和易于与双发飞机后机体进行一体化设计的优点。

(2) 球面收敛二元矢量喷管取消了圆转方二元矢量喷管的圆形转矩形过渡段,缩短了喷管长度,使喷管结构紧凑、重量减轻。

(3) 球面收敛二元矢量喷管有三种可供选择的具体方案(详见 1.1.2 小节),方案一在实现偏航矢量功能、方案二在实现俯仰/偏航矢量功能、方案三在实现俯仰矢量功能时,扩张段中心线始终通过空心球头铰接机构的球心,喷管喉道截面可以时刻保持与扩张段中心线正交,由此带来的收益是:可以避免圆转方二元矢量喷管和轴对称矢量喷管存在的气流分离问题,改善喷管的内流特性;喷管的推力矢量角与喷管偏转角基本一致,可以获得接近 100% 的偏转效率,从而使其可以提供比圆转方二元矢量喷管和轴对称矢量喷管更大、更稳定的矢量推力。

（4）与其他喷管相比,球面收敛二元矢量喷管将静压很高的收敛段做成球形压力容器的形状,所有气动力均指向球心,相对于球心不形成力矩,无论是上球面收敛调节片和下球面收敛调节片上下转动还是使整个喷管后段左右偏转,均只需克服较小的气动力和机构摩擦力即可。因此,空心球头铰接机构可以使喷管受力比较合理,降低喷管结构载荷,A_8调节和实现俯仰矢量功能(方案一除外)或偏航矢量功能所需的作动筒拖动力较小,不仅使喷管的轻重量结构设计成为可能,而且有利于避免圆转方二元矢量喷管和轴对称矢量喷管因矢量调节机构变形而导致的喷管偏转不到位问题。

5.3.2　国内外研发情况

1）国外研发情况

针对圆转方二元矢量喷管和轴对称矢量喷管存在的不足,P&W 公司于 1986年提出了球面收敛二元矢量喷管方案。20 世纪 80 年代末至 90 年代初,P&W 公司与兰利中心等机构联合进行了球面收敛二元矢量喷管可行性研究和技术验证。为了评估矢量喷管的内流特性,进行了球头铰接式轴对称矢量喷管和球面收敛二元矢量喷管的气动性能对比试验;为了研究喷管俯仰偏转角、偏航偏转角、喷管落压比等对喷管气动性能的影响,进行了喷管缩尺模型气动性能试验;为确定球面收敛二元矢量喷管的阻力特性和推力矢量特性,又进行了球面收敛二元矢量喷管、俯仰/偏航平衡梁喷管和平衡梁式收扩喷管的缩尺模型气动性能对比试验;为了在发动机环境下验证喷管方案的技术可行性,P&W 公司于 1988 年在 F119 发动机上进行了全尺寸球面收敛二元矢量喷管的试车验证。为了在真实环境下验证喷管的气动性能、冷却性能、耐高温陶瓷基复合材料、仿形刷式密封以及全新结构的球面收敛二元矢量喷管方案,P&W 公司于 1994 年将球面收敛二元矢量喷管安装到联合技术验证机发动机(XTE‐65)上进行了 89 h 的全尺寸验证试验;1995 年,P&W 公司又将球面收敛二元矢量喷管安装到了 XTE‐65 的改进型 XTE‐66 验证发动机上进行了进一步的地面试验。此外,1990 年,Bobby 等[37]在跨声速风洞中对球面收敛二元矢量喷管缩尺模型进行了内流特性试验,得到了大量不同矢量状态下的内流特性数据;1998 年,David[38]对扩张段为六角形和领结形的两种球面收敛二元矢量喷管进行了偏航状态和俯仰状态的内流特性试验研究。

2）国内研发情况

国内的研究者对球面收敛二元矢量喷管开展了一些初步研究工作,主要集中在气动性能和红外隐身两个方面,例如,2000 年,赵一鹗等[39]采用数值模拟方法研究了球面收敛二元矢量喷管的流动特性;2004 年,张靖周等[40]利用小型热射流试验台研究了喷管喉道宽高比、俯仰偏转角和偏航偏转角对球面收敛二元矢量喷管热射流特征的影响;2007 年,王宏亮[41]采用数值模拟方法研究了喷管喉道宽高比、俯仰偏转角和偏航偏转角对球面收敛二元矢量喷管气动性能和后半球红外辐射空间分布的影响规律;2012 年,崔金辉等[42] 采用数值模拟方法研究了喷管喉道宽高比、偏转角、落压比和外流马赫数对球面收敛二元矢量喷管流场特性和气动性能的影响规律,并优化了喷管喉道宽高比;2017 年,征建生等[33]、季靖远等[44] 采用数值模拟方法研究了俯仰偏转对涡扇发动机球面收敛二元矢量喷管气动性能和红外辐射特征的影响,对比分析了地面和高空两种状态下气动性能和红外辐射特征的差异;2017 年,游磊等[29] 对二元收扩喷管与球面收敛二元矢量喷管进行了内外流场计算与分析,对比了流量系数、推力系数和后体阻力。

5.3.3　设计要点

1. 喷管设计需要关注的问题

1) 方案选择问题

球面收敛二元矢量喷管的三种可供选择的具体方案(即方案一、方案二和方案三)各有所长,也各有所短,需要根据飞机和发动机的需求进行选择。三种方案的技术优势和不足简要分析如下。

(1) 方案一的技术优势是具备俯仰矢量功能和偏航矢量功能,并且俯仰矢量功能通过扩张调节片实现,避免了方案二存在的俯仰偏转角在结构上受限问题,可实现的俯仰偏转角大于方案二;不足之处是结构组成比较复杂,并且俯仰矢量功能通过扩张调节片实现,所需的作动筒拖动力较大,喷管结构载荷较大,重量较重,未能充分发挥球面收敛二元矢量喷管的技术特点和优势。

(2) 方案二的技术优势是具备俯仰矢量功能和偏航矢量功能,充分发挥了球面收敛二元矢量喷管的技术特点和优势,实现俯仰矢量功能所需的作动筒拖动力较小,喷管结构载荷较小,质量较轻,喷管的推力矢量角与喷管偏转角基本一致;不足之处是结构组成比较复杂,并且俯仰/偏航矢量功能均通过空心球头铰接机构实现,因而在结构上对俯仰偏转造成限制,可实现的俯仰偏转角小于方案一和方案三。

(3) 方案三的技术优势是结构组成最为简单,实现俯仰矢量功能所需的作动筒拖动力较小,结构载荷最小,重量最轻,喷管的推力矢量角与喷管偏转角基本一致;不足之处是不具备偏航矢量功能,未能充分发挥球面收敛二元矢量喷管的技术特点和优势。

2) 气动优化设计问题

球面收敛二元矢量喷管的收敛段横截面是圆形,而扩张段横截面是矩形,内流流路型面不连续。为此,球面收敛二元矢量喷管内流流路的高温气流流线疏密及方向的迅速改变、激波与边界层相互作用以及扩张调节片壁面边界层的分离等因素均导致其气动特性复杂,特别是在矢量偏转时,三维流场的特征参数变化较为剧烈,经常会出现流动分离。与轴对称矢量喷管和圆转方二元矢量喷管相比,球面收敛二元矢量喷管的非常规流路给气动优化设计带来了较大困难,尤其是需要解决内流流路型面不连续的瓶颈问题。如图 5.23 所示,球面收敛二元矢量喷管的主要内流流路参数包括喷管进口直径 D_7、过渡段出口直径 D_7'、过渡段轴向长度 L_1、喷管进口至球心轴向长度 L_2、收敛调节片缘尖夹角 α、球面半径 R_s、收敛调节片长度 L_s、喷管喉道高度 H_8、喉道曲率半径(即球面与扩张段的过渡线曲率半径)R_8、扩张调节片长度 L_k、喷管出口高度 H_9、喷管扩张段宽度 W 等。

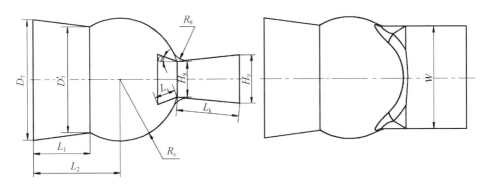

图 5.23　球面收敛二元矢量喷管的主要内流流路参数示意图

国内外的研究表明,影响喷管气动性能的内流流路参数主要有喷管喉道宽高比 AR(定义为发动机中间状态下 W 与 H_8 的比值,即 $AR = W/H_8$)、α、R_8、L_k、A_9/A_8(即喷管面积比)等,同时这些参数也不同程度地影响喷管的结构设计甚至隐身设计。因此,为获得优异的气动性能,在对这些参数进行优化设计时必须综合考虑对结构设计、隐身设计等带来的影响,折中选择。例如,球面收敛二元矢量喷管气动设计方面的难点之一是 AR 的优化,因为随着 AR 的增大,喷管能够偏转的最大偏转角变大,并且有利于红外隐身和雷达隐身;但是 AR 过大会因扩张段内流动的三维效应增强而引起较大的推力损失,同时也给喷管的结构设计带来困难。文献[6]的研究表明,在 $AR = 1 \sim 3$ 范围内,随着 AR 的增大,球面收敛二元矢量喷管的推力系数和总压恢复系数逐渐降低,变化幅度在 1% 以内;喷管能够偏转的最大偏转角逐渐增大,从 $AR = 1$ 时的 $19.72°$ 一直增大到 $AR = 3$ 时的 $24.26°$。

2. 关键技术分析

1) 空心球头铰接机构冷却技术

球面收敛二元矢量喷管的空心球头铰接机构尺寸大,需要采用钛合金等轻质材料来减轻结构重量,而钛合金材料耐温能力有限,空心球头铰接机构需要大量冷却气流进行冷却以保证其结构的安全。为此,需要在复杂运动的空心球头铰接机构上设计连续贯通的冷却流路(即冷却气流从定球壳结构到球面收敛调节片的流通路径),这种冷却设计是球面收敛二元矢量喷管特有的。如图 5.24 所示,受空心球头铰接机构及其空间等因素限制,目前空心球头铰接机构可以考虑到的冷却方案是隔热屏方案,即将径向尺寸较小的球面收敛调节片及其隔热屏插入定球壳结构与定球壳结构隔热屏之间,使来自定球壳结构与定球壳结构隔热屏之间的冷却气流顺畅地流入球面收敛调节片与球面收敛调节片隔热屏之间的冷气通道。这些冷却气流沿程对空心球头铰接机构进行充分的冷却,其中一部分冷却气流从定球壳结构隔热屏的气膜孔流出,在隔热屏内壁形成冷却气膜;剩余部分冷却气流从球面收敛调节片隔热屏末端流出,并在扩张段组织起来用于降低扩张段壁面温度。

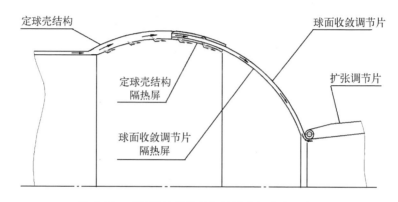

图 5.24　球形铰接结构的隔热屏冷却方案示意图

2) 空心球头铰接机构密封技术

球面收敛二元矢量喷管存在多处相对运动界面,为防止燃气及冷却空气泄漏,保证喷管的推力性能和冷却特性,设计出的密封结构在保证喷管密封效果的同时,还需要保证在高温往复运动条件下不失效。球面收敛二元矢量喷管的密封主要有三处,即球面收敛调节片与扩张调节片之间的铰链密封、球面收敛调节片与定球壳结构之间的空心球头铰接机构密封、侧壁与球面收敛调节片及扩张调节片之间的直接接触密封,其中第一处密封可以考虑采用"几"字形密封结构,第三处密封可以考虑采用弹簧加传统篦齿的密封结构。第二处密封属于大尺寸往复运动结构件密封问题,其环境特点是:高温、高压、有规律的大尺度往复运动,并且球面收敛调节片与定球壳结构之间的间隙处于两个运动结构件之间,动球壳密封受喷管结构变形、运动位置及速度影响较大。因此,常规的密封结构无法满足空心球头铰接机构的使用要求,需开展新型密封结构及密封材料应用研究,需要设计可根据密封通道变化进行调节且适用于高温往复运动结构件的动密封结构,该结构既可以补偿由于温度变化带来的密封通道尺寸的改变,也可以弥补大尺寸圆弧结构件加工精度带来的配合误差。根据国外的研究成果,空心球头铰接机构密封可以考虑采用弹性金属片接触式密封和刷式密封。例如,AL-31FP 发动机球头铰接式轴对称矢量喷管空心球头铰接机构的密封采用了弹性金属片接触式密封环(图 5.25),一方面弹性的密封环起到补偿球壳加工误差、增强球面收敛调节片运动平稳性的作用,另一方面沿圆周闭合的密封环阻止了高温高压气流向外泄漏;P&W 公司的球面收敛二元矢量喷管空心球头铰接机构密封采用了先进的刷式密封,即在球面收敛调节片和定球壳结构之间的接合面上,沿周向采用大位移双层仿形刷式密封件代替弹性金属片密封件,有效地防止了燃气泄漏,明显地提高了性能。

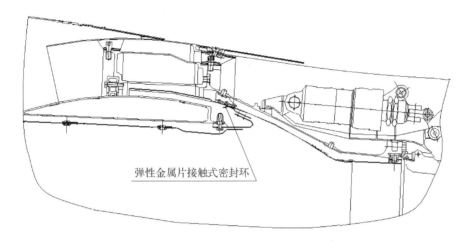

图 5.25　AL‐31FP 发动机球头铰接式轴对称矢量喷管空心球头铰接机构密封设计简图

3）大型薄壁承力结构件设计技术

球面收敛二元矢量喷管的定球壳结构、球面收敛调节片、扩张调节片、侧壁等大型薄壁承力结构件承受的载荷和工作温度均较高,受力虽然以均布载荷为主,但这些均布载荷仍然需要通过固定的轴或拉杆传递给承力机构,在传力点形成集中载荷。在集中载荷作用下,大型薄壁承力结构件的刚性不足、失稳等问题凸显出来,这些问题关系到喷管结构功能和喷管重量、寿命、可靠性等指标的实现。虽然轴对称喷管(包括收敛喷管、收扩喷管和矢量喷管)的调节片/密封片同样属于薄壁结构件范畴,但无论是结构尺度还是载荷分布恶劣程度均远不及球面收敛二元矢量喷管。针对大型薄壁承力结构件的刚性不足、应力集中、失稳等问题,需要利用结构分析软件研究这些大型薄壁承力结构件结构变形和应力分布情况,分析整体结构的合理性,并在此基础上进行结构优化。例如,球面收敛调节片型面复杂,均布的气动载荷由转轴集中传出,周围无其他结构件支撑的球壳薄壁区域需要布置高且密的加强筋以增强刚性及强度;在转轴周围一定范围内需要增加厚度,并且让球壳本身的加强筋由转轴处以放射状向外延伸。根据球面收敛调节片的载荷分布进行加强筋的优化设计,可以在有限的重量代价和空间尺寸下增强球面收敛调节片的刚性及强度。此外,新材料新工艺在球面收敛二元矢量喷管大型薄壁承力结构件设计中的应用也是解决刚性不足、应力集中、加工困难等问题的有效方法。

例如,陶瓷基复合材料、高性能钛合金等新材料在耐热、轻重量、高强度等方面均有很大优势;化学铣能够加工复杂型面;采用增材制造技术制坯的设计思路可以将整个复杂的承力结构做成一个整体,有效降低零件数量,增强刚度和强度,提高可靠性。

5.3.4　应用案例:球面收敛二元矢量喷管气动方案优化设计

1. 气动设计要求

(1)发动机总体需要提出 A_8 和 A_9 的调节范围,具体数值在此处省略。

(2)喷管具有俯仰矢量功能,其中在设计点(飞行马赫数为 0,海拔高度为 0 km)中间状态可实现 20° 的俯仰偏转角。

(3)在非矢量状态,设计点中间状态和加力状态的喷管推力系数不小于 0.97。

2. 气动设计输入

发动机总体需要提供设计点中间状态和加力状态的喷管进口气动参数及 A_8、A_9 等,具体数值在此处省略。

3. 气动方案优化设计

根据发动机总体提出的气动设计要求和提供的气动设计输入,开展喷管气动方案设计。影响喷管气动性能的内流流路参数很多,经前期的论证和分析,喷管气动设计方案主要内流流路参数(图 5.23)中的 D_7、D_7'、L_1、L_2、L_s、R_s、L_s、L_k 已经确定,此次喷管气动方案优化设计的参数主要是 AR、α 和 R_8,这三个参数的初步设计值分别确定为 $AR=1.844$、$\alpha=0°$ 和 $R_8=20$ mm。在 AR、A_8 和 A_9 确定的情况下,中间状态时和加力状态时的 H_8 和 H_9 也随之确定,喷管的物理模型如图 5.26 所示。

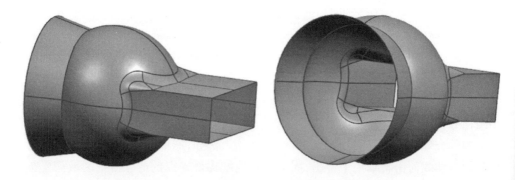

图 5.26　球面收敛二元矢量喷管物理模型

1)喷管喉道宽高比 AR 的优化

在 A_8 相同时,选择 $AR=1.844$、3、4、5 进行对比研究,计算结果如表 5.3 所示。由表 5.3 可见,在 $AR=1.844\sim5$ 范围内,喷管推力系数随着 AR 的增大而逐渐下降,最大值出现在 $AR=1.844$ 时。为此,在综合考虑相关因素的前提下,AR 确定为 1.844。

表 5.3　不同喷管 AR 下喷管推力系数计算结果

AR	1.844	3	4	5
推力系数	0.976 1	0.975 3	0.972 1	0.960 7

2)收敛调节片缘尖夹角 α 的优化

如图 5.27 所示,α 控制着喷管喉道面积,而且也是喷管由圆形过渡到矩形的横截面过渡段所在位置。为此,在 $AR=1.844$ 前提下,选取 $\alpha=-20°$、$-10°$、$0°$、$10°$、$20°$ 五个参数在中间状态和加力状态下分别进行优化计算,计算结果如表 5.4 所示。由表 5.4 可见,中间状态 $\alpha=0°$ 时,喷管推力系数最大;加力状态喷管推力系数随着 α 由 $-20°$ 逐步增大到 $20°$ 而相应增大,即 $\alpha=20°$ 时,喷管推力系数最大;在 $\alpha=10°$、$20°$ 时,喷管的推力系数均大于 0.97。为此,α 确定为 $20°$。

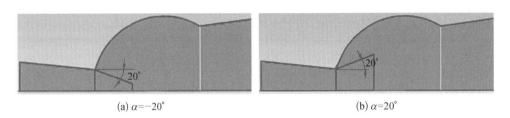

(a) $\alpha=-20°$　　　　　　　　　　　(b) $\alpha=20°$

图 5.27　收敛调节片缘尖夹角示意图

表 5.4　不同 α 下喷管推力系数计算结果

$\alpha/(°)$	-20	-10	0	10	20
中间状态推力系数	0.966 0	0.967 9	0.976 1	0.974 0	0.973 3
加力状态推力系数	0.966 5	0.968 5	0.969 4	0.972 2	0.975 3

3)喉道曲率半径 R_8 的优化

如图 5.23 所示,喷管从圆形向非轴对称流路的过渡直接发生在喷管喉道处,R_8 对喷管性能也有一定影响,其中在中间状态对喷管性能的影响要大于加力状态。为此,在 $AR=1.844$、$\alpha=20°$ 前提下,选取 $R_8=0$ mm、20 mm、30 mm、50 mm 四个参数在中间状态进行优化计算,计算结果如表 5.5 所示。由表 5.5 可知,当 $R_8=0$ mm 时,收敛段和扩张段之间内流流路出现尖角,流动损失增大,推力系数小于 0.97;加入圆弧后,内流流路型面变得光滑,壁面损失变小,推力系数增大,其中推

力系数在 $R_8 = 20$ mm、30 mm、50 mm 时变化不大,在 0.972 6~0.973 8 范围内波动。因此,R_8 确定为 20 mm。

表 5.5　不同 R_8 下喷管推力系数计算结果

R_8/mm	0	20	30	50
推力系数	0.969 5	0.973 3	0.972 6	0.973 8

4. 优化设计结果

通过对喷管三个设计参数 AR、α 和 R_8 的优化,确定球面收敛二元矢量喷管气动方案优化设计结果为 $AR = 1.844$、$\alpha = 20°$、$R_8 = 20$ mm。优化设计后的喷管推力系数在中间状态为 0.973 3、在加力状态为 0.975 3,满足喷管推力系数不小于 0.97 的设计要求。

参考文献

[1] 王书贤. 几何可调喷管的结构特点及发展[J]. 兵器装备工程学报,2018,39(1): 6 - 13.
[2] Фомин А В. Отклонение вектора тяги дает МиГ – 29М принципиально новые возможности[J]. Взлет, 2005(8 - 9): 11 - 23.
[3] 王玉新,李雨桐. 3SPS - 3PRS 并联机构构型分岔特性[J],机械工程学报,2009,24(1): 34 - 38.
[4] 薛航,陈徐屹,张小英. 多种气膜冷却形式下轴对称矢量喷管壁温计算研究[J]. 航空工程进展,2014,5(3): 404 - 410.
[5] 邵万仁. 基于数值模拟的轴对称矢量喷管内流特性研究[J]. 航空动力学报,2008,23(5): 822 - 829.
[6] 王永华,李本威,蒋科艺. 加装推力矢量喷管对飞机起飞性能影响研究[J]. 海军航空工程学院学报,2008,23(6): 626 - 644.
[7] 高阳,白广忱,于霖冲. 矢量喷管柔性机构运动及可靠性仿真[J]. 系统仿真学报,2006,18(增刊): 175 - 178.
[8] 于芳芳,邓小宝,马争胜,等. 矢量偏转对轴对称喷管性能的影响[J]. 航空计算技术,2008,38(3): 52 - 55.
[9] 吕雪燕,罗艳春,姜晓莲. 推力矢量技术的应用及影响[J]. 科技资讯,2012(5): 118.
[10] 于芳芳,邓小宝,马争胜. 外流对轴对称喷管的矢量特性的影响[J]. 科学技术与工程,2011,11(30): 7471 - 7474.
[11] 郭秩维,白广忱,高阳. 轴对称矢量喷管机构弹性动力学分析[J]. 航空发动机,2006,322(1): 31 - 34.
[12] 李晓明,伏宇. 轴对称矢量喷管机构优化设计[J]. 燃气涡轮试验与研究,2006,19(3): 1 - 5.
[13] 柳亚冰,符大伟,蔡常鹏,等. 轴对称矢量喷管空间运动学建模仿真[J]. 航空发动机,2020,46(6): 34 - 40.

[14]　于芳芳,邓小宝,马争胜,等.轴对称矢量喷管内外流场的数值模拟[J].机械设计与制造, 2008(9):146-148.

[15]　朱燕,王占学.轴对称矢量喷管气动矢量角和流量系数计算方法研究[J].西北工业大学 学报,2009,27(2):229-232.

[16]　段渝波,王玉新.轴对称矢量喷管应急复位液压系统的设计研究[J].液压与气动, 2007(4):11-13.

[17]　陈杰,周文祥,周永权,等.轴对称矢量喷管执行机构协同控制方案设计[J].航空发动机, 2013,39(1):30-33.

[18]　杨军刚,张卫红.轴对称推力矢量喷管调节环结构优化设计研究[J].机械制造,2012, 50(572):16-19.

[19]　王玉新,王仪明,李雨桐.轴对称推力矢量喷管载荷变形的控制补偿[J].航空动力学报, 2007,22(10):1685-1689.

[20]　Иноземцев А А,Сандрацкий В Л. Газотурбинные Двигатели[M]. Пермь:ОАО «Авиадвигатель»,2006.

[21]　朱俊强,黄国平,雷志军.航空发动机进排气系统气动热力学[M].上海:上海交通大学 出版社,2014.

[22]　Bursey R,Dickinson R. Flight test results of the F-15 SMTD thrust vectoring/thrust reversing exhaust nozzle[R]. AIAA 90-1906,1990.

[23]　方昌德.F119加力式涡扇发动机—F-22战斗机的动力装置[J].现代军事,1994(5): 8-9.

[24]　张加圣,王海涛,万小朋,等.第四代战斗机的性能指标分析[J].航空科学技术,2008(4): 9-11.

[25]　孙鹏,杨建军.第四代战斗机作战效能评估[J].飞航导弹,2010(6):68-72.

[26]　杨伟.美国第四代战斗机:F-22"猛禽"[M].北京:航空工业出版社,2009.

[27]　陈本柱.推力换向和二元喷管技术的发展[J].航空科学技术,1994(1):35-39.

[28]　赵震炎,胡兆丰.推力矢量和二元喷管[J].北京航空航天大学学报,1992(4):133-146.

[29]　游磊,王强,刘笑瑜.二元收-扩喷管与球形收敛调节片喷管的性能对比研究[J].航空发 动机,2017,43(4):41-47.

[30]　张宏义,张发启,孙权.二维超音速喷管设计仿真研究[J].机械设计与制造,2011(10): 132-134.

[31]　陈玲玲,杨青真,李岳峰.推力矢量喷管设计与气动特性分析研究[J].科学技术与工程, 2012,12(6):1304-1307.

[32]　邓洪伟,金文栋,叶留增,等.二元矢量喷管内外流场数值计算与隐身性分析[J].航空科 学技术,2012(1):45-48.

[33]　李娜,吉洪湖.高性能二元收敛喷管型面设计方法[J].航空发动机,2019,45(5):1-6.

[34]　陈怀壮.二元推力矢量喷管的结构设计及优化[D].南京:南京航空航天大学,2008.

[35]　Rhoades C M. NASA #837 Tribute The Jet with a Thousand Faces[R]. NASA Dryden Flight Research Center,Oshkosh,2009.

[36]　宁怀松,张志学,邵万仁,等.二元收扩喷管气动方案优化设计[J].航空发动机,2014, 40(3):52-55.

[37]　Bobby L B,John G T. Internal performance of two nozzles utilizing gimbals concepts for thrust

vectoring[R]. NASA‐TP 1990‐2991, 1990.

[38]　David J W. Thrust and vectoring performance of a spherical convergent flap nozzle with a nonrectangular divergent duct[R]. NASA‐TP 1998‐206912, 1998.

[39]　赵一鹗,余少志.复杂几何形状喷管内外三维流场的数值模拟[J].推进技术,2000, 21(3):30‐33.

[40]　张靖周,谢志荣,郑礼宝.球面收敛二元扩张矢量喷管热射流特征的实验研究[J].燃气涡轮试验与研究,2004,17(3):6‐9.

[41]　王宏亮.球面收敛矢量二元喷管气动和红外辐射特性数值计算[D].南京:南京航空航天大学,2007.

[42]　崔金辉,杨青真,闫紫光,等.球型收敛段矢量喷管建模与仿真研究[J].计算机仿真, 2012,29(11):112‐116.

[43]　征建生,张靖周,单勇,等.球形收敛二元矢量喷管气动及红外特性研究:模拟高空状态 [J].航空动力学报,2017,32(2):390‐397.

[44]　季靖远,张靖周,单勇,等.球形收敛二元矢量喷管气动及红外特性研究:模拟地面状态 [J].航空动力学报,2017,32(3):614‐620.

第6章
新型矢量喷管设计

在机械调节式轴对称矢量喷管、机械调节式二元矢量喷管、流体控制式矢量喷管三大类型中,塞式轴对称矢量喷管是以塞式轴对称收扩喷管为基础发展而来的一种机械调节式轴对称矢量喷管,国内外对其研究较少;流体控制式矢量喷管是针对机械调节式矢量喷管存在的结构复杂、重量重等问题而提出的全新技术方案,国内外对其研究较多,但距工程应用还有相当大的距离;三轴承旋转喷管是为满足飞机短距起飞/垂直起降的需求而提出的一种矢量喷管方案,虽然已在配装 F35B 战斗机的 F135 发动机上得到应用,但该喷管的技术特点与通常意义上的矢量喷管有很大区别,属于矢量喷管中的非常规方案。为此,本书将塞式轴对称矢量喷管、流体控制式矢量喷管、三轴承旋转喷管归类为新型矢量喷管,并分别阐述这三种矢量喷管的设计。

6.1 塞式轴对称矢量喷管设计

6.1.1 研发依据

本节所述的塞式轴对称矢量喷管是移动塞锥同时调节 A_8 和 A_9 的塞式轴对称矢量喷管(图 1.38 和图 1.39),其中塞锥的一部分伸出喷管筒体之外,为混合膨胀式收扩喷管。与 5.1 节的轴对称矢量喷管(AVEN)相比,这种塞式轴对称矢量喷管的主要技术优势如下:

(1)喷管气流的超声速膨胀加速过程主要发生在喷管筒体出口之后,喷管筒体出口之外的喷流流场具有半开放的流场结构,喷流边界能按照外界环境的变化自动调整,自动适应外界环境压力的变化,以满足不同飞行条件下喷管尽可能使气流完全膨胀的需求(图 6.1)。因此,塞式轴对称矢量喷管在宽广的飞行包线内具有良好的性能,具有连续高度补偿特性。也就是说,喷管内气流首先在一个先收敛后扩张的环形通道中完成逐渐加速过程,膨胀为超声速流;流出喷管筒体出口后的超声速流因在内侧受塞锥壁面限制而一侧与大气相通从而能继续膨胀,增大气流马赫数,提高喷管推力性能。

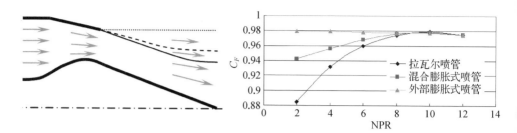

图 6.1   塞式轴对称矢量喷管的流动特性和推力特性

（2）喷管内气流的转向是在空心球头铰接机构所在的球形段完成的,气流因转向产生的不平衡载荷几乎全部被空心球头铰接机构的结构所承受,因此驱动喷管偏转所需要的矢量作动筒拖动力很小,而喷管的偏转效率几乎接近100%。

（3）喷管能够实现 360° 全向整体矢量偏转,在偏转中始终保持圆形截面,能有效降低偏转所带来的气流分离等气动损失,并且喷管的偏转效率几乎接近100%。

（4）位于喷管出口处的塞锥可以大部分或全部遮挡发动机后腔体中其他热端部件的红外辐射和雷达散射,大大降低发动机后腔体中其他热端部件隐身设计的难度,而将发动机后腔体的隐身设计集中到易于进行隐身设计的塞锥上。

尽管这种塞式轴对称矢量喷管具有诸多优点,但其也存在一些影响实际应用的缺点,例如,流场存在激波、气流分离等复杂的物理现象,流场情况比常规矢量喷管复杂;塞锥处于喷管气流内部高温环境中,对冷却和材料的要求很高。

6.1.2   国内外研发情况

1）国外研发情况

塞式喷管的概念源于 20 世纪 40 年代末 50 年代初,最早由美国提出。1948～1997 年,国外对塞式轴对称喷管和塞式二元喷管展开了一系列的计算分析、数值模拟、试验研究等工作[1-6],获得了大量的成果,但相对较大的流动损失限制了其应用。从 20 世纪 90 年代中期至 21 世纪初,国外开展了多项火箭发动机塞式轴对称喷管的飞行验证。进入 21 世纪,国外看到了塞式喷管在隐身、推力矢量等方面的显著优势,从不同方面开展了塞式喷管的研究工作[7-14]。例如,Steffen[11] 研究了具有反推力功能的塞式轴对称喷管跨声速特性;Samanich 等[12] 对塞式轴对称喷管跨声速气动性能进行了试验研究;Miyamoto 等[13] 通过数值模拟的方法研究了真实工况下塞式二元喷管流动特性;Verma 等[14] 试验研究了塞式喷管底部压力、喷管侧壁以及外部自由流对喷管气动性能的影响。以上塞式喷管的基础性研究工作大多针对固体火箭发动机,而对航空发动机研究的很少,对其中的塞式轴对称矢量喷管研究的则更少。

2）国内研发情况

国内也开展了多种结构形式的塞式喷管技术研究工作,经历了从概念的理论探索、数值模拟、试验验证到优化设计的过程,获得了大量有价值的研究数据。例如,覃粒子等[15]以推力最大为目标函数,运用枚举和逐层优化的方法对火箭发动机塞式喷管五个主要参数进行了优化计算;郑孟伟等[16]对航天飞行器用的塞式喷管流场进行了数值模拟,探讨了塞式喷管的设计参数。在塞式轴对称矢量喷管技术研究方面,国内也开展了初步的探索性研究工作,例如,赵春生等[17]对塞式轴对称矢量喷管进行了运动仿真,验证了运动机构方案的合理性和可行性,研究了矢量作动筒不同布置方式对控制规律的影响,确定了矢量作动筒的控制规律及行程范围和主要运动构件的运动轨迹;王旭等[18]采用 CFD 数值模拟方法,研究了喷管偏转角和塞锥几何参数对塞式轴对称矢量喷管气动特性的影响。

6.1.3 技术要点

1. 喷管气动设计

根据发动机总体提供的设计输入和提出的设计要求,开展气动方案优化设计,对影响喷管气动性能的主要几何参数进行分析和优化,并按设计流程进行设计,影响喷管气动性能的主要几何参数及设计流程可参考文献[19]。

2. 喷管运动机构及控制规律设计

塞式轴对称矢量喷管的工作原理与轴对称矢量喷管(AVEN)相比变化较大,塞式轴对称矢量喷管的偏转方式是绕穿过球心的转轴运动,其调节机构需要提供合适的控制力且控制力方向尽量与球壳切线平行,以使机构平稳,同时 A_8 的控制随球面不断变化。因此,合理的运动机构设计不但是实现喷管功能的关键,同时对喷管气动流路有很大影响。此外,喷管的矢量偏转必然会产生相应的附加载荷,轴对称矢量喷管产生的附加载荷很大,不得不通过加强结构来承担附加载荷,不仅增重很多,同时会在载荷集中的部位产生过大的应力,降低结构件的可靠性。因此,需要采用三维运动仿真方法,探索和优化附加载荷较低的运动机构设计方案,降低喷管的整体载荷和各结构件的内部载荷,减小液压作动筒的拖动力和对流量的需求,提高喷管可靠性。塞式轴对称矢量运动机构的设计有多种方案,其中矢量调节机构的设计可以采用 AL-31FP 发动机球头铰接式轴对称矢量喷管的方案(图 1.33)。作为全新概念的塞式轴对称矢量喷管,其控制规律是实现稳定且可靠的推力矢量控制的基本条件,可继承现有轴对称矢量喷管控制规律设计及优化技术手段,通过数值分析和仿真手段实现控制规律的设计及优化。

3. 喷管冷却设计

喷管的冷却设计主要是塞锥的冷却设计,这是因为:喷管的塞锥处在高温气流环境中,现有材料难以满足塞锥耐温的设计要求,这是塞式喷管应用的最大障碍;为实现发动机红外隐身性能,需要降低有效遮挡发动机后腔体中其他热端部件的塞锥壁温。因此,需要利用先进的高效冷却方法和设计技术优化塞锥的冷却设计,以最小的代价获得满足设计要求的冷却设计方案。根据发动机总体的设计要求,塞锥的冷却设计方案可以多种多样,图 6.2 为其中的一种方案。该方案通过引气管 1 将冷却气流 5 导入塞锥内部,使得冷却气流 5 在塞锥壳体 6 和导流内衬 4 构成的冷却通道内从后端向前端流动,最后从前端的气膜孔流出,在温度负荷最高的位置形成高效的冷却气膜,保护塞锥本体。

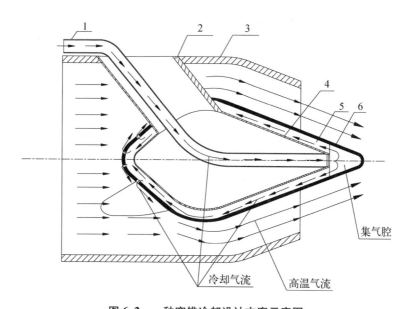

图 6.2　一种塞锥冷却设计方案示意图

1-引气管;2-支板;3-喷管筒体;4-导流内衬;5-冷却气流;6-塞锥壳体

4. 喷管密封技术

作为高温部件之一,喷管的密封对发动机及飞机后机体的隔热防火有着较大影响,其密封问题是保证喷管性能乃至安全可靠工作的技术关键。良好的密封结构一方面可以减少喷管漏气量,保证喷管性能,另一方面可以防止高温气流泄漏对喷管内流道结构件之外的其他结构件和液压作动筒造成损伤,保证喷管安全工作。塞式轴对称矢量喷管依靠喷管筒体与加力筒体相对的转动实现推力矢量功能(图 1.38 和图 1.39),空心球头铰接机构的内球头与外球头贴合处由于气流速度较低、静压较高、运动范围较大,是喷管漏气的主要部位。现有喷管的密封结构无法直接移植到塞式轴对称矢量喷管的密封结构设计中,必须采取新的技术来解决塞式轴对称矢量喷管的密封问题。为此,应该针对塞式轴对称矢量喷管的结构特点,开展弹性金属片密封、刷式密封等新技术的研究,设计制定相应的密封方案并分析对比,最终得到适合塞式轴对称矢量喷管的密封方案,有效解决密封问题。图 6.3 的密封方案采用了石墨环实施密封,由外壳、弹性环、保护槽和石墨环组成的密封环通过螺栓固定在外球头的安装边上,随外球头一起运动。弹性环的弹力给石墨环一个持续的压力,使之稳定地与内球头接触,实现密封。

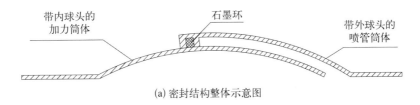

(a) 密封结构整体示意图

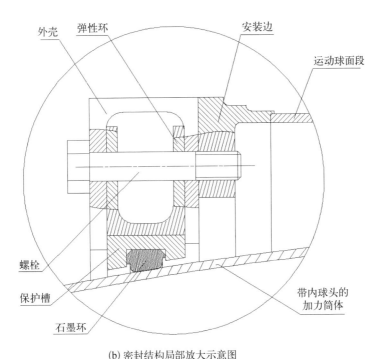

(b) 密封结构局部放大示意图

图 6.3　石墨环密封方案示意图

6.1.4　应用展望

与传统机械调节式轴对称矢量喷管相比,塞式轴对称矢量喷管运动结构件少、结构简单、重量轻、可靠性高,能够在获得推力矢量控制能力的同时,不影响甚至会提高发动机整机的综合性能,并降低实施推力矢量技术的成本。塞式轴对称矢量喷管在喉道面积调节上具有较大的调节范围,能够适应未来需要大的喉道面积变化率的变循环发动机的需求。此外,由于位于喷管出口处的塞锥遮挡了发动机后腔体内的高温结构件,只需要对塞锥实施强迫冷却,就可以大幅度地降低发动机后腔体的红外辐射强度,从而大大降低实施红外隐身技术的难度。为此,塞式轴对称矢量喷管是一种很有发展潜力的矢量喷管方案。

6.2　流体控制式矢量喷管设计

6.2.1　研发依据

目前,实际应用的矢量喷管都属于机械调节式矢量喷管,依靠矢量调节机构使喷管偏转,实现推力矢量功能[20,21]。复杂的调节机构增大了喷管的结构重量和成本,使喷管占发动机的重量和成本从小于10%增大到30%左右[22,23]。从20世纪90年代开始,随着机械调节式矢量喷管进入实际应用阶段,其结构复杂、成本高、重量重的缺点引起人们的关注。因此,成本低、结构简单、重量轻、可靠性高、维护方便的流体控制式矢量喷管成为矢量喷管技术的重要发展方向。美国的"综合高性能涡轮发动机技术"(Intergrated Hight Performance Turbine Engine Technology,IHPTET)计划、美国空军(United States Air Force,USAF)和美国国家航空航天局(National Aeronautics and Space Administration,NASA)的"流体注入喷管技术"(Fluidic Injection Nozzle Technology,FLINT)计划以及USAF的"内流控制"(Internal Flow Control,IFC)计划均开展了流体控制式矢量喷管技术的研究[22,24,25]。NASA和USAF在FLINT计划中对流体控制式矢量喷管技术进行了评估,结果表明,与机械调节式矢量喷管相比,流体控制技术可以使喷管重量减轻28%~40%;流体喉道面积控制与出口面积控制(控制气流膨胀比)技术结合可以使喷管重量减轻43%~80%,发动机推重比提高7%~12%,喷管采购和全生命周期的费用降低37%~53%。另外,通过消除作动系统及相应的运动机构、不连续结构和缝隙,可以减小雷达散射截面,提高飞机的隐身性能[24]。

6.2.2　国内外研发情况

20世纪90年代以来,为了适应未来高性能作战飞机的需求,国内外开展了很多针对流体控制式矢量喷管的研究,并发展了激波控制矢量喷管[26-39]、喉道偏移矢量喷管[25,39-43]、双喉道矢量喷管[43-51]、逆流控制矢量喷管[52-57]、柯恩达效应(Coanda effect)喷管[58,59]、合成射流(synthetic jet)矢量喷管[60-62]、同向射流控制矢量喷管[63]等多种流体控制式矢量喷管方案。由于方案众多,本节只重点介绍应用前景较好的前四种喷管的国内外研发情况。

1）国外研发情况

（1）激波控制矢量喷管是发展最早、研究最多的流体控制式矢量喷管方案。NASA 兰利研究中心是激波控制矢量喷管的重要研究单位之一。1994 年开展了二元激波控制矢量喷管的试验研究，证明了激波控制矢量喷管可以满足发动机推力矢量的要求[26]。1997 年完成轴对称收扩喷管激波控制推力矢量技术的试验研究，验证了轴对称收扩喷管采用激波控制推力矢量技术的可行性[28]，1998 年研究了外流对流体控制式矢量喷管气动性能的影响[29]。从 20 世纪 90 年代至今，国外研究者对激波控制矢量喷管中的复杂流动机理、工作特性、设计方法等开展了大量的研究工作，使激波控制矢量喷管技术逐渐成熟，喷管推力性能和推力矢量性能（获得推力矢量角的能力）都有了显著提高，适用范围逐渐拓宽[27,30,35-37]。

（2）洛克希德·马丁公司是喉道偏移矢量喷管的重要研究单位之一，1999 年研究了通过注气流量分配在喉道面积调节过程中产生推力矢量的方法[25]，2000 年研究了喉道偏移矢量喷管在不同工作过程的时间响应特性以及偏航和俯仰时推力矢量角单独调节或者实现多轴推力矢量的方法[39]。另外，在 IHPTET 计划中，GE 和 Allison 公司成功地完成了喉道偏移矢量喷管的试验研究。此后，国外陆续开展了很多喉道偏移矢量喷管的研究工作，使喉道偏移矢量喷管技术得到了很大发展。

（3）2003 年，NASA 兰利研究中心提出了双喉道矢量喷管方案，并研究了该方案的流动特性和设计方法，结果表明，双喉道矢量喷管的推力系数和推力矢量性能都明显高于激波控制矢量喷管[44]；2005 年，研究了几何参数对双喉道矢量喷管方案性能的影响，获得了性能良好的双喉道矢量喷管方案[45-47]。为了满足超声速飞机的需求，又提出了扩张型双喉道矢量喷管（第二喉道的面积明显大于第一喉道）方案，研究结果表明，扩张型双喉道矢量喷管方案在喷管内存在很强的正激波，引起很大的推力损失，说明双喉道矢量喷管方案更适合低落压比条件[49]。

（4）1993 年和 1996 年，明尼苏达大学最早开展了逆流控制矢量喷管的研究[55,56]。在试验中，利用相当于 1%主流流量的逆流获得了大约 20°的最大推力矢量角，并研究了几何参数对喷管推力矢量性能的影响。在后续的很多研究中，发现主流容易附着到外罩上，使推力矢量角滞后，并且不容易控制[58,59]。

2）国内研发情况

从 21 世纪初至今，国内研究者针对各种流体控制式矢量喷管也开展了较多的研究工作，并取得了不少成果。例如，王猛杰等[31]、王全等[33]、金捷等[34]、王占学等[38]针对激波控制矢量喷管的流动机理、工作特性等开展了数值模拟和试验研究工作，罗静等[41]、张相毅等[42]、李克新等[43]研究了喷管几何参数和注气方式对喉道偏移矢量喷管内部流动、推力性能和推力矢量性能的影响，汪明生等[50]、谭慧俊等[51]研究了双喉道矢量喷管方案的推力性能和推力矢量性能,汪明生等[57]基于数值模拟方法研究了逆流控制矢量喷管非定常内流性能。

6.2.3　技术要点

1. 激波控制矢量喷管技术要点

1) 喷管工作原理

激波控制矢量喷管的工作原理见图1.48,壁面压力分布如图6.4所示。从图6.4可以看到,注气缝前方形成激波之后,壁面压力显著升高;注气缝下游形成回流区,回流区的大小和压力分布与喷管几何参数及工作条件有关。通常情况下,注气缝对面的壁面压力分布不受注气的影响。

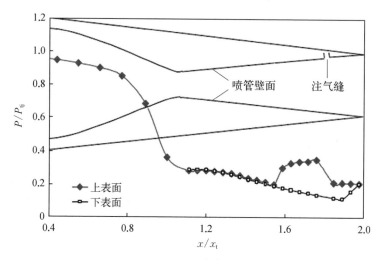

图 6.4　激波控制矢量喷管壁面压力分布[30]

2) 喷管设计参数选择

激波控制矢量喷管的内流流路基本型面与常规机械调节式收扩喷管相同,主要包括二元和轴对称两种形式。在激波控制矢量喷管设计过程中,主要考虑的设计参数包括注气位置、注气角度、注气流量、设计落压比(NPR$_D$)等。

(1) 注气位置和注气缝数量的选择。研究表明,注气位置向喷管出口移动可以改善推力性能,并且不会导致最大推力矢量角降低[26],因此注气位置可以适当靠近喷管出口。单缝注气是应用更广泛的注气方式,当喷管在设计落压比附近工作时,后置的单缝注气方案可以提供更大的推力矢量角[30]。双缝注气会形成两个斜激波,分别位于第一注气缝之前和两个注气缝之间。当喷管工作在严重过度膨胀状态时,注气位置适当的双缝注气方案可以提高喷管的推力矢量角,但是提高的幅度不大[31]。

（2）注气角度的选择。注气角度会影响二次流在主流内的穿透深度和轨迹，因此会影响注气缝前方激波的强度和位置，从而影响推力矢量角。通常情况下，垂直于主流（90°）或逆向来流一定角度（90°~150°）注气，二次流的穿透深度大，推力矢量角大[32]。

（3）注气流量的选择。注气流量是控制喷管推力矢量角的重要因素，当几何参数确定之后，增大注气流量只能通过增大次流和主流的总压比（SPR）实现。如图 6.5 所示，随着 SPR 的增大，斜激波强度增强，并向上游移动，推力矢量角增大。同时，激波导致的流动损失增大，喷管推力系数降低。除了喷管落压比 NPR 特别小的情况，扩张段注气通常不会影响喉道附近的流动，因此喷管流量系数不发生变化。

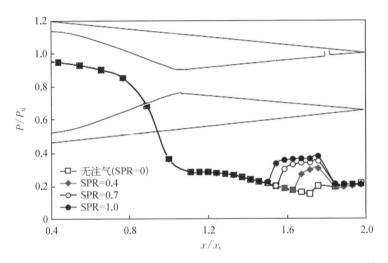

图 6.5　SPR 对激波矢量控制喷管壁面压力分布的影响（注气侧，4%注气）[30]

（4）设计落压比（NPR$_D$）的选择。由于喷管几何固定，设计落压比不仅会影响推力矢量角，还会影响推力性能。如图 6.6 所示，对于特定的喷管，随着 NPR 的增大，喷管推力矢量角逐渐减小。在同样的注气条件下，NPR<NPR$_D$ 时可以获得较大的推力矢量角，但喷管内的气流处于过度膨胀状态，推力系数比较低。NPR ≥ NPR$_D$ 时，喷管内气流处于完全膨胀或欠膨胀状态，推力系数较高，但是推力矢量角较小[29-31]。如何平衡推力矢量性能和推力性能，是激波矢量控制喷管设计落压比选择需要解决的问题。

3）喷管设计需要关注的问题

（1）在飞行条件下，由于高速外流的抽吸作用，喷管的推力矢量角和推力系数均明显降低[29]。随着喷管落压比 NPR 的增大，外流对推力矢量角和推力系数的影响逐渐减小。

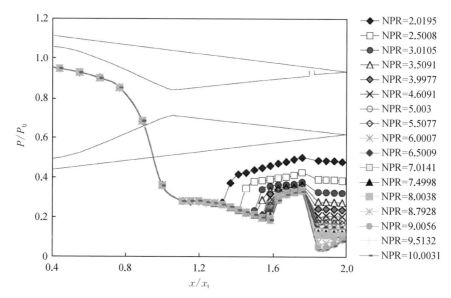

图 6.6　NPR 对激波控制矢量喷管壁面压力分布的影响(注气侧,NPR$_D$=8.78,4%注气)[30]

（2）如果注气产生的斜激波与注气缝对面的扩张段壁面相交并反射形成新的斜激波,会使气流向相反的方向偏转,从而显著减小推力矢量角。因此,应该避免出现斜激波与注气缝对面的扩张段壁面相交的情况。当喷管的扩张角比较小、注气位置距离喉道比较近或者二次流量比较大时,容易出现斜激波与注气缝对面的扩张段壁面相交现象。

（3）在轴对称喷管中,二次流只在部分周向位置注入(如文献[28]中的注气缝周向角度为 60°),主次流相互作用形成复杂的三维流动模式。高压区的气流可以沿着壁面周向向外流动,形成高压区的泄压机制,减弱了注气缝前方的斜激波强度。因此,与相同工作条件下的二元喷管相比,轴对称喷管的推力损失和推力矢量角更小。

2. 喉道偏移矢量喷管技术要点

1）喷管工作原理

喉道偏移矢量喷管工作原理见图 1.49,由于喷管内的气流在亚声速或跨声速的情况下偏转,不存在激波损失或激波损失较小,产生的推力损失比较小。此外,喉道偏移矢量喷管采用了相对较小的喷管落压比,因此喷管的推力系数比较高[25]。

2）喷管设计参数选择

喉道偏移矢量喷管设计过程中主要考虑的参数包括扩张段长度、喷管落压比、注气位置、注气角度、注气流量分配等。

（1）扩张段长度的选择。与激波控制矢量喷管不同,喉道偏移矢量喷管通常采用较小的扩张段长度。扩张段长度对喷管推力矢量性能有很大影响。如果扩段太长,会在喉道注气位置的下游形成很强的斜激波,与亚声速偏转相互干涉,降低推力矢量性能。如果扩张段过短,主流容易从扩张段分离,导致推力矢量性能降低[25]。通常,二元喷管扩张段轴向长度和喉道高度之比小于 1.2 时,可以获得较高的推力矢量性能。

（2）喷管落压比的选择。与激波控制矢量喷管相比,喉道偏移矢量喷管可以采用较小的落压比,这是它的主要优点之一。较小的落压比需求减小了喷管的结构尺寸,减轻了结构重量,也避免了喷管经常工作于过度膨胀状态及相应的推力损失。总体上看,小扩张比、短扩张段的喷管更容易产生声速平面的偏转,从而获得较高的推力矢量性能[41]。

（3）扩张段注气位置和注气角度的选择。扩张段注气位置和注气角度对推力矢量性能有很大影响,注气位置接近出口可以提高推力矢量性能,喉道偏转程度由喉道注气缝和扩张段注气缝的间距决定[25]。当注气角度较小时（与主流方向相逆）,推力矢量性能较高[25]。但是,当注气角度过小时,注气角度对推力矢量性能的影响变小,并且结构上更难实现,因此需要选择适当的注气角度（如 90°~150°）。注气角度对喷管推力性能的影响比较小[41]。

（4）注气流量分配。改变喉道和扩张段的注气流量分配,可以从最大节流（即最小喉道面积）到最小节流（即最大喉道面积）状态范围内实现推力矢量功能。在最小有效喉道面积状态,通过喉道对称注气可以获得非矢量状态,通过喉道单侧注气可以获得推力矢量功能。在中等有效喉道面积条件下,将注气流量从喉道重新分配到扩张段,可以获得更大的推力矢量角。随着注气流量从喉道处分配到扩张段,主流的节流更少,有效喉道面积增加。当所有注入的注气流量转移到扩张段时,获得最大的有效喉道面积。

3. 双喉道矢量喷管技术要点

1）喷管工作原理

双喉道矢量喷管的工作原理见图 1.50,由于双喉道矢量喷管内部流动复杂,存在气流分离,因此此气流总压损失比常规喷管稍大,喷管推力系数和流量系数都有所减小。在非矢量状态下,双喉道矢量喷管的推力系数比常规喷管低 1%左右,最大流量系数为 0.95左右,远低于设计良好的收敛喷管或收扩喷管。

2）喷管设计参数选择

双喉道矢量喷管设计过程中考虑的主要几何参数（图 6.7）包括注气角度、凹腔扩张

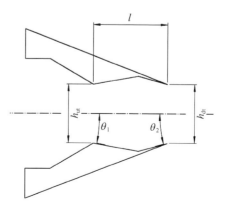

图 6.7　双喉道矢量喷管的主要几何参数

角（θ_1）、凹腔收敛角（θ_2）、第一喉道与第二喉道的面积比（h_{ut}/h_{dt}）。

（1）注气角度的选择。二次射流与主流方向的夹角为注气角度，双喉道矢量喷管的注气角度通常在 90°（垂直于主流）~150°（逆向主流来流方向）范围内选择。在这样的注气角度范围内，随着注气角度的增大，推力矢量性能显著提高，流量系数逐渐减小，推力系数受注气角度的影响比较小。

（2）凹腔扩张角 θ_1 的选择。θ_1 对喷管性能影响很大，增大 θ_1 对喷管推力矢量性能、流量系数和推力系数都有不利影响。θ_1 较大时，由于更大的内部流动损失，推力系数会有所降低。在矢量状态下，气流更容易从壁面分离，导致推力矢量角减小和推力矢量性能降低。因此，θ_1 通常选择为 10°左右。

（3）凹腔收敛角 θ_2 的选择。增加 θ_2 会降低第二喉道的流通能力，导致流量系数减小。NPR 较大时，θ_2 从 20°增大到 40°，推力矢量性能先提高后降低。可见，存在最佳的 θ_2，并且在 30°附近。θ_2 对喷管推力系数的影响比较小[46]。

3）喷管设计需要关注的问题

通常情况下，双喉道矢量喷管的第一喉道面积与第二喉道相等或比较接近。扩张型双喉道矢量喷管并不是好的选择。当第一喉道面积与第二喉道相等时，非矢量状态下，在 NPR = 3.0 附近，推力系数达到最大值，说明喷管的设计落压比为 3.0 左右，高于典型收敛喷管的设计落压比。随着落压比进一步增大，由于喷管工作在欠膨胀状态，喷管推力系数几乎线性减小[47]。

4. 逆流控制矢量喷管技术要点

1）喷管工作原理及喷管设计参数选择

逆流控制矢量喷管工作原理见图 1.51。逆流控制矢量喷管设计过程中主要考虑的设计参数包括外罩形状、吸气参数等。

（1）外罩形状的选择。在相同的条件下，采用长度较长的外罩可以获得更大的推力矢量角，因为侧向面积更大，不对称的压力分布产生的侧向力就更大，但是长的外罩会导致喷管推力性能降低。

（2）吸气参数的选择。逆流控制矢量喷管最大的优点是需要的二次流流量小，只需要相当于 1%主流流量的二次流，就可以获得显著的推力矢量角。吸气压差 ΔP_{slot}（环境压力 P_a 和吸气缝出口平面静压 P_{slot} 之差）决定了吸气流量的多少，对喷管推力性能和推力矢量角都有显著的影响。随着 ΔP_{slot} 的增加，推力矢量角接近线性增大。另外，ΔP_{slot} 的增加会导致喷管的推力系数减小。对于给定的吸气压差，当主流没有附着到外罩壁面上时，增大吸气缝高度会产生更大的推力矢量角，但是推力系数会减小。

2）主流附壁问题

当吸气压差 ΔP_{slot} 过大时，主流有可能附着到吸气侧的外罩壁面上。主流附壁时，推力矢量角会突然增大到接近外罩的出口角度，并导致吸气压差突然增大。

主流附壁是柯恩达效应的结果,主流一旦附壁,推力矢量控制会产生明显的滞后现象,即使将 ΔP_{slot} 减小到发生主流附壁之前的值,也不能使主流离开壁面。当外罩长度较长或者主喷管和外罩之间的吸气缝较小时,更容易发生主流附壁现象。主喷管工作在欠膨胀状态($NPR > NPR_D$)时,气流流出主喷管后会继续膨胀,也容易发生附壁现象。主流附壁现象严重影响了逆流控制矢量喷管的稳定工作和调节,在设计和应用中,应尽量避免出现这种问题。

6.2.4　应用展望

1. 流体控制式矢量喷管应用需要解决的主要问题

(1) 减小注气流量的需求,提高喷管推力矢量性能,减小对发动机的影响。

流体控制式矢量喷管的控制气流来源于发动机的引气,发动机引气必将影响发动机的工作状态,并带来一定的推力损失(除喷管性能损失外,还包括引气对发动机推力性能的影响)。因此,需要进一步提高喷管的推力矢量性能,减小对二次流量的需求。另外,需要与发动机匹配设计,确定引气的流量、压力等参数,以保障发动机的总体性能。

(2) 提高非矢量状态的喷管推力性能。

在流体控制式矢量喷管的研究过程中,研究人员主要关注喷管推力矢量性能,对喷管推力性能(特别是非矢量状态下的推力性能)关注很少。但是在实际应用过程中,喷管只在短时间处于矢量状态,大部分时间处于非矢量状态,因此提高非矢量状态的喷管推力性能非常重要。在喷管方案和几何参数的选取过程中,必须保证非矢量状态的喷管推力性能。

(3) 兼顾喉道面积控制和推力矢量控制。

喉道面积控制技术和推力矢量控制技术的研究通常是分开进行的,在各自的研究过程中,主要关注自身的性能,很少关注对另外一项性能的影响。例如,激波控制矢量喷管和逆流控制矢量喷管具有推力矢量控制能力,但缺少喉道面积控制能力。而实际应用中,喉道面积控制和推力矢量控制是流体控制式矢量喷管必备的两项功能,缺一不可。喉道偏移矢量喷管、双喉道矢量喷管等流体控制式矢量喷管虽然同时具备喉道面积控制能力和推力矢量控制能力,但存在喉道面积控制和推力矢量控制相互干扰的问题,如何减少干扰、尽量使二者脱耦合,是需要进一步研究的问题。

(4) 发展与飞机后机体一体化设计的流体控制式矢量喷管技术。

便于与飞机后机体一体化设计是流体控制式矢量喷管的优点之一,但是在流体控制式矢量喷管的研究过程中,主要针对二元喷管和轴对称喷管,只有少量的研究针对与飞机后机体一体化设计的喷管。在很多实际应用过程中,必须发展与飞机后机体一体化设计的流体控制式矢量喷管技术。

2. 流体控制式矢量喷管应用展望

1）在超声速飞行器发动机和火箭发动机上的应用展望

对于超声速飞行器发动机和火箭发动机,喷管的落压比通常会比较高,需要的喷管类型是收扩喷管,激波控制矢量喷管和喉道偏移矢量喷管比较适合这类应用。激波控制矢量喷管通常会具有更大的设计落压比,因此针对火箭发动机应用的流体控制式矢量喷管通常应该采用激波控制矢量喷管。喉道偏移矢量喷管的设计落压比较小,因此比较适合落压比不太高的情况。由于喷管推力矢量性能随着落压比的增大而减小,在这些应用中,喷管推力矢量性能并不会太高。

2）在亚声速飞行器发动机上的应用展望

对于亚声速飞行器的发动机,喷管的落压比通常会比较小,需要的喷管类型是收敛喷管或者低落压比的收扩喷管。比较适合的流体控制式矢量喷管类型是双喉道矢量喷管和喉道偏移矢量喷管。典型的双喉道矢量喷管类似于收敛喷管,NPR_D 为 3.0 左右,虽然很多研究人员努力将双喉道矢量喷管的应用范围扩展到落压比更高的超声速飞行器,但是很难兼顾推力性能和推力矢量性能,所以取得的进展很小。喉道偏移矢量喷管在小扩张比、短扩张段的情况下具有比较好的性能,$NPR>5.0$ 后喷管的性能显著降低,其工作范围比双喉道矢量喷管略宽。

6.3　三轴承旋转喷管设计

6.3.1　研发依据

短距起飞/垂直降落(short takeoff and vertical landing, STOVL)飞机兼有固定翼飞机和直升机的使用特点,既可以在狭小场地上起降,又可以实现快速飞行,对起降场地要求低,可在两栖攻击舰或小型航母上起降,具有部署灵活、机动性强等特点,并可携带武器载荷执行精确打击任务,具备较高的作战反应能力、环境适应能力和战场生存能力,是现代国防武器装备极为重要的组成部分。20 世纪中期至今,短距起飞/垂直降落飞机的动力装置发展了多种形式,但随着技术的发展,在总体方案上,最初研究的是飞机以机头向上的姿态垂直起飞方案,然后又发展出发动机整体转向方案,最后实用的则是发动机推力转向的技术方案;在起降方式上,由最初的垂直起降(vertical/short takeoff and landing, V/STOL)变为短距起飞/垂直降落。目前,典型的 STOVL 战斗机包括英国"鹞"式战斗机、苏联雅克-141 战斗机及美国 F-35B 战斗机,其升力/巡航发动机所用的喷管都可以向下偏转至与地面垂直,使喷流垂直向下喷射。如图 6.8 和图 6.9 所示,三轴承旋转喷管为 F-35B 战斗机配装的 F135-PW-600 发动机产生升力的关键部件之一,可以实现向下 95°、左右 10°的矢量偏转。

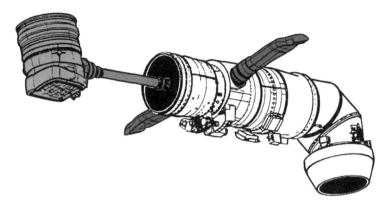

图 6.8　F35B 战斗机采用的 F135 - PW - 600 发动机及其三轴承旋转喷管[64]

图 6.9　F35B 战斗机及其三轴承旋转喷管[65,66]

此外,研究表明,在巡航状态(水平状态)时,三轴承旋转喷管(图 1.41)的流路和推力特性与常规发动机的几乎没有差别,并且可以在巡航状态时允许发动机接通加力。综上所述,三轴承旋转喷管作为大偏转角矢量喷管的典型代表,是综合效益最佳的一种升力喷管方案,是现代飞机实现短距起飞/垂直降落功能值得研究且具有发展潜力的主要技术之一。

6.3.2　国内外研发情况

1) 国外研发情况

国外的飞机短距起飞/垂直降落技术从 20 世纪 40~50 年代开始发展,到 20 世纪 50~60 年代形成了开发热潮,尝试了多种技术方案。在这些技术方案中,英国的 P.1127 飞机采用了通过发动机的推力转向喷管使喷管偏转至垂直向下的技术方案,并以它为基础诞生了以“飞马”发动机为动力装置的“鹞”式 V/STOL 战斗机家族,“飞马”发动机采用推力转向喷管为飞机提供直接的升力从而实现了飞机短距起飞/垂直降落功能(图 6.10)。在“鹞”式战斗机成功发展的时代,苏联也同样发展出了数种 STOVL 飞机,其中较为成功的是以 P - 27B - 300 发动机为动力装置的雅克- 38 和以 P - 79 发动机为动力的雅克- 141。P - 27B - 300 发动机采用的是与

"飞马"发动机类似的推力转向喷管(图 6.11);P-79B-300 发动机采用的是初始的三轴承旋转喷管技术方案(图 1.41 和图 6.12),具有非常鲜明的特色。

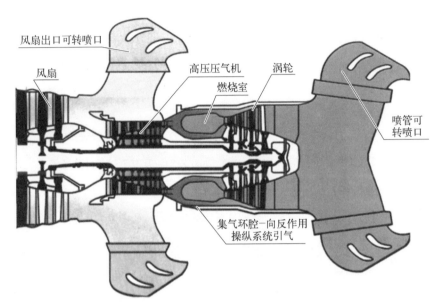

图 6.10　"飞马"发动机及其推力转向喷管[67]

图 6.11　P-27B-300 发动机及其
推力转向喷管[64]

图 6.12　P-79B-300 发动机及
其三轴承旋转喷管[64]

20 世纪 60 年代中期,英国、美国均对三轴承旋转喷管方案进行了结构研究及气动性能计算。1967 年,GE 公司在 JT8D 发动机上对三轴承旋转喷管方案进行了首次气动性能试验,受温度的限制,喷管试验件并未安装轴承,三段喷管筒体刚性连接并使喷管型面保持在 90°矢量偏转状态。1972 年 6 月,为满足美国海军制海舰计划(Sea Control Ship System, SCS)对 STOVL 战斗机的需求,GE 公司设计了 Convair200 战斗机,该战斗机采用 PW401 发动机作为升力/巡航发动机,发动机采用三轴承旋转喷管提供升力,并在驾驶舱后面安装 2 台 AllisionXJ99 升力发动机增加升力,该升力分配于飞机重心前方以平衡由三轴承旋转喷管产生的升力。1994 年,P&W 公司与洛克希德·马丁公司针对 X-35 原型机开展了三轴承旋转喷管方案气动性能试验,测试了喷管在 90°矢量偏转状态下的后体阻力及喷管与发动机一体化气动特性;1995 年,三轴承旋转喷管方案正式应用于 X-35 原型机。X-35 原型机后期衍生为 X-35B 试验机并发展为 F-35B STOVL 战斗机,标志着三轴承旋转喷管真正进入实用状态。

2）国内研发情况

国内的 STOVL 飞机动力装置研究起始于 20 世纪 60 年代,相关研究单位对升力发动机、升力风扇、推力转向喷管进行了理论研究和部分部件试验。20 世纪 90 年代以来,以高校为代表的国内研究单位相继开展了 STOVL 飞机动力装置相关内容的研究。例如,刘增文等[68]、杨帆等[69]发展了三轴承旋转喷管型面设计模型和旋转运动控制规律模型,初步开展了不同喷管轴承腔密封方案的比较研究,完成了小型三轴承旋转喷管的加工、运动仿真、多个工作状态的 CFD 数值模拟和试验,在三组电机驱动下实现了热态环境下三轴承旋转喷管的多向自由旋转(向下偏转最大 95°、左右偏转 10°);王向阳等[70]通过喷管固联坐标系逐级坐标转换的方法得到三轴承旋转喷管运动学模型,在 3 条基本假设的基础上提出了喷管逆运动学控制规律,并利用一个缩尺模型喷管进行了试验验证;张义军[71]专门对三轴承旋转喷管模型(图 6.13)展开了喷管总体设计、各段喷管的轮廓形状和尺寸的几何关系

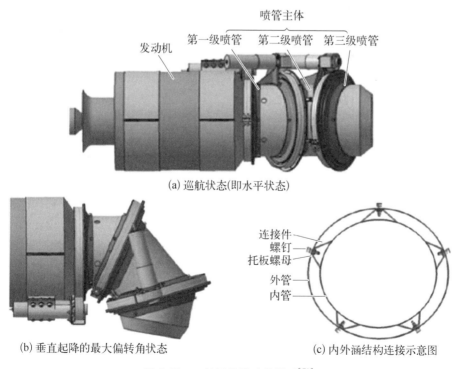

(a) 巡航状态(即水平状态)

(b) 垂直起降的最大偏转角状态

(c) 内外涵结构连接示意图

图 6.13　三轴承旋转喷管模型[71]

分析、基于钢丝绳精密传动的驱动装置设计与定性分析、关键结构件的热变形分析、运动学模型建立、喷管模型测力试验等研究。

6.3.3　技术要点

1. 筒体造型设计

参见图 1.40,筒体一段的进口一般为圆形,而三个轴承所处的截面由于必须保证相对旋转时各段筒体的连续对接,也必须是圆形;为使喷管出口流场有较好的对称性,第三段筒体的出口截面也应该为圆形。四段筒体的造型设计[68-70]如下:

筒体一段进出口平行且均为圆形,形状为圆柱体或角度不大的圆台;筒体二段进口垂直于发动机轴线,但出口与轴线有一个倾角 α(α 称作筒体斜切角),于是其形状为由正圆过渡到倾斜的圆的异形体;筒体三段进出口与轴线各有一个倾角 α,这两个倾角方向相反,于是其形状是一个两端斜切 α 角的椭圆柱;筒体四段出口垂直于轴线,但进口与轴线也有一个倾角 α,其形状与筒体二段类似但方向相反,是由倾斜的圆过渡到正圆的异形体。参见图 1.40,定义 β 为最大喷管偏转角,则筒体斜切角 α 与 β 之间有如下关系:

$$\beta = 180° - 4\alpha \tag{6.1}$$

假设一号轴承截面内径为 ϕ_1,二号轴承截面内径为 ϕ_2,三号轴承截面内径为 ϕ_3,三个内径尺寸可以按如下关系:

$$\phi_2 = \phi_1/\cos\alpha \tag{6.2}$$

$$\phi_3 = \phi_2 \tag{6.3}$$

因此,只要确定喷管要达到的最大喷管偏转角 β 和直径 ϕ_1,即可确定三轴承旋转喷管筒体造型的各个结构参数。

2. 喷管内流特性数值模拟分析

1) 数值模拟方法选择

三轴承旋转喷管在大角度偏转时,内部气流呈复杂的三维流动,适合用 CFD 软件进行数值模拟分析。由于三轴承喷管在喷管偏转角为 90° 时是镜像对称结构,数值模拟过程中模型可以采用 1/2 模型以降低计算量,并且加入外流流场。三轴承旋转喷管内流特性计算网格如图 6.14 所示,一般情况下,外流流场选择为圆柱形,轴向距离选择为喷管出口直径的 10 倍,径向距离选择为喷管出口直径的 5 倍;采用六面体结构化网格,在喷管内部、壁面附近及喷管出口区域进行网格加密处理,在其他区域网格逐渐变疏,保证网格疏密变化均匀,以利于计算收敛;整个流场网格数量在 260 万左右,其中喷管内部网格数约为 133 万,外场网格数约为 127

万。数值模拟可以采用 Couple 隐式算法、RNG 2 阶 $k - \varepsilon$ 模型,近壁区采用标准壁面函数,收敛精度为 10^{-6}。边界条件一般设定为:喷管入口流场均匀分布,入口设定为压力入口边界,垂直进口截面进气;壁面边界条件采用绝热无滑移壁面;外流场边界设定为压力远场边界。

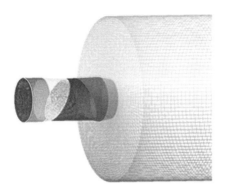
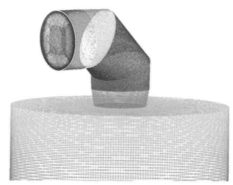

图 6.14　三轴承旋转喷管内流特性计算网格

2）数值模拟结果及分析

数值模拟结果(图 6.15 和图 6.16)表明,随着喷管偏转角的增大,喷管内流流动的不均匀性增大,导致损失增大,流量系数和推力系数均降低,其中在喷管偏转角为 90°时,流量系数降低约 10%,推力系数降低幅度可达 4%~6%。

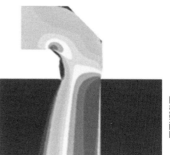

(a) 巡航状态　　　　　　　　　　　　(b) 垂直起降状态

图 6.15　三轴承旋转喷管内流特性计算流场

3. 喷管运动规律设计

参见图 1.40,假设一号轴承旋转角度为 θ_1,旋转速度为 ω_1;二号轴承旋转角度为 θ_2,旋转速度为 ω_2;三号轴承旋转角度为 θ_3,旋转速度为 ω_3;则各个运动参数的关系如下[68-70]:

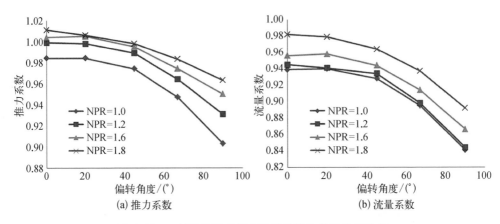

图 6.16　三轴承旋转喷管内流特性数值模拟分析结果

$$\tan \theta_1 = \tan \frac{\theta_2}{2} \cos \alpha \qquad (6.4)$$

$$\theta_2 = \theta_3 \qquad (6.5)$$

$$\omega_2 = \frac{2 \sec^2 \theta_1 \cos \alpha}{1 + \tan \theta_1 / \cos \alpha} \omega_1 \qquad (6.6)$$

$$\omega_2 = \omega_3 \qquad (6.7)$$

6.3.4　应用展望

常规战斗机对起降场地的依赖影响了使用灵活性,虽然 STOVL 战斗机的航程不尽如人意,但在海军陆战队登陆作战等特定的任务环境下,战斗机的使用灵活性要比飞行性能和航程更有价值。为了在缺乏起降场地支援(如在场地有限的两栖攻击舰上运载和使用)的条件下满足作战飞机使用的条件,海军陆战队装备战斗力较强的 STOVL 战斗机是非常必要的。STOVL 战斗机具备常规舰载机没有的短距起飞和垂直降落能力,摆脱了对航母弹射器和拦阻索的依赖,降低了对航母飞行甲板长度的要求,使航母建造的技术难度大大降低,而跃升甲板的出现更使 STOVL 战斗机的战术性能获得了明显提高。虽然 STOVL 战斗机在航程、速度和载荷上与常规战斗机有差距,但由于其具有对航母要求低和使用灵活的优点,已成为需要获得舰载航空作战力量但又难以负担常规航母高昂成本和大量专用设备的国家的最佳选择。为此,随着美国 F-35B 的日趋成熟及国际形势的不断变化,拥有 STOVL 功能的战斗机对一些国家逐渐显得重要与迫切。掌握三轴承旋转喷管技术是实现战斗机短距起飞/垂直降落功能必不可少的技术前提,而突破该项技术必须解决三个主要问题:喷管重量、密封及轴承冷却。

参考文献

[1]　Graber E J, Clark J S. Comparison of predicted and experimental heat transfer and pressure drop results for an air-cooled plug nozzle and supporting struts[R]. NASA - TN - D - 6764, 1972.

[2]　Straight D M, Harrington D E, Nosek S M. Experimental cooled-flow evaluation of a ram-air-cooled plug-nozzle concept for after burning turbojet engines[R]. NASA - TM - X - 2811, 1973.

[3]　Hiley P E, Wallace H W, Booz D E. Study of non-axisymmetric nozzles installed in advanced fighter aircraft[R]. AIAA - 75 - 1316, 1975.

[4]　Petit J E, Capone F J. Performance characteristics of a wedge nozzle installed on an F - 18 propulsion wind tunnel model[R]. AIAA - 79 - 1164, 1979.

[5]　Miller E, Protopapas J. Nozzle design and integration in an advanced supersonic fighter[R]. AIAA - 79 - 1813, 1979.

[6]　Cler D L, Mason M L. Experimental investigation of sphericalconvergent-flap thrust-vectoring two-dimensional plug nozzles[R]. AIAA - 93 - 2431, 1993.

[7]　Fujii K, Negishi H, Nakabeppu O. Computational analysis of the secondary flow injection for the drag reduction of the plug nozzle[R]. AIAA - 2002 - 3120, 2002.

[8]　Miyamoto H, Matsuo A, Kojima T. Effects of sidewall configurations on rectangular plug nozzle performance[R]. AIAA - 2006 - 4373, 2006.

[9]　Miyamoto H, Matsuo A, Kojima T, et al. Numerical analysis of rectangular plug nozzle considering practical geometry and flow conditions[R]. AIAA - 2007 - 0031, 2007.

[10]　Verma S B, Viji M. Base pressure characteristics of a linear plug nozzle with freestream effects [R]. AIAA - 2009 - 5148, 2009.

[11]　Steffen F W. Performance of a 10° Conieal plug nozzle with a stowed thrust reverser at Mach mumbers for 0 to 20[R]. NASA - TM - 2116, 1970.

[12]　Samanich N E, Burley R R. Flight performance of auxiliary inlet ejector and plug nozzle at transonic speeds[R]. NASA - TMX52784, 1970.

[13]　Miyamoto H, Matsuo A, Kojima T, et al. Numerical analysis of rectangular plug nozzle considering practical geometry and flow conditions [C]. 45th AIAA Aerospace Sciences Meeting and Exhibit, Reno, 2006.

[14]　Menko E N W, Willern J B. TVC and side fence calculations on the LION plug nozzle[R]. AIAA - 2003 - 7003, 2003.

[15]　覃粒子,刘宇,王一白. 塞式喷管多参数性能优化计算[J]. 宇航学报,2002,23(2): 28 - 33.

[16]　郑孟伟,朱森元,信伟. 多单元直排圆转方塞式喷管高度补偿特性试验研究[J]. 导弹与航太运载技术,2006(2): 32 - 36.

[17]　赵春生,金文栋,徐速,等. 基于 UG/Motion 的轴对称球面塞式矢量喷管运动仿真[J]. 航空发动机,2013,39(5): 51 - 55.

[18]　王旭,张靖周,单勇. 塞锥形状和偏转角对轴对称塞式喷管气动性能的影响[J]. 航空发动机,2016,42(1): 11 - 15.

[19]　朱俊强,黄国平,雷志军. 航空发动机进排气系统气动热力学[M]. 上海:上海交通大学

出版社,2014.

[20] 梁春华,张仁,沈迪刚.国外航空发动机推力矢量喷管技术的发展研究[J].航空发动机, 1998(1):49-54.

[21] 王玉新.喷气发动机轴对称矢量喷管[M].北京:国防工业出版社,2006.

[22] Weber Y S, Bowers D L. Advancements in exhaust system technology for the 21st century [R]. AIAA-1998-3100, 1998.

[23] Neely A J, Gesto F N, Young J. Performance studies of shock vector control fluidic thrust vectoring[R]. AIAA-2007-5086, 2007.

[24] Deere K A. Summary of fluidic thrust vectoring research conducted at NASA langley research center[R]. AIAA-2003-3800, 2003.

[25] Miller D M, Yagle P J, Hamstra J W. Fluidic throat skewing for thrust vectoring in fixed-geometry nozzles[R]. AIAA-1999-0365, 1999.

[26] Wing D J. Static investigation of two fluidic thrust-vectoring concepts on a two-dimensional convergent-divergent nozzle[R]. NASA TM-4574, 1995.

[27] Giuliano V J, Wing D J. Static investigation of a fixed-aperture exhaust nozzle employing fluidic injection for multiaxis thrust vector control[R]. AIAA-97-3149, 1997.

[28] Wing D J, Giuliano V J. Fluidic thrust vectoring of an axisymmetric exhaust nozzle at static conditions[R]. ASME FEDSM 1997-3228, 1997.

[29] Deere K A. Computational investigation of the aerodynamic effects on fluidic thrust vectoring [R]. AIAA-2000-3598, 2000.

[30] Waithe K A, Deere K A. Experimental and computational investigation of multiple injection ports in a convergent-divergent nozzle for fluidic thrust vectoring[R]. AIAA-2003-3802, 2003.

[31] 王猛杰,额日其太,王强,等.激波矢量控制喷管落压比影响矢量性能及分离区控制数值 模拟[J].航空动力学报,2015,30(3):526-536.

[32] He C J, Li J Q, Li Y H, et al. Influence of secondary injection parameters on performance of shock vector control nozzle[R]. AIAA 2017-2270, 2017.

[33] 王全,王强.激波诱导二元矢量喷管内流特性数值研究[J].航空动力学报,2006,21(4): 681-685.

[34] 金捷,雷金春,廖华琳,等.激波诱导轴对称气动矢量喷管壁面静压分布的试验[J].航空 动力学报,2007,22(10):1700-1703.

[35] Sellam M, Zmijanovic V, Leger L, et al. Assessment of gas thermodynamic characteristics on fluidic thrust vectoring performance: Analytical, experimental and numerical study [J]. International Journal of Heat and Fluid Flow, 2015, 53:156-166.

[36] Zmijanovic V, Leger L, Depussay E. Experimental-numerical parametric investigation of a rocket nozzle secondary injection thrust vectoring[J]. Journal of Propulsion and Power, 2016, 32(1):196-213.

[37] Shi J W, Wang Z X, Zhou L, et al. Investigation on flow characteristics of SVC nozzles[J]. Journal of Applied Fluid Mechanics, 2018, 11(2):331-342.

[38] 王占学,王玉男,李志杰,等.基于激波控制的流体推力矢量喷管试验[J].推进技术, 2010,31(6):751-756.

［39］ Yagle P J, Miller D N, Ginn K B, et al. Demonstration of fluidic throat skewing for thrust vectoring in structurally fixed nozzles［R］. 2000 - GT - 0013, 2000.

［40］ 王菲, 额日其太, 李家军, 等. 二元喉道倾斜矢量喷管的数值模拟［J］, 北京航空航天大学学报, 2010, 36(4): 388 - 390.

［41］ 罗静, 王强, 额日其太. 两种流体控制矢量喷管内流场计算及分析［J］. 北京航空航天大学学报, 2004, 30(7): 597 - 601.

［42］ 张相毅, 王如根, 徐学邈, 等. 射流位置对喷管喉道偏移矢量控制方案的影响分析［J］. 流体机械, 2007, 35(6): 32 - 35.

［43］ 李克新, 额日其太, 韩景. 二元喉道倾斜矢量喷管调节方法［J］. 推进技术, 2012, 33(6): 946 - 950.

［44］ Deere K A, Berrier B L, Flamm J D, et al. Computational study of fluidic thrust vectoring using separation control in a nozzle［R］. AIAA - 2003 - 3803, 2003.

［45］ Deere K A, Berrier B L, Flamm J D. A computational study of a new dual throat fluidic thrust vectoring nozzle concept［C］. AIAA - 2005 - 3502, 2005.

［46］ Flamm J D, Deere K A, Berrier B L, et al. Experimental study of a dual-throat fluidic thrust-vectoring nozzle concept［R］. AIAA - 2005 - 3503, 2005.

［47］ Flamm J D, Deere K A, Mason M L, et al. Design enhancements of the two-dimensional dual throat fluidic thrust vectoring nozzle concept［R］. AIAA - 2006 - 3701, 2006.

［48］ Deere K A, Flamm J D, Berrier B L, et al. Computational study of an axisymmetric dual throat fluidic thrust vectoring nozzle for a supersonic aircraft application［R］. AIAA - 2007 - 5085, 2007.

［49］ Flamm J D, Deere K A, Mason M L, et al. Experimental study of an axisymmetric dual throat fluidic thrust vectoring nozzle for supersonic aircraft application［R］. AIAA - 2007 - 5084, 2007.

［50］ 汪明生, 杨平. 双喉道推力矢量喷管的内流特性研究［J］. 推进技术, 2008, 29(5): 566 - 572.

［51］ 谭慧俊, 陈智. 二元双喉道射流推力矢量喷管的数值模拟研究［J］. 航空动力学报, 2007, 22(10): 1678 - 1684.

［52］ Strykowski P J, Krothapalli A. The countercurrent mixing layer: Strategies for shear-layer control［R］. AIAA - 1993 - 3260, 1993.

［53］ Strykowski P J, Krothapalli A. Counterflow thrust vectoring of supersonic jets［R］. AIAA - 96 - 0115, 1996.

［54］ Alvi F S, Strykowski P J, Washington D M, et al. Multi-axis fluidic thrust vectoring of supersonic jets via counterflow［R］. AIAA 1997 - 0393, 1997.

［55］ Flamm J D. Experimental study of a nozzle using fluidic counterflow for thrust vectoring［R］. AIAA - 1998 - 3255, 1998.

［56］ Hunter C A, Deere K A. Computational investigation of fluidic counterflow thrust vectoring［R］. AIAA - 1999 - 2669, 1999.

［57］ 汪明生, 杨建军. 逆流推力矢量喷管的非定常内流性能研究［J］. 航空动力学报, 2009, 24(1): 75 - 82.

［58］ Lee Y, Park S H, Kim Y S. Thrust vectoring of sonic jet by using coanda flap and solenoid valve[J]. AIAA Journal, 2016, 54(9): 2909 - 2915.

[59]   Lee M Y, Song M J, Kim D B, et al. Bidirectional thrust vectoring control of a rectangular sonic jet[J]. AIAA Journal, 2018, 56(6): 2494 - 2498.

[60]   Smith B L, Glezer A. Vectoring and small scales motions effected in free shear flows using synthetic jet actuators[R]. AIAA - 1997 - 0213, 1997.

[61]   Guo D H, Cary A W, Agarwal R K. Numerical simulation of vectoring control of a primary jet with a synthetic jet[R]. AIAA - 2002 - 3284, 2002.

[62]   Bolitho M, Jacob J D. Thrust vectoring flow control using plasma synthetic jet actuators[R]. AIAA - 2008 - 1368, 2008.

[63]   Banazadeh A, Saghafi F. Multi-directional co-flow fluidic thrust vectoring intended for a small gas turbine[R]. AIAA - 2007 - 2940, 2007.

[64]   Иноземцев А А, Сандрацкий В Л. Газотурбинные Двигатели [M]. Пермь: ОАО «Авиадвигатель», 2006.

[65]   吉洪湖.飞发一体化设计中的发动机隐身问题[J].航空动力,2018(2): 67 - 71.

[66]   郭懋.先进概念战斗机气动性能飞发一体化初步研究[D].南京:南京航空航天大学, 2013.

[67]   刘大响,陈光,等.航空发动机:飞机的心脏[M].北京:航空工业出版社,2003.

[68]   刘增文,李瑞宇,刘帅,等.三轴承旋转喷管型面设计与运动规律研究[J].机械设计与制造,2014(7): 65 - 67.

[69]   杨帆,刘增文,刘帅,等.三轴承旋转喷管型面设计与分析[J].航空计算技术,2014, 44(2): 77 - 80.

[70]   王向阳,朱纪洪,刘凯,等.三轴承推力矢量喷管运动学建模及试验[J],航空学报,2014, 35(4): 911 - 920.

[71]   张义军.三轴承推力矢量喷管结构设计与研究[D].兰州:兰州交通大学,2013.

第7章
反推力装置设计

第二次世界大战之后,随着飞机飞行速度和总重量的不断提高,飞机着陆滑跑距离和着陆难度也随之增加,而常用的减速伞、减速板、起落架机轮刹车装置等减速装置难以满足有效缩短滑跑距离的要求,给机场建设和飞机自身安全带来很多不必要的麻烦,也提高了机场运行的成本。反推力装置可以通过改变发动机排气流动方向来获得与飞机运动方向相反的推力,使飞机高效可靠地减速,可以显著缩短飞机的着陆滑跑距离,在潮湿和结冰的跑道上的作用尤为突出;不仅可以降低飞机对机场的要求,提高机场的使用效率,还可以应用于飞机的紧急中断起飞,提高飞机的安全性。与减速伞、减速板、起落架机轮刹车装置相比,反推力装置具有减速效果明显、受跑道潮湿或结冰条件影响小、使用范围广、对起落架机轮刹车装置磨损少、安全系数高、着陆不成功时复飞迅速等优点,同时不会带来减速伞等装置维护困难的问题。此外,军用飞机的反推力装置还可以在空中使用,用于在飞行中减速和提高飞行机动性,保证飞机在应急状态下安全、迅速、准确地着陆。因此,采用反推力装置减速是飞机最有效和最可靠的减速方式,反推力装置具有非凡的经济价值和实用价值。反推力装置的选型主要取决于飞机的要求、发动机的类型、短舱安装方式,20世纪70年代之前,涡喷发动机和小涵道比涡扇发动机采用的主要是蛤壳式反推力装置和抓斗式反推力装置,这两种反推力装置虽然反推力效率相对较低且反推力装置安装性能常常受飞机和发动机的结构布局限制,但基本能够满足当时战斗机和中小型民用客机的要求。20世纪70年代之后,随着民用飞机对成本控制要求和安全性要求的提高,大涵道比涡扇发动机技术得到发展,叶栅式反推力装置和折流门式反推力装置逐渐应用到以大涵道比涡扇发动机为动力装置的大型民用飞机和军用运输机上,其中叶栅式反推力装置应用比较广泛。目前,国外正在开展下一代大涵道比涡扇发动机及其反推力装置的研制工作,更为先进的流体控制式反推力装置也在研究之中。本章将分别阐述抓斗式、折流门式、叶栅式和流体控制式四种反推力装置的设计。

7.1 抓斗式反推力装置设计

7.1.1 研发依据

早期的飞机减速以起落架机轮刹车减速和减速伞减速为主,且主要在战斗机上应用。虽然这两种减速方式都存在成本高和性能不足的缺点,但也可以满足当时战斗机的需求。然而,随着民用飞机的迅速发展,传统减速方式的短板更加明显。民用飞机的体积大、重量重,导致减速所需的阻力更大,同时在成本和安全性方面的要求也更高[1],若只依靠传统减速方式,不仅会存在恶劣天气下无法正常减速的风险,更需要对其进行频繁的检查维护。因此,为了实现更稳定、更高效的减速,降低民用航空成本,利用机械结构强制改变排气流动方向的发动机反推力装置应运而生。自反推力装置诞生以来,已经发展出很多种类型,已得到应用的是机械调节式反推力装置,最早应用的是主要应用于涡喷发动机的蛤壳式反推力装置(图 1.52 和图 1.53)。然而,随着涡扇发动机的诞生和不断发展,蛤壳式反推力装置的问题也逐渐暴露,由于其直接作用于发动机内涵高温气流,不仅对发动机工作状态影响巨大,反向的高温气流更会严重影响到外涵流场,同时这也导致该装置对导流板和出口叶栅的力学性能要求更高。为此,既可以用于涡喷发动机又可以用于小/中等涵道比涡扇发动机的抓斗式反推力装置方案(图 1.54)被提出,并逐步走向应用。相对于蛤壳式反推力装置,抓斗式反推力装置作用于涡扇发动机内外涵气流混合后的喷流,对发动机工作状态和外涵流场影响较小。抓斗式反推力装置是目前机械结构最简单、技术最成熟的反推力装置,但缺点也十分明显,具体表现在结构比较笨重,承受的反推力载荷大,反推力气流容易作用到飞机机身结构上等。

7.1.2 国内外研发情况

1) 国外研发情况

反推力装置是从 20 世纪 50 年代开始发展起来的减速装置,最初应用于战斗机,目的是通过缩短滑跑距离来提高战斗机着陆的机动能力。例如,当时的"猎人"战斗机选用的是固定式外偏转折流板反推力装置。反推力装置于 20 世纪 50 年代末开始应用于"彗星""快帆"、波音 707 等中小型民用飞机,20 世纪 70 年代后逐渐应用于大型民用飞机。根据飞机的要求、发动机的类型、短舱安装方式,国外在 20 世纪 70 年代之前主要研发和应用的是蛤壳式和抓斗式两种反推力装置(图 1.52~图 1.54),其中从 20 世纪 50 年代末开始,除用于"狂风"(配装 RB199 发动机)等战斗机以外,抓斗式反推力装置广泛应用于"福克 100"(配装 TAY620 发动机)、"达索 Falcon2000"、麦道 82(配装 JT8D 发动机)、波音 737 - 200 等中小型民用客机及伊尔 76(配装 D - 30KP 发动机)等大型军用运输机(图 7.1~图 7.4)。

图 7.1　RB199 发动机抓斗式反推力装置[2]　　　图 7.2　TAY620 发动机抓斗式反推力装置[3]

图 7.3　D‑30KP 发动机及其抓斗式反推力装置[4]

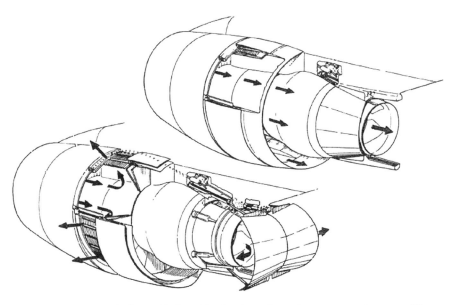

图 7.4　RB211 发动机及其外涵叶栅式反推力装置、内涵抓斗式反推力装置[5]

2）国内研发情况

国内对抓斗式反推力装置的技术研究比较少,王占学等[6]根据共形映射理论建立了抓斗式反推力装置二维流动数学模型,得到反推力装置展开时反推力气流偏折角与反推力装置几何参数之间的关联关系;将该模型和涡扇发动机性能计算模型耦合,得到了反推力装置展开时反推力装置参数的计算模型,计算了着陆时反推力气流偏折角和反推力装置几何参数以及反推力随马赫数、发动机转速的变化关系。刘春阳等[7]数值模拟了着陆襟翼打开状态下抓斗式反推力装置展开时流场分布特性,结果表明,在计算滑跑速度范围内,反推力气流不会被进气道重新吸入;高温反推力气流会冲击到飞机吊挂及部分机翼;随着滑跑速度的降低,反推力气流侧向影响范围急剧增大,若机翼后掠角较大,则反推力气流容易被相邻发动机再次吸入,引起发动机进气畸变;当滑跑速度降低到 34 m/s 时,反推力气流开始吹向地面,可能会卷起地面上的外物(或称异物),并且被进气道吸入;随着滑跑速度的降低,反推力减小。

7.1.3　设计要点

1. 设计要求

目前被广泛认可的抓斗式反推力装置设计要求如下[1,8,9]。

（1）具有高效的反应能力,能确保在规定时间内安全快速展开与收起。由于抓斗式反推力装置重量较重,其必须配置可靠的大负荷作动系统以及能够快速识别发动机工作状态的控制系统,从而避免人为操作的意外。

（2）具有合适的气动布局,与短舱或飞机机体能实现最佳匹配。为了防止折转后的反推力气流流过机翼产生额外的升力,降低反推力效率,抓斗式反推力装置必须安装在机翼下短舱后端,并要求短舱伸出机翼外。同时,为了减小飞机阻力,改善安装性能,短舱外廓必须是紧凑的流线型,这明显限制了反推力装置的长度和轴向定位。

（3）具有强大的承载能力。在收起状态(即正推力状态)与展开状态转换过程中,抓斗式反推力装置各结构件将承受强烈的气动载荷、热载荷和振动载荷,必须综合考虑导流板的气动外形、几何参数和抗载荷能力。

2. 设计要点

在设计抓斗式反推力装置时,第一步需要根据设计点喷管出口参数,大致确定导流板尺寸,第二步是验证其是否可以在非设计点状态下正常工作,第三步是验证在其工作范围内是否存在反推力气流引起的发动机进气畸变等问题,最后确定反推力气流是否会影响到机翼或者其他发动机,给出影响范围和影响程度。具体设计技术要点如下。

1）气动设计

抓斗式反推力装置的气动设计可分为展开状态的设计和收起状态的设计,其中展开状态的设计主要是在飞机落地时发动机设计参数的基础上,通过选择合适的导流板型面和结构参数,尽可能地减小反推力气流偏折角和导流板重量,增大反推力;之后,还需进行发动机非设计点状态的性能以及与发动机和飞机之间的匹配验证。考虑到抓斗式反推力装置在收起状态下完全暴露在发动机外流场,飞行时会不可避免地增大飞行阻力,从而增加飞机的运行成本,因此还需对其收起状态下的安置位置和角度进行合理的设计。

2)载荷分析

抓斗式反推力装置处于展开状态时,导流板承受发动机喷流的反冲力,再将其通过作动系统及相应的运动机构传递给发动机和飞机,达到飞机减速效果。作动系统及相应的运动机构主要承受轴向的拉伸载荷,在设计时应该选择合适的截面形状参数满足应力需求。导流板不仅会承担强大的气动载荷,同时不均匀分布的气动载荷又会产生较大的转动力矩。因此,如何有效地平衡气动力矩成为抓斗式反推力装置设计要点之一。

3)特定设计要求

对于抓斗式反推力装置,由于导流板需要面对大量高温喷流的冲击,在设计导流板时须将其加厚,这样就会导致其配套的作动系统及相应的运动机构和控制系统的重量增加,从而影响到发动机整体的性能参数。同时,大量的高温反推力气流对发动机和机翼的影响也不可忽视。

7.1.4 设计案例:民用小涵道比涡扇发动机抓斗式反推力装置设计

1. 导流板及折流肋的参数选取

抓斗式反推力装置的几何结构及主要参数如图 7.5 所示,反推力装置设计时,首先需要根据已知设计状态的喷管出口参数和所要求的反推力大小,设计导流板及折流肋的尺寸参数。

在初步设计阶段,可忽略三维效应及边界层等的影响,认为反推力大小只与反推力气流偏折角有关,所产生的反推力按以下公式计算:

$$F = \dot{m}_j v_{10} \cos \varphi + (P_{10} - P_a) A_{10} \sin \varphi + \dot{m}_2 v_a$$

$$(7.1)$$

式中,$\dot{m}_2$ 为发动机进口空气流量;v_{10} 为反推力气流速度;P_{10} 为喷管出口压力;P_a 为大气压力;A_{10} 为导流板出口有效面积;v_a 为滑跑/飞行速度;$\dot{m}_j$ 为喷流流量;φ 为反推力气流偏折角(反推力气流与轴线之间的锐角)[6]。

在导流板几何参数中,对反推力气流偏折

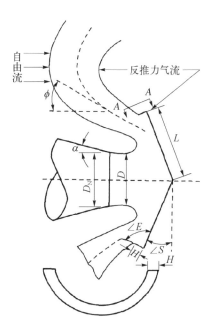

图 7.5 抓斗式反推力装置的几何结构及主要参数[6]

角影响较大的参数主要有后掠角 S、折流肋高度 H 以及导流板长度 L。后掠角过大会使得反推力气流偏折角变大,从而导致反推力减小;后掠角过小又会导致气流溢出。折流肋高度增高可以减小反推力气流偏折角,从而使反推力增加,但其过高会导致气流从侧边溢出,降低反推力效率。导流板长度加长虽然会使反推力和反推力效率增大,但也会增加反推力装置的重量,加大作动系统的负荷,影响到反推力装置的灵敏性、可控性。因此,在喷管出口参数一定时,抓斗式导流板存在一个最佳的设计参数。

2. 速度及转速特性计算

在确定抓斗式反推力装置的设计参数之后,需对其与喷管一起进行局部三维数值模拟,通过不断改变喷管进口参数,以获得其反推力随发动机工作状态的变化特性。反推力装置一般仅用于发动机的地面减速工作状态,不存在高度特性。在环境条件和发动机转速不变的情况下,随马赫数的增加,发动机的反推力迅速增大。当发动机进口气流速度增大时,进气流量也随之增加,根据发动机特性,喷管出口气流动量增加,加上由于处在反推力状态,发动机进口气流方向和反推力装置的反推力气流方向相反。因此,发动机进口气流速度越大,进出口气流的动量差就越大。进出口气流动量差是发动机反推力的主要组成部分,故进口气流马赫数大,进出口气流动量差大,反推力就大。在飞机地面减速的工作马赫数和工作环境下,发动机的反推力均随着转速的减小而减小,具体的原因在于两方面:一方面是此时发动机处于节流状态,主燃烧室供油量减少,涡轮前温度降低,流过发动机的空气流量减少,导致发动机反推力减小;另一方面是随发动机转速降低,发动机喷流速度减小,造成单位反推力减小,从而导致发动机的反推力减小。

3. 与飞机和发动机的匹配设计

在飞机地面减速时,发动机转速保持不变,根据发动机速度特性,滑跑速度的降低会导致喷管出口压力降低;但是同时气流的相对速度也减小且相对减小得更快,从而导致相对来流对反推力气流的抑制作用减弱,反推力气流对侧向和前向影响区域增大。因此,需要与飞机和发动机进行匹配设计。

(1) 在与单台发动机匹配方面,当飞机速度过低时,反推力装置形成的高温高压反推力气流有可能影响到发动机进气道前的流场。从而导致进气道出口发生总温总压畸变,进而导致压气机进口速度分布不均匀,出现局部低速区。在局部低速区,气流相对于叶片的攻角增大,使压气机的喘振边界下移,同时发动机共同工作线向喘振边界移动,极易导致发动机喘振,极大地影响了飞机减速的安全性。除此之外,在较低滑跑速度时,反推力气流会吹向地面,虽然不会引起进气畸变,但地面上的外物可能会被卷起且被本发动机进气道或相邻发动机进气道吸入,撞击到风扇和压气机叶片,造成叶片磨损甚至断裂,不仅增加了发动机维护成本,更极大地影响飞机减速安全性。

（2）在与多台发动机匹配方面,对于单侧安装双发动机的大型飞机,由于机翼通常为后掠型,发动机在机翼上的安装往往是一前一后。若相邻发动机距离较近,则存在反推力气流被相邻发动机吸入的可能,从而影响到相邻发动机的性能。

（3）在与飞机匹配方面,在滑跑速度较低时,高温的反推力气流容易作用到飞机机体结构上,可能会包裹部分机翼和吊挂,使得机翼和吊挂局部温度升高,导致局部损伤[7]。因此,在设计抓斗式反推力装置时,必须对冲击到机翼和吊挂上的反推力气流最高温度进行研究,进而为机翼和吊挂的设计选材和评估其疲劳寿命提供依据。

综上所述,在设计抓斗式反推装置时,在保证反推力性能的同时,需要对其与发动机和飞机的匹配问题做进一步研究,以进一步修改设计方案或者获得使用反推力装置减速时的速度限制,保证飞机减速的安全性。

7.2　折流门式反推力装置设计

7.2.1　研发依据

涡扇发动机的单位推力比较小,推进效率高,并且耗油率随涵道比的增加而下降,因此大型飞机的涡扇发动机涵道比不断增大。随着涵道比不断增大,涡扇发动机外涵气流流量远大于内涵气流流量,在喷管出口前仅利用外涵气流折转并向斜前方排出就可以提供足够的反推力,例如,一般情况下,涵道比为 9 的涡扇发动机的外涵喷管推力大约可以占到发动机总推力的 80%。因此,利用外涵气流提供反推力的冷气流式反推力装置随着大涵道比涡扇发动机技术的发展而诞生,冷气流式反推力装置有效地克服了蛤壳式和抓斗式两种热气流式反推力装置存在的工作环境温度高、对发动机工作状态及性能影响大等问题。在大涵道比涡扇发动机上实际得到应用的冷气流式反推力装置主要有折流门式反推力装置和叶栅式反推力装置,其中折流门式反推力装置比叶栅式反推力装置结构简单,由于不采用叶栅,制造成本也较低,但对折流门的密封性要求较高;折流门式反推力装置的反推力效率明显低于叶栅式反推力装置,其反推力效率一般只能达到 40%左右,而叶栅式反推力装置的反推力效率可达到 70%~80%。因此,折流门式反推力装置比较适用于对反推力效率要求不高的大涵道比涡扇发动机及其配装的大型飞机。

7.2.2　国内外研发情况

1）国外研发情况

根据涡扇发动机研制的需要,国外对折流门式反推力装置开展了大量的技术研究。例如,1974 年,Linderman 等[10]对战斗机飞行过程中使用的一种折流门式反推力装置[阻流门（blocker doors)反推力装置]进行了测试与评估。折流门式反推装置在 20 世纪 70 年代之后逐渐得到应用,目前发展比较成熟并应用到大型民用飞机上的是四组整体折流门式反推力装置,A319、A320、A330、A340、B737 等飞机采用的就是这种反推力装置[11],图 7.6~图 7.8 为 A319 和 A340 飞机采用的整体折流门式反推力装置。

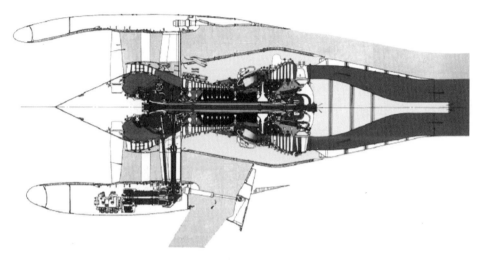

图 7.6   CFM56 - 5B 发动机及其折流门式反推力装置[4]

图 7.7   A319 飞机(配 CFM56 - 5B)
反推力装置[12]

图 7.8   A340 飞机(配 CFM56 - 5C)
反推力装置[13]

与此同时,国外对折流门式反推力装置的技术研究仍在进行之中,例如,1996年,Yetter 等[14]对八组内门/外门式反推力装置进行了系统研究,研究的变量包括内门泄漏量、外门切削、内门和外门的展开角度、反推力面积比($K_R = A_R / A_{fannz}$)、冲击板和外门肋板的长度、气流出口圆弧形垫片的半径等。八组内门/外门式反推力装置暂时还未投入使用,但是国外对这种反推力装置已经有了一些研究成果,其结构简图及试验模型照片如图 7.9 所示。

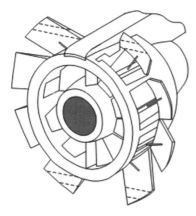

图 7.9　内门/外门式反推力装置结构简图及试验模型照片[14]

2）国内研发情况

国内暂无针对折流门式反推装置的技术研究。

7.2.3　设计要点

（1）如图 1.55 和图 1.56 所示，反推力装置的折流门与外涵壁面之间存在间隙，所以在折流门展开时，并非所有外涵气流都被阻止并向前折转，内门/外门式反推力装置内门或整体折流门式反推力装置折流门内侧部分的泄漏对反推力装置的性能影响很大，因此对折流门的密封性要求较高。

（2）内门/外门式反推力装置内门和外门或整体折流门式反推力装置折流门的展开角度对反推力装置的性能影响很大，其中内门/外门式反推力装置内门和外门的影响并不是单独存在的，两者还会互相影响，共同决定反推力装置的反推力效率。

（3）折流门式反推力装置的反推力气流出口面积几乎决定了反推力气流流量，在内门/外门式反推力装置外门或整体折流门式反推力装置折流门展开角度不变的情况下，反推力气流出口面积越大，反推力气流的流量就越大。

（4）反推力装置控制系统需要具备故障安全功能，以确保内门/外门式反推力装置外门或整体折流门式反推力装置折流门之间同步运动，产生正确的反推力控制。

7.2.4　应用案例：影响内门/外门式反推力装置气动性能因素初步分析

在内门/外门式反推力装置气动设计中，影响气动性能的因素很多，其中内门泄漏量、外门切削、外门和内门的展开角度、反推力面积比 K_R（反推力气流出口面积与外涵喷管喉道面积之比）是其中的一部分，Yetter 等[14]的初步分析结果如下。

1）内门泄漏量对反推力装置气动性能的影响

通过不采取任何密封措施和采取不同程度的密封措施，在不同风扇压比（即风扇后总压与环境压强之比)及最大泄漏量、部分泄漏量、无泄漏量三种情况下测试反推力装置的气动性能,内门泄漏量对反推力装置气动性能的影响结果如图 7.10 所示。

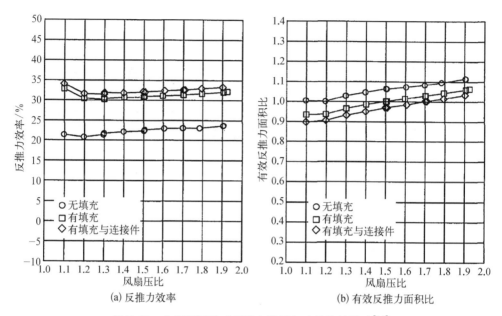

(a) 反推力效率　　　　　　　　　(b) 有效反推力面积比

图 7.10　内门泄漏量对反推力装置气动性能的影响[14]

(内门展开角度为 36°,反推力面积比 $K_R=1.67$,圆角 $r/h=0.22$,60°不切削外门,长护板)

由图 7.10 可见,内门最大泄漏情况的反推力效率为 21%~24%,但有效反推力面积比最大;内门部分泄漏情况的泄漏气流流量使反推力效率大幅度增加,有效反推力面积比不断减小;内门无泄漏情况的反推力效率最高,但是有效反推力面积比也最小,在低落压比时降到了 1.0 以下。

2) 外门切削对反推力装置气动性能的影响

内门/外门式反推力装置为了与飞机机翼和地面保持一定的安全距离,常需要对外门进行切削,因此针对八组折流门的内门/外门式反推力装置开展外门切削对反推力性能影响的试验研究。外门在发动机周围的位置关系如图 7.11 所示,为保证与飞机机翼前缘缝翼或地面的间隙,需要对短舱顶部的外门(A 和 H)和底部的外门(E 和 D)进行切削,这四个外门需要切削的相对量如图 7.11 中虚线所示。外门沿着虚线进行切割,基本上切断了外门的一角,减少量由缩减长度(l_c)与短舱高度(h_d)的比值(即切削比 l_c/h_d)决定。研究的外门切削有三种切削情况,其中外门 A、D、E 和 H 的切削比 $l_c/h_d=0.36$、0.83 时分别为部分切削情况和完全切削情况,安装在短舱顶部的外门(A 和 H)部分切割、安装在短舱底部的外门(D 和 E)完全切割时为组合切削情况。

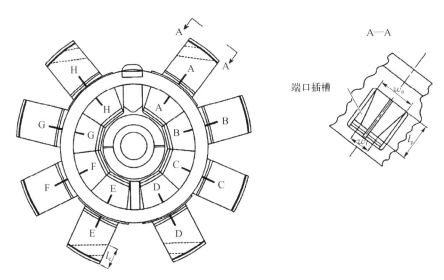

图 7.11　内门/外门式反推装置的外门切削及气流出口截面细节的示意图[14]

外门切削对反推力装置气动性能的影响结果如图 7.12 所示。由图 7.12 可见,部分切削、组合切削和完全切削三种情况对反推力装置气动性能的影响相似,每一次切削均会导致反推力效率略有下降(约 2%)。由于在反推力气流出口前缘

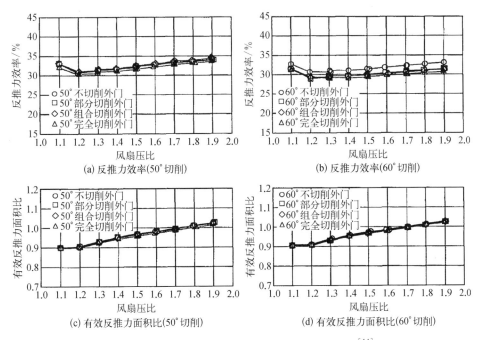

图 7.12　外门切削对反推力装置气动性能的影响[14]

(内门展开角度为 36°,有填充,反推力面积比 $K_R = 1.67$,圆角 $r/h = 0.13$,长护板)

安装了反推力气流出口盖，反推力气流出口面积减小，反推力气流出口有效面积也随之减小，但是影响很小。

3）内门和外门的展开角度对反推力装置气动性能的影响

内门和外门的展开角度由内门操纵杆和外门操纵杆控制，其中内门展开角度最大到36°，外门展开角度最大到60°。反推力装置气动性能不仅与内门和外门的展开角度有关，还与它们之间的组合有关。为此，试验研究了七组组合情况对反推力装置气动性能的影响，其中内门展开角度从0°增加到36°，增量为6°，外门展开角度从0°增加到60°，增量为10°。

（1）内门和外门的展开角度对反推力效率和有效反推力面积比的影响如图7.13所示。试验结果表明，由于内门存在泄漏，在内门几乎完全展开之前，无法实现反推力，为此试验大多数在内门设置为完全展开的36°位置的情况下进行；内门和外门的展开角度适中时，有效反推力面积比将增加至大于1；外门展开角度不能过小，外门展开角度较小时，有效反推力面积比减小，反推力气流出口有效面积大幅减少，所以外门展开角度一般在40°~60°范围内寻找一个最佳角度。

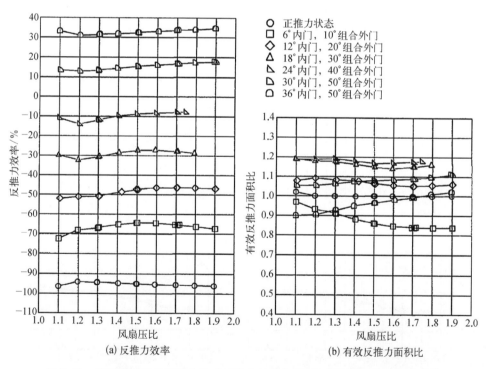

图 7.13　内门和外门的展开角度对反推力效率和有效反推力面积比的影响[14]

（2）图7.14和图7.15显示了外门展开角度对反推力装置气动性能的影响。在不切削情况下，外门展开角度为40°~50°时，反推力效率几乎没有变化，增至60°

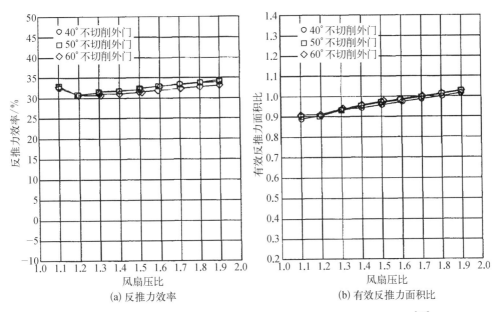

(a) 反推力效率 　　　　　　　　　　(b) 有效反推力面积比

图 7.14　不切削情况下外门展开角度对反推力装置气动性能的影响[14]

（内门展开角度为 36°，有填充，反推力面积比 $K_R=1.67$，圆角 $r/h=0.13$，长护板）

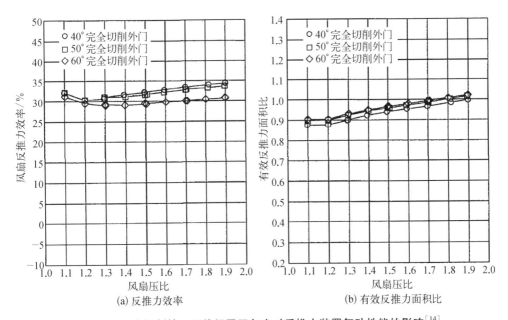

(a) 反推力效率 　　　　　　　　　　(b) 有效反推力面积比

图 7.15　完全切削情况下外门展开角度对反推力装置气动性能的影响[14]

（内门展开角度为 36°，有填充，反推力面积比 $K_R=1.67$，圆角 $r/h=0.13$，60° 不切削外门，长护板）

时,反推力效率降低约 1%,其中外门展开角度为 40°时有效反推力面积比略有减小
(0.01)。在完全切削情况下,外门展开角度对反推力装置气动性能的影响更为显著,
外门展开角度由 40°增至 50°将使反推力效率降低约 1%,有效反推力面积比增加约
0.02;外门展开角度由 50°增至 60°将使反推力效率降低 2%,而有效反推力面积比基
本不变。在所有试验结果中,外门展开角度为 50°时,反推力效率达到最高。

4) 反推力面积比对反推力装置气动性能的影响

反推力装置的反推力气流出口截面是梯形,后端的宽度较宽,如图 7.11 所示。
反推力气流出口最小面积定义为气流出口截面长度(l_p)和平均气流出口宽度$[(w_f+w_a)/2]$的乘积。设计了三种不同的反推力气流出口截面外形,对应的三个反推力面
积比 K_R 分别为 1.67、1.60 和 1.52。反推力面积比对反推力装置气动性能的影响如
图 7.16 所示。相对于 K_R = 1.67,K_R 为 1.60 和 1.52 代表的反推力气流出口面积减少
的相对幅度约为 4.4% 和 9.4%。K_R 每减小一次,有效反推力面积比降低 0.04,有效
反推力面积也减小,反推力效率增加 1%~2%。

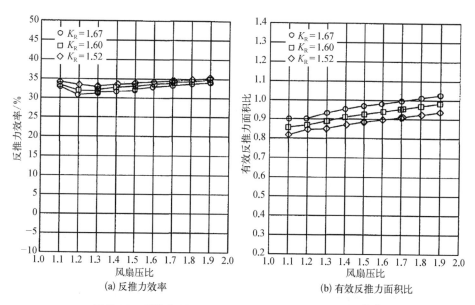

(a) 反推力效率　　　　　　　(b) 有效反推力面积比

图 7.16　反推力面积比对反推力装置气动性能的影响[14]

(内门展开角度为 36°,有填充,圆角 r/h = 0.13,50°不切削外门,长护板)

7.3　叶栅式反推力装置设计

7.3.1　研发依据

大涵道比涡扇发动机的外涵空气流量远大于内涵流量,发动机的总推力主要

由外涵喷管产生。因此,只需要采用冷气流式反推力装置来折转外涵气流,产生的反推力就可以满足飞机缩短着陆滑跑距离的要求。与折流门式反推力装置(图1.55 和图 1.56)相比,叶栅式反推力装置(图 1.57)的优点是:流动损失较小、控制反推力气流能力较强、反推力效率较高、反推力平稳、对不同的发动机工况适应性强,集成度高、结构紧凑、可靠性好、重量轻;缺点是:结构复杂,对移动外罩和阻流门的密封性要求很高。为此,20 世纪 70 年代之后,叶栅式反推力装置在以大涵道比涡扇发动机为动力装置的波音系列、空客系列等大型民用飞机(动力为 RB211、CFM56‑3、V2500 等)以及 C‑17(动力为 F117‑PW‑100)、安‑124(动力为 D‑18T)等大型军用运输机(图 1.58、图 7.17 和图 7.18)上得到比较广泛的应用。

图 7.17　D‑18T 发动机叶栅式反推力装置[15]　　　图 7.18　D‑436T 发动机叶栅式反推力装置[15]

7.3.2　国内外研发情况

1) 国外研发情况

国外很早就开展了有关叶栅式反推力装置技术的基础研究和工程应用研究,例如,1955 年,James 等[16]完成了几种叶栅式反推力装置缩尺模型气动性能试验;1957 年,Robert 等[17]完成了全尺寸叶栅式反推力装置气动性能试验研究。通过一系列的研究工作,国外逐步攻克了气动设计、结构和运动机构设计、液压作动系统设计、控制系统设计、复合材料设计及应用、飞发一体化设计等关键技术。20 世纪70 年代之后,国外将叶栅式反推力装置逐渐应用到以大涵道比涡扇发动机为动力装置的大型民用飞机以及大型军用运输机上,拥有比较完备的设计手段、丰富的研制经验和完整的研发体系。

尽管叶栅式反推力装置在大涵道比涡扇发动机上得到了广泛应用,但针对叶栅式反推力装置的研究工作仍在持续,例如,1984 年,GE 公司的 Romin 等[18]进行了安装在 CF6 发动机上的叶栅式反推力装置扇形模型试验研究(图 7.19);2000年,Johns[19]应用试验和计算的方法,研究了 C‑17 飞机叶栅式反推装置与进气道的匹配问题,优化了反推力装置设计;2001 年,Chen[20]采用全三维黏性流场计算方法,模拟了某运输机在降落滑跑过程中机翼下叶栅式反推力装置的反推力气流流场,分析了气流冲击、外物吸入以及反推力气流再吸入的问题。2003 年,Trapp等[21]对 EMB170 飞机叶栅式反推力装置进行了数值模拟(图 7.20),研究了飞机着陆滑跑过程中反推力气流与襟翼、副翼、扰流器、起落架、机体腹部之间的相互作用。Butterfield 等[22-26]于 2003 年和 2004 年先后进行了叶栅式反推力装置叶栅结构的减重研究和优化设计,在综合考虑气动、结构、成本和生产情况下完成了叶栅结构方案设计。2006 年,Butterfield 等[27]采用 FLUENT 软件分析了叶栅式反推力装置叶栅通道和叶型结构参数对反推力性能的影响,优化了叶栅叶型。

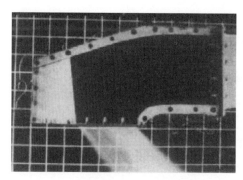 

图 7.19　叶栅式反推力装置扇形模型试验的模型　　　　图 7.20　叶栅式反推力装置反推力气流流线图

2) 国内研发情况

国内在叶栅式反推力装置技术研究方面起步较晚,但研究内容比较广泛,在气动设计、结构设计、液压作动系统设计等方面均开展了研究工作。例如,2010 年,单勇等[28]对反推力装置展开过程进行了非定常数值模拟,获得了移动外罩和阻流门的运动规律对风扇出口压力的影响;2012 年,张云浩等[29]采用耦合设计方法研究了叶栅进气角和出气角对反推力效率的影响以及不同叶栅通道数目和加强梁数目对反推力装置气动性能和结构性能的影响;2014 年,陈著[30]数值模拟了反推力装置三维流场,重点讨论了反推力气流再吸入及其引起的风扇进气畸变问题;2015 年,张少军等[31]借助多体动力学软件建立了复杂空间机构的刚体动力学模型,完成了反推力装置的受载与传力研究;2015 年,张艳慧等[9]分析了反推力装置设计的总体安全性要求以及某型号反推力装置的初步方案;2016 年,隋杰飞等[32]针对反推力装置三道独立控制的机械锁防线设计提出了一种优化改进方案;2017 年,陈功等[33]采用风洞试验和数值模拟的方法评估了反推力装置展开后指定速度范围内的反推力效率、气流再吸入现象及其对静压测量的干扰;2019 年,赵海刚[34]数值模拟了反推力气流全机扰流流场,分析了反推力气流在飞机机体附近分布随滑跑速度的变化特点以及对内外侧发动机进口流场的影响;2019 年,陈永琴等[35]以移动外罩位移与阻流门所受气动负荷为输入完成了反推力装置运动学与动力学仿真。

7.3.3　设计要点

1. 结构组成和载荷分析

(1) 叶栅式反推力装置(图 7.21、图 7.22,参见图 3.25)采用单元体设计,一般由左右两个 C 型结构[即 C 型结构(L)和 C 型结构(R)]构成,二者在结构位置上基本呈镜像关系,而每个 C 型结构按运动原理主要分为主承力框架、移动外罩、液压作动系统三大部分。主承力框架主要由扭矩盒、上导轨梁、下导轨梁、叶栅、

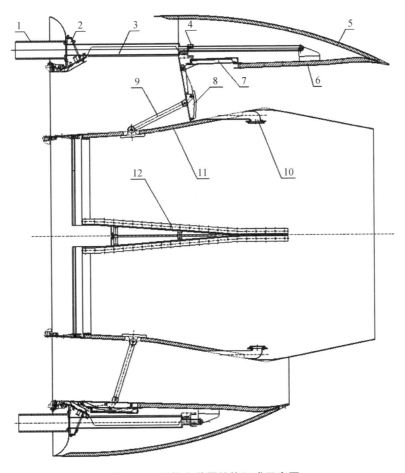

图 7.21　反推力装置结构组成示意图

1-液压作动筒;2-扭矩盒;3-叶栅;4-后支撑环;5-外壳体;6-外涵外壁;7-承力框架;
8-阻流门;9-拉杆;10-外涵引气装置;11-外涵内壁;12-下隔离板

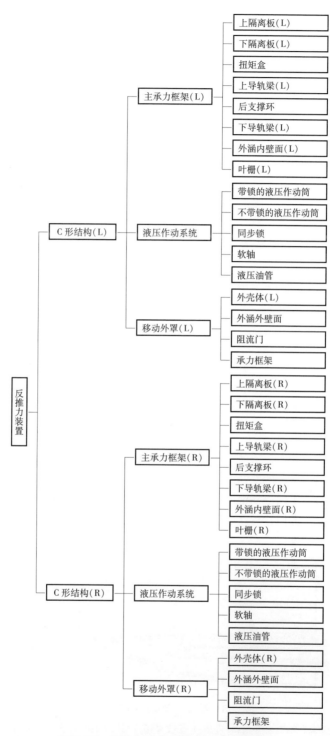

图 7.22　反推力装置主要结构层次关系图

后支撑环、上隔离板、下隔离板等组成,移动外罩主要由外壳体、外涵外壁面、承力框架、阻流门等组成;液压作动系统主要由带锁液压作动筒、不带锁液压作动筒、同步锁、软轴、液压油管等组成,其中作动筒通过缓冲垫与托板销固定在扭矩盒上,管路通过管路夹固定在扭矩盒上。

参见图 3.25,反推力装置为飞机和发动机的铰链部件,通过上导轨梁上的两组同轴吊点(前吊点采用销轴连接,后吊点采用球轴承配合)用铰链连接在飞机吊挂上,通过扭矩盒上的 V 形槽、外涵内壁上的 U 形槽与发动机中介机匣卡槽、短舱连接件内环扣接在一起,左右两个 C 型结构通过下导轨梁上的闭合锁扣扣合锁紧。对发动机核心机进行安全检查、维修和调整时,可以通过开启固定在扭矩盒上的撑开作动筒,将反推力装置的两个 C 型结构左右撑开。

(2)反推力装置主要承受轴向载荷和径向载荷,其中轴向载荷主要是反推力装置展开后经叶栅排出的气动力,通过扭矩盒上的 V 形槽传到发动机主机上;径向载荷主要是重力和部分气动力,通过上导轨梁传递到飞机吊挂上。

2. 基本设计要求

1)气动设计要求

(1)反推力装置保证能在飞机着陆滑跑时和中断起飞时使用,反推力、最大/最小使用速度和地面最大使用高度能够满足飞机的需求。

(2)叶栅排气有效面积(反推力气流有效面积)控制在特定范围内,能顺利排出发动机外涵流量,保证发动机工作状态在反推力状态及正推力状态与反推力状态相互转换过程中无明显改变,动态特性良好。

(3)叶栅排气有效面积周向分布和反推力气流流动方向控制合理,避免反推力气流对飞机机体的冲击,防止飞机结构产生不允许的加热和振动;避免反推力气流与飞机控制面相干扰,减小对飞机气动特性的影响,保证飞机的操纵性和稳定性;避免反推力气流被发动机再吸入和反推力气流引起的外物损伤,满足发动机稳定工作的要求;避免飞机产生不允许的垂直或侧向载荷。

(4)当反推力装置处于收起状态(即正推力状态)时,反推力装置作为发动机的外涵喷管,应满足发动机总体的气动设计要求,包括喷管喉道有效面积(喉道气动面积)以及总压恢复系数、速度系数等性能;此外,还需满足飞机对反推力装置外廓的气动设计要求,降低飞机阻力。

2)结构设计要求

(1)反推力装置应能按要求展开和收起,操作灵活,动态特性良好,所需的时间短,展开时间一般不超过 2 s,收起时间一般不超过 5 s。

(2)液压作动筒之间的动作应协调一致,液压作动筒具有安全防护的应急控制措施,当飞机处于飞行状态时,在没有来自飞机的反推力装置展开指令情况下,液压作动筒应被锁紧,从而保证反推力装置始终处于收起状态,防止意外展开。

（3）反推力装置采用单元体设计，结构简单，尺寸小，重量轻，可靠性高，满足发动机安装系统的结构尺寸要求。

（4）反推力装置结构与飞机机体同寿，在收起状态时自身封严良好，漏气量满足发动机总体要求（如漏气引起的推力损失不大于 2%）。

（5）反推力装置能够根据发动机被动间隙控制系统要求，通过引气口将外涵空气引入低压涡轮的被动间隙控制系统，并通过排气口将核心舱内的气流排出。

（6）反推力装置自身应具有良好的地面维修性，能方便地将两个 C 型结构左右撑开，易于对发动机核心机进行安全检查、维修和调整，满足飞机的可维修性需求。

3. 反推力装置设计需要关注的问题

1）反推力气流再吸入问题

由于反推力装置本身所处位置的特殊性，在飞机着陆过程中，随着飞机滑跑速度的不断降低，前方来流对反推力装置排出的反推力气流向前运动的抑制作用逐渐减弱，反推力气流（图 7.20）可能被发动机再吸入。若发动机吸入的反推力气流压力或温度分布不均匀，则可能引起进气畸变，导致发动机出现失速、喘振等不稳定工作状态，威胁飞机安全，因此反推力气流再吸入问题是反推力装置设计需要重点关注的问题之一。

在反推力装置使用要求中有飞机滑跑速度最小值限制，飞机滑跑速度下限主要取决于反推力气流是否会被发动机再吸入，例如，V2500 发动机反推力装置对应的飞机滑跑速度一般在 111~278 km/h 范围内，CFM56-7 发动机反推力装置对应的飞机滑跑速度一般在 111~243 km/h 范围内。此外，飞机滑跑速度下限还与侧风的风速及角度有关，在侧风环境中，侧风使得发动机进气道进气与发动机轴线成一角度，从而导致风扇进口截面的进气畸变增大，反推力气流被发动机再吸入的可能性以及再吸入的程度也同时增大，为此飞机滑跑速度下限随侧风速度的增加而增大。为避免反推力气流再吸入问题，同时降低反推力气流对飞机机体、机翼气动性能的影响以及避免反推力气流冲击地面引起外物损伤，需要开展反推力装置与飞机机体/机翼的一体化建模和数值计算方法研究、反推力气流流场计算分析、不同条件（发动机工况、滑跑速度、侧风风速/角度、滑跑海拔高度等）下的反推力装置气动性能计算分析、叶栅出气角优化计算分析、全机缩尺模型风洞试验、装机试验等研究工作，其中可以采用国内的畸变基元法和国际上常用的再吸入特征参数法来评估反推力气流再吸入时风扇进口截面的畸变程度[30]。反推力气流再吸入问题的研究是一个需要不断完善的迭代过程，例如，尽管美国已经具有成熟的反推力装置设计技术，但在其对 C-17 运输机反推力装置叶栅进行改进优化过程中，仍然发生了因新方案反推力气流再吸入而引发的数次右翼内侧发动机喘振问题。

2）叶栅选型问题

良好的叶栅设计方案可有效降低反推力气流的流动阻力,提高反推力装置工作效率。叶栅进口处气流方向随着发动机工作状态的变化而变化,这就要求叶栅在较宽的攻角范围内均具有良好的气动性能。根据叶栅叶型,反推力装置叶栅一般可分为单曲率的等厚度叶栅(图 7.23)和双曲率的曲面叶栅(图 7.24)两种,其中前者具有设计简便、制造成本低廉等优点,但不利于气流组织,存在叶栅弯度大、流动损失偏大、反推力效率较低等问题;后者可适应的攻角范围明显大于前者,叶栅内部流动损失小,气动性能优于单曲率的等厚度叶栅,但造型比较复杂、制造成本较高。由于反推力装置叶栅进口处气流方向变化较大,若想在不同的进气攻角条件下均获得良好的气动性能,应选用双曲率的曲面叶栅。在综合考虑反推力装置性能、结构、经济性等因素的情况下,目前现役飞机反推力装置叶栅几乎均采用单曲率的等厚度叶栅。叶栅内部流动与涡轮叶片内部流动相似,均为收敛型通道。因此,双曲率的曲面叶栅可以采用涡轮叶片造型方法,叶栅通道的设计则可按照风洞收敛段面积变化规律设计,使叶栅表面曲率连续、光滑,确保叶栅表面速度和压力的分布光滑。

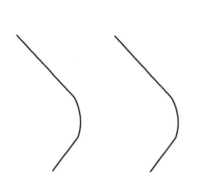

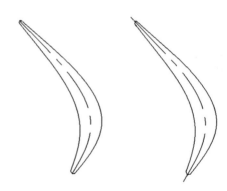

图 7.23 单曲率的等厚度叶栅   图 7.24 双曲率的曲面叶栅

3）防止空中非指令展开的安全性设计问题

除 C-17 等个别军用运输机外,大多数军用运输机和所有民用飞机的反推力装置仅允许地面减速使用,如果反推力装置在空中非指令展开,则反推力气流将严重扰乱飞机周围的流场,造成升力损失或舵面控制失效,严重威胁飞机飞行安全,甚至会造成机毁人亡的飞行安全事故。例如,1991 年 5 月 26 日,一架波音 767 飞机因左侧发动机反推力装置空中意外展开造成空中解体的机毁人亡事故。因此,适航条款对反推力装置的安全性设计有着严格的要求,其安全性设计至少应满足两个特征[32]:反推力装置空中意外展开事件的发生概率为极不可能水平(概率小于 10^{-9}/飞行小时);不存在单点失效或故障而导致灾难性反推力装置空中意外展开。为防止反推力装置空中非指令展开,反推力装置除常规的作动系统以外,一般还需要专门设计三道液压机械锁防线(图7.25)将反推力装置移动外罩锁定在安全收起位置,这三道液压机械锁防线除安装位置不同外,构型完全相同。每道液压机械锁防线均包含机械锁、电磁液压阀、控制器和输入信号组合,其中机械锁与移动外罩相连,电磁液压阀控制飞机液压油进入机械锁,控制器接收输入信号组合进行逻辑判断,发出控制指令。液压机械锁防线平均的失效概率一般小于 10^{-3}/飞行小时,三道液压机械锁防线之间相互独立,互不交联,并且任意一道液压机械锁防线均可承受反推力装置的极限载荷,可以使总的失效概率小于 10^{-9}/飞行小时[32]。

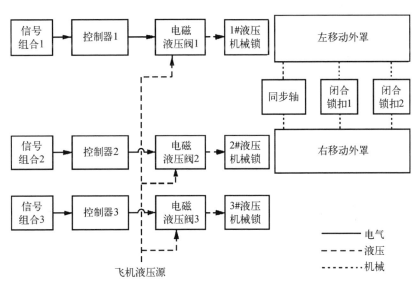

图 7.25　反推力装置液压机械锁防线设计原理示意图[32]

如图 7.25 所示,反推力装置三道液压机械锁防线的第一道液压机械锁和第二道液压机械锁分别安装在驱动左移动外罩和右移动外罩的液压作动筒上,组成带锁的液压作动筒,分别用于锁定左移动外罩和右移动外罩。在此,有必要对液压机械锁的工作原理[36]予以简要介绍。每道液压机械锁有三个锁栓,在反推力装置收起状态,锁栓将作动筒活塞锁定,从而使作动筒不能运动,此时作用在移动外罩上的气动载荷方向是使移动外罩收起的方向,锁栓在正常情况下不承载;当反推力装置需要展开时,高压液压油进入带锁的作动筒的无杆腔,液压压力使锁袖从锁栓上移开,锁栓从活塞上弹起,活塞解锁,作动筒活塞杆可以自由伸出。在作动筒活塞杆伸出状态时,锁栓由保持器保持在开锁位置,只有当作动筒活塞杆回到收起位置时,锁栓才重新锁定。第三道液压机械锁安装在移动外罩滑轨后端,用于阻止移动外罩在滑轨上运动。第三道液压机械锁与移动外罩滑轨接口处有一个锁钩,当第三道液压机械锁无液压压力时,活塞在弹簧力作用下使锁钩放下,锁钩将阻碍移动外罩沿滑轨进行运动,使移动外罩处于锁定状态;当液压压力进入第三道液压机械锁时,活塞在液压压力作用下使锁钩抬起,移动外罩解锁。左移动外罩和右移动外罩通过两个闭合锁扣扣合锁紧,在闭合锁扣有效的情况下,左移动外罩和右移动外罩作为一个整体同步运动,任意一道液压机械锁均能锁定整个反推力装置。为了在闭合锁扣均失效的情况下仍可以保证左移动外罩和右移动外罩作为一个整体同步运动,左移动外罩和右移动外罩之间设有一个同步轴。

4. 关键技术分析

反推力装置设计涉及气动、结构、材料、强度、控制等多个技术领域,设计要求高,性能、重量、可靠性、维修性等技术指标苛刻,其关键技术主要包括气动优化设计技术、结构及运动机构设计技术、液压作动系统设计技术等,具体分析如下。

1)气动优化设计技术

影响反推力装置气动性能的参数众多(如流路、叶栅框周向布局、叶栅叶型、叶栅进气角、叶栅出气角度、叶栅稠度等),并且需要合理控制反推力气流的流动方向,避免反推力气流与飞机控制面相干扰、被发动机再吸入和引起外物损伤。因此,气动优化设计是一个复杂的工程问题,需要开展研究的主要技术如下。

(1)三维 CFD 分析技术。三维 CFD 分析是揭示反推力气流流动特征和合理评估反推力装置关键性能参数的有效手段,由于反推力气流在流出反推力装置后及内涵喷管气流流出后需要较大的流动空间,需选取较大的外部空间作为计算域(图 7.26),例如,可选取发动机前方及周围 10 m、发动机后方 30 m 为计算区域,同时需要考虑移动地面与反推力气流的相互影响。叶栅的栅格尺寸与计算域空间尺寸相差巨大,前者尺寸一般仅为后者的千分之一左右,全尺寸模拟对计算机硬件提出了很高的要求。因此,需要通过网格类型和划分对数值结果影响的分析,寻求既

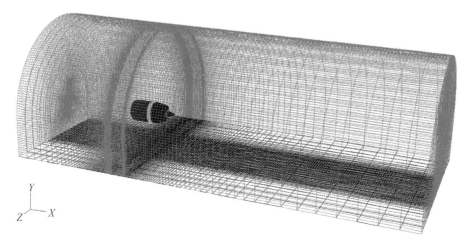

图 7.26 反推力装置全尺寸三维数值计算域示意图

可以反映叶栅流动特征又节约网格数目的网格生成及控制方法,其中叶栅通道内的网格单元与模型的尺寸之比应该控制在 0.02 左右,紧贴壁面的网格节点间距应该控制在 0.003 左右。研究表明,采用混合网格技术在保证网格质量的同时,可以降低网格数量;如果考虑到现有计算条件的限制,可以分别对左右两个 C 型结构进行数值模拟;计算气体流动速度较高时,需考虑气体的可压缩性,可以选用理想气体模型;标准 $k-\varepsilon$ 模型及 $k-\omega$ 模型比较适合叶栅流动的模拟,而标准 $k-\varepsilon$ 模型具有更好的计算收敛性。

(2) 展开状态内流流路优化技术。在反推力装置收起状态流路的基础上,进行反推力装置展开状态内流流路(即反推力流路,图 1.57)设计。研究表明,当阻流门垂直于发动机轴线时,从外涵喷管入口至叶栅入口截面的流路面积变化较小,因此应该选择阻流门垂直于发动机轴线方案;从外涵喷管入口至叶栅入口截面的流路为扩压流路,扩压前壁处圆弧半径应大于外涵喷管入口流路高度,并与叶栅进气角匹配。考虑轴向分布及周向分布后,叶栅内部流路应设计为收敛通道(避免叶栅内部存在扩压),叶栅出口处为叶栅内部流路的喉道位置,叶栅排气有效面积与反推力装置展开时阻流门处的漏气有效面积之和应该与外涵喷管喉道有效面积相当;增加周向的叶栅稠度(即叶栅增加周向叶片数),可以改善叶栅对反推力气流的周向控制能力。此外,反推力装置扩压前壁(图 1.57)的圆弧半径、叶栅的轴向位置和径向位置也是展开状态内流流路优化的内容。

(3) 外流流路优化设计技术。需要优化设计的外流流路参数主要是船尾角(图 1.57),船尾角对发动机推力性能、飞机阻力以及反推力装置结构重量有重要影响,需要对其开展综合评估研究。

(4) 叶栅框周向布局设计技术。反推力装置叶栅由多个叶栅框组成,每个叶栅框均由轴向偏转和周向偏转的正交叶片组合而成,轴向偏转叶片和周向偏转叶片的排气角由反推力气流流场的要求确定。为保证风扇出口静子截面静压周向分布的均匀性,反推力气流出口面积的周向分布应尽量均匀,尤其应避免左右两侧面积不相等。但是为给上导轨梁、下导轨梁、液压作动系统提供分布空间,同时为避免反推力气流与飞机控制面相干扰、被发动机再吸入和引起外物损伤,反推力气流出口面积的周向分布实际并不均匀。对于下单翼且翼吊布局的民用飞机,反推力气流再吸入问题通常因为反推力气流直接击中地面或飞机机体后发生反弹进入发动机进气道而产生,为此民用飞机反推力装置需要堵塞下部的反推力气流出口面积。军用运输机要求能够在野战机场起降,为避免反推力气流吹起土质跑道上的外物对发动机和飞机造成损害,军用运输机反推力装置在反推力气流出口面积的周向分布上一般需要增大下部的堵塞面积。图 7.27 为民用飞机和军用运输机的反推力装置叶栅框布局示意图,空白处为流通反推力气流的叶栅框,涂黑处为堵塞部分。

（5）叶栅设计技术。叶栅设计参数直接决定了反推力装置的反推力气流流动方向、反推力大小、反推力效率等重要参数及反推力装置与发动机/飞机的匹配关系，并且影响叶栅强度。叶栅的设计参数包括叶片进气角 β_1/排气角 β_2、叶栅稠度 σ（$\sigma = C/S$，其中 C 为叶片径向高度，S 为叶片间距）、叶片轴向分布方式、叶片过渡段半径 R、叶片上下端轴向间距 L、叶片厚度 t 等（图 7.28），其中 β_1/β_2、σ、叶片轴向分布方式对反推力性能影响较大。β_1 需要根据叶栅进口处流路的形状来确定，当 β_1 与叶栅进口处流路相吻合时，能获得较高的反推力和流量系数。β_1 一般在 $30° \sim 90°$ 内选取，随着 β_1 的逐渐增大，反推力一般呈增大趋势，增大的幅度受到 β_2 的影响。β_2 对反推力性能起着决定性的作用，减小 β_2 可以增大叶栅流量系数，但会导致反推力效率明显下降；而 β_2 越大，反推力气流可能被发动机再吸入的可能性越高。σ 影响着叶栅排气有效面积和导流性能，σ 在 $1 \sim 1.25$ 范围内取值较好。这是因为 σ 过小虽然可以增大叶栅流量系数，但无法实现对反推力气流的有效引导，反推力气流流动方向与 β_2 的差异变大，造成反推力效率下降；σ 过大会降低叶栅流量系数，增加流经叶栅的气流损失，同时也会导致叶栅重量显著增加。

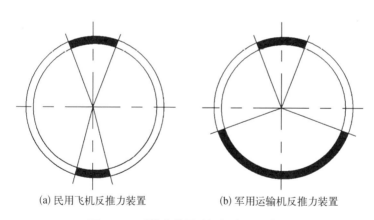

(a) 民用飞机反推力装置　　　　(b) 军用运输机反推力装置

图 7.27　反推力装置叶栅框布局示意图

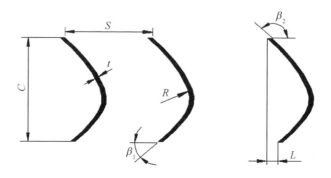

图 7.28　叶栅的主要设计参数示意图

2）结构及运动机构设计技术

反推力装置结构及运动机构尺寸大且复杂（如大尺寸异型面及复杂铸件、大尺寸蜂窝胶结夹层薄壁件等），结构件众多，结构形式、连接方式、材料、工艺等与发动机差异显著，与飞机和发动机均有众多接口。为此，需要开展研究的主要技术包括结构设计技术、运动机构运动规律和机构优化设计技术、密封设计技术等。

（1）结构设计技术。作为反推力装置的主承力结构，主承力框架（图7.29）由扭矩盒、叶栅、上导轨梁、下导轨梁、后支撑环、外涵内壁、上隔离板、下隔离板等组成，各结构件的连接方式主要采用铆接和螺栓连接。为增强结构的强度和刚度，主承力框架的结构设计主要采用多种盒形的结构形式。例如，扭矩盒、后支撑环和上导轨梁、下导轨梁组成盒形结构，以实现叶栅的安装和气动力的传递。扭矩盒一般有两种设计方案：一是以铸造的三角架为受力骨架，通过铆钉把锻造的U形环、T形环及钣金件固定在三角架上，组成盒型结构，CFM56-3发动机反推力装置采用的就是这种方案；二是以整体锻件为骨架，通过铆接钣金件实现安装功能及外廓的结构，CFM56-7发动机反推力装置采用的就是这种方案。上隔离板、下隔离板、扭矩盒、上导轨梁、下导轨梁及外涵内壁组成盒形结构，以实现与短舱连接件的连接和反推力的传递。移动外罩（图7.30）由外壳体、外涵外壁、承力框架、阻流门等组成，其中外壳体和外涵外壁在出口段通过沉头螺栓、螺母连接在一起；阻流门前端以球头的形式铰接在外涵外壁前段的承力框架上，中部以拉杆连接的形式铰接在外涵内壁上；外涵外壁的前段是移动外罩最重要的承力结构件，一般采用环框结构的承力框架进行设计。为验证反推力装置结构设计是否满足强度设计要求，需要选取反推力装置工作的最大载荷状态（即中断起飞状态）进行主承力框架、移动外罩、上导轨梁、下导轨梁、阻流门、叶栅、拉杆、闭合锁扣等主要结构件的强度分析，蜂窝胶结夹层薄壁件计算的等效方法可以采用等重法和等刚度法。此外，反推力

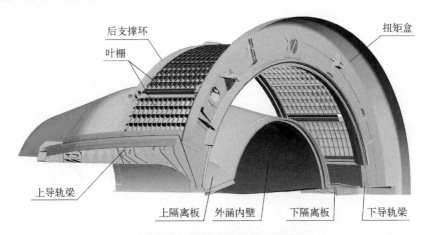

图 7.29　主承力框架结构示意图

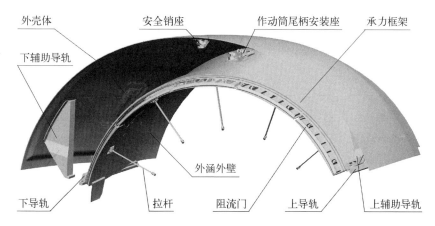

图 7.30　移动外罩结构示意图

装置结构设计还包括维修性设计、测试性设计、防火隔离设计、防雷电设计等。

（2）运动机构运动规律和机构优化设计技术。反推力装置具有两种截然不同的工作状态，其中的中间转换过程由运动机构实现，合理的运动规律和机构设计是中间转换过程平稳可靠的前提，也是液压作动筒拖动力需求分析的重要基础。在运动机构运动规律和机构优化设计过程中，需要综合考虑气动性能、结构及强度因素。在气动性能方面，为了保证与发动机的相容性，反推力装置展开/收起过程中外涵总流量（由经过叶栅的反推力气流流量和经过外涵喷管向后排出的流量组成）一般不应小于相同发动机工况下正推力状态的外涵流量，即反推力装置展开/收起过程中总的排气面积必须控制在特定的范围内。例如，某发动机要求推力装置展开/收起过程中总的排气面积既不应大于正推力状态外涵喷管喉道面积的125%，也不应小于该值的85%。为此，需要建立合理的反推力装置展开/收起时阻流门与移动外罩的运动模型，应用动网格计算阻流门/移动外罩展开/收起非稳态过程，分析运动规律对风扇出口的影响，数值模拟叶栅开启面积和外涵通道关闭面积的协同匹配关系，确保反推力装置展开/收起过程中总的排气面积与正推力状态外涵喷管喉道面积相当，不因流通面积的剧烈变化而引起发动机非正常工作。在结构及强度方面，为了保证运动机构在运动过程中不发生干涉和作用在液压作动筒上的载荷最小化，需要开展运动机构分析、运动学/动力学仿真、强度分析等工作。

（3）密封设计技术。为减少外涵空气泄漏量、提升发动机推力性能和反推力性能，反推力装置自身（包括正推力和反推力两种状态）及其与飞机/发动机的连接部位（如扭矩盒、上导轨梁、上隔离板、外涵内外壁与发动机中介机匣及飞机吊挂之间的连接部位）均需进行密封设计，相互配合的结构件之间一般采用胶管、胶条等密封件进行密封。例如，扭矩盒与阻流门、承力框架之间可以分别采用密封胶条和密封胶管(图7.31)进行密封;外涵内壁与风扇后机匣之间、扭矩盒与发动机短舱连接件之间均可以采用V型槽安装边加密封胶管的密封方式(图7.32和图7.33)。

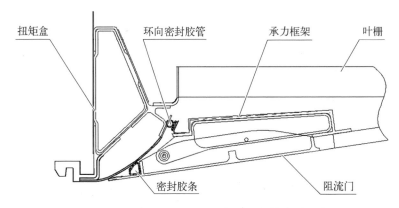

图7.31　扭矩盒与阻流门、承力框架之间的密封示意图

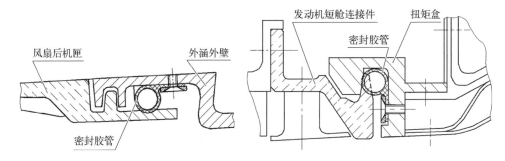

图7.32　外涵内壁与风扇后机匣　　图7.33　扭矩盒与发动机短舱连接件　之间的密封示意图　　　　　　　　之间的密封示意图

3) 液压作动系统设计技术

作动系统可分为气压、液压、机械、电动等多种,目前大部分飞机的反推力装置采用了由飞机提供液压源的液压作动系统。液压作动系统由不带锁的液压作动筒、带锁的液压作动筒、同步轴锁、软轴以及液压油管等组成(图7.34和图7.35),其工作原理是:当反推力装置收到展开信号时,同步轴锁上电,使得与同步轴锁相连的作动筒蜗杆可以自由旋转,当且仅当来油压力高于一定值时,带锁的液压作动筒的液压机械锁在压力作用下被打开,作动筒的活塞杆同步伸出,驱动反推力装置展开;当反推力装置收到收起信号时,系统来油先将作动筒活塞杆收回,驱动反推力装置进行收起动作;当作动筒活塞杆处于完全收起位置时,带锁的液压作动筒的液压锁被锁紧,经过数秒延时后,同步轴锁断电,同步轴锁将液压作动筒的活塞杆锁紧在完全收进的位置,从而保证反推力装置被锁紧在收起位置。

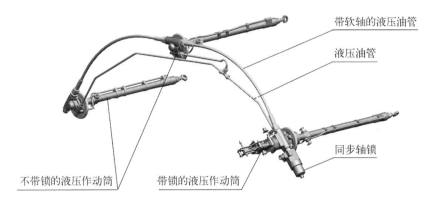

图 7.34 液压作动系统示意图

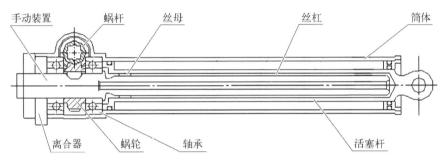

图 7.35 不带锁的液压作动筒示意图

反推力装置要求液压作动系统工作安全可靠、损失小、承载能力强、易于操作，液压作动系统设计的关键技术主要是驱动同步技术和锁紧技术，并具体体现在各个组成部分的设计中。

（1）不带锁的液压作动筒：由筒体、活塞杆、丝杠、丝母、蜗轮、蜗杆、手动装置、轴承、离合器等组成（图 7.35），其中蜗轮、蜗杆、丝杠、丝母组成传动同步装置，在蜗轮上与软轴连接，将多个作动筒连接起来，以保持各个液压作动筒之间的运动协调一致；手动装置与丝杠刚性连接，当地面维护时，转动手动装置使得活塞杆缩进和伸出，实现维护的需求；在作动筒的侧面安装有电磁离合器，起到锁紧的作用。

（2）带锁的液压作动筒：在不带锁的液压作动筒基础上增加 1 套液压机械锁，软轴之间的运动由液压机械锁控制，以实现反推力装置展开过程和收起过程的同步性；液压机械锁可以由工作介质的压力解锁，也可以由手动手柄实现解锁，带锁的液压作动筒工作原理如图 7.36 所示。由图 7.36 可见，在作动筒筒体上设计有卡块方孔，同时在作动筒活塞杆顶端设计有卡槽；当活塞杆位于完全收起位置时，卡块由叉形件压紧在活塞杆的卡槽内，从而将活塞杆与筒体相对固定；当液压油的油压高于一定数值或扳动手动手柄时，叉形件在力的作用下向左移动，当叉形件移动到一定距离时，卡块从活塞杆的卡槽内脱出，进而活塞杆伸出；当执行反推

(a) 带锁的作动筒处于锁紧位置　　　　　　(b) 带锁的作动筒处于运动位置

图 7.36　带锁的液压作动筒工作原理图

力装置收起运动时,作动筒有杆腔进油;当活塞杆运动到完全收起位置时,叉形件在弹簧力作用下将卡块卡在活塞杆的卡槽内,从而锁紧活塞杆。

（3）同步轴锁:是一个由电力驱动的工作元件,安装在带锁的液压作动筒尾端。当感受到电力信号时,同步轴锁的中心轴可以旋转;当没有电流时,同步轴锁的中心轴不能旋转,从而锁紧了与之刚性连接的蜗杆,达到锁紧作动筒活塞杆的目的。此外,同步轴锁上设计有一个手动开关,用于解锁,以满足地面维护的要求。

（4）软轴和液压油管:软轴是用于传递扭矩的柔性轴索,装在为作动筒运动提供高压工作介质的液压油管中,其两侧的轴头以花键的形式插入作动筒同步机构的蜗杆中心,形成刚性连接,可以实现蜗杆之间的同步运动,从而实现作动筒活塞之间的同步运动。

5. 材料和工艺

叶栅式反推力装置结构件的主要材料为铝合金、不锈钢、合金结构钢、铝青铜、复合材料、铝蜂窝型材或复合材料蜂窝型材,其中铝合金结构件的工艺为锻造(如 U 形环、后支撑环等环形件可采用自由锻)、铸造(如上导轨梁/下导轨梁、阻流门等可采用蜡模铸造)和钣金;涉及的非金属材料主要是橡胶、塑料、胶粘剂、密封剂、表面漆。结构件之间主要采用铆接(如镦铆、拉铆)、高锁螺栓连接、胶接的方式连接,结构件外表面一般需喷涂表面漆。反推力装置主要结构件的材料和工艺简述如下。

（1）扭矩盒主要由铝合金的锻件、铸件和板材组成。

（2）上导轨梁/下导轨梁尺寸大、结构复杂,一般由铝合金锻件精加工成型或整体精密铸造的铝合金铸件加工而成。

（3）移动外罩一般为由两层铝合金板材夹铝蜂窝的复合结构和加强环框构成的大型钣金结构件,其中移动外罩的外壳体承受的气动载荷较小,也可以采用两层树脂基碳纤维复合材料(如环氧树脂基碳纤维复合材料)夹复合材料蜂窝(如 Nomex 蜂窝、KevlarN636 蜂窝)的复合结构,铝合金板材与铝蜂窝之间、复合材料与复合材料蜂窝之间均采用胶接工艺,例如,RB211 和 V2500 两种发动机反推力装置的移动外罩均采用了树脂基碳纤维复合材料夹复合材料蜂窝的复合结构。

（4）阻流门是主要的承力结构件,结构相对简单,一般采用铝合金精密铸件加工而成或复合材料整体编制而成,例如,RB211 发动机反推力装置的阻流门就采用了树脂基碳纤维复合材料。

（5）叶栅为框架式结构,一般采用铝合金（或镁合金）整体精密铸造的异形铸件加工而成或复合材料整体编制而成。例如,RB211 和 V2500 两种发动机反推力装置的叶栅就采用了树脂基碳纤维复合材料。

（6）后支撑环一般由铝合金环锻件机加或铝合金铸造而成。

（7）上隔离板、下隔离板和外涵内壁承受较大的气动载荷,一般采用两层铝合金板材夹铝蜂窝的复合结构,以减轻重量,提高刚度和强度,铝合金板材与铝蜂窝之间采用胶接工艺。

（8）液压作动筒的筒体一般采用不锈钢（如 1Cr11Ni2W2MoV）锻件;作动筒活塞、丝杠、蜗杆一般采用合金结构钢（如 38CrMoAlA）锻件;作动筒丝母、蜗轮一般采用铝青铜（如 QAL10 - 4 - 4）锻件。

7.3.4　设计案例：叶栅式反推力装置叶栅及叶栅框周向布局气动设计

1. 气动设计要求

（1）叶栅排气有效面积控制在特定范围内,能顺利排出外涵流量,保证发动机工作状态在反推力状态及正推力状态与反推力状态相互转换过程中无明显改变。

（2）叶栅排气有效面积周向分布和流动方向控制合理,避免反推力气流与飞机控制面相干扰、被发动机再吸入、引起外物损伤,满足飞机和发动机的稳定工作要求。

2. 气动设计输入

叶栅及叶栅框周向布局气动设计需要在分开式喷管气动设计方案（图 7.37）

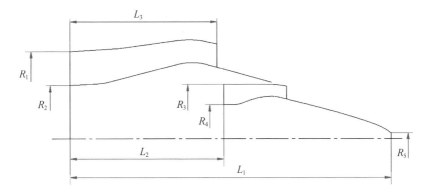

图 7.37　分开式喷管气动方案示意图

的基础上开展,分开式喷管气动设计方案的具体设计输入在此处省略。

3. 气动设计

1)叶栅设计

在综合考虑反推力装置性能、结构、经济性等因素的情况下,决定选用单曲率的等厚度叶栅,叶栅的具体设计见图7.38,其中叶片厚度为2 mm,进气角为53°~90°(逐渐过渡),出气角为135°,轴向叶栅稠度为1.3。

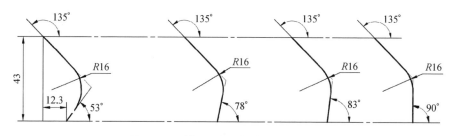

图7.38 叶栅设计示意图(单位: mm)

2)叶栅框周向布局设计

叶栅框周向布局及周向排气方向如图7.39所示,图中阴影部分为叶栅框布置位置,圆形部分为作动筒位置,数字为叶栅框编号,箭头指向为各个叶栅框的周向排气方向。

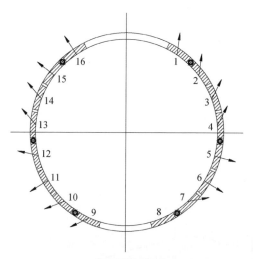

图7.39 叶栅框周向布局及周向排气方向示意图

4. 数值计算及结果分析

1)计算域及网格

反推力装置全尺寸三维数值计算选取发动机前方及周围10 m、发动机后方30 m作为计算区域,为考虑地面与反推力气流的相互影响,确定发动机轴线距地面高度为1.7 m(图7.26)。在全部计算区域共划分761个计算体,其中叶栅栅格为696个计算体,叶栅栅格的体积仅为整个计算域体积的十亿分之一。在整个计算域划分六面体/四面体混合网格,其中绝大部分采用结构化网格,仅在尺度变化较大区域及发动机轴线部分划分非结构化网格。

2)计算模型及边界条件设定

使用商业软件对上述模型进行计算,湍流模型选用k-ε模型,流动方程采用二阶迎风格式进行离散,湍动能方程和湍流耗散率方程采用一阶迎风格式进行离散。对处于完全展开状态的反推力装置进行模拟,主要边界条件设置: 地面设定为moving wall 边界,地面运动速度及方向与环境中空气相同;除地面外的周围环境设定为 pressure-far-field(压力远场)边界,在此边界处设定外界空气的各种条件(包括气流速度、方向、温度等);反推力装置入口及内涵喷管入口设定为 pressure-inlet(压力入口)边界,在此边界设定反推力装置工作时的入口条件,同时监测此处的流量变化;在叶栅出口处及内涵喷管出口处设定 interior 边界,在此处积分求得反推力气流及内涵气流的出口参数;其余部分设定为 wall 边界。

3) 计算结果及分析

(1) 反推力性能计算结果及分析。反推力性能计算结果的数值定义为外涵反向推力与内涵喷管正向推力之差,并且考虑了漏气的影响。在机场地面海拔高度为 0~4.5 km、飞机相对地面滑跑马赫数为 0~0.2 范围内,计算结果表明,叶栅及叶栅框周向布局的气动设计能够满足飞机对反推力性能的要求。

(2) 反推力气流再吸入问题计算结果及分析。在机场地面海拔高度为 0~4.5 km 范围内,飞机相对地面滑跑马赫数为 0.1 时,计算结果显示不存在反推力气流再吸入问题。为此,叶栅及叶栅框周向布局的气动设计可以满足飞机在滑跑马赫数为 0.1 时收起反推力装置的要求。

7.4　流体控制式反推力装置设计

7.4.1　研发依据

传统的反推力装置主要是蛤壳式、抓斗式、折流门式、叶栅式等机械调节式反推力装置(图 1.52~图 1.58),对现代以大涵道比涡扇发动机作为动力装置的大型飞机而言,前两种反推力装置已经无法满足需求,后两种反推力装置虽然可以满足需求,但也随着涡扇发动机涵道比的增大而逐渐凸显出一些问题。例如,随着涡扇发动机涵道比的不断增大,短舱直径也越来越大,飞机和发动机对反推力装置的集成度、重量、可靠性等提出了更高的要求,但折流门式反推力装置和叶栅式反推力装置均需在发动机后部增加大量额外的机械结构,使得发动机的重量增加,并且随着涡扇发动机涵道比的增大而明显增加;折流门式反推力装置和叶栅式反推力装置均有较多的运动结构件,在收起状态(即正推力状态)工作时,这些运动结构件由于难以完全密封而容易导致发动机外涵气流泄漏,从而影响发动机推力性能;涡扇发动机涵道比的进一步增大意味着发动机外涵流量增大,折流门式反推力装置和叶栅式反推力装置的排气有效面积也需要相应增大,这就要求反推力装置有足够的长度,而现代大型飞机更倾向于采用紧凑的流线型短舱壳体,由此限制了折流门式反推力装置和叶栅式反推力装置的长度和轴向定位尺寸,使得这两种反推力装置更难以安装。为此,通过流体抽吸或注入实现反推力的各种流体控制式反推力装置概念得到了研究和发展,无阻流门式反推力装置(图 1.59)是其中的一种。由于抛弃了传统的阻流门,无阻流门式反推力装置大幅度减轻了反推装置自身的结构重量,降低了运动机构的复杂性和在收起状态(即正推力状态)工作时的外涵气流损失,提高了反推力效率。随着大型飞机及其发动机对降低反推力装置的机械复杂性、减轻重量、降低发动机短舱阻力的要求不断提高,无阻流门式反推力装置具有广阔的应用前景。

7.4.2 国内外研发情况

1) 国外研发情况

从 20 世纪 90 年代起,诺斯罗普·格鲁门公司先进技术发展中心开始探索一种针对大涵道比涡扇发动机的流体控制式反推力装置——无阻流门式反推力装置。经过几十年的发展,国外已发展出了多种流体控制式反推力装置,既有适用于大涵道比涡扇发动机的,也有适用于中等/小涵道比涡扇发动机或涡喷发动机的。例如,1997 年,Tindell[37]去掉阻流门,发明了一种以一定角度向外涵喷射气流使得外涵气流折转并通过叶栅向斜前方排出的反推力装置,减轻了反推力装置重量,减少了反推力装置的结构复杂性,提高了反推力效率;Marconi 等[38]利用计算流体力学技术对无阻流门式反推力装置进行了流动机理研究,表明数值模拟技术对这种反推力装置的初步设计和概念评估具有重要的作用;Gilbert 等[39]介绍了在涵道比为 5 的涡扇发动机上应用流体控制式反推力装置的进展,通过喷射小于外涵流量3%的流量,将 100%的外涵气流折转并通过叶栅向斜前方排出,可以实现 40%以上的反推力。再如,2006 年,Simon 等[40]通过低速风洞和自然堵塞反推力装置矩形流道横截面模型的二维 CFD 测试,研究了自然堵塞反推力装置上下流路表面上的Coanda 喷流效应,对比分析了不同位置上 Coanda 射流效应和流量变化对反推力效率的影响;2017 年,Pajput 等[41]对无阻流门式反推力装置进行了参数计算研究,建立了模拟试验装置的数值模型,采用基于轨迹的分析方法研究了喷射位置、喷射角度、喷射厚度、外涵流量、喷射流量等参数的影响。目前,国外对于流体控制式反推力装置内外流特性和反推力效率的认识及掌握仍在不断深化中。

2) 国内研发情况

国内对于流体控制式反推力装置也进行了各种探索研究并取得了一些成果,例如,2010 年,刘春阳等[42]分别对两个不同涵道比涡扇发动机的流体控制式反推力装置模型进行了数值模拟,分析了反推力的产生及控制机理,并详细分析了二次流喷射压比、喷射位置、喷射角度及主流压比对流场结构和反推力性能的影响;2012 年,陈著等[43]采用数值模拟方法研究了无阻流门式反推力装置在二次流作用下外涵流场的特点,分析了二次流喷射位置、喷射流量和喷射角度对反推力性能的影响;2013 年,史经纬等[44]对二次流喷射控制的无阻流门式反推力装置进行了试验研究,分析了不同风扇出口压比、二次流喷射压比、二次流喷射位置和二次流喷射角度等参数对反推力性能的影响;2014 年,陈著等[45]针对涵道比为 8 的涡扇发动机无阻流门式反推力装置,计算分析了二次流喷射位置、喷射角度、喷射孔数以及喷射流量对反推力性能和外涵内流场流动特征的影响。

7.4.3　技术要点

无阻流门式反推力装置(图 7.40)的喷射位置、喷射厚度、喷射角度以及外涵流量、叶栅开度(即叶栅出气角)等是影响反推力性能的重要参数,其设计技术要点如下。

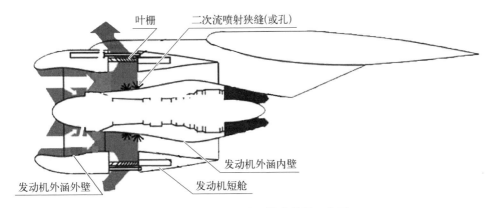

图 7.40　无阻流门式反推力装置示意图

1) 喷射位置的影响

喷射位置通常选择在叶栅排气口处的轴向位置,喷射位置越靠近叶栅排气口处,叶栅处排气质量流量越大,即反推力效率越高,因而通常用叶栅处排气流量来衡量反推力效率的高低。随着喷射位置向下游移动,叶栅处排气流量减小,且由于 Coanda 效应的存在,外涵气流会倾向于转向发动机外涵内壁,气流重新附着到发动机外涵内壁的趋势增加,气流更容易附着到外涵内壁表面,从而使反推力效率降低。当喷射孔位置靠近上游时,发动机外涵外壁的阻挡会使气流趋向于再附着到发动机外涵内壁。然而,外涵气流的折转应尽量远离发动机外涵内壁。喷射的位置应当选在不受发动机外涵外壁阻挡的情况下,尽量靠近上游处,有利于提高反推力效率。由于应尽量使外涵气流折转,喷射气流应尽量远离发动机外涵内壁,同时叶栅处排气流量尽可能大。

如图 7.41 所示,图中横坐标 W_c/W_f 为喷射流量与外涵流量之比(即相对喷射流量),纵坐标 W_s/W_f 为叶栅处排气流量与外涵流量之比,X/H 为喷射位置的轴向坐

标与外涵流路高度之比,随着喷射位置向下游移动,对二次流喷射流量的要求显著
增加。因此,下游喷射方案效率很低。在这些位置,需要非常高的喷射速度来增加
边界层的再附着距离,从而使外涵气流通过叶栅排气口流出。数值仿真发现,喷射
的最佳位置在叶栅排气口上游的末端。此时,发动机短舱和外涵内壁的压缩效果
以及由短舱造成的阻塞效果都是最佳的,可以获得最佳的反推力效率。

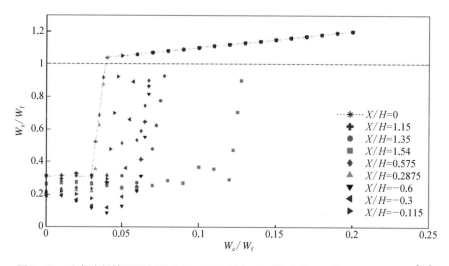

图 7.41　垂直喷射情况下射流位置对无阻流门式反推力装置反推力性能的影响[41]

2) 喷射厚度的影响

喷射厚度主要取决于喷射狭缝宽度 t,喷射狭缝宽度不同,将影响到喷射气流
的膨胀程度以及喷射速度,进而影响到喷射气流的动量通量。如图 7.42 所示,随
着相对喷射狭缝宽度 t/H 的减小,相应的出口速度增大,从而导致更高的动量通量
比;反之亦然。相对喷射狭缝宽度的进一步减小使得喷射气流的欠膨胀程度有所
不同。相对喷射狭缝宽度影响了喷射气流的动量通量,在喷射位置一定的条件下,
存在一个最佳的喷射狭缝宽度,使得满足反推力所需的喷射流量最小,即反推力效
率最高。

图 7.43 给出的是相对喷射狭缝宽度对无阻流门式反推力装置反推力性能的
影响,随着相对喷射狭缝宽度 t/H 从 0.012 减小到 0.008,两个不同喷射位置($x/$
$H=0$ 和 $x/H=1.35$)的反推力性能都得到了改善。当 $x/H=0$ 时,随着相对喷射狭
缝宽度 t/H 从 0.012 减小到 0.008,相对喷射流量的要求从 4%降低到 3%。同样,
在 $x/H=1.35$ 的情况下,相对喷射流量的要求从 8%降低到 7%。然而,当相对喷
射狭缝宽度进一步减小到 0.006 时,由于流动已经被阻塞,反推力性能没有明显改
善。另一方面,如图 7.43 所示,当相对喷射狭缝宽度 t/H 从 0.012 增加到 0.023
时,在 $x/H=0$ 的情况下,相对喷射流量的要求从 4%增加到 7%;在 $x/H=1.35$ 的情

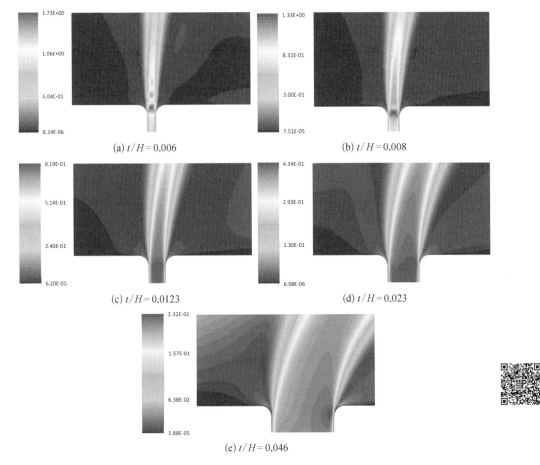

(a) $t/H = 0.006$　　　　　　　　(b) $t/H = 0.008$

(c) $t/H = 0.0123$　　　　　　　(d) $t/H = 0.023$

(e) $t/H = 0.046$

图 7.42　不同相对喷射狭缝宽度情况下马赫数云图[41]

($S/H = 2.3$, 喷射角 90°, $W_c/W_f = 4\%$, $x/H = 1.54$)

况下,相对喷射流量的要求从 8% 增加到 11%。当相对喷射狭缝宽度 t/H 进一步增加到 0.046 时,性能恶化得更厉害,因为 $x/H = 0$ 时相对喷射流量的要求高达 8%, $x/H = 1.35$ 时相对喷射流量的要求高达 16%。

3) 喷射角度的影响

喷射角度的不同对反推力装置反推力性能的影响在诸多因素中占据主导地位,当喷射气流向外涵气流的上游喷出(即喷射角度小于 90°)时,喷射气流产生的动量会促使外涵气流离开发动机外涵内壁,从而迫使外涵气流改变方向由叶栅排气口流出,此时较小的喷射流量可以达到较高的反推力效率;反之,当喷射气流射向外涵气流的下游(即喷射角度大于 90°)时,喷射气流产生的 Coanda 效应将使外涵气流再附着到发动机外涵内壁,从而使反推力效率大大降低。喷射角度对反推力装置的反推力性能有着巨大的影响,如图 7.44 所示,当喷射气流向外涵气流的

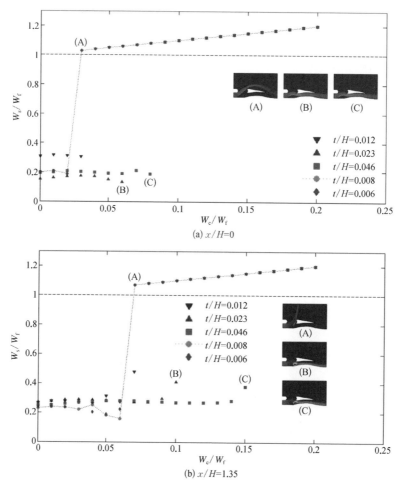

(a) $x/H=0$

(b) $x/H=1.35$

图 7.43　相对喷射狭缝宽度对无阻流门式反推力装置性能的影响(喷射角 90°)[41]

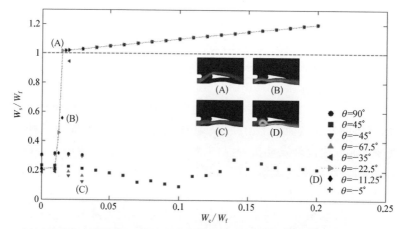

图 7.44　喷射角度对无阻流门式反推力装置性能的影响[5]

上游喷射时,反推力装置表现出优越的性能,当喷射气流向外涵气流的下游喷射时,则会表现出相反的特性。

对于垂直喷射,喷射气流与外涵气流汇合后转向下游,在喷射速度较低的情况下,外涵气流重新附着到发动机外涵内壁,而当喷射速度较高时,外涵气流会通过叶栅离开。当控制喷射气流向外涵气流下游方向以 45°喷射时,喷射气流动量的轴向分量会对外涵气流产生引射作用,造成有效动量比减小。即使在相对喷射流量高达 30%的情况下,外涵气流也会重新附着到喷射位置下游的发动机外涵内壁。如果控制喷射气流向外涵气流上游方向喷射,则喷射气流动量的 X 轴向分量会抵消外涵气流动量。然而,随着喷射角度的进一步减小,喷射狭缝附近的 Coanda 效应开始显现,喷射气流倾向于转向发动机外涵内壁,这种效应有助于喷射气流促进外涵气流离开发动机外涵内壁。因此,有效喷射位置发生变化并向外涵气流的上游移动。

4）相互耦合作用的影响

二次流喷射位置、喷射角度以及喷射流量对反推力性能的影响是相互耦合的,需要综合考虑三者间的相互影响。为了尽可能在减少二次流喷射流量的同时获得较高的反推力效率,可在一定程度上减小二次流喷射角度和前置二次流喷射位置。如果将喷射狭缝改为喷射孔,二次流喷射孔的个数则关系到喷射气流在周向的覆盖程度,稀疏的喷射孔会造成外涵气流的泄漏,降低反推力效率。

5）其他因素的影响

外涵流量的改变对反推力效率没有明显的影响,但是较大的外涵流量在经过折转后会产生更大的反推力。叶栅开度越大,对喷射流量的要求越低,然而在发动机实际设计中,对叶栅开度是有限制的。

7.4.4　应用展望

由于使外涵气流折转的二次流是从高压的内涵气流中引出,流体控制式反推力装置不仅实现了外涵气流的折转,而且还有效地减小了内涵喷管的推力,使发动机获得的反推力得到增大。与机械调节式反推力装置相比,流体控制式反推力装置大幅度减轻了反推力装置的重量,明显降低了运动机构的复杂性,并且对内涵气流无干扰。此外,流体控制式反推力装置解决了阻流门的气流泄漏问题,提高了发动机的反推力性能。随着飞机对降低机械复杂性、降低重量、减小短舱阻力要求的不断提高,流体控制式反推力装置将是未来以大涵道比涡扇发动机作为动力装置的大型飞机的主要选择对象之一。

流体控制式反推力装置尽管具有很多技术优势,但二次流引气量的限定,限制了二次流喷射深度,因此流体控制式反推力装置较难用于超大涵道比发动机。同时,国内外虽然对流体控制式反推力装置进行了一定的试验研究,但这种反推力装置还处于研究阶段,没有分析清楚二次流喷射机理及流体控制式反推力装置的适用涵道比范围,因此流体控制式反推力装置距离工程应用还有一段距离。

参考文献

[1] 靳宝林,邢伟红,刘殿春.飞机/发动机推进系统反推力装置[J].航空发动机,2004(4):48-52.

[2] 航空之家.客机落地后,短距离刹车的关键装置:航空发动机推力反向器[EB/OL].https://kuaibao.qq.com/s/20191211A05B5500?refer=spider[2019-12-11].

[3] 军品阅读.飞机的反推是采用什么原理[EB/OL].http://k.sina.com.cn/article_6375423618_17c013e8202000jhko.html[2021-9-14].

[4] Иноземцев А А, Сандрацкий В Л. Газотурбинные Двигатели [M]. Пермь: ОАО «Авиадвигатель», 2006.

[5] Green M J. Rolls-Royce thrust reverser compatibility and reliability[R]. SAE 690410, 1969.

[6] 王占学,张晨.抓斗式反推装置打开时反推性能参数计算[J].航空动力学报,2009,24(10):2157-2162.

[7] 刘春阳,王占学.着陆襟翼打开状态下抓斗式反推装置三维流动数值模拟[J].航空动力学报,2010,25(12):2763-2769.

[8] 邵万仁,叶留增,沈锡钢,等.反推力装置关键技术及技术途径初步探讨[C].大型飞机关键技术高层论坛暨中国航空学会2007年年会,深圳,2008:353-359.

[9] 张艳慧,秦浩,王代军.发动机反推力系统安全性设计[J].航空动力学报,2015,30(7):1784-1792.

[10] Linderman D L, Hoelzer C A, Howard P W. Test and evaluation of a fighter aircraft in-flight thrust reverser[C]. 10th Propulsion Conference, San Diego, 1974.

[11] 朱勇.A330飞机发动机反推系统控制机理[J].科技创新导报,2018,15(19):10-11.

[12] A319[EB/OL]. http://cdn.feeyo.com/pic/20110401/201104011022301623.jpg[2011-4-1].

[13] 民用与军用飞机的反推器:小部件、大作用、大市场[EB/OL]https://baijiahao.baidu.com/s?id=1595350724789594785[2018-3-19].

[14] Yetter J A, Asbury S C, Larkin M J, et al. Static performance of several novel thrust reverser concepts for subsonic transport applications [C]. 32nd AIAAlASME/SAE/ASEE Joint Propulsion Conference, Lake Buena Vista, 1996.

[15] 刘大响,陈光等.航空发动机:飞机的心脏[M].北京:航空工业出版社,2003.

[16] Henzel J G, Mcardle J G. Preliminary performance date of several tail-pipe cascade-type model thrust reversers[R]. NACA-RM-E55F09, 1955.

[17] Kohl R C, Algranti J S. Investigation of a full-scale, cascade-type threverser[R]. NASA TN-3975, 1957.

[18] Romin B M, Johnson W A. Performance investigation of a fan thrust reverser for a high by-pass turbofan engine[R]. AIAA-84-1178, 1984.

[19] Johns C J. Solution of an engineinlet compatibility problem during C-17low cost N/EAT nacelle thrust reverser development[R]. SAE-2000-01-5579, 2000.

[20]　Chen C. Computational procedures for complex there-dimensional geometries including thrust reverser effluxes and APUs[R]. AIAA‑2001‑3747, 2001.

[21]　Trapp L G, Oliveira G L. Aircraft thrust reverser cascade configuration evaluation through CFD [R]. AIAA‑2003‑723, 2003.

[22]　Butterfield J, Yao H, Benard E, et al. Optimisation of a thrust reverser cascade: an assessment of dynamic response during reverser thrust[R]. AIAA‑2003‑6748, 2003.

[23]　Butterfield J, Yao H, Price M, et al. Methodologies for structural optimisation of a thrust reverser cascade using a multidisciplinary approach[R]. AIAA‑2003‑0107, 2003.

[24]　Butterfield J, Yao H, Benard E, et al. Investigation of weight reduction in a thrust reverser cascade using aerodynamic and structural integration[R]. AIAA‑2003‑1576, 2003.

[25]　Butterfield J, Yao H, Armstrong C, et al. Weight reduction methodologies for a thrust reverser cascade using aerodynamic and structural integration[J]. Journal of Aerospace Engineering, 2004, 218(5): 301‑313.

[26]　Butterfield J, Yao H, Curran R, et al. Integration of aerodynamic, structural, cost and manufacturing considerations during the conceptual design of a thrust reverser cascade[R]. AIAA‑2004‑282, 2004.

[27]　Butterfield J, Yao H, Curran R, et al. Integrated methods for the design of a thrust reverser cascade[J]. Journal of Propulsion and Power, 2006, 22(4): 24‑36.

[28]　单勇,沈锡钢,张靖周,等.叶栅式反推力装置非稳态数值模拟与分析[C].中国航空学会第七届动力年会,贵阳,2010: 1‑7.

[29]　张云浩,额日其太.反推力装置叶栅布置的气动/结构耦合设计[J].沈阳工业大学学报, 2012,34(1): 56‑62.

[30]　陈著.叶栅式反推力装置结构和气动性能研究[D].南京: 南京航空航天大学,2014.

[31]　张少军,王汉平,何江军,等.叶栅式反推力装置的受载与传力[J].四川兵工学报,2015, 36(3): 56‑59.

[32]　隋杰飞,朱岩.液压作动反推力装置安全性设计与研究[J].液压与气动,2016,13(1): 104‑107.

[33]　陈功,胡帅与.民用飞机反推装置气动特性分析与验证[J].航空发动机,2017,43(2): 56‑61.

[34]　赵海刚.反推气流对大涵道比涡扇发动机进口流场影响的数值模拟研究[J].燃气涡轮试验与研究,2019,32(6): 20‑25.

[35]　陈永琴,何杰,苏三买.反推力装置运动学与动力学仿真[J].航空动力学报,2019, 34(11): 2316‑2323.

[36]　隋杰飞.故障树法在飞机反推力装置安全性设计中的应用研究[D].上海: 上海交通大学,2015.

[37]　Tindell R H. Blockerless thrust reverser[P]. US, US5713537, 1998.

[38]　Marconi F, Gilbert B, Tindell R. Computational fluid dynamics support of the development of a blockerless engine thrust reverser concept[R]. AIAA‑97‑3151, 1997.

[39]　Gilbert B, Marconi F, Kakhoran I. Innovative concept for cascade thrust reverser without blocker door[R]. AIAA‑1997‑0823, 1997.

[40]　Simon H, Cooper R, Raghunathan S. Fluidic flow control in a natural blockage thrust reverser

［R］. AIAA‐2006‐3513,2006.

［41］ Rajput P, Kalkhoran I. Optimization of blockerless engine thrust reverser［J］. Journal of Propulsion and Power, 2017, 33(1): 213‐226.

［42］ 刘春阳,王占学,傅鹏哲.大涵道比涡扇发动机射流控制反推模型数值模拟［J］.航空动力学报,2010,25(8): 1811‐1817.

［43］ 陈著,单勇,张靖周,等.无阻流门叶栅式反推力装置数值研究［J］.航空计算技术,2012,42(6): 50‐53.

［44］ 史经纬,王占学,张晓博,等.无阻流板式叶栅反推性能试验研究［J］.空气动力学学报,2013,31(6): 753‐758.

［45］ 陈著,单勇,沈锡钢,等.射流控制反推力装置流场数值研究［J］.推进技术,2014,35(9): 1181‐1187.

第8章
排气系统红外隐身设计

在现代战争中,军用飞机的生存力面临着雷达、红外、声波等现代探测技术日益严峻的挑战,其中预警系统、导弹对飞机的生存力形成了很大的威胁。在此背景下,为减小被发现、识别、跟踪和攻击的概率,通过特殊设计实现低可探测性的飞机隐身技术应运而生。飞机低可探测性设计能极大地提高军用飞机的生存力和杀伤力,其中红外隐身设计是当前飞机低可探测性设计的两大重点之一。目前,军用飞机面临的主要红外威胁是红外搜索与跟踪系统、前视红外瞄准吊舱和红外制导导弹。红外制导导弹具有制导精度高、抗干扰能力强、隐蔽性好、效费比高、结构紧凑、机动灵活等优点,同时具有不要求发射平台装备专门的火控系统、不需要来自目标的特殊射频辐射、能截获足够远的目标等特点。由此可见,为提高生存力,军用飞机必须采取红外隐身技术措施,从而使其难以被发现、识别、跟踪和攻击。发动机红外隐身设计是飞机红外隐身设计的重要组成部分,而排气系统是发动机红外隐身设计的关键部件,本章将分别阐述发动机排气系统的红外隐身设计基础理论和红外隐身设计。

8.1 红外隐身设计基础理论

基于红外辐射的基本原理,任何物体都存在热辐射,目标与背景的红外辐射差别是红外探测的基本依据,红外隐身技术正是要消除、降低这种红外辐射差别。本节主要针对红外辐射基本概念及特点进行阐述,并对热辐射理论进行介绍,这些是红外隐身设计的重要基础;另外,对红外辐射数值计算的理论和方法也进行相关介绍,这同样是红外隐身设计的基础,也是红外隐身设计中红外辐射特征评估的重要手段。

8.1.1 红外辐射基本概念及特点

红外辐射也称红外线,是在 1800 年由英国天文学家赫谢耳(Herschel)在研究太阳光的热效应时发现的。他用分光棱镜将太阳光分解成从红色到紫色的单色光,依次测量不同颜色光的热效应。他发现,当水银温度计移到红色光谱边界以外人眼看不见有任何光线的黑暗区时,温度反而比红光区域的温度高。反复实验证明,在红光外侧,确实存在一种人眼看不见的"热线",后来称为红外线[1]。事实上,一切温度高于绝对零度的有生命和无生命的物体时时刻刻都在不停地辐射红外线。红外辐射的波长范围为 0.78~1 000 μm,是个相当宽的区域。对红外探测来说,主要的大气窗口有近红外(0.76~3 μm)、中红外(3~6 μm)、远红外(6~15 μm)和超远红外(15~1 000 μm),而军事红外探测器的工作波段主要针对中红外、远红外这两个大气窗口。大气窗口是指在一定的波长范围内,大气对红外辐射的吸收率较小,透射率较高,像通过可见光的窗户一样,将红外波长分割成许多小的区域,而将这些能通过红外辐射的区域称为大气窗口[2]。

红外辐射是一种电磁辐射,它既具有与可见光相似的特性,如反射、折射、干涉、衍射和偏振,又具有粒子性,即它可以以光量子的形式发射和吸收。这已在电子对产生、康普顿散射、光电效应等实验中得到充分证明。此外,红外辐射还有一些与可见光不一样的独有特性[3]:

(1)人的眼睛对红外辐射不敏感,所以必须借助于对红外辐射敏感的红外探测器;

(2)红外辐射的光量子能量比可见光小,例如,10 μm 波长的红外光子能量大约是可见光光子能量的 1/20;

(3)红外辐射的热效应比可见光要强得多;

(4)红外辐射更易被物质所吸收,但对薄雾来说,长波红外辐射更容易通过。

8.1.2 热辐射理论

热辐射理论是研究辐射学的基本理论,也是研究红外辐射技术的理论基础[4,5],对热辐射理论的研究有利于从本质上了解红外辐射技术的基本原理。

1. 黑体辐射

黑体概念是研究辐射换热的基础,黑体定义为这样一种理想物体,它允许所有的入射辐射进入其内并吸收全部入射的辐射能(不透过能量)。黑体是入射辐射理想的吸收体,它可以被用作与实际吸收体进行比较的标准;同时黑体也发射最大的辐射能,因此也被用来作为比较物体发射辐射的标准。此外,黑体除发射最大可能的总辐射能外,对于每一波长和每一方向也发射最大可能的辐射能。

1)黑体辐射强度

如图 8.1 所示,考察一个半径为单位长的半球,它相对于底部中心的立体角可以直接用单位半球上的面积来度量。立体角的方位用 θ 和 φ 来度量,θ 是与表面法线方向所成的角,$\theta=0$ 的位置是任意的。在任一方向上发射的辐射将根据强度来定义,有两种形式的强度。

（1）光谱辐射强度:是指单一波长 dλ 附近间隔内的辐射。黑体的光谱辐射强度用 $i'_{\lambda b}(\lambda)$ 表示,下标分别表示只考虑一个波长和该特性是对黑体而言的,字母右上角的撇表示所考察的是单一方向上每单位立体角的辐射。

（2）总强度:是指包含所有波长的总辐射。总强度 i'_b 的定义类似 $i'_{\lambda b}$,只是它包含了所有波长的辐射。

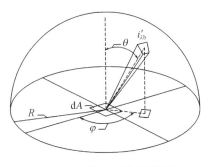

图 8.1　黑体表面的辐射强度

光谱辐射强度和总强度的关系为

$$i'_b = \int_0^\infty i'_{\lambda b}(\lambda)\, d\lambda$$

2) 吸收率、反射率、透射率及系数

如图 8.2 所示,如果辐射到某一物体的总功率为 P_0,其中一部分 P_α 被吸收,一部分 P_ρ 被反射,另一部分 P_τ 穿透该物体,则

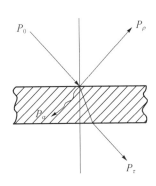

图 8.2　吸收、反射、透过示意图

$$P_0 = P_\alpha + P_\rho + P_\tau \tag{8.1}$$

将式(8.1)两边各除以 P_0,可得

$$\frac{P_\alpha}{P_0} + \frac{P_\rho}{P_0} + \frac{P_\tau}{P_0} = 1 \tag{8.2}$$

第一项为物体的吸收率 α,第二项为物体的反射率 ρ,第三项为物体的透射率 τ,故

$$\alpha + \rho + \tau = 1 \tag{8.3}$$

若 $\alpha = 1$,则 $\rho = \tau = 0$。也就是说,所有落在物体上的辐射能完全被该物体吸收,这一类物体称为绝对黑体(或简称黑体)。当然,自然界中不存在绝对黑体。实际应用中的黑体炉就是利用如图 8.3 所示的原理制成的。

3) 普朗克(Planck)定律及其近似公式

1900 年,Max Planck 发现了这个黑体辐射的基本定律。他指出,黑体的光谱辐出度 M_λ 与波长 λ 和温度 T 的关系为

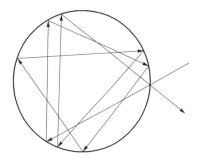

图 8.3　黑体原理示意图

$$M_\lambda = \frac{\partial M}{\partial \lambda} = \frac{2\pi \cdot hc^2}{\lambda^5} \cdot \frac{1}{e^{hc/k\lambda T} - 1} \tag{8.4}$$

式中,h 为普朗克常数,$h = 6.626\,176\times10^{-34}$ J·s;k 为波尔兹曼常数,$k = 1.380\,662\times 10^{-23}$ J/K;c 为光速,$c = 2.997\,924\,58\times10^8$ m/s;λ 为波长,μm;T 为温度,K。

将上面的物理常数代入式(8.4),可得

$$M_\lambda = \frac{C_1}{\lambda^5} \frac{1}{e^{C_2/\lambda T} - 1} \tag{8.5}$$

式中,C_1 为第一辐射常数,$C_1 = 3.741\,832\times10^{-16}$ W·m²;C_2 为第二辐射常数,$C_2 = 1.438\,786\times10^4$ μm·K。

普朗克定律还将光谱辐出度 M_ω 表示成波数 ω 的函数,即

$$M_\omega = \frac{\partial M}{\partial \omega} = -\frac{C_1\omega^3}{e^{C_2\omega/T} - 1} \tag{8.6}$$

图 8.4 为黑体辐射普朗克曲线,给出了温度从 600 K 到 1 200 K 范围内的黑体光谱辐出度随波长的变化曲线。

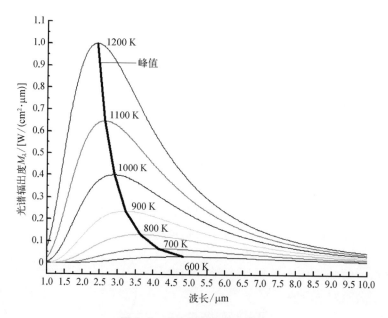

图 8.4　黑体辐射普朗克曲线

4) 维恩(W. Wien)位移定律

黑体辐射光谱的另一个重要的物理量是峰值波长 λ_{max},在给定温度下,该波长

处的辐射力达到最大值。将式(8.5)对 λ 求偏导数,并令它等于零,求出的 λ 值就是峰值波长 λ_{max},即

$$\lambda_{max}T = 2\ 897.8 \quad (\mu m \cdot K) \tag{8.7}$$

式(8.7)就是维恩位移定律。

5) 斯蒂芬-波尔兹曼(Stefan - Boltzmann)定律

普朗克定律指出了温度为 T 的黑体的光谱辐出度沿波长的分布规律,如果将式(8.4)沿波长从 $0 \to \infty$ 积分,就可以求得温度为 T 的黑体在单位面积上向半球空间辐射出的总功率,即黑体的辐出度 M,这就是斯蒂芬-波尔兹曼定律。

$$M = \int_0^\infty M_\lambda \mathrm{d}\lambda = \sigma T^4 \tag{8.8}$$

其中,$\sigma = 5.670\ 32 \times 10^{-8}$ W/($m^2 \cdot K^4$)。

6) 兰伯特(J. H. Lambert)定律

兰伯特定律描述了黑体辐射源向半球空间内的辐射亮度沿高低角的变化规律。兰伯特定律规定,若面积元 $\mathrm{d}F$ 在法线方向的辐射亮度为 L_N,如图 8.5 所示,则它在高低角 θ 方向上的辐射亮度 L'_θ 为

$$L'_\theta = L_N \cos\theta \tag{8.9}$$

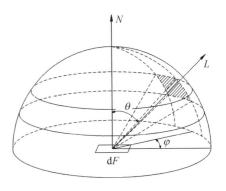

图 8.5　辐射的空间角

根据兰伯特定律,可以推算出单位面积向半球空间内辐射出去的总功率(即辐出度 M)与该面元的法向辐射亮度 L_N 的关系,即

$$M = \int_\Omega L_N \cos\theta \mathrm{d}\Omega \tag{8.10}$$

最后得到

$$M = \int_0^{\frac{\pi}{2}} \int_0^{2\pi} L_N \cos\theta \sin\theta \mathrm{d}\theta \mathrm{d}\varphi = \pi L_N \tag{8.11}$$

2. 灰体辐射

实际物体的辐射不同于黑体,实际物体的辐出度 M' 往往随波长不规则变化。我们把实际物体的辐出度与同温度下的黑体辐出度的比值称为实际物体的黑度(亦称发射率),记为 ε。则

$$\varepsilon = \frac{M'}{M} \tag{8.12}$$

由于同一温度下的黑体辐出度最大,灰体的发射率是 0~1 的一个值。根据辐

射源的发射率随波长的变化情况,辐射源可分为三类:黑体的发射率 $\varepsilon = 1$;灰体的发射率 $\varepsilon =$ 常数(小于1);选择性辐射体的发射率 $\varepsilon(\lambda)$ 随波长而变。三种辐射体的光谱发射率及光谱辐出度随波长的变化情况如图8.6所示。

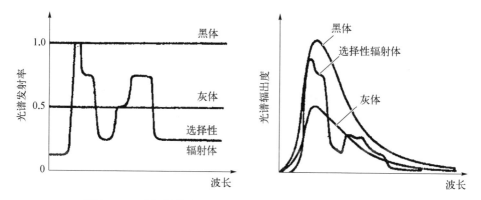

图8.6　三种辐射体的发射率及光谱辐出度随波长的变化情况

基尔霍夫发现,在任意给定的热平衡条件下,任何物体的辐出度 M' 和吸收率 α 之比都相同,且恒等于同温度下绝对黑体的辐出度 M,即

$$\frac{M'}{\alpha} = M \text{ 或 } \frac{M'}{M} = \alpha \tag{8.13}$$

这就是基尔霍夫定律。由斯蒂芬-波尔兹曼定律可知,黑体的辐出度为

$$M = \sigma T^4 \tag{8.14}$$

而灰体的辐出度为

$$M' = \varepsilon \sigma T^4 \tag{8.15}$$

从基尔霍夫定律可以得出如下推论:

(1) 在相同温度的前提下,物体的辐射力越大,其吸收率也越大;

(2) 因为所有的实际物体的吸收率总小于1,所以在同温度条件下,黑体的辐射力最大;

(3) 将式(8.12)和式(8.13)相比,可以看出,任何不透明材料的发射率在数值上等于同温度的吸收率,即

$$\varepsilon = \alpha \tag{8.16}$$

3. 气体辐射

在固体中由于原子的密切结合,会产生许多与单个谐振子不同的附加振动。因而从宏观上看,固体辐射具有连续光谱的性质。气体辐射与固体不同,双原子以

上的气体分子除电子绕原子的转动外,还有另外两种运动:一是组成分子的各原子在其平衡位置附近振动,二是分子作为整体还会绕某一轴转动。无论哪种运动,若不计几种运动之间的相互影响,分子内部运动的总能量可表示为

$$E = E_e + E_\nu + E_\gamma \tag{8.17}$$

式中,E_e 为电子运动的能量;E_ν 为分子的原子在其平衡位置附近振动的能量;E_γ 为分子的转动能量。

由于分子的每一种运动能量均是以量子化的形式存在的,当从能量状态 E'' 改变到 E'(设 $E' < E''$)时,将发射电磁辐射,其频率 ν 可表示为

$$\nu = \frac{E'' - E'}{h} = \frac{1}{h} \left[(E''_e - E'_e) + (E''_\nu - E'_\nu) + (E''_\gamma - E'_\gamma) \right] \tag{8.18}$$
$$= \nu_e + \nu_\nu + \nu_\gamma$$

理论和实验表明,$\nu_e > \nu_\nu > \nu_\gamma$。这表明,每一个电子运动的能级中还叠加不少较小间隔的振动能级,而在每个振动能级中又叠加不少分子的转动能级。

不同轨道的电子能量之差通常为 $1 \sim 20\ \text{eV}$,因而在电子能级产生跃迁时,辐射的光谱常在可见光区和紫外光区。分子振动能量之差一般为 $0.05 \sim 1\ \text{eV}$,而转动能量之差一般小于 $0.05\ \text{eV}$,因此分子的基频振动-转动光谱一般在 $2.5 \sim 25\ \mu\text{m}$ 的红外区。它们的光谱是分离的以线光谱为基础的光谱带。然而,并不是所有分子均会产生红外辐射,在同核双原子分子(如 N_2)中,由于电子的对称分布,没有固有的偶极矩(或很小),分子中的原子产生振动时也就不产生电场和磁场的变化。在异核双原子分子中,原子产生振动时会产生偶极矩的变化,因此有产生红外辐射的条件。但从工程观点来看,双原子气体的辐射非常小,三原子或多原子气体的辐射要比双原子气体大得多,如 CO_2、H_2O、SO_2 及 O_3 等都具有相当大的发射率和吸收率。

4. 大气的选择吸收

大气中对红外辐射有吸收作用的主要有 CO_2、H_2O 等多原子气体,CO 也对红外辐射有吸收作用,对红外辐射的吸收主要是由这些分子的振动-转动能量状态的改变而引起的。在每个电子绕原子核转动能级的基础上可以有多种振动能级,而在每个振动能级的基础上又可以有许多转动能级,所以它们之间可能有许多不同组合的能级状态。当太阳连续光谱通过大气时,就会在一些中心频率附近产生许多吸收谱线。

CO_2 在 $2.7\ \mu\text{m}$、$4.3\ \mu\text{m}$ 为中心的附近及 $11.4 \sim 20\ \mu\text{m}$ 区域有较强的吸收带,在 $1.4\ \mu\text{m}$、$1.6\ \mu\text{m}$、$2.0\ \mu\text{m}$、$4.8\ \mu\text{m}$、$5.2\ \mu\text{m}$、$9.4\ \mu\text{m}$ 和 $10.4\ \mu\text{m}$ 处出现弱吸收带。H_2O 在 $1.87\ \mu\text{m}$、$2.7\ \mu\text{m}$、$6.27\ \mu\text{m}$ 处出现强吸收带,在 $0.94\ \mu\text{m}$、$1.1\ \mu\text{m}$、$1.38\ \mu\text{m}$ 和 $5.2\ \mu\text{m}$ 处出现弱吸收带。N_2O 在 $4.5\ \mu\text{m}$ 处有一个较强的吸收带,在 $2.9\ \mu\text{m}$、

4. 05 μm、7. 7 μm、8. 6 μm 和 17. 1 μm 处有弱吸收带。CO 在 4. 6 μm 处有一个强吸收带,在 2. 3 μm 处有一个弱吸收带。CH_4 在 3. 31 μm、6. 5 μm 和 7. 65 μm 处有吸收带。O_3 在 9. 6 μm 处有一个强吸收带,在 4. 7 μm、8. 9 μm 和 14 μm 处有弱吸收带。图 8.7 为地面水平相距 0. 1 km 进行测试而获得的 CO_2 和 H_2O 在 2~10 μm 区域的吸收系数曲线,从图 8.7 中可以看出 CO_2 和 H_2O 的光谱选择吸收特性。

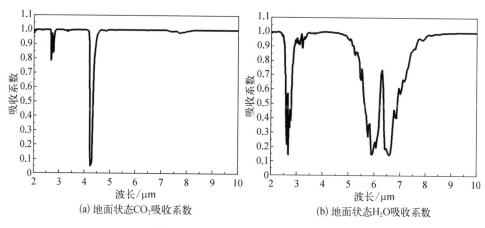

(a) 地面状态CO_2吸收系数　　　　(b) 地面状态H_2O吸收系数

图 8.7　CO_2 和 H_2O 吸收系数曲线

5. 空间面辐射角系数

任意放置的两个黑体表面间的辐射换热系统如图 8.8 所示,假定两个表面的面积分别为 A_1 和 A_2,表面温度分别为 T_1 和 T_2,表面间的介质对热辐射是透明的。由图 8.9 可见,系统中每个表面所辐射的能量只有一部分可辐射到另一个表面,其余部分则辐射到系统以外的空间中。

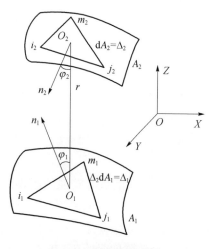

图 8.8　角系数的定义

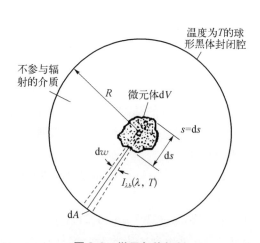

图 8.9　微元气体辐射

把表面 A_1 发出的辐射能落到表面 A_2 上的百分数称为 A_1 对 A_2 的角系数,用符号 F_{1-2} 表示,则 F_{12} = A_1 射向 A_2 的辐射能/由 A_2 辐射出的全部能量;同理,也可定义 A_2 对 A_1 的角系数 F_{2-1}。角系数是反映一个表面发射或反射的辐射能可能达到其他表面份额的参数,它对计算表面间的辐射换热有重要意义。对于漫反射表面,由于发射和反射均与方向无关,角系数是一个反映两表面的几何形状、大小及相对位置等几何特性的无因次量,用来确定角系数的数学方法是以角系数的以下两个特性作为基础的。

1) 角系数的相对性

任意两个表面之间的一对角系数 F_{i-j} 和 F_{j-i} 不是独立的,它要受到式(8.19)的制约。

$$A_i F_{i-j} = A_j F_{j-i} \tag{8.19}$$

2) 角系数的完整性

对于由几个表面组成的封闭系统,如图 8.10 所示,根据能量守恒原理,从任意一个表面发射出的辐射能必全部落在其他表面上。因此,任意一个表面 i 对于其余表面的角系数之间存如下关系:

$$F_{i-1} + F_{i-2} + F_{i-3} + \cdots + F_{i-n} = \sum_{j=1}^{n} F_{i-j} = 1$$

$$\tag{8.20}$$

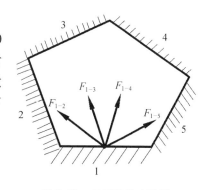

图 8.10 角系数的完整性

8.1.3 数值计算理论基础及方法

热辐射传输方程是辐射热能在传输过程中的吸收、发射、散射、透射等理论的基础;分子吸收的逐线计算法是气体辐射在传输过程中的基本理论;粒子散射理论是 soot 粒子(碳黑粒子)等微粒子在大气中进行瑞利(Rayleigh)散射、米氏(Mie)散射的理论基础,该理论对发动机全加力状态的红外辐射特性的研究具有重要意义。蒙特卡罗法和有限体积法是红外辐射特性数值计算中典型的两种数值计算方法[4,5]。

1. 热辐射传输方程

热辐射传输方程描述了辐射热能在介质中传输时,能量的发射、吸收、散射和透射的相互关系,是一个在射线方向上的能量平衡方程。介质辐射的选择性要比固体表面显著,如绝大多数气体的辐射光谱是不连续的,而绝大多数不透明固体表面的辐射光谱都是连续的。在介质辐射中,除发射、吸收外,常需要考虑散射。散射是指热辐射通过介质时方向改变的现象,从能量变化的角度,散射可以分为四种类型：弹性散射——射线方向改变，但光子能量没有因散射而改变，即散射时辐射场与介质之间无能量交换；非弹性散射——不仅射线方向改变，光子能量也变化；各向同性散射——任何方向上的散射能量都相同；各向异性散射——散射能量随方向变化。介质的散射是由介质的局部不均匀引起的，介质中含有各种粒子（气体分子、尘埃、气溶胶）就会引起散射。

1) 布格尔（Bouguer）定律

射线在介质中传输时，由于介质的吸收及散射，能量逐渐衰减。布格尔定律认为，在原射线方向上辐射能的衰减量 $\mathrm{d}I_\lambda$ 正比于透射量 I_λ 及厚度 $\mathrm{d}x$，即

$$\mathrm{d}I_\lambda = -\beta_\lambda(x)I_\lambda\mathrm{d}x \tag{8.21}$$

式中，β_λ 为比例系数，称为光谱衰减系数，m^{-1}，负号表示减少。β_λ 与射线波长、介质的状态、压力或密度、成分等有关，即

$$\beta_\lambda = \beta_\lambda(T,\ P,\ \mu_i) = \beta_\lambda(x) \tag{8.22}$$

对于非均质、非均温介质，β_λ 是空间位置的函数。

令 $x = 0$ 处，$I_\lambda = I_{\lambda,0}$；$x = L$ 处，$I_\lambda = I_{\lambda,L}$，则

$$\int_{I_{\lambda,0}}^{I_{\lambda,L}} \frac{\mathrm{d}I_\lambda}{I_\lambda} = -\int_0^L \beta_\lambda(x)\,\mathrm{d}x \tag{8.23}$$

可得

$$I_{\lambda,L} = I_{\lambda,0}\exp\left[-\int_0^L \beta_\lambda(x)\,\mathrm{d}x\right] \tag{8.24}$$

式(8.24)即为布格尔定律，表明光谱辐射强度沿传递行程按指数规律衰减。

2) 热辐射传输方程的微分积分形式

考察一发射、吸收、散射性介质，在位置 s、辐射传输方向 S 上取一微元体，其截面为 $\mathrm{d}A$，长度为 $\mathrm{d}s$，如图 8.11 所示。令在 s 处 S 方向的光谱辐射强度为 $I_\lambda(s,\ S,\ t)$，则在 $s + \mathrm{d}s$ 处 S 方向的出射辐射强度为 $I_\lambda(s,\ S,\ t) + \mathrm{d}I_\lambda(s,\ S,\ t)$。因此，$S$ 方向微元体立体角 $\mathrm{d}\varOmega$、时间间隔 $\mathrm{d}t$、波长间隔 $\mathrm{d}\lambda$ 内的光谱辐射强度变化为 $\mathrm{d}I_\lambda(s,\ S,\ t)\mathrm{d}A\mathrm{d}\varOmega\mathrm{d}t$。令 $W_{\lambda,\varOmega}$ 表示该微元体在 S 方向上单位时间、单位体积、单位波长、单位立体角内光谱辐射能量的增益，即

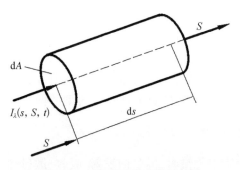

图 8.11　热辐射传输方程的推导

$$W_{\lambda,\varOmega} = W_{\lambda,\varOmega,\mathrm{e}} - W_{\lambda,\varOmega,\mathrm{a}} - W_{\lambda,\varOmega,\mathrm{out\text{-}sca}} + W_{\lambda,\varOmega,\mathrm{in\text{-}sca}} \tag{8.25}$$

式中，$W_{\lambda,\Omega,\mathrm{e}}$ 为 S 方向上单位时间、单位体积、单位立体角内发射的光谱能量；$W_{\lambda,\Omega,\mathrm{a}}$ 为 S 方向上单位时间、单位体积、单位立体角内吸收的光谱能量；$W_{\lambda,\Omega,\mathrm{out-sca}}$ 为 S 方向上单位时间、单位体积、单位立体角内散射射出的光谱能量；$W_{\lambda,\Omega,\mathrm{in-sca}}$ 为 S 方向上单位时间、单位体积、单位立体角内散射射入的光谱能量。

在相同的时间和波长间隔内，同一微元体、同一微元角 $\mathrm{d}A\mathrm{d}s$ 辐射能量的增益等于辐射强度的变化，即

$$W_{\lambda,\Omega}\mathrm{d}A\mathrm{d}s\mathrm{d}\Omega\mathrm{d}\lambda\,\mathrm{d}t = \mathrm{d}I_{\lambda}(s,\,S,\,t)\,\mathrm{d}A\mathrm{d}\Omega\mathrm{d}\lambda\,\mathrm{d}t \tag{8.26}$$

注意到 $\mathrm{d}s = c\mathrm{d}t$，$c$ 为热辐射在介质中的传递速度，则

$$\frac{\mathrm{d}I_{\lambda}(s,\,S,\,t)}{\mathrm{d}s} = \frac{\partial I_{\lambda}(s,\,S,\,t)}{\partial t}\frac{\mathrm{d}t}{\mathrm{d}s} + \frac{\partial I_{\lambda}(s,\,S,\,t)}{\partial s} = \frac{1}{c}\frac{\partial I_{\lambda}(s,\,S,\,t)}{\partial t} + \frac{\partial I_{\lambda}(s,\,S,\,t)}{\partial s}$$
$$\tag{8.27}$$

由式(8.26)和式(8.27)可得

$$\frac{1}{c}\frac{\partial I_{\lambda}(s,\,S,\,t)}{\partial t} + \frac{\partial I_{\lambda}(s,\,S,\,t)}{\partial s} = W_{\lambda,\Omega} \tag{8.28}$$

令 $j_{\lambda}^{\mathrm{tot}}$ 表示单位时间、单位体积、单位波长、单位立体角内考虑自发发射和诱导发射的光谱总发射能量，其单位为 $\mathrm{W/(m^3 \cdot sr \cdot \mu m)}$，则

$$W_{\lambda,\Omega,\mathrm{e}} = j_{\lambda}^{\mathrm{tot}}(s,\,S,\,t) \tag{8.29}$$

单位时间、单位体积、单位立体角、单位波长内吸收和散射射出的光谱能量分别为

$$W_{\lambda,\Omega,\mathrm{a}} = \kappa_{\lambda}(s)I_{\lambda}(s,\,S,\,t) \tag{8.30}$$

$$W_{\lambda,\Omega,\mathrm{out-sca}} = \sigma_{s\lambda}(s)I_{\lambda}(s,\,S,\,t) \tag{8.31}$$

由空间各方向投射辐射引起 S 方向的光谱散射能量为

$$W_{\lambda,\Omega,\mathrm{in-sca}} = \int_{\Omega_i = 4\pi}\frac{\sigma_{s\lambda}(s)}{4\pi}I_{\lambda}(s,\,S,\,t)\Phi_{\lambda}(s_i,\,s)\mathrm{d}\Omega_i \tag{8.32}$$

最后得热辐射传输方程的积分形式为

$$I_{\lambda}(\tau_{\lambda},\,s) = I_{\lambda}(0)\exp(-\tau_{\lambda}) + \int_0^{\tau_{\lambda}}S_{\lambda}(\tau_{\lambda}^*,\,s)\exp[-(\tau_{\lambda} - \tau_{\lambda}^*)]\mathrm{d}\tau_{\lambda}^*$$
$$\tag{8.33}$$

式中，τ_{λ}^* 为积分虚变量，

$$S_{\lambda}(\tau_{\lambda},\,s) = (1 - \omega_{\lambda})I_{b\lambda}(\tau_{\lambda}) + \frac{\omega_{\lambda}}{4\pi}\int I_{\lambda}(\tau_{\lambda},\,s_i)\Phi_{\lambda}(s_{i,s})\mathrm{d}\Omega_i \tag{8.34}$$

式(8.34)的物理意义如图 8.12 所示。抵达 τ_λ 处的辐射强度 $I_\lambda(\tau_\lambda, s)$ 由两部分组成。

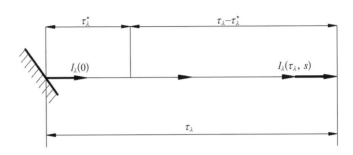

图 8.12　热辐射传输积分方程物理意义示意图

(1) 右端第一项: $\tau_\lambda = 0$ 处的光谱辐射强度 $I_\lambda(0)$ 经光学厚度 τ_λ 的衰减,抵达 τ_λ 处剩下的能量。

(2) 右端第二项: 先看积分号内,它是 τ_λ^* 处的发射,加上整个空间入射引起 τ_λ^* 处在射线方向 S 的散射,经过光学厚度($\tau_\lambda - \tau_\lambda^*$)的衰减到达 τ_λ 处剩余的能量。再将 τ_λ^* 从 0 积到 τ_λ,表明此项是整个光学厚度中,介质每一点在射线方向上的发射及入射引起的散射,考虑了此点后面介质对它的衰减,抵达 τ_λ 处的剩余能量。

2. 分子吸收的逐线计算法

气体辐射可以分为中高温(3 000 K 以下)、高温(3 000 K 以上)和极高温(几万K 以上),大多数情况下,中高温气体辐射处于热力学平衡态,研究对象主要是燃烧产物 CO_2、H_2O、CO、NH_3、CH_4、SO_2、NO、NO_2 等,其辐射光谱大多集中在红外区。对飞机发动机喷流而言,气体辐射主要为中高温气体的辐射,中高温气体辐射的研究较早,20 世纪 30 年代传热学界开始研究气体辐射,主要采用纯实验法测量气体的发射率、吸收率和透射率,这种纯实验方法被称为直测法。20 世纪 50 年代,航天技术的发展促使传热学界开始引入原子和分子的热辐射理论研究气体辐射,并借鉴了大气辐射研究的光谱方法,出现了谱带模型法和逐线计算法。本质上,各种不同的光谱法是在不同水平对一定光谱间隔内气体特性的近似。逐线计算法的光谱分辨率最高,其光谱间隔尺度(波数)一般为 0.000 2 ~ 0.02 cm^{-1}。

光谱法的基本原理是: 利用原子和分子的量子力学原理与公式,建立起光谱参数与发射率、吸收率、透射率等的关系,以及光谱参数与温度、压力的关系。因此,原则上,只要从光谱实验中测出气体某一温度、压力范围内的光谱参数,即可由光谱法得到不同温度、压力下气体的发射率、吸收率或透射率等辐射特性数据。从此原理可以看出光谱法的一大优点是: 可以通过常温、常压下的实验数据推出高温、高压的结果,但也是有限度的。理论上来说,逐线计算法是目前最准确的气体辐射特性计算方法,可以作为其他方法的基准。如图 8.13 所示,在气体的吸收带内,各吸收谱线之间会发生部分重叠。

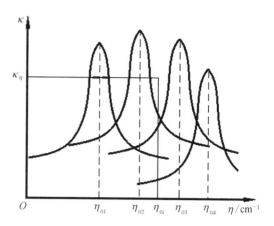

图 8.13 逐线计算原理图

对于同一气体,在波数 η 处,光谱吸收系数 $\kappa_{\eta,\,\text{Line}}$ 等于相互重叠谱线的线吸收系数 $\kappa_{\eta,\,\text{Line}}^i$ 之和,即

$$\kappa_{\eta,\,\text{Line}} = \sum_i \kappa_{\eta,\,\text{Line}}^i = \sum_i S_{i,\,\text{Line}} F(\eta - \eta_{0i}) \tag{8.35}$$

式中,$\kappa_{\eta,\,\text{Line}}^i$ 为第 i 条谱线在波数 η 处的吸收系数;$F(\eta - \eta_{0i})$ 为第 i 条谱线的线形函数,cm;η_{0i} 为计算域内第 i 条谱线中心处的波数;$S_{i,\,\text{Line}}$ 为第 i 条谱线的谱线积分强度(简称谱线强度),cm^{-2},其定义式为

$$S_{i,\,\text{Line}} = \int_{-\infty}^{+\infty} \kappa_{\eta,\,\text{Line}}^i \mathrm{d}\eta \tag{8.36}$$

则有

$$K_{\eta,\,\text{Line}}^i = S_{i,\,\text{Line}} F(\eta - \eta_{0i}) = F(\eta - \eta_{0i}) \int_{-\infty}^{+\infty} K_{\eta,\,\text{Line}}^i \mathrm{d}\eta \tag{8.37}$$

式(8.37)既为谱线线形函数的定义式,也是谱线积分强度的定义式。线形函数的归一化性质为

$$\int_{-\infty}^{+\infty} F(\eta - \eta_{0i}) \mathrm{d}(\eta - \eta_{0i}) = 1 \tag{8.38}$$

实际计算中,若谱线线翼伸展较远,则必须考虑计算点两侧数十个波数范围内吸收线的影响。

3. 粒子散射

热辐射在大气中传输时,除因分子的选择性吸收导致辐射能量衰减外,还会在大气中遇到气体分子密度的起伏及微小粒子,使辐射改变方向,从而使传播方向的辐射能减弱,这就是散射。一般来说,散射比分子吸收弱,随着波长增加,散射衰减所占的地位逐渐减少。但是在吸收很小的大气窗口波段,相对来说,散射就是辐射衰减的主要原因。散射是由介质不均匀所致,如大气中气体分子(主要是氮气分子和氧气分子),其线度约为 10^{-8} cm 数量级,它引起的散射又叫作分子散射,另外,大气中各种类型的悬浮微粒也都能引起散射。散射的强弱与大气中散射元的大小及辐射波长有密切关系。当一束单色辐射在不均匀介质中传播 x 距离后，散射作用将使辐射衰减，其衰减是按指数规律进行的，即

$$P_\lambda(x) = P_\lambda(0)\exp[-\mu_s(\lambda) \cdot x] \tag{8.39}$$

式中，$P_\lambda(x)$ 和 $P_\lambda(0)$ 分别为在散射前和经过 x 距离散射后的光谱辐射功率；$\mu_s(\lambda)$ 为散射系数。因此不难看出，纯散射决定的介质的透射率为

$$\tau_s(\lambda, x) = \frac{P_\lambda(x)}{P_\lambda(0)} = \exp[-\mu_s(\lambda) \cdot x] \tag{8.40}$$

一般情况下，大气中的散射是由两类散射元的作用构成的，主要包括大气分子的散射和大气中悬浮微粒的散射，所以散射系数 $\mu_s(\lambda)$ 又可以写成下列两项之和：

$$\mu_s(\lambda) = \mu_m(\lambda) + \mu_p(\lambda) \tag{8.41}$$

式中，$\mu_m(\lambda)$ 和 $\mu_p(\lambda)$ 分别表示分子和悬浮微粒的散射系数。大气的散射规律随散射体的大小而变化。在散射中，通常采用一个尺寸因子 χ，为

$$\chi = \frac{2\pi r}{\lambda} \tag{8.42}$$

式中，r 为散射粒子的半径；λ 为入射光的波长。在 χ 较小（通常指 $\chi < 1.0$）时，散射遵守瑞利规律，这种散射称为瑞利散射。当 χ 超过瑞利散射的范围后（通常指 $\chi = 1.0 \sim 20$），进入米氏散射的范围。对于红外辐射特性的研究，主要针对米氏散射。

1908 年，德国 Gustav Mie 通过大气分子对太阳光的散射，得到各向同性均匀球的散射解，后称为 Mie 散射理论，使粒子理论达到一个新阶段。Mie 散射公式是非偏振平面电磁波投射均质球形粒子时得到的 Maxwell 方程远场解。远场是指距粒子比较远处的电磁场，因为在实用中粒子间的距离通常都比粒子尺寸大得多，在此条件下可采用远场解。远场解是 Maxwell 精确解的简化。球形粒子的衰减因子 Q_e、散射因子 Q_s、散射反照率和散射相函数的计算公式为

$$Q_e(m, \chi) = \frac{C_e}{G} = \frac{2}{\chi^2}\sum_{n=1}^{\infty}(2n+1)\mathrm{Re}\{a_n + b_n\} = \frac{4}{\chi^2}\mathrm{Re}\{S_0\} \tag{8.43}$$

$$Q_s(m, \chi) = \frac{C_s}{G} = \frac{2}{\chi^2}\sum_{n=1}^{\infty}(2n+1)(|a_n|^2 + |b_n|^2) \tag{8.44}$$

式中，m 为粒子光学常数；G 为球形粒子的几何投影面积；Re 表示取复数的实部；a_n、b_n 为 Mie 散射系数。

$$\omega_{p} = \frac{Q_{s}}{Q_{e}} \tag{8.45}$$

式中，ω_{p} 为单个粒子的散射反照率。

$$\Phi_{p}(m, \chi, \Theta) = \frac{1}{Q_{s}\chi^{2}}(\mid S_{1} \mid^{2} + \mid S_{2} \mid^{2}) \tag{8.46}$$

式中，Φ_{p} 为单个粒子的散射相函数；Θ 为散射方向与入射方向的夹角，简称散射角；S_{1}、S_{2} 为复数幅值函数。

Mie 散射计算的核心是求 Mie 散射系数 a_{n}、b_{n} 及散射角函数，a_{n}、b_{n} 都具有复数自变量的复杂函数，容易出现解的不稳定。此外，若粒子材料的复折射率与尺寸因子较大，即为大粒子，其 Mie 级数收敛很慢，所以虽然 Mie 散射解早在 1908 年就已经得出，但直到 1968 年才有比较完整的求解任意粒子 Mie 散射计算方法发表。

4. 蒙特卡罗法

蒙特卡罗法(Monte-Carlo method，MCM)是一种概率模拟方法，它可以用于求解随机性问题，也可以用于求解确定性问题。蒙特卡罗法求解确定性问题的基本思想是将这些确定性问题转化为随机性问题，然后通过随机变量的统计试验来求解。1964 年，Howell 将蒙特卡罗法引入辐射换热计算领域，目前普遍采用的方法是在计算机上用数学方法产生随机数，但这种随机数根据确定的递推公式求得，初值确定之后，所有的"随机数"便被唯一确定下来，并且存在周期现象，因此并不满足真正随机数的要求，故称为"随机尾数"。蒙特卡罗法求解热辐射传输问题的基本思想是：将传输过程分解为发射、透射、反射、吸收和散射等一系列独立的子过程，并把它们化成随机问题，即建立每个子过程的概率模型。令每个单元(面元和体元)发射一定量的光束，跟踪、统计每束光束的归宿(被介质和界面吸收，或从系统中透射出或逸出)，从而得到该单元辐射能量分配的统计结果。在辐射传递计算中应用的蒙特卡罗法主要有两种方法：一种是光束携带能量，概率模拟和能量平衡方程的求解没有分离；另一种是光束不携带能量，概率模拟和温度场的迭代计算分离。

1) 第一种方法——光束携带能量

早期的蒙特卡罗法认为每个光束携带有确定的能量，在跟踪大量光束的传递后，直接得到各种能量值(吸收能量、透射能量和反射能量等)，进而根据这些能量求其他一些参量(吸收率、透射率和反射率等)。设体元 V_{i} 或面元 S_{i} 的辐射能量分别为 $Q_{V_{i}}^{r}$ 和 $Q_{S_{i}}^{r}$，发射的光束总数为 N_{e}(下标 e 表示发射)，则每束光束所具有的能量为

$$\delta Q_{V_i}^r = Q_{V_i}^r / N_e \tag{8.47a}$$

$$\delta Q_{S_i}^r = Q_{S_i}^r / N_e \tag{8.47b}$$

通过概率模拟,根据所有体元和面元发射的每束光束的透射、反射、吸收和散射等过程,直到光束被吸收或透射或逸出为止,统计每个单元吸收光束的数目,计算出体元和面元的辐射换热量。即

$$Q_{V_i}^r = \delta Q_{V_i}^r N_a(V_i) - 4\kappa_i V_i \sigma T_{V_i}^4 \tag{8.48a}$$

$$Q_{S_i}^r = \delta Q_{S_i}^r N_a(S_i) - \varepsilon_i S_i \sigma T_{S_i}^4 \tag{8.48b}$$

式中,$N_a(V_i)$、$N_a(S_i)$ 分别为体元和面元吸收的光束数。

如果已知温度分布,则每束光束所携带的能量不变,用这种方法可直接求解。但是此种方法的缺点是:概率模拟和温度场的迭代计算没有分离。如果温度场是待定量,则在迭代求解温度场时,每束光束携带的能量不断变化,温度场每迭代一次,就要重复一次概率模拟。因此,随机抽样光束数量不可能取得很大,模拟精度难以提高。

2) 第二种方法——光束不携带能量

改进的蒙特卡罗法鉴于分解难点的思想,光束本身不携带能量,利用概率模拟求辐射传递因子 RD_{ij},然后将 RD_{ij} 代入能量方程。辐射传递因子 RD_{ij} 的定义为:在一个红外辐射传输系统中,单元 i(面元 S_i 和体元 V_i)的本身辐射能量,经一次投射以及经系统内其他各单元一次或多次反射和散射后,最终被单元 j(面元 S_j 和体元 V_j)吸收的份额。

对于一个由 M_s 个面元及 M_v 个体元(总单元数 $M_t = M_s + M_v$)组成的封闭系统,用辐射传递因子表示的体元 V_i 和面元 S_i 的能量方程分别为

$$4\kappa_i V_i \sigma T_i^4 = \sum_{j=1}^{M_v} 4\kappa_j V_j \sigma T_j^4 RD_{ji} + \sum_{k=1}^{M_s} \varepsilon_k S_k \sigma T_k^4 RD_{ki} \tag{8.49a}$$

$$\varepsilon_i S_i \sigma T_i^4 = \sum_{j=1}^{M_v} 4\kappa_j V_j \sigma T_j^4 RD_{ji} + \sum_{k=1}^{M_s} \varepsilon_k S_k \sigma T_k^4 RD_{ki} \tag{8.49b}$$

引入辐射传递因子的思路是:将单元与单元间的空间位置、几何形状、介质的辐射物性、接收单元的界面辐射特性等与温度(能量)分离,从而使辐射传递因子在能量方程迭代求解的过程中保持不变,或做微小的扰动。其优点是:可以取得很大的模拟量,提高了计算精度;只与本身辐射相联系,避免了有效辐射等概念,简化了物理模型;可以考虑镜反射、各向异性发射、各向异性反射,只需对不同界面辐射特性构造相应的概率模型。

3) 蒙特卡罗法的优缺点

蒙特卡罗法的优点显著,其一是适应性强,可以处理各种复杂问题,如多维、复杂几何形状、各向异性散射、各向异性发射等。其二是在处理复杂问题时,蒙特卡罗法模拟计算的复杂程度大体上随问题的复杂性成比例增加;而其他方法处理复杂问题时,其复杂程度大体随问题的复杂性成平方增加。但是,蒙特卡罗法在处理非均匀介质辐射传递时,计算量将大大增加。蒙特卡罗法不存在对空间立体角的离散,因此通常可将它的解作为一个验证的参考基准,以确定其他辐射求解方法对空间立体角的离散所带来的误差。在蒙特卡罗法的基础上,近年来又有新的发展,如一种新的计算辐射强度的方法——散射或者反射能量份额分布(distributions of ratio of energy scattered or reflected, DRESOR)法,其主要思想是应用蒙特卡罗法计算发射能量被弥散介质散射或者壁面反射的份额,从而以较高的空间方向分辨率计算系统内任意一点的辐射强度随空间方向的变化。作为一种概率统计方法,蒙特卡罗法不可避免地存在一定的统计误差,其计算结果总是在精确解周围波动,随着模拟抽样光束数量的增加逐渐接近精确解。近年来,随着计算机技术的发展和计算方法的改进,目前模拟一个工程实际问题时,单个面元和体元的随机抽样光束已经可以达到几百万到几亿束。因此,对于一般工程问题,统计误差完全可以忽略。实际上,计算结果的统计性质是客观事物的真实反映,因为没有一个实际问题不带任何统计的因素。

5. 有限体积法

有限体积法(finite volume method)的基本思路是:将计算区域划分为网格,并使每个网格点周围有一个互不重复的控制体积;将待解微分方程(控制方程)对每一个控制体积积分,从而得出一组离散方程。其中的未知数是网格点上的因变量 ϕ,为了求出控制体积的积分,必须假定 ϕ 值在网格点之间的变化规律。从积分区域的选取方法来看,有限体积法属于加权余量法中的子域法,从未知解的近似方法来看,有限体积法属于采用局部近似的离散方法。简而言之,子域法加离散就是有限体积法的基本方法。有限体积法的基本思想易于理解,并能得出直接的物理解释。离散方程的物理意义就是因变量 ϕ 在有限大小的控制体积中的守恒原理,如同微分方程表示因变量在无限小的控制体积中的守恒原理一样。有限体积法得出的离散方程要求因变量的积分守恒对任意一组控制体积都得到满足,对整个计算区域,自然也得到满足。这是有限体积法吸引人的优点,有一些离散方法,如有限差分法,仅当网格极其细密时,离散方程才满足积分守恒;而有限体积法即使在粗网格情况下,也显示出准确的积分守恒。

就离散方法而言,有限体积法可视为有限元法和有限差分法的中间物。有限元法必须假定 ϕ 值在网格节点之间的变化规律(即插值函数),并将其作为近似解。有限差分法考虑网格点上 ϕ 的数值而不考虑 ϕ 值在网格节点之间如何变化。

有限体积法只寻求 ϕ 的节点值,这与有限差分法相类似。在有限体积法中,插值函数只用于计算控制体积的积分,得出离散方程后,便可忘掉插值函数;如果需要的话,可以对微分方程中不同的项采取不同的插值函数。与其他离散化方法一样,有限体积法的核心体现在区域离散方式上。区域离散化的实质就是用有限个离散点来代替原来的连续空间。有限体积法的区域离散实施过程是:把所计算的区域划分成多个互不重叠的子区域,即计算网格,然后确定每个子区域中的节点位置及该节点所代表的控制体积。

8.1.4 航空发动机红外辐射特性机理

航空发动机的红外辐射强度主要表现为单位立体角内的红外辐射,单位为 W/sr,由斯蒂芬-波尔兹曼定律可知,降低固体表面温度和减小表面发射率是降低固体红外辐射的主要措施。

航空发动机产生的红外辐射主要集中于 $3\sim 5\ \mu m$ 波段(中红外),也有部分辐射从 $8\sim 14\ \mu m$ 波段(远红外)的大气窗口透过。传统航空发动机后向红外辐射主要来自低压涡轮、加力燃烧室和喷管的高温固体壁面、高温气流以及四者形成的后向腔体辐射(图 8.14),其中固体壁面的辐射既包括其自身向外的辐射,又包含对其他部位入射辐射的反射辐射,而腔体内部高温气流中的二氧化碳(CO_2)和水蒸气(H_2O)对红外辐射能量具有吸收-发射双重作用。因此,这两项气体(CO_2 和 H_2O)的辐射是发动机的主要辐射源,同时气体辐射受大气环境的透射率影响较大。

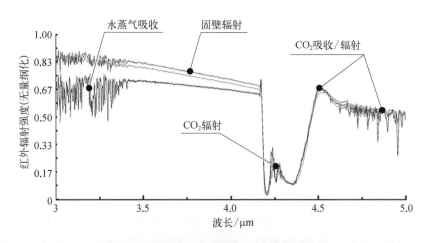

图 8.14 航空发动机典型红外光谱辐射特征

如图 8.15 所示,无论是固体辐射还是气体辐射,经过大气吸收后都会被衰减,其中大气透射率可以评价衰减后剩余值,一般随着海拔的增加,同样距离的大气透过率增加;随着距离的增加,大气透射率减少。

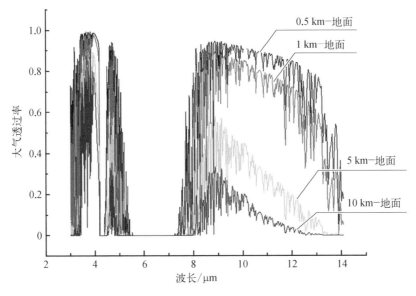

图 8.15 大气吸收对红外光谱透射率的影响

8.2 红外隐身设计

8.2.1 研发依据

飞机红外隐身主要是发动机后向的红外隐身,主要表现为:飞机的红外辐射源一般由发动机后腔体(一般包括低压涡轮、加力燃烧室和喷管)、高温喷流和飞机蒙皮组成,其中气动加热引起的飞机蒙皮红外辐射主要与飞行马赫数有关,若飞行马赫数不高(一般小于1.2),则飞机蒙皮的红外辐射可以不考虑;目前针对飞机的红外探测系统使用的探测波段集中在 $3 \sim 5~\mu m$ 和 $8 \sim 14~\mu m$ 两个波段,其中 $3 \sim 5~\mu m$ 波段探测的主要是发动机后腔体和高温喷流,$8 \sim 14~\mu m$ 波段探测的主要是发动机后腔体和飞机蒙皮;发动机后向的红外辐射强度较大。发动机后向的红外辐射强度呈现方位特性,发动机后腔体中的各个热端部件对发动机红外辐射强度的贡献与探测方位有关。喷管是发动机红外隐身最关键的部件,这不仅是因为喷管是发动机的重要红外辐射源,更重要的是发动机后腔体中其他热端部件和喷流的红外隐身可以通过它的遮挡、掺混等设计予以实现。

8.2.2 国内外研发情况

1) 国外研发情况

在20世纪60年代以前,美国主要是开展红外隐身技术探索研究,并将研究成果应用在 SR-71、U-2 等高空侦察机上,如 U-2 飞机采用挡板来改变排气系

统的红外辐射方向。在 20 世纪 60~70 年代,美国基本上完成了红外隐身技术的
基础研究和先期开发工作,并于 20 世纪 80~90 年代开始在新研的各种飞行器上
广泛采用红外隐身技术,如以二元喷管、壁面气动冷却、机械遮挡、喷流强化掺混
为代表的部分喷管红外隐身技术成果陆续在美国作战飞机、无人机以及直升机
上得到应用。例如,F – 22A 飞机/F119 发动机综合应用了二元喷管、壁面气动
冷却、低发射率红外隐身涂层、锯齿修形喷流强化掺混等红外隐身技术,"暗
星"、X – 32、X – 45 等无人机应用了二元喷管技术,RAH – 66"科曼奇"直升机和
AH – 64"阿帕奇"直升机应用了红外抑制器技术(图 8.16)。此外,其他一些国
家也积极开展发动机红外隐身技术的研究和工程应用工作,例如,俄罗斯研制的
产品 30 发动机轴对称矢量喷管(图 8.17)应用了锯齿修形喷流强化掺混等红外
隐身技术;法国研制的"小羚羊"直升机和"海豚"直升机采用了排气引射型红外
抑制器。

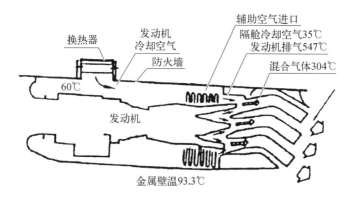

图 8.16　"阿帕奇"直升机红外抑制器示意图[6]

图 8.17　产品 30 发动机及其轴对称矢量喷管[7]

2）国内研发情况

从 20 世纪 80 年代开始,以高校为代表的国内研究机构先后对发动机喷管的壁面气动冷却、机械遮挡、低发射率红外隐身涂层等技术以及喷流红外隐身技术进行了计算、试验研究工作,其中在直升机发动机排气引射型红外抑制器方面开展了气动性能和红外隐身方面的数值模拟、模型试验等研究(图 8.18);在二元喷管技术方面,针对二元收敛喷管、二元收扩喷管开展了较多的缩尺模型气动性能试验和红外辐射测量,还进行了全尺寸小宽高比二元喷管试验件台架试车和装无人靶机的红外辐射测量研究[8]。

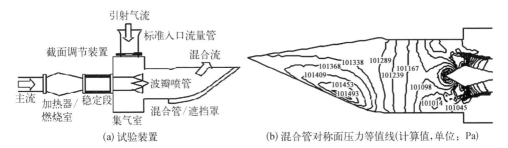

(a) 试验装置　　　　　　(b) 混合管对称面压力等值线(计算值,单位:Pa)

图 8.18　直升机发动机排气引射型红外抑制器试验装置及数值模拟结果[9]

8.2.3　技术要点

1. 喷管红外隐身设计需要关注的问题

1）喷管红外隐身难点

由于喷管的工作环境复杂恶劣,并且受到发动机推力性能、结构重量、长寿命、高可靠性等要求的限制,喷管的红外隐身技术研究及工程应用面临很大的难度和挑战。

(1) 喷管在通过采取各项红外隐身措施而获得发动机后向红外隐身性能的同时,必然要付出推力性能、结构重量等方面的代价,发动机在满足推力性能、结构重量的要求与满足红外隐身要求之间存在一定的矛盾。例如,若利用涡扇发动机外涵空气冷却喷管收敛段和扩张段,则会减少加力燃烧室用于燃烧的空气量,影响发动机的加力性能,并且由于需要额外设计冷却结构,增加了结构设计的难度和喷管的重量;若利用发动机舱的二次流冷却喷管热壁面,则需要飞机增加发动机舱的进气,不利于飞机的气动性能。因此,需要开展喷管气动、结构、红外隐身一体化设计技术研究,力求推力性能、结构重量、红外隐身性能的平衡,以最小的代价获得最大的红外隐身收益。

(2) 红外隐身材料技术是重要的发动机隐身技术,红外隐身材料的应用可以在几乎不改变喷管整体结构设计方案的前提下降低喷管的红外辐射,但是喷管的调节片、密封片等结构件在严酷的高温、高速气流冲刷、振动等环境下工作,红外隐身材料的研发和应用十分困难。除低发射率红外隐身材料难以获得以及会增加喷管重量外,红外隐身材料在满足喷管长寿命、高可靠性等要求方面还存在一些问题。例如,低发射率红外隐身涂层主要由填料和黏合剂组成,黏合剂要求具有与底材良好的黏结性、耐冲刷和与填料有良好的相容性,但涂层在喷管复杂恶劣的环境下长期工作后仍然会出现不同程度的脱落问题;发动机工作一段时间后,低发射率红外隐身涂层会因表面形成积碳或其他存积物而使隐身作用降低或失效。

2) 喷管红外隐身综合设计问题

喷管红外隐身设计属于综合设计,一般需要有针对性地同时应用热壁面红外隐身设计技术、机械遮挡技术、喷流红外隐身技术等。此外,这些红外隐身技术的应用又有各种不同的技术措施,必须根据各种红外隐身技术措施对发动机红外隐身性能的贡献以及对发动机结构重量和推力性能的影响,综合采取多种红外隐身技术措施才有可能达到指标要求。例如,F-117A 飞机/F404 发动机为实现发动机后向的红外隐身,喷管采用的是带排气引射结构的"百叶窗帘"式大宽高比二元喷管,该喷管集机械遮挡、壁面气动冷却、红外隐身材料、喷流强化掺混、排气引射等多种红外隐身技术于一身,使 F-117A 飞机/F404 发动机的红外辐射至少比配装常规喷管减少 90%以上,当然也使飞机/发动机在性能和重量上付出了较大的代价。

3) 喷管红外隐身的飞机/发动机一体化设计问题

喷管既是发动机红外隐身设计中最为关键的部件,也是飞机/发动机一体化隐身设计的关键部件,为此喷管的红外隐身需要进行飞机/发动机一体化设计。首先,喷管的壁面气动冷却、选用二元喷管或 S 弯喷管等红外隐身设计与发动机总体设计和飞机总体设计密切相关,例如,喷管的壁面气动冷却会涉及涡扇发动机外涵空气流量的分配、发动机的加力性能或发动机舱的进气设计、飞机的阻力特性;二元喷管和 S 弯喷管不仅会涉及发动机的结构设计和气动设计,而且需要飞机与之进行匹配设计。其次,发动机后腔体红外辐射还涉及发动机后腔体中其他热端部件,喷管的红外隐身设计必须与发动机后腔体中其他热端部件的红外隐身设计综合考虑,进行一体化设计,例如,喷管选用二元喷管,则发动机后腔体中其他热端部件被二元喷管遮挡的热壁面不需要采取壁面气动冷却或低发射率红外隐身涂层等红外隐身措施。最后,发动机的红外隐身可以考虑利用飞机机体及垂尾等操纵面对发动机后腔体和高温喷流进行遮挡,这更需要进行飞机/发动机一体化设计,例如,B-2A 飞机的发动机采用背负式安装、F-22A 飞机的发动机采用嵌入式安装均达到了用飞机机体遮挡喷管的目的,F-117A 飞机和 F-22A 飞机则利用尾翼对喷管进行了遮挡。

2. 喷管红外隐身设计技术

作为发动机的重要红外辐射源和发动机后腔体中其他热端部件的红外辐射通道以及发动机高温喷流的出口,喷管隐身设计技术可针对性地分为热壁面红外隐身设计技术、机械遮挡技术、喷流红外隐身技术三类,具体介绍如下。

1) 热壁面红外隐身设计技术

发动机后腔体的热端部件具有连续的光谱辐射,在 $3\sim5~\mu m$ 波段和 $8\sim14~\mu m$ 波段均有较强的红外辐射,其中 $3\sim5~\mu m$ 波段辐射的贡献占绝大多数。在非加力状态下,发动机后腔体的红外辐射远大于发动机喷流,辐射范围在飞机的后半球,决定发动机后腔体红外辐射的主要因素有热端部件壁面的温度、面积、发射率、反射率等。喷管热壁面辐射主要来自隔热屏、调节片、密封片等内流道结构件内壁辐射,喷管的热壁面红外隐身技术一般有以下两种:

(1) 壁面气动冷却技术。因为热端部件在 $3\sim5~\mu m$ 波段的红外辐射强度一般与壁温呈 $4\sim10$ 次方的关系(具体的方次值主要与壁温有关),与壁面的面积和发射率呈线性关系,为此降低热壁面温度是喷管红外隐身最有效的技术措施。喷管的壁面气动冷却设计一般有两种:内冷设计和外冷设计(参见 4.2.3 节),这两种冷却设计在发动机红外隐身设计(图 8.19~图 8.21)中已经普遍采用,例如,B-2A飞机/F118 发动机的 S 弯二元喷管可以通过飞机机翼表面将外界冷却空气导入发动机舱,用于冷却喷管热壁面;F-22A 飞机/F119 发动机二元矢量喷管的调节片和侧壁采用了气膜冷却技术(图 8.19);F-117A 飞机/F404 发动机大宽高比二元喷管采用的三级排气引射结构(图 8.20)可以从发动机舱和飞机后机体的冲压型进气孔引入大量外界冷却空气,用于冷却喷管热壁面。采用壁面气动冷却技术也需要付出一定的代价:一是需要额外设计冷却结构,结构复杂,会增加喷管的重量、制造成本和维护成本;二是内冷设计会降低发动机的推力性能,外冷设计会增加飞机的阻力。为此,发动机总体对喷管冷却设计的冷却气量、结构重量均有严格要求,需要根据喷管各个结构件对发动机红外辐射的贡献、冷却难度和冷却气量需

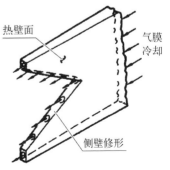

图 8.19　F-22A 飞机/F119 发动机二元矢量喷管及其侧壁气膜冷却[10]

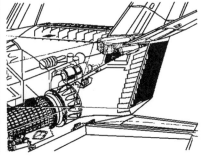

图 8.20　F‑117A 飞机[11]及其F404 发动机的二元喷管冷却设计[12]

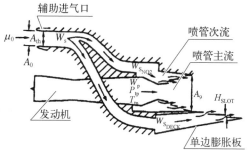

图 8.21　YF‑23 飞机[13]及其发动机的二元喷管壁面排气引射冷却设计[12]

求,充分利用有限的冷却空气,选择适当的结构件进行冷却。

（2）红外隐身材料技术。虽然降低热壁面温度是喷管红外隐身最有效的技术措施,但是喷管与环境背景之间的温度差很难控制到最小,并且需要在结构重量和推力性能方面付出较大的代价,为此降低热壁面的发射率也是喷管红外隐身的重要途径。需要说明的是,材料发射率低意味着其反射率高,而实际热壁面的红外辐射是自身发射的红外辐射和反射周围环境的红外辐射之和。由于发动机后腔体中各个热端部件壁面之间存在多次反射现象,发动机后腔体中各个热端部件壁面的发射率并不是越低越好,必须综合考虑发射和反射的红外辐射,合理选择发动机后腔体中各个热端部件壁面发射率分布方案,才能使发动机后腔体的红外辐射最低。材料的红外辐射仅与材料表面数微米表面层有关,因此喷管热壁面喷涂低发射率红外隐身涂层、镀低发射率红外隐身薄膜是很有发展潜力的红外隐身技术措施。对这两种低发射率材料的要求:一是满足热冲击性和热腐蚀性的要求(即高结合强度和耐高温),二是宽的红外吸收波段、高吸收、低反射、低发射。红外隐身材料的隐身效果取决于它可以达到的低发射率和原壁面的发射率。采用低发射率红外隐身涂层的代价:一是增加喷管的重量,增加的重量取决于涂层的比重、厚度和所需涂敷的表面积;二是增加喷管的制造成本和维护成本。

2）机械遮挡技术

　　由于喷管是发动机后腔体中其他热端部件的红外辐射通道,后腔体其他热端部件的红外辐射只能在飞机后向某一方向角的圆锥扇形区内可以探测到。为此,可以利用喷管的特殊几何设计来遮挡发动机后腔体中其他热端部件的热壁面,使这些热壁面不被红外探测系统探测到,降低发动机的红外辐射强度,并且显著改变发动机红外辐射的空间分布特性。目前隐身飞机/发动机普遍使用的二元喷管(图 8.19~图 8.21)就是这种技术最典型的应用,这种易与双发飞机匹配的喷管可对发动机后腔体中其他热端部件进行有效遮挡(图 8.22),减少热端部件暴露的面积以及可视角度。虽然二元喷管宽高比的增大可以提高遮挡效果,但宽高比的增大会导致更大的发动机推力损失和重量增加,因此平衡红外隐身性能、推力性能和结构重量是二元喷管设计的关键。

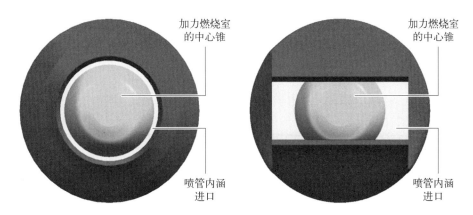

图 8.22　轴对称收扩喷管和二元收扩喷管对发动机后腔体高温壁面遮挡效果对比示意图

　　机械遮挡技术在隐身飞机/发动机上的另外一个典型应用就是 S 弯二元喷管,例如,美国开展了 S 弯二元喷管和 S 弯二元气动矢量喷管(图 8.23)的研究工作,S弯二元喷管可以对发动机后腔体中其他热端部件进行大部分甚至全部遮挡。由于特殊的几何形状,S 弯喷管可能会产生偏心力和俯仰力矩,需要在飞机和发动机设

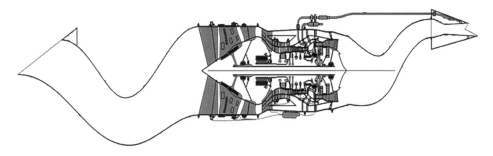

图 8.23　带 S 弯二元气动矢量喷管的发动机示意图[14]

计过程中平衡这些力和力矩。由于加力式发动机接通加力后,不仅会给 S 弯二元喷管带来冷却问题,而且会导致偏心力和俯仰力矩发生显著变化,影响飞机的稳定飞行。因此,S 弯二元喷管一般应用在非加力式发动机中,如 B - 2A 飞机/F118 发动机上就采用了 S 弯大宽高比二元喷管(图 8.24)。

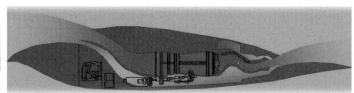

图 8.24   B - 2A 飞机/F118 发动机及其 S 弯二元喷管[10,15]

此外,就空中飞行的军用飞机而言,来自下方的红外探测威胁最大。因此,利用二元喷管下壁面延伸部分(或飞机机体)从下方遮挡发动机后腔体和喷流的红外辐射也是一种常用并且非常有效的红外隐身技术措施,F - 117A 飞机/F404 发动机、YF - 23 飞机/F119 或 F120 发动机、B - 2A 飞机/F118 发动机就采用了这种技术措施(图 8.20、图 8.21 和图 8.24),其中 F - 117A 飞机/F404 发动机喷管下壁面延伸约 200 mm 并向上倾斜 10°,而且喷管下壁面延伸区域覆盖低发射率的"热反射瓦"。这种遮挡技术的不足之处:一是遮挡结构容易被喷流加热,并且固体壁面的红外辐射远大于同样温度下的喷流辐射,从而会导致遮挡结构上方的红外辐射强度显著增大,需要额外采用壁面气动冷却、红外隐身材料等技术措施予以解决;二是遮挡结构会改变喷流的流动,产生一定的摩擦阻力和垂直方向的力,对发动机性能有一定的影响。为此,这种遮挡技术的不足之处也需要在设计过程中予以考虑。

3) 喷流红外隐身技术

发动机喷流的红外辐射集中在 $3\sim5~\mu m$ 探测波段,决定其红外辐射的主要因素有喷流流量、静温,以及二氧化碳(CO_2)、水蒸气(H_2O)、碳烟颗粒的浓度等,降低喷流的静温以及减小喷流中二氧化碳、水蒸气和碳烟颗粒的浓度,均会降低喷流的红外辐射,其中喷流在 $3\sim5~\mu m$ 波段的红外辐射强度一般与喷流静温呈 $4\sim8.5$ 次方的关系(具体的方次值主要与喷流静温有关,喷流静温越高,方次值越低)。在发动机非加力状态下,喷流的红外辐射虽然仅占发动机总辐射的 10% 左右,但其辐射范围可以扩展到飞机的前半球,为此需要采取有效的技术措施降低其红外辐射;在发动机加力状态下,喷流的长度长、静温高,其红外辐射急剧增大,远远超过发动机后腔体而成为发动机红外辐射的主体,为此更需要采取有效的技术措施降低其红外辐射。需要说明的是,发动机喷流在加力状态的红外辐射因为过大而难以大幅度降低,为此发动机的红外隐身主要针对的是发动机非加力状态。喷管的特殊设计可以降低喷流的红外辐射,可采用的主要技术如下:

（1）强化掺混技术。通过喷管出口的特殊设计来强化发动机喷流与环境大气的掺混，可以缩短喷流核心区的长度，迅速降低喷流静温，减小喷流中二氧化碳、水蒸气和碳烟颗粒的浓度，从而降低喷流的红外辐射。这种强化掺混技术属于不容易调节的被动控制技术，是降低喷流红外辐射的最基本技术措施，早已得到应用的二元喷管、喷管出口修形（如锯齿形修形）均体现了这种技术。就圆转方二元喷管而言，气流流经圆转方的过渡段后会产生强烈的三维效应，形成很强的二次涡，并在喷管出口以后卷入大量环境大气；在相同的喷管出口面积情况下，二元喷管的出口边界要比轴对称喷管长，其喷流与环境大气有更大的接触面积；在高的喷管落压比条件下，喷流中的激波或马赫盘对红外辐射的影响很大，其波后气体往往是最大的红外辐射源，二元喷管可削弱近场激波强度、减少马赫盘数目。就锯齿形喷管而言，在适当的条件下，两个锯齿之间的流场中会形成一对反向旋转的流向涡（图8.25）；在流向涡对的作用下，喷流高温核心区的气流被卷吸到环境大气中，促进喷流和环境大气的混合。锯齿的穿透深度、数量、轴向长度等几何参数是影响锯齿形喷管流向涡强度的主要因素，喷管工作参数对锯齿形喷管强化喷流掺混也有显著影响。此外，喷管出口加装具有一定几何形状（如三角形、梯形或矩形等）的小突片（图8.26）也是发动机喷流强化掺混技术的一个选择方案，其主要机理是：在气流的作用下，小突片前形成明显的压力峰，从而产生一对反向旋转的流向涡，流向涡可以将环境大气卷吸进入喷流，使喷流形状发生显著改变，并且使超声速喷流中的激波-膨胀波结构显著减弱（图8.27）。由于小突片引起的压力峰是流向涡产生的主要机制，为此小突片对于亚声速喷流和欠膨胀的超声速喷流具有良好的强化混合效果，但是对于过度膨胀的超声速喷流强化混合的效果相对较差。小突片的数量、形状、安装角度、堵塞比是影响喷流强化混合的重要因素；向下游倾斜一定角度时的喷流强化混合效果好于垂直于流动方向情况；堵塞比增大，喷流强化混合的

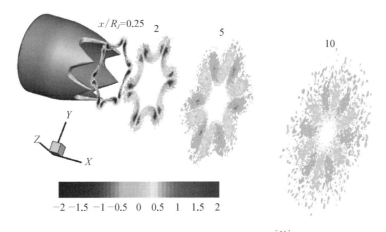

$-2 \quad -1.5 \quad -1 \quad -0.5 \quad 0 \quad 0.5 \quad 1 \quad 1.5 \quad 2$

图 8.25 锯齿形喷管产生的流向涡[16]

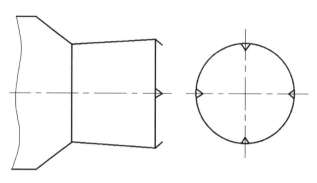

图 8.26　收扩喷管加装小突片方案示意图

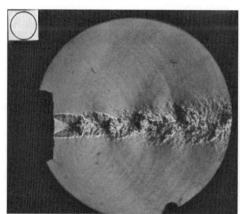
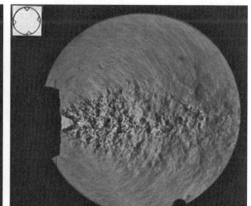

未加装小突片　　　　　　　　　　　加装4个小突片

图 8.27　小突片对轴对称喷管超声速喷流的影响(喷流马赫数为 1.63 时纹影照片)[17]

效果提高,但是推力损失也会相应地增大。小突片结构简单,强化喷流混合效果显著,但推力损失比较大是阻碍其应用的主要原因。

(2) 强迫混合/排气引射技术。采用波瓣形混合器来强制涡扇发动机内外涵气流的混合,有助于喷流核心区长度的缩短和喷流静温的降低,减小喷流中二氧化碳、水蒸气和碳烟颗粒的浓度,进而减少喷流的红外辐射,这种被动控制技术在国外民用涡扇发动机上用于增加发动机推力/降低耗油率和抑制喷流噪声(参见 3.1 节),在 F110、F404、AL-31F 等军用涡扇发动机上用于加力燃烧室的组织燃烧。此外,早已得到应用的引射喷管也有助于减少喷流的红外辐射,这种排气引射的被动控制技术在隐身飞机/发动机(如 B-2A 飞机/F118 发动机、F-22A 飞机/F119 发动机、F-117A 飞机/F404 发动机)的喷管红外隐身设计中也得到了应用。

(3) 主动流动控制强化混合技术。这种技术是强化发动机喷流与环境大气混合技术的一个发展方向,国内外开展了一些相关研究,其优点是:容易适应各种流动条件,结构简单,质量轻,成本低。得到研究的主动流动控制强化混合技术包括稳态射流、脉冲射流、合成射流等多种技术,这些技术各有千秋,其中稳态射流技术从发动机的引气量大于脉冲射流技术,但是系统比较简单;合成射流技术不需要从发动机引气,但是功率小,难以满足实际发动机喷流强化混合的要求。稳态射流技术是相对具有一定可行性的喷流强化掺混技术,其原理与小突片类似。利用稳态射流技术强化喷流混合时,一般在喷管出口附近对称安排几个稳态射流。当稳态射流注入时,喷流的横截面变得高度不对称,与未被激励的喷流相比,在包含稳态射流的平面内喷流扩展速率降低,在垂直于稳态射流的平面内喷流扩展速率增大。喷流近场混合增强的重要因素是:稳态射流引起的喷流横截面的变形以及湍流水平的提高。对于亚声速喷流,在喷管出口截面附近利用对称布置的两个稳态射流注入时,很少的次流流量就可以使喷流的核心区长度显著缩短;对于超声速喷流,稳态射流也有显著的强化混合效果。稳态射流通常在喷管出口平面之后注入,不会对发动机的推力产生明显影响,并且稳态射流自身会产生一定的推力,可以部分抵消从发动机引气导致的发动机推力减小,因此稳态射流强化喷流与环境大气化混合的推力损失比较小。脉冲射流技术也是比较适合喷流强化混合的技术,该技术是在喷管出口附近安装脉冲射流激励器,利用高振幅小流量的脉冲射流激励喷管出口平面附近的剪切层,这些带有脉冲频率的横向射流可以有效地激发剪切层不稳定模式,使高速喷流中产生各种旋涡结构,并大量卷吸环境大气,从而强化喷流与环境大气的混合。

8.2.4　应用案例：圆转方二元矢量喷管红外辐射特性数值模拟分析

1. 分析目的

以相应尺寸的轴对称矢量喷管为基准,针对 5.2.4 节应用案例获得的圆转方二元矢量喷管气动方案开展该喷管方案的红外辐射特性数值模拟分析,以获得圆转方二元矢量喷管的红外辐射特性,并为后续开展红外隐身设计提供数据支持。

2. 红外辐射特性数值模拟

采用数值模拟方法对比研究配装圆转方二元矢量喷管和相应尺寸轴对称矢量喷管的两种发动机后腔体(包括低压涡轮、加力燃烧室和喷管)$3 \sim 5 \mu m$ 波段红外辐射特性,包括发动机后腔体内外流场计算和红外辐射特性计算两部分,流场计算为红外辐射特性数值模拟提供温度场、组分浓度分布等参数,红外辐射特性计算则采用离散传递法[18]。

1）计算模型

对配装圆转方二元矢量喷管和相应尺寸轴对称矢量喷管的发动机后腔体进行了简化,即只考虑加力燃烧室中心锥和内外涵进口,而将低压涡轮、加力燃烧室火焰稳定器、喷油杆等结构件的红外辐射等效到加力燃烧室内外涵进口上,计算模型如图 8.28 和图 8.29 所示。

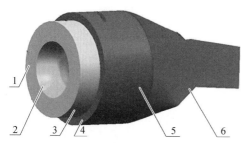
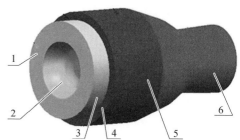

图 8.28　配装圆转方二元矢量喷管的
后腔体计算模型[19]

1-内涵进口;2-加力燃烧室中心锥;
3-加力燃烧室合流环;4-外涵进口;
5-加力筒体;6-二元矢量喷管

图 8.29　配装轴对称矢量喷管的
后腔体计算模型[19]

1-内涵进口;2-加力燃烧室中心锥;
3-加力燃烧室合流环;4-外涵进口;
5-加力筒体;6-轴对称矢量喷管

2）流场特性计算

计算时采用二阶迎风差分格式离散连续方程、动量方程和能量方程,空间离散采用通量差分分裂格式,湍流模拟选用 RNG $k-\varepsilon$ 模型,浓度场计算采用组分输运模型,燃气组分主要考虑二氧化碳和水蒸气。加力燃烧室内涵进口截面、外涵进口截面设定为压力进口边界,其中内涵进口组分为燃气,外涵进口组分为空气;外流场边界设定为压力出口;所有固体壁面均设为绝热固体壁面。发动机后腔体的流场特性计算完成后,按要求输出相关参数供红外辐射特性数值模拟使用。

3）网格划分、边界条件设置及探测方向定义

（1）网格划分与边界条件设置。流场区域分为后腔体内部流场和喷流流场,红外辐射特性数值模拟只需要后腔体内部区域、喷流区域外表面及喷管出口表面的网格,因此只需对这些面进行详细的网格划分,这些面全部采用结构化网格。计算模型网格划分如图 8.30 和图 8.31 所示,其中中心锥、内涵进口、外涵进口、加力筒体和喷管均设为固体壁面边界条件;喷管出口设为封闭腔流场边界,以区分

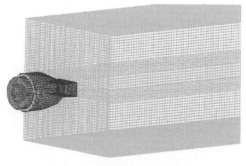
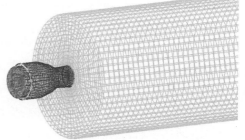

图 8.30　配圆转方二元矢量喷管的
后腔体计算模型网格[19]

图 8.31　配轴对称矢量喷管的后
腔体计算模型网格[19]

内外流场;喷流区域边界则设置为喷流边界。红外辐射特性数值模拟时,以喷管出口平面的中心点为原点,以喷管出口气流方向为中心线,探测距离为 1 000 m。

（2）探测方向定义。探测方向和探测角度分布如图 8.32 所示,配装圆转方二元矢量喷管的后腔体分别在水平面和铅垂面探测,其中铅垂面称为高度方向,水平面称为宽度方向;配装轴对称矢量喷管的后腔体则选择两者中的任一探测方向均可。

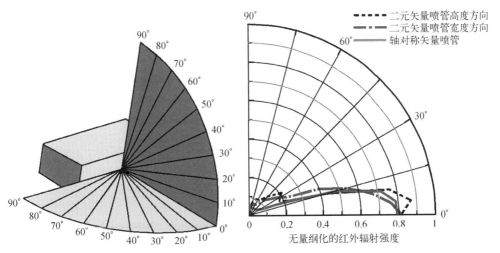

图 8.32　探测方向和探测角度示意图[19]　　图 8.33　两种后腔体的红外辐射
　　　　　　　　　　　　　　　　　　　　　　　　　　总强度空间分布[19]

4）计算结果与对比分析

所计算的波段为 3~5 μm,空间探测角度范围为 0°~90°,间隔取为 5°。从图 8.33 可以看出,配装圆转方二元矢量喷管的后腔体在高度方向和宽度方向的红外辐射特性有很大的不同,高度方向和宽度方向的最大值分别位于探测角为 5° 和 0° 的方向。两种发动机后腔体相比,在探测角为 0° 方向,配装轴对称矢量喷管的后腔体红外辐射强度略低;在探测角为 0°~10° 时,配装圆转方二元矢量喷管的后腔体宽度方向红外辐射强度最小,其高度方向最大,配装轴对称矢量喷管的后腔体则居中;随着探测角度的进一步增加,配装圆转方二元矢量喷管的后腔体两个探测方向的红外辐射强度均大于配装轴对称矢量喷管的后腔体;到探测角为 90° 时,三者则相差不大,配装圆转方二元矢量喷管的后腔体高度方向最小,宽度方向则最大。

3. 计算结论

配装圆转方二元矢量喷管和轴对称矢量喷管的两种发动机后腔体红外辐射强度空间分布趋势类似,圆转方二元矢量喷管仅能在一定范围内降低发动机后腔体的红外辐射强度,若想获得较为理想的红外隐身效果,必须综合使用壁面气动冷却、红外隐身涂层等多种隐身措施。

参考文献

［1］　张建奇.红外物理［M］.2版.西安：西安电子科技大学,2013.

［2］　陈衡.红外物理学［M］.北京：国防工业出版社,1985.

［3］　张考,马东立.军用飞机生存力与隐身设计［M］.北京：国防工业出版社,2002.

［4］　邓洪伟.轴对称矢量喷管红外辐射特性数值模拟研究［D］.沈阳：中国航发沈阳发动机研究所,2009.

［5］　杨建华.弹用涡扇发动机排气系统红外辐射特性计算研究［D］.北京：北京航空航天大学,2001.

［6］　王先炜,孙中海,匡传树.RAH-66直升机红外抑制器剖析［J］.直升机技术,2008(2)：23-28.

［7］　何谦,王巍巍.俄罗斯第五代军用航空发动机的演进［J］.航空动力,2018(1)：19-22.

［8］　郑礼宝.全尺寸二元喷管红外辐射特性研究［J］.航空学报,2002,23(2)：140-142.

［9］　张靖周,单勇,李立国.直升机排气系统用波瓣喷管引射-混合式红外抑制器研究［J］.航空学报,2007,28(1)：32-36.

［10］　王殿磊.二元收扩喷管几何参数对气动与红外隐身特性影响数值研究［D］.南京：南京航空航天大学,2012.

［11］　Hunter J. F-117 nighthawk gains new capabilities［J］. Jane's Defence Weekly, 2004(7)：47.

［12］　刘大响.航空发动机设计手册第7册［M］.北京：航空工业出版社,2000.

［13］　黄全军,刘志成.飞机后向红外隐身技术应用探讨［J］.飞机设计,2013,33(1)：10-14.

［14］　张津,洪杰,陈光.现代航空发动机技术与发展［M］.北京：北京航空航天大学出版社,2016.

［15］　孙啸林.低可探测S弯喷管设计及性能评估方法研究［D］.西安：西北工业大学,2018.

［16］　Dhamankar N S, Blaisdell G A, Lyrintzis A S. Analysis of turbulent jet flow and associated noise with round and chevron nozzles using large eddy simulation［R］. AIAA 2016-3045, 2016.

［17］　Zaman K B M Q. Spreading characteristics of compressible jets from nozzles of various geometries［J］. Journal of Fluid Mechanics, 1999, 383：197-228.

［18］　谈和平,夏新林,刘林华,等.红外辐射特性与传输的数值计算［M］.哈尔滨：哈尔滨工业大学出版社,2006.

［19］　宁怀松,邵万仁.两种发动机后腔体红外辐射特性数值模拟［C］.第十四届推进系统气动热力学专业学术交流会及第一届航空发动机气动稳定性学术研讨会,黄山,2013：232-235.

第9章
排气系统雷达隐身设计

雷达是在第一次世界大战期间发展起来的电子探测设备,在当时的反空袭战中主要用于搜索敌方飞机,第二次世界大战以后又相继发展了单脉冲角度跟踪、脉冲多普勒信号处理、合成孔径和脉冲压缩的高分辨率组合系统,同时出现了能够结合自动火控系统、地形回避和地形跟随、无源或有源的相位阵列、频率捷变、多目标探测与跟踪等新的雷达形式。随着雷达探测技术的不断发展,雷达已经成为迄今为止最有效的远程电子探测设备。军用飞机在复杂而恶劣的电磁环境中要想具有足够的生存力,除装备先进的电子作战系统外,还必须综合采用雷达隐身技术,力求提高其雷达隐身能力。军用飞机的雷达隐身能力不仅是决定飞机生存力的主要因素,也是确保空战中先敌发现、先敌发射、占据优势的重要条件。为此,雷达隐身设计是当前飞机低可探测性设计的两大重点之一。发动机雷达隐身设计是飞机雷达隐身设计的重要组成部分,而排气系统则是发动机雷达隐身设计的关键部件,本章将分别阐述发动机排气系统的雷达隐身设计基础理论和雷达隐身设计。

9.1 雷达隐身设计基础理论

隐身技术(stealth technology)也称为低可探测技术,即利用各种不同的技术手段来改变己方目标的可探测性信息特征,最大限度地降低对方探测系统发现的概率。雷达(radar)原意为"无线电探测和测距",即用无线电的方法发现目标并测定其空间位置。雷达隐身技术就是通过改变目标的外形、材料以及采用干扰、伪装等手段,降低雷达对目标的探测能力[1,2]。

9.1.1 雷达频谱波段

电磁波在自然界中无处不在,现代社会电磁波广泛应用于通信、态势感知、军事行动和新兴技术,从用低频段通信的水下潜艇到用微波通信的武器系统,当前现代化武器系统几乎均依赖电磁波。电磁波具有连续的波谱,其频率从低到高涵盖了无线电、微波、红外线、可见光辐射、紫外线、X 射线和 γ 射线等,整个电磁频谱的划分和与波长的关系如图 9.1 所示。

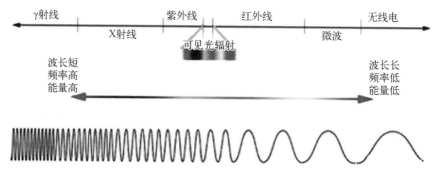

图 9.1   电磁频谱示意图[3]

根据雷达的基本工作原理,通过接收目标对发射波散射回来的信号来完成对目标的探测和定位的,均属于雷达系统的范畴。按照以上定义,雷达波对应于图 9.1 所示的电磁频谱中的微波频段。雷达工程领域常用英文字母来命名不同的特定波段,根据电气与电子工程师协会(Institute of Electrical and Electronic Engineer, IEEE)制定的雷达频段字母命名标准(IEEE Standard 521-2002)[4],常用的雷达频段命名及其对应的频率和波长如表 9.1 所示。

表 9.1   常用的雷达频段命名及其对应频率和波长(IEEE 标准)[5]

波　　段	频率范围/GHz	中心频率/GHz	中心波长/cm
UHF	0.3~1	0.5	60
L	1~2	1.5	20
S	2~4	3	10
C	4~8	6	5
X	8~12	10	3
Ku	12~18	15	2
K	18~26.5	25	1.2
Ka	26.5~40	37.5	0.8

雷达的工作频率与雷达的工作性能密切相关,处于不同波段的雷达特点和作用也不尽相同。

（1）UHF 波段（0.3~1 GHz）：即超高频频段，其范围与 P 波段重合，不同的是，P 波段一部分延伸至高频波段［HF（3~30 MHz）］。UHF 较甚高频波段［VHF（30~300 MHz）］雷达天线的波瓣窄，该波段现已划归电视使用。

（2）L 波段（1~2 GHz）：该波段的雷达作用距离远，外部噪声较低，天线尺寸不大，角分辨率较好，是目前警戒雷达最常用的波段。

（3）S 波段（2~4 GHz）：该波段是中间距离警戒雷达和跟踪雷达使用较多的波段。在该波段，能够在合理的天线尺寸条件下获得较好的角分辨率，但因这个波段的雷达波在传播过程中受气象条件影响明显，其动目标显示性能差于 L 波段。

（4）C 波段（4~8 GHz）：该波段的雷达性能是 S 波段和 X 波段的折中，在军事上用于目标导航、导弹跟踪和武器控制，是中距离警戒雷达常用波段。

（5）X 波段（8~12 GHz）：该波段的雷达具有体积小、波瓣窄的特点，适用于空中使用或其他移动平台，多普勒导航雷达和武器控制也采用该波段的雷达，是军事上使用较多的雷达波段[6]。

（6）Ku 波段、K 波段、Ka 波段（12~40 GHz）：这些波段的共同特点是天线尺寸小且波瓣窄，角分辨率高，但雷达波在大气中传播时的衰减大，雷达作用距离短。随着技术的进步，有望突破功率限制，在这些波段甚至毫米波雷达将会有新的进展。

从现役地空导弹、高炮雷达以及陆基对空警戒雷达工作波段分布情况得到，S 波段和 X 波段是对空军事目标探测的主要工作频段，因此应主要针对这些波段进行军用飞机雷达隐身设计。

9.1.2　雷达距离方程

雷达的作用距离受如下三方面因素的影响。

（1）雷达系统各项性能参数：如功率、信噪比、天线参数等。

（2）雷达波传播环境：大气、海洋、云雨等。

（3）目标特性：目标的大小、形状、材料介电常数及导电率、极化方式等。

目标特性可综合为一个物理量，即雷达散射截面（radar cross section, RCS），减缩目标的 RCS 的直接目的就是压缩雷达或雷达制导武器的作用距离，或在一定作用距离上降低它们的发现概率、跟踪概率、击中精度。

雷达距离方程（简称雷达方程）是雷达系统的基本原理和重要特性的数学表达，它定量表述了雷达系统参数、系统目标、背景影响（噪声和干扰）、传播影响（反射和绕射）、传播介质（吸收和散射）等各种因素对雷达作用距离的影响[7]。雷达距离方程的数学表达为

$$R_{\max} = \left[\frac{P_t G^2 \lambda^2 \sigma}{(4\pi)^3 P_{\min}} \right]^{1/4} \tag{9.1}$$

式中，$R_{\max}$ 表示雷达最大探测距离；P_t 为雷达发射频率；G 为天线最大增益；λ 为雷达发射的电磁波波长；σ 为雷达散射截面；$P_{\min}$ 为接收信号最小电平。

从式(9.1)可以得出，雷达在自由空间最大探测距离与雷达散射截面的四次方根成正比。目标的 RCS 减缩 10 dB(分贝)可使雷达探测距离降低 44%，减缩目标的 RCS 就可以缩短雷达探测距离，也就降低了被雷达发现的概率，从而提高了目标生存能力和突防能力，这也是雷达隐身技术要达到的目标。

9.1.3 雷达散射截面

当物体被雷达波照射时，能量朝各个方向发生散射，散射场与入射场之和就构成了空间的总场。从射线的观点来看，散射场包括因介质突变而在物体表面上产生的反射以及源自边缘、尖顶等物体表面不连续性引起的绕射等。从感应电流的观点来看，散射场来自物体表面上感应电磁流和电磁荷的二次辐射。散射能量的空间分布取决于物体的形状、大小、结构以及入射雷达波的频率、极化方式等，产生雷达散射的物体称为目标(或称散射体)。当雷达入射方向和接收机位于同一点时，称为单站雷达，否则称为双站雷达。雷达波在空间传播过程中遇到障碍物会发生散射，雷达利用这种特点来发现目标并测定未知目标。雷达散射截面[8,9]是目标的一种假想面积，用来定量表征目标散射强弱，其定义式为

$$\sigma = 4\pi R^2 \frac{S_s}{S_i} \tag{9.2}$$

式中，S_s 表示天线位置上目标散射的功率密度；S_i 表示目标所在位置天线辐射功率密度。引入电场和磁场的概念，式(9.2)还可以表述为

$$\sigma = \lim_{R \to \infty} 4\pi R^2 \left| \frac{E_s}{E_i} \right| = \lim_{R \to \infty} 4\pi R^2 \left| \frac{H_s}{H_i} \right| \tag{9.3}$$

其中，R 为目标和天线之间的距离；E_i 和 H_i 分别为雷达波入射到目标所在位置上的电场强度和磁场强度；E_s 和 H_s 分别为目标散射场在雷达天线处可被天线接收的电场强度和磁场强度。

σ 的单位为 m^2。为了便于运算及分布曲线的表达，在多数情况下，σ 的单位取为 $dB \cdot m^2$。用这两种单位表示的雷达散射截面存在如下换算关系：

$$\sigma(dB \cdot m^2) = 10 \lg \sigma(m^2) \tag{9.4}$$

9.1.4 雷达频率特性

雷达波在传播的过程中遇到障碍物会发生散射现象，同一目标对不同的雷达频率会呈现出不同的雷达散射特性。根据目标的特征尺寸 a 与入射波波长 λ，可

以将散射分为瑞利区、谐振区和光学区[10]三个区域。引入波数 k,定义为 $k = 2\pi/\lambda$,它表示雷达波在单位传播长度上分配的相位角,ka 描述目标散射截面与其受到入射波长(或频率)的关系,图 9.2 显示的是理想导电球归一化的散射截面随 ka 的变化规律。当 $ka<1$ 时,瑞利区的曲线以较大斜率上升,入射频率对 σ 的影响强烈;当 $1 \leqslant ka \leqslant 10$ 时,谐振区的曲线变化为一条逐渐衰减的曲线,显示频率的影响从强转弱直至可以忽略不计;当 $ka>10$ 时,光学区的振荡曲线很快衰减成为一条 $\sigma/(\pi a^2) = 1$ 的水平线。以上说明理想导电球在光学区的 RCS 正好等于其几何最大横截面积是一个特例,其他形状物体的 RCS 与几何面积之间并没有对应关系。但是实际目标(如飞机、发动机等)在同一视角上存在由多个不同几何形体组成的复杂目标,其电磁散射特性也都存在上述三个频率区域。

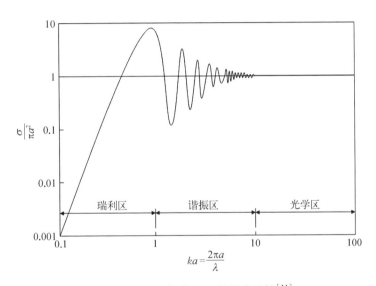

图 9.2　理想导电球 RCS 的频率特性[11]

(1)瑞利区(低频区),$ka < 1$。入射雷达波的波长比目标特征尺寸大得多,散射是由感应偶极矩引起的,是一个准静场问题。目标作为一个整体参与散射过程,其 RCS 对不同照射方向上的形状细节不敏感。根据瑞利区目标 RCS 的经验公式,RCS 与目标的体积平方成正比,与入射波波长四次方成反比:

$$\sigma = \frac{4}{\pi}k^4V^2F^2 \tag{9.5}$$

式中,V 为目标的体积;F 为目标的形状因子。

(2)谐振区,$1 \leqslant ka \leqslant 10$。入射雷达波的波长和目标的尺寸为同一数量级,目标的每一部分对其他部分都产生影响,散射场是这些互相影响的总效果。

（3）光学区（高频区），$ka > 10$。入射雷达波的波长远小于目标尺寸,散射场主要由从各个独立的散射中心产生的回波叠加而成。这时不再是整个物体参与散射,而是将目标作为由互相独立的若干散射中心的集合来处理,目标的 RCS 对不同照射方向上的形状细节非常敏感。

9.1.5　主要雷达散射源

在雷达波的入射下,目标分解成对整体 RCS 构成独立贡献的若干散射部位,这些部位就称为散射源（或散射中心）[12]。除几何尺寸无限大物体外,一般目标均存在不止一个散射源,以飞机和发动机为代表的复杂军事目标散射中心数目尤为众多。如图 9.3 所示,以一架典型战斗机为例,分析其散射源的类型,按照目标雷达散射的强弱排列如下。

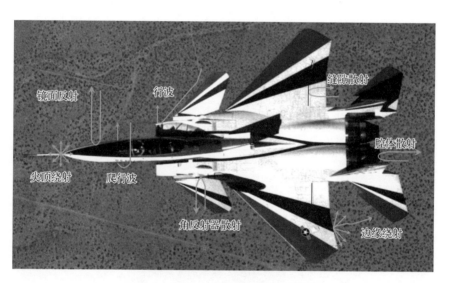

图 9.3　典型飞机及其散射源类型[11]

（1）镜面散射（或称镜面反射）: 特征尺寸大于波长的平面及曲率半径大于波长的光滑曲面,在法向入射下将产生很强的镜面回波,是一种强散射源。例如,直径 40 mm 的金属圆平板受到波长为 3.2 cm 的雷达波法向入射,产生的镜面回波将达到 0.02 m^2,这相当于 F-117A 整机的前向散射截面。因此,对于飞机等具有大尺寸表面的目标,其雷达隐身设计的首要目标是减少镜面散射源的数目或降低镜面散射源的强度。

（2）边缘绕射: 在受到与边缘线垂直或接近垂直的雷达波入射时,平板形目标的边缘（如机翼后缘的棱边边缘、发动机喷管出口等）会产生边缘绕射回波。边缘绕射散射源强度与极化方式有密切关系,当极化方式平行于边缘线时,其回波强度显著高于极化方式垂直于边缘线的情况。边缘绕射源 RCS 与边缘长度的平方成正比。

（3）行波：当雷达波沿近轴方向入射到细长目标时，若入射电磁场有一个平行于轴的分量，就会在此物体表面激励起电流。此电流沿物体表面向物体远端行进，形成前向和后向的电流行波，进而在空间产生一个向前和向后的辐射场。行波的 RCS 与物体导电率、细长比及远端反射率成正比。

（4）爬行波：由全部光顺凸面或部分光顺凸面构成的目标，当平面波射线构成曲面的切向入射时，会在阴影区的曲面部分激励起爬行波。爬行波爬至与入射线平行时，所辐射的能量指向接收天线，称为该目标的爬行波回波。机翼、尾翼等部件受到前后缘入射的平面雷达波时，将产生爬行波。

（5）尖顶绕射：当平面波入射到尖顶一类目标时，将产生向空间各向散射的绕射线，其中有一个方向的绕射线与入射线平行且反向，此射线代表的能量就称为尖顶绕射回波。

（6）表面轮廓不连续：表面上空隙、裂缝、过渡不连续（如圆锥与圆柱面相接处会出现明显的面表不连续的状况）等部位将会对目标 RCS 总场造成影响，是 RCS 减缩不能忽视的对象。因为这类散射源包含多种，难以在图 9.3 中全部标注，所以只在图 9.3 中标注出其中的一种散射源——缝隙散射。

上述列举的 6 种散射源是从散射性质上划分的，需要重点指出的是，在飞机和发动机上还存在由多种部件耦合而成的复杂散射源。进气道、喷管一类的腔体散射是由管壁散射与其内部复杂结构件（如压气机或涡轮叶片、支板等）耦合作用形成的复杂散射源，并且这类凹腔体散射源属于复杂的多次反射型散射，其散射过程机理十分复杂，除一些特殊情况外，很难进行解析分析。此外，飞机垂直尾翼与水平尾翼构成的角反射器散射也属于耦合散射的范畴。

9.1.6　发动机腔体散射

对于军用雷达典型频段而言，飞机发动机进气道、喷管等腔体的尺寸远大于入射波波长，是大口径腔体结构的典型代表。研究表明，在简单形体的散射目标中，雷达波在腔体内壁之间经过多次相互作用，电磁能量从口径面返回来波方向，可以形成强的雷达回波。因此，对腔体雷达散射特性的分析是飞机发动机隐身设计技术的重要基础，有着重要的军事意义，在发动机隐身效果评估中具有举足轻重的作用，一直是计算电磁学的一个热点。

发动机雷达散射有前腔体（由进气道、风扇等构成）内的风扇（包括进气帽罩、进气支板、进气支匣、风扇叶片等）雷达散射和后腔体（由低压涡轮、加力燃烧室、喷管构成）雷达散射，这两处腔体雷达散射分别成为飞机前向 RCS、后向 RCS 和侧向 RCS 的构成部分，会影响飞机前向、后向和侧向被雷达探测的距离。这两处腔体雷达散射包括镜面反射、不连续表面（如边缘、拐角和尖端）散射、表面导数不连续散射、爬行波或阴影边界绕射、行波散射、凹形(如两面角和多面角)区域散射、相互作用散射等多个散射机理,各散射机理综合作用形成总的雷达散射 RCS 特征。要减缩这两处 RCS,需针对各散射机理综合采取措施。前腔体散射需发动机风扇与飞机进气道共同采取措施,如风扇进气帽罩改尖锥形、进气道改 S 弯形、设置吸波结构、采用吸波材料等。后腔体散射则需发动机后腔体采取修型、简化结构件数量、整体化设计、采用吸波材料等,同时也需与飞机后机体协同设计。发动机排气系统的雷达隐身设计更需与飞机后机体的一体化协同设计,平衡取舍,权衡得失,才能获得适宜的减缩效果和作战效能。

9.1.7　数值计算理论和方法

Maxwell 方程组表述了宏观电磁场运动规律,奠定了电磁场理论的基础,所有电磁场问题最终都归结为求满足各种边界条件的 Maxwell 方程组的解[13]。对一些典型几何形状和结构相对简单的问题,不难用解析方法得到严格的解析解,并给出合理的物理解释。但面对复杂电磁系统时,解析方法往往无能为力,即使是半解析的近似方法,也只能在个别问题中得到有限的应用。腔体作为一类重要的散射结构,一直吸引众多研究者对其电磁特性的探寻,国内外研究者建立了许多针对腔体的电磁计算数值算法。根据算法的特点,将这些方法分为以下三类[14]。

1. 低频方法

低频方法以积分方程为基础,主要包括有限差分法[15]、边界元法[16]、矩量法[17]等。理论上,低频方法并不仅限于低频区和谐振区,可以研究任意频率、任意几何形状的结构。但是实际上所求解对象的特征尺寸远远大于入射波波长时,即对电大尺寸目标散射特性的求解,其算法中离散矩阵变得巨大,计算机的存储空间成倍增加;同时高频散射变成局部效应而不是集总效应,距离较远的元素之间的相互作用减弱,这就造成电大尺寸目标中的许多单元之间的相互作用变得非常微弱,因此以整个目标离散为基础的积分方程的求解效率大大降低。

1) 时域有限差分法

时域有限差分法可归结为在时域和空域内求解 Maxwell 方程的电磁问题,目标是模拟雷达波在一个含有介质或导体结构的空间的传播。在时域中,Maxwell 方程形式为

$$\nabla \times \boldsymbol{H} = \frac{\partial \boldsymbol{D}}{\partial t} + \boldsymbol{J}$$

$$\nabla \times \boldsymbol{E} = -\frac{\partial \boldsymbol{B}}{\partial t} - \boldsymbol{J}_m$$

$$\nabla \times \boldsymbol{B} = \rho_m \tag{9.6}$$

$$\nabla \times \boldsymbol{D} = \rho$$

方程组中各电磁场以及电磁流关系如下：

$$B = \mu H, \quad D = \varepsilon E$$
$$J = \sigma E, \quad J_m = \sigma_m H \qquad (9.7)$$

E、H、D、B 分别代表电场强度、磁场强度、电位移矢量和磁感应强度，J、J_m 分别代表电流密度和磁流密度，ρ、ρ_m 分别代表电荷密度和磁荷密度，它们对应的是空间位置和时间的函数。μ、ε 分别代表媒质的磁导率和介电常数。σ、σ_m 分别代表磁阻率和电导率。对于各向同性媒质，μ、ε、σ、σ_m 是标量，而对于各向异性媒质，则它们是张量；对于均匀媒质，它们是常量，而对于非均匀媒质，它们随空间位置而变化。若研究对象空间是无源的，并且媒质参数 μ、ε、σ、σ_m 不随时间和空间位置变化。在直角坐标系下，可以将 Maxwell 方程转化成六个标量方程，如下所示：

$$\frac{\partial H_z}{\partial y} - \frac{\partial H_y}{\partial z} = \varepsilon \frac{\partial E_x}{\partial t} + \sigma E_x$$

$$\frac{\partial H_x}{\partial z} - \frac{\partial H_z}{\partial x} = \varepsilon \frac{\partial E_y}{\partial t} + \sigma E_y \qquad (9.8)$$

$$\frac{\partial H_y}{\partial x} - \frac{\partial H_x}{\partial y} = \varepsilon \frac{\partial E_z}{\partial t} + \sigma E_z$$

$$\frac{\partial E_z}{\partial y} - \frac{\partial E_y}{\partial z} = -\mu \frac{\partial H_x}{\partial t} - \sigma_m H_x$$

$$\frac{\partial E_x}{\partial z} - \frac{\partial E_z}{\partial x} = -\mu \frac{\partial H_y}{\partial t} - \sigma_m H_y \qquad (9.9)$$

$$\frac{\partial E_y}{\partial x} - \frac{\partial E_x}{\partial y} = -\mu \frac{\partial H_z}{\partial t} - \sigma_m H_z$$

　　实现时域有限差分的关键是，将上述公式在空间和时间上离散化。将 Maxwell 六个标量方程中场分量对坐标和时间的偏导数用有限差分式来表示，按 Yee 的网格划分方式(图 9.4)，将空间按立方体分割。电磁场的六个分量在空间的取样点分别放在立方体的边沿和表面中心点上，电磁场通过电场和磁场的耦合进行传播。

　　采用具有二阶精度的中心差分近似函

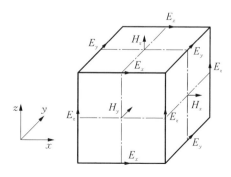

图 9.4 离散中的 Yee 网格示意图

数对空间和时间的偏导数，可将离散公式进一步表示为

$$
\frac{\partial F(x, y, z, t)}{\partial x}\bigg|_{x=i\Delta x} \approx \frac{F^n\left(i+\frac{1}{2}, j, k\right) - F^n\left(i-\frac{1}{2}, j, k\right)}{\Delta x}
$$

$$
\frac{\partial F(x, y, z, t)}{\partial y}\bigg|_{x=i\Delta x} \approx \frac{F^n\left(i, j+\frac{1}{2}, k\right) - F^n\left(i, j-\frac{1}{2}, k\right)}{\Delta y} \tag{9.10}
$$

$$
\frac{\partial F(x, y, z, t)}{\partial z}\bigg|_{x=i\Delta x} \approx \frac{F^n\left(i, j, k+\frac{1}{2}\right) - F^n\left(i, j, k-\frac{1}{2}\right)}{\Delta z}
$$

$$
\frac{\partial F(x, y, z, t)}{\partial t}\bigg|_{x=i\Delta x} \approx \frac{F^{n+\frac{1}{2}}(i, j, k) - F^{n-\frac{1}{2}}(i, j, k)}{\Delta t}
$$

假设网格元顶点坐标 (x, y, z) 可以标记为

$$
(x, y, z) = (i\Delta x, j\Delta y, k\Delta z) \tag{9.11}
$$

式中，Δx、Δy、Δz 表示坐标方向网格步长；i、j、k 取为整数。

对电场的各个分量构造差分格式。考虑到在时间上电场和磁场有半个时间步的变化，即磁场的取样点为 $t_n - \frac{1}{2}\Delta t = \left(n - \frac{1}{2}\right)\Delta t$，利用一阶导数的二阶精度中心差分近似式：

$$
\frac{\partial f(u)}{\partial u} = \frac{\partial f(u+\Delta/2) - \partial f(u-\Delta/2)}{\Delta} + \sigma(\Delta^2) \tag{9.12}
$$

利用上式进而得到式(9.8)各个电磁场分量的时域有限差分方程：

$$
\begin{aligned}
E_x^{n+1}\left(i+\frac{1}{2}, j, k\right) = {} & CA(m) \cdot E_x^n\left(i+\frac{1}{2}, j, k\right) \\
& + CB(m) \cdot \left[\frac{H_z^{n+\frac{1}{2}}\left(i+\frac{1}{2}, j+\frac{1}{2}, k\right) - H_z^{n+\frac{1}{2}}\left(i+\frac{1}{2}, j-\frac{1}{2}, k\right)}{\Delta y} \right. \\
& \left. - \frac{H_y^{n+\frac{1}{2}}\left(i+\frac{1}{2}, j, k+\frac{1}{2}\right) - H_y^{n+\frac{1}{2}}\left(i+\frac{1}{2}, j, k-\frac{1}{2}\right)}{\Delta z} \right]
\end{aligned}
$$

$$
\tag{9.13}
$$

$$E_y^{n+1}\left(i, j+\frac{1}{2}, k\right) = CA(m) \cdot E_x^n\left(i, j+\frac{1}{2}, k\right)$$

$$+ CB(m) \cdot \left[\frac{H_x^{n+\frac{1}{2}}\left(i, j+\frac{1}{2}, k+\frac{1}{2}\right) - H_x^{n+\frac{1}{2}}\left(i, j+\frac{1}{2}, k-\frac{1}{2}\right)}{\Delta z}\right.$$

$$\left.-\frac{H_z^{n+\frac{1}{2}}\left(i+\frac{1}{2}, j+\frac{1}{2}, k\right) - H_z^{n+\frac{1}{2}}\left(i-\frac{1}{2}, j+\frac{1}{2}, k\right)}{\Delta x}\right]$$

$$(9.14)$$

$$E_z^{n+1}\left(i, j, k+\frac{1}{2}\right) = CA(m) \cdot E_z^n\left(i, j, k+\frac{1}{2}\right)$$

$$+ CB(m) \cdot \left[\frac{H_y^{n+\frac{1}{2}}\left(i+\frac{1}{2}, j, k+\frac{1}{2}\right) - H_y^{n+\frac{1}{2}}\left(i-\frac{1}{2}, j, k+\frac{1}{2}\right)}{\Delta x}\right.$$

$$\left.-\frac{H_x^{n+\frac{1}{2}}\left(i, j+\frac{1}{2}, k+\frac{1}{2}\right) - H_x^{n+\frac{1}{2}}\left(i, j-\frac{1}{2}, k+\frac{1}{2}\right)}{\Delta y}\right]$$

$$(9.15)$$

$$CA(m) = \frac{1 - \dfrac{\sigma(m)\Delta t}{2\varepsilon(m)}}{1 + \dfrac{\sigma(m)\Delta t}{2\varepsilon(m)}}$$

$$CB(m) = \frac{\dfrac{\Delta t}{\varepsilon(m)}}{1 + \dfrac{\sigma(m)\Delta t}{2\varepsilon(m)}}$$

$$(9.16)$$

式中, $m = \left(i+\frac{1}{2}, j, k\right)$、$\left(i, j+\frac{1}{2}, k\right)$、$\left(i, j, k+\frac{1}{2}\right)$ 分别对应代表上述三式等号左侧分量的下标。

按照同样的方法,可以得到式(9.9)的离散形式。

2)矩量法

矩量法是一种将连续方程离散化为代数方程的方法,其基本原理是将未知函数展开为一组叠加的基函数,经过对算子方程的检验后转化为矩阵方程,通过求解矩阵方程得到展开系数。基本步骤主要包括选取基函数、对未知函数进行展开、检验和匹配积分方程、求解线性代数方程组。

设一组线性算子方程如下：

$$L(f) = g \tag{9.17}$$

在式(9.17)定义域内选择合适的基函数对其进行展开，将未知函数 $f(x)$ 表示为选取基函数的线性组合，要求 $f_1,\ f_2,\ \cdots,\ f_n$，是线性无关的。

$$f(x) = \sum_1^\infty a_n f_n \approx f_N(x) = \sum_1^\infty a_n f_n \tag{9.18}$$

将未知函数 $f(x)$ 在算子的线性性质下进行转换，进而将算子方程表示为代数方程，将求解方程转化为对 f_n 系数的求解问题。

$$\sum_{n=1}^N a_n f_n = g \tag{9.19}$$

选择一组线性无关的检验函数 W_m 进行 N 次抽样检验：

$$\langle L(f_n),\ W_m \rangle = 0,\quad m = 1,\ 2,\ \cdots,\ N \tag{9.20}$$

进一步利用算子的线性和内积特性，将式(9.20)转化为矩阵方程：

$$\sum_{n=1}^N a_n \langle L(f_n),\ W_m \rangle = \langle g,\ W_m \rangle,\quad m = 1,\ 2,\ \cdots,\ N \tag{9.21}$$

即

$$l_{mn} = \begin{bmatrix} \langle L(f_1),\ W_1 \rangle & \langle L(f_1),\ W_2 \rangle & \cdots & \langle L(f_1),\ W_N \rangle \\ \langle L(f_2),\ W_1 \rangle & \langle L(f_2),\ W_2 \rangle & \cdots & \langle L(f_2),\ W_N \rangle \\ \vdots & \vdots & & \vdots \\ \langle L(f_N),\ W_1 \rangle & \langle L(f_N),\ W_2 \rangle & \cdots & \langle L(f_N),\ W_N \rangle \end{bmatrix} \tag{9.22}$$

通过常规矩阵求逆得到矩阵方程的解，即

$$a_n = l_{mn}^{-1} g_m \tag{9.23}$$

2. 高频方法

针对电大尺寸腔体的高频近似算法是基于高频雷达波的光学特性提出的，主要包括导波模式法、物理光学迭代法、射线弹跳法、高斯波束法、复射线展开法、等效电流法、等效边缘电磁流法等。

1) 导波模式法

导波模式法[18]是处理中等电大尺寸规则腔体精度较高的方法，目前仍作为其他方法精确程度的比较标准。它将耦合进入腔体中的雷达波展开为完备的模式组合,通过叠加各模式场的传播来分析雷达波在腔体内的传播过程,可以解析求出广义散射矩阵,因此所得结果相当准确。但也正因为需要通过分离变量解析求解腔体内部的模式函数,导波模式法的应用在很大程度上受到腔体形状的限制。

2）物理光学迭代法[19,20]

物理光学迭代法是分析中等电大尺寸腔体散射问题的一种行之有效的高频渐进方法,该方法利用基尔霍夫公式建立口径场和腔体内壁场的关系,采用物理光学产生的电流作为初始值,通过反复迭代拟合内壁场的多次相互反射,再应用稳定的口径场值作为等效源来计算远区散射场。物理光学迭代法的物理过程简单,而且在求解过程中不需要矩阵求逆,便于编程计算。

在均匀、线性、各向同性介质中,电场 E 和磁场 H 的矢量波动方程可表示为

$$\nabla \times \nabla \times E - k^2 E = -j\omega\mu J - \nabla \times M$$
$$\nabla \times \nabla \times H - k^2 E = -j\omega\mu M + \nabla \times J \tag{9.24}$$

对于边界 Σ 内部和其上具有一阶和二阶连续导数的任意的矢量 P 和 Q,满足矢量格林定理：

$$\int_V (Q \cdot \nabla \times \nabla \times P - P \cdot \nabla \times \nabla \times Q)\mathrm{d}v = \int_\Sigma (P \times \nabla \times Q - Q \times \nabla \times P)\mathrm{d}s \tag{9.25}$$

V 为 Σ 包围的体积,取 $\hat{n}$ 为表面面积单元 $\mathrm{d}s$ 外法向单位矢量。令 P 为电场矢量或磁场矢量, Q 为点电流源在自由空间的响应,即格林函数,则可以推导出空间电场和磁场：

$$E = -\frac{T}{4\pi}\int_V \left(j\omega\mu J + M \times \nabla'\varphi - \frac{\rho}{\varepsilon}\nabla'\varphi\right)\mathrm{d}v'$$
$$- \frac{T}{4\pi}\int_S \{j\omega\mu(\hat{n}' \times H)\varphi - (\hat{n}' \times E) \times \nabla'\varphi - (\hat{n}' \cdot E)\nabla'\varphi\}\mathrm{d}s' \tag{9.26}$$
$$H = -\frac{T}{4\pi}\int_V \left(j\omega\varepsilon M\varphi + J \times \nabla'\varphi - \frac{m}{\varepsilon}\nabla'\varphi\right)\mathrm{d}v'$$
$$+ \frac{T}{4\pi}\int_S \{j\omega\varepsilon(\hat{n} \times E)\varphi + (\hat{n} \times H) \times \nabla'\varphi + (\hat{n} \cdot H)\nabla'\varphi\}\mathrm{d}s'$$

式(9.26)是 Stratton-Chu 积分方程,式中 $T = (1 - \Omega/4\pi)^{-1}$, Ω 表示场点相对于源点的空间立体角。$\Omega = 0$,场点不在表面上; $\Omega = 2\pi$,场点在表面平滑部分；当场点位于表面的不平滑面上时,Stratton-Chu 积分方程在记住场的状态条件的前提下,确定立体角度。式中第二项的面积分为主值积分,它将场源和电场或磁场通过一个积分方程联系起来,称为场方程的直接积分,积分项中的总场包含入射场和散射场两项。当目标远大于波长时,物理光学迭代法用切向平面近似表示积分中的

总场,即假定表面电流等于在积分面元处目标为理想的光滑平面时的表面电流。在研究目标产生的雷达散射时,通常只要精确确定目标 V 以外区域中的散射场 E^s 和 H^s,对于 V 内部有界范围中的激励,无限远处的辐射条件要求 S 上的积分贡献完全来自 S 外的源,即目标对外来入射场的响应,这时 $T = 1$,散射场可简化为

$$E^s = \frac{1}{4\pi}\int_S \{ j\omega\mu(\hat{n} \times H)\varphi - (\hat{n} \times E) \times \nabla'\varphi - (\hat{n}' \cdot E)\hat{n}'\varphi \}\, ds'$$

$$\tag{9.27}$$

$$H^s = \frac{1}{4\pi}\int_S \{ j\omega\mu(\hat{n} \times E)\varphi - (\hat{n} \times H) \times \nabla'\varphi - (\hat{n}' \cdot H)\hat{n}'\varphi \}\, ds'$$

为了提高计算精度,对于腔体问题,物理光学迭代法电流的初始值不是来源于入射场直接照射在腔体内壁上的近似,而是来源于入射场在口径上的 Kirchhoff 等效电流在腔体内壁上的辐射:

$$H(r_c) = \int_{S_a} [\hat{n}' \times H_a(r'_a)] \times \nabla G(r_c - r'_a)\, ds'_a + \frac{1}{jkZ}\nabla$$

$$\times \int_{S_a} [E_a(r'_a) \times \hat{n}'] \times \nabla G(r_c - r'_a)\, ds'_a$$

$$\tag{9.28}$$

$$E(r_c) = \int_{S_a} [E_a(r'_a) \times \hat{n}'] \times \nabla G(r_c - r'_a)\, ds'_a + \frac{1}{jkY}\nabla$$

$$\times \int_{S_a} [\hat{n}' \times H_a(r'_a)] \times \nabla G(r_c - r'_a)\, ds'_a$$

式中, k 为自由空间波数; $Z = 1/Y$ 为自由空间波阻抗; $\hat{n}'$ 为腔体口 S_a 面内法向的单位矢量; r_c、r_a 分别表示腔体内壁和口径上的位置矢量; G 为自由空间 Green 函数。

以物理光学电流近似为基础,考虑腔体各部分之间的互相作用,可得到进一步精确的电流分布:

$$J_n(r_c) = 2\hat{n} \times H'_a(r_c) + 2\hat{n} \times \int_{S_a} J_{n-1}(r'_c) \times \nabla G_0(r_c - r'_c)\, ds'_c \tag{9.29}$$

式中, $\hat{n}$ 为腔体内壁内法向的单位矢量。应用物理光学电流,初始电流密度在照明区近似为: $J_0(r'_c) = 2\hat{n}' \times H_0(r'_c)$;在阴影区, $J_0(r'_c) = 0$。通过积分可以得到电流在口径上的辐射分布:

$$E^s(r_a) = \frac{1}{jkY}\nabla \times \int_{S_c} J(r'_c) \times \nabla G(r_a - r'_c)\, ds'_c$$

$$\tag{9.30}$$

$$H^s(r_a) = \int_{S_c} J(r'_c) \times \nabla G(r_a - r'_c)\, ds'_c$$

进而得到目标腔体外远场散射：

$$E_\theta^s(\boldsymbol{r}, \theta, \varphi) = \frac{jke^{-jkr}}{4\pi r}[L_\varphi(\theta, \varphi) + ZN_\theta(\theta, \varphi)]$$

$$E_\varphi^s(\boldsymbol{r}, \theta, \varphi) = \frac{jke^{-jkr}}{4\pi r}[L_\theta(\theta, \varphi) - ZN_\varphi(\theta, \varphi)]$$

$$(9.31)$$

3）射线弹跳法[21]

射线弹跳法利用高频雷达波的似光性，将雷达波展开为一组和入射方向平行的射线管，通过追踪电磁射线在腔体内的反射、折射来研究腔体的电磁效应，能够计算形状较为任意的渐变空腔，具有较大的灵活性。其基本原理是：首先将入射雷达波离散成一系列独立的射线管，根据几何光学原理追踪射线在目标模型上的光线，确定其反射路径，并且进行场强的更新计算，直至射线离开目标模型。然后根据物理光学迭代法，在射线管离开目标模型的出射面元处计算远区的散射场大小，最后累加所有射线管出射面处的场强即目标的总散射场强。

通过坐标转换（图 9.5）和矩阵计算，将目标全局坐标下的三维坐标转换为球面坐标下的三维点坐标：

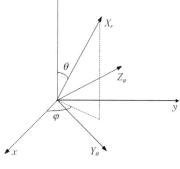

$$\begin{bmatrix} X_r \\ Y_\theta \\ Z_\varphi \end{bmatrix} = \boldsymbol{F} \begin{bmatrix} X \\ Y \\ Z \end{bmatrix}$$

$$(9.32)$$

$$\boldsymbol{F} = \begin{bmatrix} \sin\theta\cos\varphi & \sin\theta\sin\varphi & \cos\theta \\ \cos\theta\cos\theta & \cos\theta\sin\varphi & -\sin\theta \\ -\sin\varphi & -\cos\varphi & 0 \end{bmatrix}$$

$$(9.33)$$

图 9.5　坐标转换示意图

转换完毕后，把这些点保存到二维数组中用于以后计算，二维数组大小即为射线的个数。大多数射线与三角形求交的算法是首先计算出射线与三角形所在平面的交点，需判断这个二维交点是否在二维三角形的内部。通过射线管追踪中心射线反射次数并计算反射点处的场强，射线离开计算目标处的射线场即为射线管的出射场。

$$\begin{cases} \boldsymbol{E}_i(r') = E_{e\perp}\,\hat{\boldsymbol{e}}_\perp + E_{e/\!/}\,\hat{\boldsymbol{e}}_{i/\!/} \\ \boldsymbol{E}_r(r') = R_\perp E_{e\perp}\,\hat{\boldsymbol{e}}_\perp + R_{/\!/}\,E_{e/\!/}\,\hat{\boldsymbol{e}}_{r/\!/} \\ \boldsymbol{H}_i(r') = -E_{e\perp}\,\hat{\boldsymbol{e}}_\perp + E_{e/\!/}\,\hat{\boldsymbol{e}}_{i/\!/} \\ \boldsymbol{H}_i(r') = -R_\perp E_{e\perp}\,\hat{\boldsymbol{e}}_\perp + R_\perp E_{e/\!/}\,\hat{\boldsymbol{e}}_{r/\!/} \end{cases}$$

$$(9.34)$$

通过以上步骤，得到射线管反射后出口处位置和场强，进而可进行远场积分计算,求得单根射线管的雷达散射截面,最后把所有射线管得到的数值叠加之后就得到目标总的散射总场值。

4) 高斯波束法

高斯波束法[22]将平面雷达波展开为聚焦良好但指向不同的高斯波束,不仅包含了腔体口径边缘的绕射贡献,而且利用高斯波束的近轴特性减少了计算量,提高了计算精度,但近轴射线追踪会因为射线在曲面上多次反射的变形积累而产生很大的误差,因此只适合相对较浅的腔体。

5) 复射线展开法

复射线展开法[23]将入射平面雷达波展开为一系列均匀的复源点所发出的复射线场,通过对复射线进行轴线追踪并应用复射线近轴特性以计算远区散射场。该方法在保证拟合精度的同时大大减少了射线追踪条数,省略了口径积分环节,使计算精度和效率大大改进,但同样存在射线法固有的缺点(如开口腔体的 RCS 计算焦散区等)。

6) 等效电流法

等效电流[24]的概念是 Millar 在他关于口径绕射的研究中提出的, Ryan 和 Peters 则利用这些概念来计算沿旋转体轴相焦散线上的场。该方法假设在围绕奇异性(回路边缘)的各点处存在线电流和线磁流,并以远场辐射积分的形式对它们求和,成功地克服了绕射中焦散的问题。

7) 等效边缘电磁流法[25]

等效边缘电磁流法是 Michaeli 在等效电流法基础上提出的一种更为严格的表达,考虑由相交于边缘单元的两个窄表面带所产生的远场贡献,并沿带积分感应电流。在沿着垂直于边缘的表面方向,只有积分端点的渐近贡献被保留。Michaeli 比较了这个结果和物理绕射理论的表面积分法形式,将表面积分与劈尖(图 9.6)的

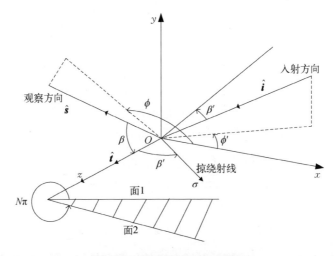

图 9.6　劈尖散射结构示意图

典型解联系起来,从而导出任意观察方向的等效电流的渐进表达式。

由于物理光学迭代法在处理腔体边缘散射时存在缺陷,在某些方向上得到的结果不准确。为了使计算理论具有更强的适应性,必须考虑由边缘引起的附加电场的影响,为此引入等效边缘电磁流法来处理腔体边缘的绕射问题。等效边缘电磁流法直接组合等效电磁流来移去射线方法解的奇异性,是求解边缘绕射场应用最广泛的方法。等效边缘电磁流法的理论依据是,任何有限电磁流分布的远区绕射场通过一个辐射积分来求和时将得到一个有限的结果,如果能找到这种适当的分布,则可避免几何绕射理论的发散问题。常用的形式有 Mitzner的增量长度绕射系数[26]和 Michaeli 的等效电流。假设在环绕表面奇异性的各点处存在线电流和线磁流,对于边缘为 C 的任意劈尖,它的远区边缘绕射场表示为

$$E^d \approx jk \frac{e^{-jkr}}{4\pi r} \int_C \{Z\hat{s} \times [\hat{s} \times J(r')] + \hat{s} \times M(r')\} e^{jk\hat{s}\cdot r'} dl \quad (9.35)$$

式中,k 为入射波波数;Z 为媒质的阻抗;$\hat{s}$ 为观察方向单位矢量,$\hat{s}=s/|s|=(r-r')/|r-r'|$;$r$ 为从原点到观察点的径向矢量;r' 为从原点到边缘上某点的径向矢量;dl 为沿 C 的弧长增量。

当平面波从 $\hat{s}'$ 方向入射到外劈角为 $N\pi(1<N\le 2)$ 的无限大理想导体劈时,取边缘上任意一点 O 为坐标原点,x 轴垂直于边缘并位于劈面上,y 轴为劈面的外法向,z 轴沿着边缘并切于点 O。对于后向散射,等效边缘线电流 $J(r')$ 和线磁流 $M(r')$ 可以进一步表达为

$$J(r') = E_0^i \frac{2jY\sin(\pi/N)}{Nk\sin^2\beta'}\left[\frac{1}{\cos(\pi/N)-1} - \frac{1}{\cos(\pi/N)-\cos(2\phi/N)}\right]$$
$$-H_0^i \frac{4j\cot\beta'}{Nk\sin\beta'}\left[\frac{\cot\phi\sin[(\pi-\phi)/N]}{\cos[(\pi-\phi)/N]-\cos(\phi-N)} - \frac{\cot(N\pi-\phi)\sin[(\pi-\phi)/N]}{\cos[(\pi+\phi)/N]-\cos(\phi/N)}\right]$$
$$(9.36)$$

3. 混合方法

高频方法基于雷达波高频特性近似处理,极大地提高了计算能力,但对复杂目标而言,其计算精度成为限制高频方法应用的重要问题。对于内部结构复杂的电大尺寸开口腔体,高频方法处理复杂结构带来的误差太大,而低频方法又不能承受电大尺寸腔体的巨大计算量。混合方法将两者有机结合起来用于分析复杂的腔体结构,利用高频方法计算终端以前的缓变空腔,利用低频方法计算终端的复杂结构。这样大部分腔体用高频方法快速解决,剩下部分的电尺寸已经减小到低频方法可处理的程度。混合方法发挥了两类算法的优点,同时将腔体分解为多个区域

进行处理,降低了对计算机的要求。当面对电大尺寸复杂腔体的雷达散射问题时,可以利用混合方法来进一步提高计算精度和计算灵活性,从而提高分析复杂腔体结构的能力。

9.2　雷达隐身设计

9.2.1　研发依据

发动机雷达隐身技术是飞机隐身技术的重要组成部分,发动机的雷达散射分为前腔体雷达散射和后腔体雷达散射,腔体结构的雷达散射非常强烈。研究表明,雷达波在腔体内壁之间经过多次相互作用,电磁能量从口径面返回来波方向,可以形成强的雷达回波。为此,作为复杂腔体结构,发动机的前腔体和后腔体均是飞机的主要散射源。为减少发动机后腔体的雷达散射,需要根据各种散射机理对后腔体采取综合的雷达隐身技术措施,以便获得最佳的 RCS 减缩效果。在发动机的各个雷达散射源中,喷管是发动机雷达隐身设计的关键部件,因为喷管的雷达隐身设计不仅可以减缩本身的 RCS,还可以对发动机后腔体中其他部件的雷达散射起遮挡作用。

9.2.2　国内外研发情况

1) 国外研发情况

飞机隐身设计始于雷达隐身,美国的雷达隐身技术研究最早可以追溯到 20 世纪 50 年代,于 20 世纪 60 年代研制了具有雷达隐身功能的 SR - 71 高空高速侦察机(图 9.7),该飞机采用了一些在后来研制的隐身飞机上均有体现的雷达隐身设计,包括发动机安装在机翼前缘、机体扁平并与机翼前缘融合在一起、两个垂直安定面尺寸较小并向机体内侧倾斜、机体前端和机翼前缘采用复合材料等。

图 9.7　SR - 71 高空高速侦察机[27]

美国于 20 世纪 70 年代开始研制隐身战术实验飞机,并在此基础上于 20 世纪 80 年代初研制出真正意义上的隐身飞机 F - 117A,该飞机本身的雷达隐身主要采用外形技术和雷达吸波材料,配装的 F404 - GE - F102 发动机也采取了雷达隐身技术措施,其中"百叶窗帘"式二元喷管是最主要的技术措施(图 8.20)。此后,美国的飞机雷达隐身技术发展迅速,从专注高的隐身性能发展到注重隐身性能与其他性能的协调,先后研制出具备综合隐身作战能力的 F - 22A 战斗机、F - 35 战斗机、F - 117A 战斗轰炸机、B - 2A 轰炸机、X - 47B 无人机等各类军用飞机,其中配装 F - 22A 战斗机的 F119 发动机喷管(图 1.45、图 5.11、图 8.19)综合采用了二元喷管、大锯齿修形、雷达吸波涂层等雷达隐身技术;配装 F - 35 战斗机的 F - 135 发动机喷管采用了锯齿修形的雷达隐身设计(图 9.8);配装 B - 2A 轰炸机(图 9.9)的 F118 发动机选用的是有利于雷达隐身的 S 弯二元喷管(图 8.24),并对喷管出口进行了锯齿修形。此外,其他一些国家也积极开展了发动机雷达隐身技术的研究和工程应用工作,例如,苏联库兹涅佐夫设计局于 1977 年开始研制的 NK - 32 发动机(图 4.14)的压气机第 1 级采用特殊隔板,可使入射到发动机前腔体内的雷达波的反射水平降到最低,而压气机叶片的造型可将雷达波反射到进气道壁面上涂覆的雷达吸波涂层上;俄罗斯研制的产品 30 发动机轴对称矢量喷管(图 8.17)采用了锯齿修形的雷达隐身设计。目前,美国、俄罗斯等国家仍在进一步开展发动机雷达隐身技术相关研究工作。

图 9.8　F - 135 发动机喷管采用的锯齿修形身设计[28]

图 9.9　B - 2A 隐身轰炸机[27]

2）国内研发情况

从 20 世纪 80 年代开始,以高校为代表的国内研究机构针对飞机陆续开展了包括外形隐身、雷达吸波材料、S 弯进气道在内的一系列雷达隐身技术研究并取得了一些技术成果,但针对发动机的雷达隐身技术研究较少。2010 年之后,国内陆续开展了一些发动机喷管的雷达隐身技术研究,并且主要是针对不同类型喷管的雷达散射特性进行研究。例如,陈立海等[29-33]采用等效边缘电磁流法和物理光学迭代法自主开发了电大尺寸腔体雷达散射特性计算程序,并采用数值模拟方法,研究了不同尾缘修形的二元收敛喷管和球面收敛二元矢量喷管的雷达散射特性,对比分析了不同宽高比的二元喷管在水平极化及垂直极化方式下的雷达散射特性,研究了不同出口形状的 S 弯喷管(图 9.10)雷达散射特性和斜切出口修形的单边膨胀球面二元喷管的雷达散射特性。

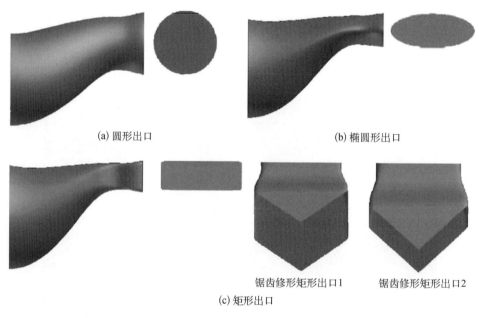

(a) 圆形出口   (b) 椭圆形出口

锯齿修形矩形出口1   锯齿修形矩形出口2

(c) 矩形出口

图 9.10 不同出口形状的 S 弯喷管[33]

9.2.3 技术要点

1. 喷管雷达隐身设计需要关注的问题

1）喷管雷达隐身设计难点

发动机后腔体是由管壁散射与其内部复杂结构件耦合作用形成的复杂散射源,并且这类凹腔体散射源属于复杂的多次反射型散射,其散射过程机理十分复杂;同时,喷管温度高、负荷大、结构复杂、工作状态极端多变,并且受到发动机推力性能、结构重量、长寿命、高可靠性等要求的限制。因此,喷管雷达隐身技术研究及工程应用面临很大的难度和挑战[34]。喷管雷达隐身技术难点在于:

(1) 通过采取多项雷达隐身技术措施,喷管可以有效地减缩自身的 RCS、遮挡发动机后腔体中其他部件的雷达散射,但会不可避免地付出结构重量、推力性能等方面的代价,同时也很可能会对发动机的长寿命、高可靠性带来不利影响。例如,二元喷管(图 1.45、图 5.11、图 8.19~图 8.21)、S 弯喷管(图 8.23、图 8.24)虽然是有效的雷达隐身技术措施,但均会降低喷管推力性能和增加喷管重量;收扩喷管扩张段内壁采用雷达吸波涂层可以减缩喷管的 RCS,但是会增加喷管重量,并且还会存在涂层老化失效或脱落的问题。因此,喷管雷达隐身设计需要综合考虑发动机的结构重量、推力性能等限制以及长寿命、高可靠性等要求。

(2) 雷达吸波材料技术可以在不改变喷管整体结构设计方案的前提下减缩喷管的 RCS,喷管对雷达吸波材料的需求是耐高温、厚度薄、重量轻、吸波频段宽、力学性能好,但现在的雷达吸波材料很难全面达到这些要求。首先,喷管的调节片、密封片等结构件在严酷的高温、高速气流冲刷、振动等环境下工作,雷达吸波材料的研发和应用均十分困难。例如,铁磁性材料的磁性在工作温度接近或高于居里点(铁电体从铁电相变为顺电相的相变温度,通常为 260~540℃)时将发生变化,从而削弱或丧失吸波性能;通常采用铁氧体、羰基铁粉类作为吸收剂的雷达吸波材料在高温环境下吸波性能大大降低。其次,雷达吸波材料一般在高频段吸收性能较好,但在低频段却面临着很大困难;雷达吸波涂层工作一段时间后容易出现涂层老化失效或涂层脱落的问题。为此,喷管雷达吸波涂层和雷达吸波结构材料的研发和应用仍然任重而道远。

(3) 喷管既是雷达散射源和红外辐射源,又是发动机后腔体中其他部件雷达入射、雷达散射和红外辐射的通道以及高温喷流的出口,喷管隐身设计时必须考虑雷达隐身和红外隐身的兼容性。例如,用于红外隐身的低发射率镀膜材料,厚度很薄,发射率也很低,但却是很好的雷达波反射源,对雷达隐身不利。为此,一是需要对发动机后腔体的雷达散射源和红外辐射源进行分析,找出雷达隐身和红外隐身各自的重点部位,有针对性地采取隐身措施;二是需要进行红外隐身技术措施和雷达隐身技术措施的综合优化和匹配技术研究;三是需要研究和应用对雷达隐身和红外隐身均有效的一些技术措施,例如,研发同时具备雷达吸波和低红外发射率特性的隐身材料,选用可以同时对发动机后腔体中其他热端部件雷达散射和红外辐射进行有效遮挡的二元喷管和 S 弯喷管。

2) 喷管雷达隐身综合设计问题

发动机后腔体的雷达散射一般占整个飞机后向雷达散射的 95% 以上,为此隐身飞机对发动机后腔体的雷达隐身提出了很高的指标要求。喷管雷达隐身设计需要有针对性地同时应用修形、雷达吸波材料、机械遮挡等雷达隐身技术,只有将这些雷达隐身技术有机地结合起来,才能全面地发挥喷管雷达隐身设计的作用。例如,S弯喷管(图8.23、图8.24)虽然可以对发动机后腔体中其他部件的雷达散射进行局部甚至全部遮挡,但是S弯喷管还需要采用锯齿修形隐身技术和雷达吸波材料技术来减缩本身的RCS,其中喷管出口锯齿修形(图8.17、图8.19、图8.21、图9.8)是为了降低雷达波在喷管出口边缘造成的反射或散射,而喷管内壁采用雷达吸波涂层是为了吸收入射到喷管内壁的雷达波以及发动机后腔体中其他部件反射到喷管内壁的雷达波。B-2A飞机/F118发动机的S弯二元喷管(图8.24)就采用了这种雷达隐身综合设计。

3) 喷管雷达隐身的飞机/发动机一体化设计问题

飞机雷达隐身设计是多学科、综合性的系统工程,发动机雷达隐身设计必须满足飞机隐身设计需求。作为发动机雷达隐身设计的关键部件,喷管不仅与发动机后腔体中其他部件的雷达隐身设计密切相关,而且也与飞机的雷达隐身设计紧密相关,是飞机/发动机一体化雷达隐身设计的关键部件。首先,喷管的一些雷达隐身设计与发动机总体设计和飞机总体设计密切相关,例如,选用二元喷管或S弯喷管不仅会涉及发动机的结构设计和气动设计,而且需要与飞机进行匹配设计。其次,发动机后腔体雷达散射涉及后腔体中其他部件,并且喷管是发动机后腔体中其他部件雷达入射和雷达散射的通道,喷管雷达隐身设计必须与发动机后腔体中其他部件的雷达隐身设计进行综合考虑,例如,如果发动机选用二元喷管,则发动机后腔体中其他部件被二元喷管遮挡的部位不需要采取雷达吸波涂层、修形等雷达隐身技术措施,从而减少发动机后腔体中其他部件的隐身设计需求。再次,喷管的修形隐身设计需要与飞机的外形隐身设计相匹配,以降低重点方位角的RCS值,否则就会破坏飞机整体的雷达隐身性能。最后,发动机雷达隐身可以考虑利用飞机机体及垂尾等操纵面对喷管及发动机后腔体中其他部件的雷达散射进行遮挡,这也需要进行飞机/发动机一体化设计,例如,F119发动机就利用F-22A飞机尾翼在关键角度对其喷管及发动机后腔体中其他部件进行了遮挡(图8.19)。

2. 喷管雷达隐身设计技术

飞机雷达隐身设计技术主要有修形隐身技术、雷达隐身材料技术、阻抗加载技术、等离子体技术等,其中前两种技术在已有的隐身飞机设计中得到了广泛应用。对发动机喷管而言,可应用的雷达隐身设计技术主要有修形隐身技术、雷达吸波材料技术和机械遮挡技术。

1) 修形隐身技术

通常情况下,目标的几何尺寸越大,其RCS越大,但理论和实验表明,目标的外形对RCS的影响更为显著。修形隐身技术就是通过合理的设计,有针对性地控制目标的外形及布局,使目标回波偏离雷达视向,降低目标在雷达主要威胁方向上的 RCS。当雷达波沿某一表面或棱边的法向及其附近角度入射时,会产生很强的法向镜面回波或法向边缘绕射回波。如果将被照射的表面或棱边斜置一个足够的角度,可使出现在重点方位角或俯仰角范围内的所有雷达波均能远离该表面或该棱边的法向,这种情况下回波的强度就会显著变弱。修形隐身技术是飞机及其发动机雷达隐身设计应用最广泛、最有成效的一种方法,例如,F119 发动机(图 5.11)的风扇帽罩和加力燃烧室中心锥采用了尖锥修形技术,喷管采用了锯齿修形技术。F119 发动机的二元矢量喷管在喷管出口进行了大锯齿修形设计,而喷管外调节片与飞机后机体搭界处进行了小锯齿修形设计,通过喷管与飞机后机体一体化修形设计(如保持喷管出口边缘平行于飞机机翼的两个边缘,图 8.19),将雷达波反射到非关键角度,并降低雷达波在喷管出口边缘和喷管外调节片与飞机后机体搭界处造成的反射或散射,实现飞机 RCS 的缩减。二元喷管出口一般选用大锯齿修形,例如,B-2A 飞机/F118 发动机的 S 弯单边膨胀二元喷管出口采用了与飞机后机体一体化的大锯齿修形设计(图 9.11)。

图 9.11　B-2A 飞机/F118 发动机单边膨胀二元喷管及其修形设计[35]

轴对称喷管出口一般选用小锯齿修形,例如,用于 F-35 战斗机的 F135 发动机轴对称收扩喷管(图 9.8)、俄罗斯的产品 30 发动机轴对称矢量喷管(图 8.17)均采用了这种小锯齿修形隐身技术;二元喷管的出口一般选用大锯齿修形,例如,配装 YF-23 飞机的发动机二元喷管(图 8.21)和配装 F-22A 战斗机的 F119 发动机二元矢量喷管(图 1.45、图 5.11、图 8.19)均采用了这种大锯齿修形隐身技术。

2) 雷达吸波材料技术

雷达吸波材料(radar absorbing material, RAM)按成型工艺和承载能力分为结构吸波材料和涂层吸波材料,这两类材料均是利用其所含的吸收剂来吸收入射进来的雷达波,将雷达波能量转换为热能或其他形式的能量而耗散掉,从而在不改变现有结构形式的前提下达到降低雷达波的反射、实现减缩飞机 RCS 的目的。结构吸波材料是在特种纤维增强的复合材料中按一定的配比直接加入吸收剂而制成的先进复合材料,具有承受载荷和吸收雷达波的双重功能,其优点是吸收性能好、吸波频带宽、重量轻、强度高、表面比较光滑、可设计性强、更能适应高速冲刷的气动环境。结构吸波材料存在的问题是:降低结构件的力学承载性能,力学性能、断裂韧性和微波性能三者之间呈矛盾关系;工艺复杂、难以修理、湿热环境易老化、需要添加阻燃剂、内部尽量不要有金属件,成本较高。雷达吸波涂层一般由透波层、吸波层、过渡层构成(图9.12),其中透波层用于减少涂层表面反射,增加透射;吸波层由吸收剂和黏合剂按一定配比组成,用于吸收雷达波;过渡层用于减小基体与吸波层热膨胀系数差,增加结合强度。雷达吸波涂层的优点是吸收性能好、工艺简单、使用方便、易于更换、可以对任意形状的表面进行喷涂等,但也存在涂层厚、比重大、耐高温性差、剥离强度低、频宽窄、涂层表面粗糙等缺点,因而在应用上受到一定限制。此外,采用雷达吸波涂层需要在重量、制造成本、维护成本等方面付出代价。雷达吸波材料虽然在 F‑117A、B‑2A、F‑22A、F‑35 等隐身飞机上均得到了大量应用,但在发动机上因受到温度等因素的限制而应用较少,例如,YF‑23 飞机的发动机喷管应用了高温贴片雷达吸波材料(图9.13),F135 发动机收扩喷管的扩张调节片和外调节片分别采用了具有雷达吸波功能的耐高温复合材料和耐中温复合材料。据资料介绍,具有雷达吸波功能的陶瓷基复合材料已经用于 F‑117A 飞机/F404 发动机的二元喷管。

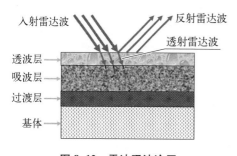

图 9.12   雷达吸波涂层
结构示意图

图 9.13   YF‑23 飞机的发动机喷管
高温贴片雷达吸波材料[36]

3) 机械遮挡技术

机械遮挡技术是一项在飞机和发动机上应用较多的雷达隐身技术,主要体现在发动机的安装方式及对进气道和喷管的处理上。作为发动机后腔体中其他部件雷达入射和雷达散射的通道,喷管可以通过自身的特殊几何设计(如二元喷管、S弯喷管)来有效地遮挡雷达波对发动机后腔体中其他部件的入射以及发动机后腔体中其他部件对射入雷达波反射的传播,从而减缩发动机后腔体中其他部件的RCS。例如,B‑2A 飞机/F118 发动机采用了 S 弯单边膨胀二元喷管(图8.24),喷管出口为呈宽扁状的矩形,可以遮挡雷达波对发动机后腔体的入射以及低压涡轮对射入雷达波反射的传播;喷管在二元喷管的基础上又增加了 S 弯,可以进一步地遮挡雷达波对发动机后腔体的入射以及低压涡轮对射入雷达波反射的传播。再如,F‒22A 飞机/F119 发动机采用了二元矢量喷管(图 1.45、图 5.11、图 8.19)。对二元喷管而言,宽高比越大,垂直方向和水平方向的雷达隐身效果越好。为此,在气动性能允许的情况下,二元喷管的宽高比应尽量选择大一些。例如,F‒117A 飞机/F404 发动机选用的是宽高比达 12∶1 的二元喷管(图 8.20)。此外,F‒117A 飞机/F404 发动机喷管出口端内部安装的 11 片导流片将喷管出口分隔成许多小的通道,可以进一步地遮挡雷达波对发动机后腔体的入射以及低压涡轮对射入雷达波反射的传播;喷管出口端外部向上倾斜的挡板还可以阻止雷达波进入发动机后腔体。B‒2A 飞机/F118 发动机喷管的单边膨胀结构(即喷管出口端外向上倾斜的挡板)可以遮挡来自下方的雷达波对发动机后腔体的入射以及低压涡轮对射入雷达波反射的向下传播。

9.2.4　应用案例:单边膨胀球面收敛二元喷管雷达隐身修形设计分析[37]

1. 分析目的

以球面收敛二元喷管为基准模型,采用斜切出口的方式对单边膨胀球面收敛二元喷管进行雷达隐身修形设计,利用物理光学迭代法和等效边缘电磁流法进行雷达散射特性进行仿真,研究单边膨胀球面收敛二元喷管不同喷管出口形式对发动机后向雷达散射特性的影响,优化斜切修形角度,形成具有良好雷达隐身性能的优化方案,为后续雷达隐身设计提供数据支持。

2. 喷管模型和雷达散射计算方法

1) 喷管模型

以球面收敛二元喷管为基准喷管模型(图 9.14),将基准喷管模型出口延伸出一斜置切口,形成单边膨胀球面收敛二元喷管模型(图 9.15),其中 α 是出口斜

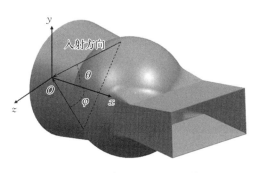

图 9.14　球面收敛二元喷管

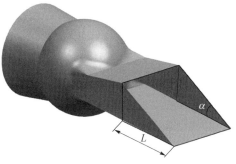

图 9.15　斜切出口修形喷管模型

切角度，L 是出口延长段长度。出口延长段与基准喷管扩张段壁面保持平行，改变出口斜切角度 α，L 随之发生变化，形成四种修形方案，参数设置见表 9.2。

表 9.2 方案参数设置

修 形 方 案	$\alpha/(°)$	L/mm
Nozzle 1	15	1 300
Nozzle 2	20	1 000
Nozzle 3	25	750
Nozzle 4	30	600

2) 雷达散射计算方法

根据波长和目标特征尺寸的大小，散射过程分为低频区、谐振区和高频区。目前对军用飞机构成威胁的雷达探测波段主要为厘米波。相对于波长大小，发动机喷管属于电大尺寸腔体结构，其散射过程属于高频区。由于传统低频方法在求解高频区目标散射问题时存在效率偏低和资源需求过大的问题，为此采用高频方法进行喷管雷达隐身修形设计分析。目前常用的高频方法主要有导波模式法、物理光学迭代法、射线弹跳法、高斯波束法、复射线展开法、等效电流法、等效边缘电磁流法等。发动机喷管的散射总场由腔体散射场和边缘绕射场两部分矢量叠加构成，根据其雷达散射计算特点，选择物理光学迭代法和等效边缘电磁流法相结合的算法。

3. 计算结果及分析

分别计算水平极化和垂直极化方式下，单边膨胀球面收敛二元喷管四种修形方案在偏航平面(水平平面)和俯仰平面(垂直平面)内的后向散射场，具体的计算结果及分析如下。

1) 偏航平面计算结果及分析

计算得到的单边膨胀球面收敛二元喷管修形方案 RCS 分布曲线如图 9.16 和图 9.17 所示。从图中可以看出，偏航平面下雷达入射角度 $\theta=0°$ 时，喷管后向散射 RCS 达到峰值，随着入射角度进一步增大，RCS 呈减小趋势。小角度入射时，四种修形方案 RCS 分布曲线基本重合，但当水平极化下入射角度大于 12° 和垂直极化下入射角度大于 20° 以后，各修形方案 RCS 分布曲线差异越来越大，这说明喷管斜切角度 α 和长度 L 的变化对散射场的影响主要在大角度下体现。计算得到各修形方案的 RCS 平均值见表 9.3，由表 9.3 可知，水平极化下出口斜切角度 $\alpha=25°$ 的修形方案具有较好的低散射特性，而垂直极化下出口斜切角度 $\alpha=15°$ 的修形方案 RCS 值最小，$\alpha=25°$ 的修形方案次之。

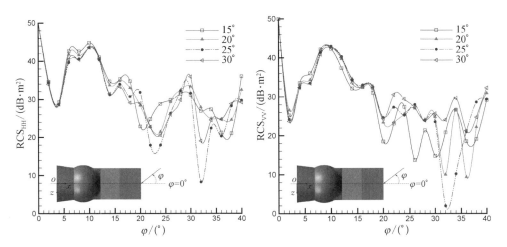

图 9.16　水平极化喷管散射总场(偏航平面)　图 9.17　垂直极化喷管散射总场(偏航平面)

表 9.3　偏航平面喷管模型 RCS 平均值　　　　　(单位: dB · m²)

极化方式　＼　α	15°	20°	25°	30°
水平极化	30.53	30.21	28.09	29.14
垂直极化	28.38	29.33	29.00	31.20

综合考虑两种极化方式下四种斜切出口方案的后向散射,斜切角度 $\alpha = 25°$ 的修形方案具有较好的低散射特性。为进一步分析修形的优化作用,将这种出口修形方案与球面收敛二元喷管(在以下各图表中以 Basic 表示)进行对比(图 9.18~图 9.21、表 9.4 和表 9.5)。

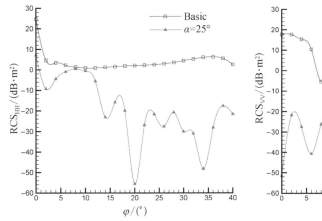

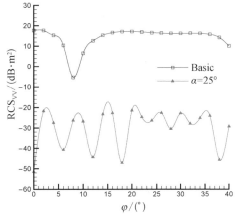

图 9.18　水平极化边缘绕射场(偏航平面)　图 9.19　垂直极化边缘绕射场(偏航平面)

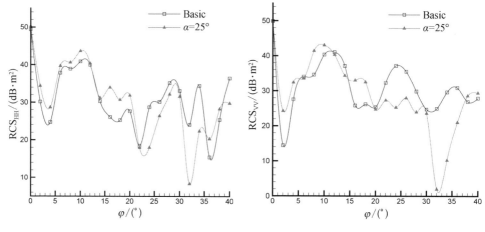

图 9.20   水平极化散射总场(偏航平面)   图 9.21   垂直极化散射总场(偏航平面)

表 9.4   球面收敛二元喷管和单边膨胀球面收敛二元喷管
修形方案水平极化下 RCS 平均值(偏航平面)   (单位: dB·m²)

喷管方案 φ	$0° \leqslant \varphi \leqslant 20°$	$20° < \varphi \leqslant 40°$	$0° \leqslant \varphi \leqslant 40°$
Basic	33.73	28.09	33.73
$\alpha = 25°$	36.83	23.50	36.83

表 9.5   球面收敛二元喷管和单边膨胀球面收敛二元喷管
修形方案垂直极化下 RCS 平均值(偏航平面)   (单位: dB·m²)

喷管方案 φ	$0° \leqslant \varphi \leqslant 20°$	$20° < \varphi \leqslant 40°$	$0° \leqslant \varphi \leqslant 40°$
Basic	33.16	29.60	31.26
$\alpha = 25°$	36.48	22.20	29.00

从边缘散射场 RCS 的分布曲线可以看出,采用斜切方式的修形使出口绕射场后向散射大幅下降,水平极化时平均降低 20.21 dB·m²,垂直极化时平均降低 44.11 dB·m²。通过对比腔体散射场和散射总场的 RCS 分布情况,可以分析出对于后向散射,边缘绕射场对散射总场的影响有限。也就是说,在没有采用雷达吸波材料技术的情况下,喷管出口修形主要是通过降低喷管腔体散射场来实现。采用包括修形、雷达吸波材料等一系列综合隐身技术,腔体散射得到有效抑制之后,边缘绕射回波将不再是弱散射源,而是成为主要的散射源参与对散射总场的贡献。

从图 9.20 和图 9.21 可以看出,总体上,单边膨胀球面收敛二元喷管的 RCS 比球面收敛二元喷管有所减缩,水平极化下减缩了 1%,垂直极化下减缩了 7%。但是这种出口修形方案并不是在所有入射角度均能够起到减缩 RCS 的效果(具体数值见表 9.4 和表 9.5),水平极化下修形的优势角度是 $20° < \alpha \leqslant 40°$,同比减缩 16%;垂直极化下修形的优势角度是 $18° < \alpha \leqslant 40°$,同比减缩 25%。在小角度($\alpha < 20°$)下,斜切形成的出口侧壁和底面的增长,对回波产生一定的聚集作用,反而使这一域内的散射加剧。随着 α 增大,出口收集电磁射线的有效面积逐渐缩小,由于这种斜切出口形式增加了 L 段,对回波的遮挡作用进一步增强,说明单边膨胀球面收敛二元喷管对后向散射的减缩作用在大角度时集中体现。

雷达波以垂直极化方式入射,在偏航平面内入射角度 $\varphi = 32°$ 的情况下球面收敛二元喷管和单边膨胀球面收敛二元喷管的感应电流对比如图 9.22 和图 9.23 所示。观察壁面上感应电流大小和分布,可以看出该状态下球面收敛二元喷管激发的电流强度比单边膨胀球面收敛二元喷管更高,中等强度的电流也分布更广。这是由于球面收敛二元喷管出口未做任何修形,对入射的雷达波没有遮挡,而单边膨胀球面收敛二元喷管在大角度下收集雷达波的有效面积大幅缩小,从而减少进入喷管腔体参与散射过程的雷达波,进而减弱了在壁面上产生感应电流。

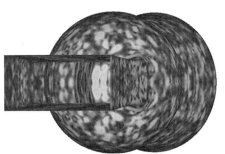
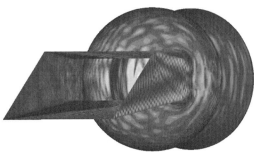

图 9.22　球面收敛二元喷管感应电流
(垂直极化,$\varphi = 32°$)

图 9.23　单边膨胀球面收敛二元喷管感应电流
(垂直极化,$\varphi = 32°$)

2) 俯仰平面计算结果及分析

在俯仰平面内模拟雷达波从喷管底部至喷管上方入射的情况,计算了入射角度 $\theta \in [-40°, 40°]$ 喷管修形方案的后向散射特性,结果如图 9.24 和图 9.25 所示。由图 9.24 和图 9.25 可见,RCS 分布曲线整体上随入射角度的增加呈上升趋势,在 $\theta = 0°$ 处达到峰值后短暂减小后又逐步增大。

(1)初始阶段曲线有一段类似于直线的变化平缓区域,这段区域 RCS 随模型斜切角度 α 减小(即出口延长段长度 L 增大)而加大。在这段区域对应的角度范围内,入射的雷达波仅在延长段出口边缘处产生少量的边缘绕射,而无法从喷口进入腔体内部参与腔体散射,也就是说,L 越长,对入射的雷达波形成完全遮挡的角度范围就越大。

(2)雷达波由喷管底部向上照射,当入射角度达到 $\theta = -6°$ 以后,入射的雷达波逐渐照射到喷管腔体内部,分布曲线显现出腔体散射的波动性,较长的出口段能够有效减少对负角度入射的雷达波的收集,所以 L 较长的喷管对 RCS 减缩仍然具有优势。

(3)分布曲线的主瓣出现在 $\theta \in [-6°, 6°]$ 区域内,这时大部分入射的雷达波可以进入喷口到达腔体内部,在底部形成较强的镜面回波对后向散射。

(4)θ 增大到 $6°$ 以后,斜切角度 α 较大的喷管修形方案反而增大了腔体的开口面积,对后向散射的减缩不再占有优势。

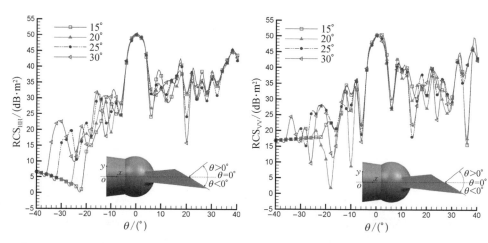

图 9.24　俯仰平面喷管修形方案 RCS 分布曲线(水平极化)　　图 9.25　俯仰平面喷管修形方案 RCS 分布曲线(垂直极化)

分别计算各喷管修形方案的 RCS 平均值(表 9.6),优选水平极化和垂直极化两种方式各角度的计算值,$\alpha = 20°$ 的出口斜切方案对喷管后向散射具有较好的隐身效果。

表 9.6　俯仰平面喷管修形方案 RCS 平均值　　（单位: dB · m²)

极化方式 \ α	15°	20°	25°	30°
水平极化	26.73	27.53	28.62	29.56
垂直极化	30.56	28.64	31.05	30.35

为进一步分析修形的优化作用,将 $\alpha = 20°$ 的单边膨胀球面收敛二元喷管与球面收敛二元喷管进行对比(表 9.7、表 9.8 和图 9.26~图 9.29)。

从图 9.26 和图 9.27 可见,单边膨胀球面收敛二元喷管的 RCS 比球面收敛二元喷管有所减缩,但减缩幅度小于雷达波由偏航平面入射的情况。由于斜切出口延长段的遮挡,入射负角度增大到一定程度后将没有雷达波进入腔体内。

表 9.7　球面收敛二元喷管和单边膨胀球面收敛二元喷管
修形方案水平极化下 RCS 平均值(俯仰平面)　（单位：dB·m²）

喷管方案　＼　θ	$-40° \leqslant \theta \leqslant -6°$	$6° < \theta \leqslant 40°$	$-40° \leqslant \theta \leqslant 40°$
Basic	33.73	28.09	33.73
$\alpha = 20°$	36.83	23.50	36.83

表 9.8　球面收敛二元喷管和单边膨胀球面收敛二元喷管
修形方案垂直极化下 RCS 平均值(俯仰平面)　（单位：dB·m²）

喷管方案　＼　θ	$-40° \leqslant \theta \leqslant -6°$	$6° < \theta \leqslant 40°$	$-40° \leqslant \theta \leqslant 40°$
Basic	33.16	29.60	31.26
$\alpha = 20°$	36.48	22.20	29.00

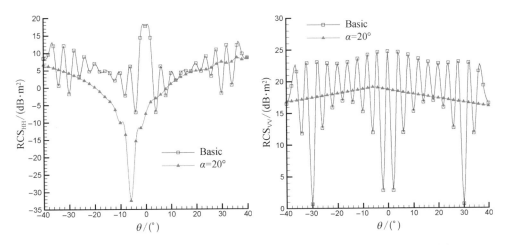

图 9.26　水平极化边缘绕射场(俯仰平面)　　图 9.27　垂直极化边缘绕射场(俯仰平面)

边缘绕射场和腔体散射场叠加而成为散射总场(图 9.28 和图 9.29),观察分布曲线可知,在雷达波以负角度入射喷管时,出口斜切修形对喷管后向散射减缩作用良好。球面收敛二元喷管和单边膨胀球面收敛二元喷管分区域 RCS 平均值计算结果(表 9.7 和表 9.8)表明,入射角度为 $-40° \leqslant \theta \leqslant -6°$ 时,两种极化方式下

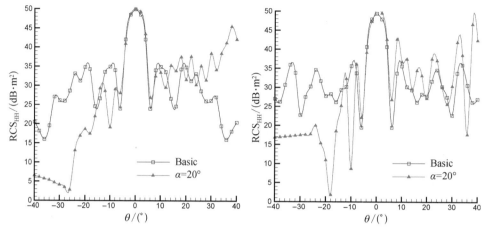

图 9.28　水平极化散射总场（俯仰平面）　　图 9.29　垂直极化散射总场（俯仰平面）

修形技术获得的 RCS 缩减分别达到了 47% 和 38%；在 $-40° < \theta \leq -6°$ 的对称角度范围（$6° < \theta \leq 40°$）内，这种方式的修形却造成了散射的增强；在各角度的总散射量方面，修形对喷管 RCS 的减缩起到了积极的作用。因此，将这种出口斜切修形的单边膨胀球面收敛二元喷管应用于高空突防的飞机更为合理。

4. 结论

（1）雷达波在偏航平面入射，喷管斜切角度 α 和长度 L 的变化对散射场的影响主要在大角度下体现。

（2）水平极化下出口斜切角度 $\alpha = 25°$ 的单边膨胀球面收敛二元喷管具有较好的低散射特性，而垂直极化下出口斜切角度 $\alpha = 15°$ 的单边膨胀球面收敛二元喷管 RCS 值最小。

（3）感应电流显示，单边膨胀球面收敛二元喷管在大角度下收集入射雷达波的有效面积大幅缩小，从而减少了进入喷管腔体参与散射过程的雷达波，进而减弱了在壁面上产生的感应电流。

（4）雷达波在俯仰平面入射，较长的出口段能够有效减少对负角度入射雷达波的收集，所以 L 较长的喷管对 RCS 减缩仍然具有优势。

（5）采用喷管斜切出口修形的方式，在雷达从喷管下方探测的情况下，对发动机后腔体后向 RCS 有较好的减缩作用，将这种形式的隐身修形方式应用于高空突防军用飞机将起到良好的雷达隐身效果。

参考文献

[1]　张考，马东力. 军用飞机生存力与隐身设计[M]. 北京：国防工业出版社，2002.
[2]　韩磊，王自荣. 雷达隐身与反隐身技术[J]. 舰船电子对抗，2006,29(2)：34-38.
[3]　国防科技要闻. 美国电磁频谱的军事应用综述[ED/OL]. https://www.sohu.com/a/

458212712_635792[2021 - 03 - 31].

[4] 许小剑,黄培康.雷达系统及其信息处理[M].北京：电子工业出版社,2017.

[5] Bruder J A, et al. IEEE Std 521 - 2002: Standard Letter Designations for Radar — Frequency Bands[M]. IEEE Aerospace and Electronic Systems Society, IEEE Press, 2003.

[6] 马立东,张考.雷达散射截面对飞机生存力的影响[J].北京航空航天大学学报,1998, 24(5): 538 - 541.

[7] Knott E F, Shaeffer J F, Tuley M T. Radar Cross Section[M]. 2nd Edition. Raleigh: SciTech Publishing Inc. , 2004.

[8] 王自荣,余大斌,孙晓泉,等.雷达隐身技术概述[J].上海航天,1999(3): 52 - 56.

[9] 庄钊文,袁乃昌,莫锦军,等.军用目标雷达散射截面预估与测量[M].北京：科学出版 社,2007.

[10] 黄培康,殷红成,许小剑.雷达目标特性[M].北京：电子工业出版社,2005.

[11] 杨胜男,尚守堂,邵万仁,等.球面收敛二元喷管电磁散射特性研究[J].航空动力学报, 2015,30(12): 2983 - 2991.

[12] Bhattacharyya A K, Sengupta D L. Radar Cross Section Analysis and Control[M]. British Library Cataloguing in Publication Datta, Artech House,Inc. , 1991.

[13] Guru B S, Hiziroglu H R. Electromagnetic Field Theory Fundamentals [M]. Cambridge: Cambridge University Press, 2005.

[14] 杨涛.飞行器动力系统腔体 RCS 数值模拟研究[D].西安：西北工业大学,2011.

[15] 张玉.FDTD 与矩量法的关键技术及并行电磁计算应用研究[D].西安：西安电子科技大 学,2004.

[16] 周平.电磁散射问题中有限元法和边界元法及其混合技术研究[D].南京：南京航空航天 大学,2006.

[17] Harrington R F. Field Computation by Moment Methods[M]. New York: McMillan, 1968.

[18] Johnson T W, Moffatt D L. Electromagnetic scattering by open circular waveguides[J]. Radio Science, 1982, 17(6): 1547 - 1556.

[19] Burkholder R J. A fast and rapidly convergent iterative physical optics algorithm for computing the RCS of open-ended cavities[J]. ACES Journal, 2001, 16(1): 53 - 59.

[20] Obelleiro-Basteiro F, Rodriguez J L, Burkholder R J. An iterative physical optics approach for analyzing the electromagnetic scatting by large open-ended cavities[J]. IEEE Transactions on Antennas and Propagation, 1995, 43(4): 356 - 361.

[21] Ling H, Chou R C, Lee S W. Shooting and bouncing rays: calculating the RCS of an arbitrarily shaped cavity[J]. IEEE Transactions on Antennas and Propagation, 1995, 37(2): 194 - 205.

[22] Pathak P H, Burkholder R J. Model, ray, and beam techniques for analyzing the EM scattering by open-ended waveguide cavities [J]. IEEE Transactions on Antennas and Propagation, 1989, 37(5): 635 - 647.

[23] 阮颖铮,费尔森.复射线近轴近似原理和应用[J].应用科学学报,1989,7(3): 174 - 178.

[24] 顾长青,吴海峰.IPO - MOM 法分析带旋转叶片腔体的电磁特性[J].系统工程与电子技 术,2006,28(4): 498 - 501.

[25] Jin J M, Ling F, Carolan S T. A bybrid SBRMOM technique for analysis of scatting from small

protrusions on a large conducting body[J]. IEEE Transactions on Antennas Propagation, 1998, 46(9): 1349 - 1357.

[26] Mitzner K M. Incremental length diffraction coefficients[R]. Technical Report No. AFAL - TR - 73 - 296, Northrop Corporation, Aircraft Division, 1974.

[27] 刘大响,陈光等. 航空发动机:飞机的心脏[M]. 北京:航空工业出版社,2003.

[28] 梁春华. F135 推进系统的最新进展[J]. 航空发动机,2007,33(4).

[29] 陈立海,杨青真,陈玲玲,等. 不同喷口修形的二元收敛喷管 RCS 数值模拟[J]. 航空动力学报,2012,27(3): 513 - 520.

[30] 崔金辉,杨青真,陈立海. 球面收敛调节片喷管 RCS 数值模拟研究[J]. 航空发动机,2012, 38(2): 46 - 50.

[31] 杨胜男,尚守堂,邵万仁,等. 球面收敛二元喷管电磁散射特性[J]. 航空动力学报,2015, 30(12): 2983 - 2991.

[32] 高翔,杨青真,母鸿瑞,等. 不同宽高比的二元喷管电磁散射特性数值研究[J]. 推进技术, 2014,35(6): 735 - 741.

[33] 李岳锋,杨青真,李翔,等. 不同出口形状 S 形喷管的 RSC 特性[J]. 推进技术,2013, 28(12): 2671 - 2677.

[34] 邓洪伟,尚守堂,金海,等. 航空发动机隐身技术分析与论述[J]. 航空科学技术,2017, 28(10): 1 - 7.

[35] 孙啸林. 低可探测 S 弯喷管设计及性能评估方法研究[D]. 西安:西北工业大学,2018.

[36] 黄全军,刘志成. 飞机后向红外隐身技术应用探讨[J]. 飞机设计,2013,33(1): 10 - 14.

[37] 杨胜男,邵万仁,尚守堂,等. 单边膨胀球面 2 元喷管雷达隐身修形研究[J]. 航空发动机, 2016,42(5): 55 - 62.

第 10 章
排气系统噪声抑制设计

20 世纪 60 年代起,喷气式飞机研制和使用的数量越来越多,喷气式飞机噪声对人类生存环境的影响也越来越突出。为此,现代社会提出了控制飞机噪声污染的环保要求,国际民用航空组织(International Civil Aviation Organization, ICAO)和有关国家相继颁布了严格的飞机噪声适航标准,对民用飞机噪声进行严格的限制,民用飞机噪声水平必须符合 ICAO 颁布的适航标准才能够进入世界民用航空市场,并且噪声适航标准不断提高。此外,军用飞机噪声问题也日益得到关注,其中超声速军用飞机的噪声水平远高于亚声速民用飞机,带来的危害除噪声污染外,还包括飞机仪器系统失灵和飞机结构因声疲劳产生断裂。发动机噪声是飞机噪声的主要来源,其中喷流噪声是发动机的主要噪声源之一,而喷流噪声抑制设计主要通过排气系统的特殊设计予以实现,为此本章将阐述发动机排气系统的喷流噪声抑制设计基础理论和喷流噪声抑制设计。

10.1 噪声抑制设计基础理论

10.1.1 设计理论

1. 涡扇发动机喷流噪声源及其传播规律

涡扇发动机产生的气流以很高的速度从喷管中喷出,与环境大气剧烈地混合,在喷流边界层中形成强烈的湍流脉动,从而产生喷流噪声。一般认为,涡扇发动机喷流中既存在大尺度湍流结构,也包含小尺度湍流结构,两者都能产生噪声,然而两者对喷流噪声的贡献程度主要取决于喷流的速度和温度。此外,喷流噪声功率的频谱与喷流结构关系紧密,具有明显的指向性[1]。在喷流速度方面,Lighthill 在 1949~1952 年提出了"声类比理论"的思想[2,3],得出了喷流噪声声功率与喷流速度 8 次方成正比的定律;1963 年,Ffowcs-Williams [4] 将声源对流效应考虑进了 Lighthill 的理论中,得出声类比理论中一项非常重要的结论:对速度非常高的喷流,其噪声声功率与喷流速度的 6 次方成正比。

(1)喷流温度不是很高的亚声速喷流噪声主要由小尺度湍流结构和大尺度湍

流结构产生,其中大尺度湍流结构所生成的低频噪声主要向喷管下游传播,小尺度湍流结构所生成的高频噪声在喷管上游方向占据主导地位。如图 10.1 所示,亚声速喷流按流向可划分为混合区、转换区和充分扩展区 3 个部分,喷管出口附近区域是混合区,该区内存在一个气流速度基本保持喷管出口速度的核心流,喷流在核心流周围与卷吸进来的环境大气剧烈混合,辐射出来的噪声为高频噪声;混合区下游为转换区,该区内充满了湍流结构,随着喷流喷射距离的增加,该区内的平均喷流速度逐渐减小,喷流直径也相应地增大;转换区下游为充分扩展区,该区内的喷流已经发展为完全的湍流运动,喷流直径进一步增大,喷流速度进一步降低,湍流强度也相应变小,产生的低频噪声较多。亚声速喷流噪声仅为湍流混合噪声,在喷流下游方向噪声最强,而喷流上游方向噪声偏弱。由于高温喷流与环境大气之间的边界层上出现声折射现象的缘故,喷流轴线附近总声压级降低。

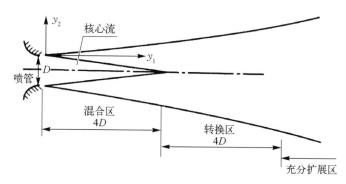

图 10.1 发动机亚声速喷流结构[5]

(2) 超声速喷流(尤其是喷流温度很高时)中的大尺度湍流结构以超声速向喷管下游方向辐射,产生强烈的马赫波辐射,这些辐射超过小尺度湍流结构产生的噪声而起主导作用,超声速喷流的噪声源及声场频谱如图 10.2 所示。图 10.3 是完全膨胀超声速喷流(马赫数为 2)噪声远场指向性实验结果,噪声在下游 125°以后明显增大;Tam 和 Chen 指出,在下游明显增大的喷流噪声是由喷流内大尺度湍流

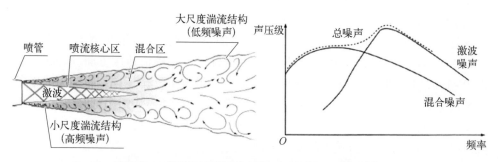

图 10.2 发动机超声速喷流的噪声源和声场频谱[6]

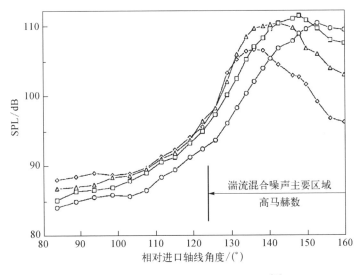

图 10.3　完全膨胀超声速喷流指向性[7]

结构导致的,而在 110°往上游方向,小尺度湍流噪声则占据主导地位。

大多数超声速喷流不能实现完全膨胀,可以形成准周期激波单元结构,从而造成喷流中存在除湍流混合噪声之外的两种激波相关噪声辐射:宽带激波相关噪声和具有离散频率的啸音[图 10.4,图中指向角(或称方位角)定义为观察点与喷管出口中心点连线与进口轴线之间的夹角]。由各种尺度湍流结构发出的湍流混合噪声在下游方向占据主导地位,宽带激波相关噪声和啸音则主要集中在喷流上游方向。

(1)湍流混合噪声一般被认为由喷流中小尺度湍流结构产生,而峰值湍流噪声由大尺度湍流结构发出,湍流混合噪声频谱峰值的具体数值与喷流的马赫数和温度有关,一般出现在斯特劳哈尔数(Strouhal 数)$St = 0.1 \sim$

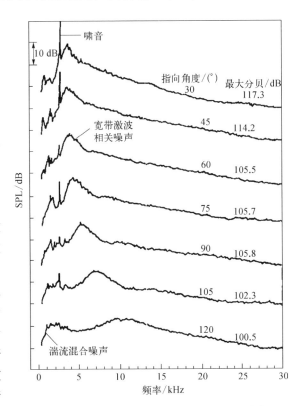

图 10.4　不完全膨胀超声速喷流的频谱图[8]

2.5($St = fD/U$，f 为频率，D 为喷管出口当量直径，U 为喷管出口速度）范围内。在保持 St 不变的情况下，提高喷流温度，可使湍流混合噪声峰值段宽度增加，但峰值增大并不明显。1996 年，Tam 等[9]在分析了 NASA Langley 大量喷流噪声实验数据（1 900 份喷流实验数据）的基础上，统计得到了如图 10.5 所示的喷流湍流混合噪声的频谱相似律，其相似律公式在喷流噪声预测中得到了广泛的应用。

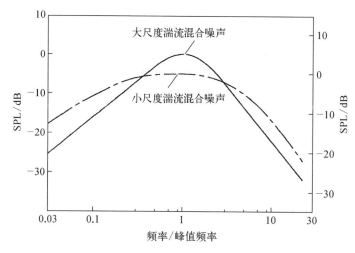

图 10.5　喷流湍流混合噪声相似律[9]

（2）宽带激波相关噪声最早由 Harper‐Bourne 等[10]发现，而后 Tanna[11]、Seiner 等[12-15]、Tam[16]、Yamamoto 等[17]针对宽带激波相关噪声进行了实验研究，并以此为基础建立了比较可靠的公式来预测宽带激波相关噪声的频率和幅值。超声速喷流的边界层不稳定，从边界折射回来而产生的激波也不稳定，并且激波和湍流之间还存在相互作用，由此形成宽带激波相关噪声。宽带激波相关噪声具有三个明显特征：首先，峰值对应频率和极大值区域均随方位角而变化；其次，每个频谱可能有几个极大值；在保持喷流马赫数不变时，峰值区极大值不受喷流温度影响，但是极大值对应的频率会随喷流温度升高而增大。

（3）喷流啸音在 1953 年由 Powell[18,19]发现，之后 Tam 等人构造了一个多尺度的激波模型，并以此为基础提出了频率预测公式，该公式计算结果与 Rosfjord 等[20]的实验结果符合得非常好。超声速喷流的啸音产生于一种非线性的反馈环机制，啸音的出现通常伴随它的谐音，有时可以检测到第四或第五谐音。当超声速喷流噪声中出现强烈的啸音时，喷流中可能会出现两种模态：螺旋模态和螺旋摆动模态。啸音强度受喷流马赫数、喷流温度、喷管厚度、喷流附近反射面等的影响，其中啸音强度随喷流温度的增加而降低（尤其对于低超声速喷流而言）。

从典型的超声速喷流窄频带噪声谱（图 10.6）可以看出，湍流混合噪声、宽带激波相关噪声和啸音的相对强度是方位角的函数,湍流混合噪声在喷管下游方向是最主要的噪声成分,宽带激波相关噪声在喷管上游方向更强烈;对于轴对称喷管的超声速喷流,啸音主要向喷管上游方向辐射,湍流混合噪声在啸音频率左侧产生宽频峰值,啸音右侧非常明显的峰值是宽带激波相关噪声,在喷管上游方向是主导噪声成分。

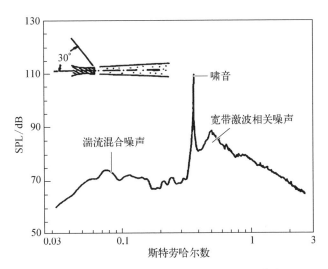

图 10.6　典型的超声速喷流窄频带噪声谱[21]

2. 声学基本方程

1) 声源模化方程

对于只包含脉动项的小尺度湍流噪声源,声源模化函数参照高斯形模化函数,并在其基础上考虑各向异性雷诺应力对声源的影响,建立声源模化函数如下:

$$R_{11} = \langle T'_{11}(\boldsymbol{x}_1, t_1) T'_{11}(\boldsymbol{x}_2, t_2) \rangle$$
$$= A_{\text{fine}} (\rho \overline{u'u'})^2 \exp\left\{ -\frac{|\xi|}{\bar{u}\tau_s} - \ln 2 \left[\frac{(\xi - \bar{u}\tau)^2}{l_{sx}^2} + \frac{\eta^2}{l_{sy}^2} + \frac{\zeta^2}{l_{sz}^2} \right] \right\} \tag{10.1}$$

$$R_{22} = \langle T'_{22}(\boldsymbol{x}_1, t_1) T'_{22}(\boldsymbol{x}_2, t_2) \rangle$$
$$= A_{\text{fine}} (\bar{\rho} \overline{v'v'})^2 \exp\left\{ -\frac{|\xi|}{\bar{u}\tau_s} - \ln 2 \left[\frac{(\xi - \bar{u}\tau)^2}{l_{sx}^2} + \frac{\eta^2}{l_{sy}^2} + \frac{\zeta^2}{l_{sz}^2} \right] \right\} \tag{10.2}$$

$$R_{33} = \langle T'_{33}(\boldsymbol{x}_1, t_1) T'_{33}(\boldsymbol{x}_2, t_2) \rangle$$
$$= A_{\text{fine}} (\bar{\rho} \overline{w'w'})^2 \exp\left\{ -\frac{|\xi|}{\bar{u}\tau_s} - \ln 2 \left[\frac{(\xi - \bar{u}\tau)^2}{l_{sx}^2} + \frac{\eta^2}{l_{sy}^2} + \frac{\zeta^2}{l_{sz}^2} \right] \right\} \tag{10.3}$$

其中，$\xi = x_1 - x_2$，$\eta = y_1 - y_2$，$\zeta = z_1 - z_2$，$\tau = t_1 - t_2$；τ_s 为小尺度湍流的特征耗散时间，模型中定义为 $\tau_s = c_\tau (1/\omega)$，$l_{sx}$、$l_{sy}$、$l_{sz}$ 为各方向的特征长度，分别定义为

$$l_{sx} = c_{l-\text{fine}} (\overline{u'u'}^{1/2} / \omega)$$

$$l_{sy} = c_{l-\text{fine}} (\overline{v'v'}^{1/2} / \omega)$$

$$l_{sz} = c_{l-\text{fine}} (\overline{w'w'}^{1/2} / \omega)$$

其中，$\overline{u'u'}$、$\overline{v'v'}$、$\overline{w'w'}$ 分别为三个方向的雷诺正应力；ω 为湍流比耗散率；c_τ、$c_{l-\text{fine}}$ 分别为时间尺度的经验系数及空间尺度的经验系数；A_{fine} 为声源强度经验系数，三个经验系数需要通过实验或者数值模拟相关数据分析得到。

对于平均流动与湍流脉动相干的大尺度湍流噪声源项 $Q(\xi) = \langle UT'_{11}(\boldsymbol{y}, t) \cdot UT'_{11}(\boldsymbol{y}, t+\tau) \rangle$，在基于 Lilley 方程的 MGBK 方法和 JeNo 方法中也有类似的噪声源项，称为剪切噪声源，但 MGBK 方法和 JeNo 方法在对其模化的过程中只认为脉动四级子为源项，而平均速度被认为只影响声传播，作为格林函数求解的一部分。大尺度湍流噪声源与平均流动有极大关系，主要体现在由于平均流动的影响长度尺度应该大于小尺度湍流长度尺度，且大尺度湍流噪声的指向性相比小尺度湍流噪声更为明显。因此建立如下大尺度湍流噪声源模化函数：

$$\begin{aligned} Q(\xi) &= \langle UT'_{11}(\boldsymbol{y}, t) \cdot UT'_{11}(\boldsymbol{y}, t+\tau) \rangle \\ &= A_{\text{large}} (\rho U \overline{u'u'})^2 \exp\left\{ -\frac{|\xi|}{\bar{u}\tau_s} - \frac{\ln 2}{l_{s-\text{large}}^2} [(\xi - \bar{u}\tau)^2 + \eta^2 + \zeta^2] \right\} \end{aligned}$$

$$(10.4)$$

式中，l_{large}、τ_s、A_{large} 分别为大尺度湍流噪声源模型中的相干长度尺度及强度系数。其中时间尺度与小尺度湍流噪声源模型中的时间尺度相同。

大尺度湍流噪声源是平均流动与湍流的相干结构，由于平均流动的对流效应，其长度尺度远大于小尺度湍流噪声源长度尺度，且与平均流速相关。因此本节中大尺度湍流噪声源的长度尺度定义为

$$l_{\text{large}} = c_{l-\text{large}} \frac{\bar{u}}{c_0} (\overline{u'u'}^{1/2} / \omega) \qquad (10.5)$$

其中，$c_{l-\text{large}}$ 为大尺度湍流噪声源的空间长度尺度经验系数，结合声源强度经验系数 A_{large}，需要根据实验数据确定。

2）伴随格林函数方程

喷流流动中存在强烈的剪切层，喷流噪声产生后从喷流内部向远场传播，穿过剪切层时由于剪切层速度梯度的存在，声波将会发生散射现象，传播方向发生改

变,从而影响远场指向性分布。如何准确计算这种散射效应的影响是喷流远场噪声预测中的关键问题之一。相比于波动方程,线化欧拉方程可以描述声波在流动中的传播过程,更适合作为喷流中声传播的主控方程。方程(10.6)是笛卡儿坐标下频域内的二维线化欧拉方程。

$$-i\omega\boldsymbol{u} + \boldsymbol{A}\frac{\partial\boldsymbol{u}}{\partial x} + \boldsymbol{B}\frac{\partial\boldsymbol{u}}{\partial y} + \boldsymbol{D}\boldsymbol{u} = \boldsymbol{I} \tag{10.6}$$

其中,

$$\boldsymbol{u} = \begin{bmatrix} \rho' \\ u' \\ v' \\ p' \end{bmatrix}, \quad \boldsymbol{A} = \begin{bmatrix} \bar{u} & \bar{\rho} & 0 & 0 \\ 0 & \bar{\rho}\bar{u} & 0 & 1 \\ 0 & 0 & \bar{\rho}\bar{u} & 0 \\ 0 & \gamma\bar{p} & 0 & \bar{u} \end{bmatrix}, \quad \boldsymbol{B} = \begin{bmatrix} \bar{v} & 0 & 0 & 0 \\ 0 & \bar{\rho}\bar{v} & 0 & 0 \\ 0 & 0 & \bar{\rho}\bar{v} & 1 \\ 0 & 0 & \gamma\bar{p} & \bar{v} \end{bmatrix}$$

$$\boldsymbol{D} = \begin{bmatrix} \dfrac{\partial\bar{u}}{\partial x} + \dfrac{\partial\bar{v}}{\partial y} & \dfrac{\partial\bar{\rho}}{\partial x} & \dfrac{\partial\bar{\rho}}{\partial y} & 0 \\[2mm] \bar{u}\dfrac{\partial\bar{u}}{\partial x} + \bar{v}\dfrac{\partial\bar{u}}{\partial y} & \bar{\rho}\dfrac{\partial\bar{u}}{\partial x} & \bar{\rho}\dfrac{\partial\bar{u}}{\partial y} & 0 \\[2mm] \bar{u}\dfrac{\partial\bar{v}}{\partial x} + \bar{v}\dfrac{\partial\bar{v}}{\partial y} & \bar{\rho}\dfrac{\partial\bar{v}}{\partial x} & \bar{\rho}\dfrac{\partial\bar{v}}{\partial y} & 0 \\[2mm] 0 & \dfrac{\partial\bar{p}}{\partial x} & \dfrac{\partial\bar{p}}{\partial y} & \gamma\left(\dfrac{\partial\bar{u}}{\partial x} + \dfrac{\partial(\bar{v})}{\partial y}\right) \end{bmatrix}$$

$$\boldsymbol{I} = \begin{bmatrix} 0 \\ Q_1(\boldsymbol{x}, \omega) \\ Q_2(\boldsymbol{x}, \omega) \\ 0 \end{bmatrix}$$

式中,ρ'、u'、v'、p' 分别为脉动密度、脉动速度及脉动压力;$\bar{\rho}$、$\bar{u}$、$\bar{v}$、$\bar{p}$ 则分别为喷流平均密度、平均速度及平均压力;Q_1、Q_2 分别是 x、y 方向的动量源项。

在喷流噪声预测中,假定喷流声源都是相互独立的不相干声源,因此可以采用格林函数的方法描述噪声在流动中的散射现象,进而预测远场噪声。上述带源项的线化欧拉方程(10.6)对应的格林函数为

$$-i\omega\boldsymbol{G}^{(n)} + \boldsymbol{A}\frac{\partial\boldsymbol{G}^{(n)}}{\partial x} + \boldsymbol{B}\frac{\partial\boldsymbol{G}^{(n)}}{\partial y} + \boldsymbol{D}\boldsymbol{G}^{(n)} = \boldsymbol{I}^{(n)} \tag{10.7}$$

式中,矩阵 $\boldsymbol{A}$、$\boldsymbol{B}$、$\boldsymbol{D}$ 与方程(10.6)中相同;$\boldsymbol{G}^{(n)}$、$\boldsymbol{I}^{(n)}$ 为

$$
\boldsymbol{G}^{(n)} = \begin{bmatrix} \rho^{(n)} \\ u^{(n)} \\ v^{(n)} \\ p^{(n)} \end{bmatrix}, \quad \boldsymbol{I}^{(n)} = \begin{bmatrix} 0 \\ \delta_{n1}\sigma(\boldsymbol{x}-\boldsymbol{x}_s)\sigma(\omega-\omega_0) \\ \delta_{n2}\sigma(\boldsymbol{x}-\boldsymbol{x}_s)\sigma(\omega-\omega_0) \\ 0 \end{bmatrix}
$$

式中, $\boldsymbol{x}_s$ 为声源点坐标; ω_0 为声源频率。由于方程(10.6)中两个动量方程右边均存在不相干的声源项, 这里格林函数分为两组分别求解, 以上标 n 区分。

3) 谱密度方程

从声源 Q 在位置 $\boldsymbol{x}$、时间 t_1 到观察点位置为 $\boldsymbol{y}$、时间 t 的声扰动为

$$
p(\boldsymbol{y}, t) = \int_{-\infty}^{+\infty} \iiint_{V_\infty(\boldsymbol{x})} (\boldsymbol{y}, t, \boldsymbol{x}, t_1) Q(\boldsymbol{x}, t_1) \mathrm{d}t_1 \mathrm{d}\boldsymbol{x} \tag{10.8}
$$

这里

$$
G(\boldsymbol{y}, t, \boldsymbol{x}, t_1) = \frac{1}{2\pi} \int_{-\infty}^{+\infty} G(\boldsymbol{y}, \boldsymbol{x}, \Omega) \cdot \mathrm{e}^{-\mathrm{i}\Omega(t-t_1)} \mathrm{d}\Omega \tag{10.9}
$$

$G(\boldsymbol{y}, \boldsymbol{x}, \Omega)$ 是频域里的格林函数, 远场噪声谱密度为压力的自相关函数的傅里叶变换:

$$
S(\boldsymbol{y}, \Omega) = \int_{-\infty}^{+\infty} \mathrm{e}^{\mathrm{i}\Omega\tau} \mathrm{d}\tau \int_{-\infty}^{+\infty} p(\boldsymbol{y}, t) p(\boldsymbol{y}, t+\tau) \mathrm{d}t \tag{10.10}
$$

将方程(10.8)代入方程(10.10), 得到

$$
S(\boldsymbol{y}, \Omega) = \left(\frac{1}{2\pi}\right)^2 \int_{-\infty}^{+\infty} \mathrm{e}^{\mathrm{i}\Omega\tau} \mathrm{d}\tau \int_{-\infty}^{+\infty} \mathrm{d}t \left\{ \int_{-\infty}^{+\infty} \iiint_{V_\infty(\boldsymbol{x})} (\boldsymbol{y}, t, \boldsymbol{x}_1, t_1) Q(\boldsymbol{x}_1, t_1) \mathrm{d}t_1 \mathrm{d}\boldsymbol{x}_1 \right\}
$$
$$
\cdot \left\{ \int_{-\infty}^{+\infty} \iiint_{V_\infty(\boldsymbol{x})} (\boldsymbol{y}, t+\tau, \boldsymbol{x}_2, t_2) Q(\boldsymbol{x}_2, t_2) \mathrm{d}t_2 \mathrm{d}\boldsymbol{x}_2 \right\}
$$
$$
\tag{10.11}
$$

将方程(10.9)代入方程(10.11), 得到

$$
S(\boldsymbol{y}, \Omega) = \left(\frac{1}{2\pi}\right)^2 \int_{-\infty}^{+\infty} \mathrm{e}^{\mathrm{i}\Omega\tau} \mathrm{d}\tau \int_{-\infty}^{+\infty} \mathrm{d}t \left\{ \int_{-\infty}^{+\infty} \int_{-\infty}^{-\infty} \iiint_{V_\infty(\boldsymbol{x})} G(\boldsymbol{y}, \boldsymbol{x}_1, \Omega_1) \cdot \mathrm{e}^{-\mathrm{i}\Omega_1(t-t_1)} Q(\boldsymbol{x}_1, t_1) \mathrm{d}t_1 \mathrm{d}\boldsymbol{x}_1 \mathrm{d}\Omega_1 \right\}
$$
$$
\left\{ \int_{-\infty}^{+\infty} \int_{-\infty}^{-\infty} \iiint_{V_\infty(\boldsymbol{x})} G(\boldsymbol{y}, \boldsymbol{x}_2, \Omega_2) \cdot \mathrm{e}^{-\mathrm{i}\Omega_2(t-t_2)} Q(\boldsymbol{x}_2, t_2) \mathrm{d}t_2 \mathrm{d}\boldsymbol{x}_2 \mathrm{d}\Omega_2 \right\}
$$
$$
\tag{10.12}
$$

对式(10.12)中 τ 进行积分得到 $2\pi\delta(\Omega_1+\Omega_2)$, 然后再对 Ω_2 进行积分得到

$$S(\boldsymbol{y},\,\Omega) = \frac{1}{2\pi}\int_{-\infty}^{+\infty}\mathrm{e}^{\mathrm{i}\Omega\tau}\,\mathrm{d}\tau\int_{-\infty}^{+\infty}\int_{-\infty}^{+\infty}\int_{-\infty}^{-\infty}\iiint_{V_\infty(\boldsymbol{x}_1)}\iiint_{V_\infty(\boldsymbol{x}_2)}G(\boldsymbol{y},\,\boldsymbol{x}_1,\,\Omega_1)\,G(\boldsymbol{y},\,\boldsymbol{x}_2,\,-\Omega_1)$$

$$Q(\boldsymbol{x}_1,\,t_1)\,Q(\boldsymbol{x}_2,\,t_2)\cdot\mathrm{e}^{-\mathrm{i}\Omega_1 t_1}\mathrm{e}^{-\mathrm{i}\Omega(t_1-t_2)}\,\mathrm{d}\Omega_1\mathrm{d}t_1\mathrm{d}t_2\mathrm{d}\boldsymbol{x}_1\mathrm{d}\boldsymbol{x}_2$$

$$\tag{10.13}$$

对式(10.13)中 τ 积分,得到

$$\int_{-\infty}^{+\infty}\mathrm{e}^{-\mathrm{i}(\Omega+\Omega_1)}\mathrm{d}\tau = 2\pi\delta(\Omega+\Omega_1) \tag{10.14}$$

再对 Ω_1 积分,得到

$$S(\boldsymbol{y},\,\Omega) = \frac{1}{2\pi}\int_{-\infty}^{+\infty}\mathrm{e}^{\mathrm{i}\Omega\tau}\,\mathrm{d}\tau\int_{-\infty}^{+\infty}\int_{-\infty}^{-\infty}\iiint_{V_\infty(\boldsymbol{x}_1)}\iiint_{V_\infty(\boldsymbol{x}_2)}G(\boldsymbol{y},\,\boldsymbol{x}_1,\,\Omega)\,G(\boldsymbol{y},\,\boldsymbol{x}_2,\,-\Omega)$$

$$Q(\boldsymbol{x}_1,\,t_1)\,Q(\boldsymbol{x}_2,\,t_2)\cdot\mathrm{e}^{-\mathrm{i}\Omega(t_1-t_2)}\,\mathrm{d}t_1\mathrm{d}t_2\mathrm{d}\boldsymbol{x}_1\mathrm{d}\boldsymbol{x}_2$$

$$\tag{10.15}$$

这里要求函数 Q 为稳态函数,即 $Q=0$。当 $|t|\to T$ 趋于无穷大时,对于稳态函数,它的平均值为

$$\overline{|Q(\boldsymbol{x}_1,\,t_1)|^2} = \frac{1}{2\pi}\lim_{T\to\infty}\int_{-T}^{T}|Q(\boldsymbol{x}_1,\,t_1)|^2\mathrm{d}t \tag{10.16}$$

并且仍为有限值。这里让

$$q(\boldsymbol{x},\,\Omega,\,T) = \frac{1}{2\pi}\int_{-T}^{T}Q(\boldsymbol{x},\,t)\,\mathrm{e}^{\mathrm{i}\Omega t}\mathrm{d}t \tag{10.17}$$

定义时域的相关函数

$$R(\boldsymbol{x},\,\boldsymbol{\xi},\,\Omega) = \overline{Q(\boldsymbol{x}_1,\,t)\,Q(\boldsymbol{x}_2,\,t+\tau)} = \frac{1}{2\pi}\lim_{T\to\infty}\int_{-T}^{T}Q(\boldsymbol{x}_1,\,t)\,Q(\boldsymbol{x}_2,\,t+\tau)\,\mathrm{d}t$$

$$\tag{10.18}$$

这里 $\boldsymbol{\xi}$ 表示分开两点 $\boldsymbol{x}_1$、$\boldsymbol{x}_2$ 的空间和时间,$\boldsymbol{\xi}=\boldsymbol{x}_2-\boldsymbol{x}_1$,相关的傅里叶变换为

$$Q_{12}(\boldsymbol{x},\,\boldsymbol{\xi},\,\Omega) = \int_{-\infty}^{+\infty}R(\boldsymbol{x},\,\boldsymbol{\xi},\,\Omega)\,\mathrm{e}^{\mathrm{i}\Omega\tau}\mathrm{d}\tau \tag{10.19}$$

关联到点 $\boldsymbol{x}_1$、$\boldsymbol{x}_2$ 的谱密度:

$$\frac{1}{2\pi}\lim_{T\to\infty}q(\boldsymbol{x}_1,\,\Omega,\,T)\,q(\boldsymbol{x}_2,\,\Omega,\,T) = \frac{1}{(2\pi)^2}Q_{12}(\boldsymbol{x},\,\boldsymbol{\xi},\,\Omega) \tag{10.20}$$

方程(10.20)表示两点空间时间相关函数的谱密度。将式(10.20)代入式(10.13)并除以 $2T$,得到

$$S(\boldsymbol{y}, \Omega) = \iiint_{V_\infty(\boldsymbol{x})} \iiint_{V_\infty(\boldsymbol{\xi})} G(\boldsymbol{y}, \boldsymbol{x}, \Omega) G(\boldsymbol{y}, \boldsymbol{x}+\boldsymbol{\xi}, \Omega) Q_{12}(\boldsymbol{x}, \boldsymbol{\xi}, \Omega) \mathrm{d}\boldsymbol{\xi} \mathrm{d}\boldsymbol{x}$$

(10.21)

这里对于喷流内部的散射假设为局部平面波,两点 $\boldsymbol{x}_1$、$\boldsymbol{x}_2$ 的格林函数相位差为 $\mathrm{e}^{\mathrm{i}\Omega k \xi}$,其中,$\boldsymbol{k}$ 为 $\boldsymbol{x}_1$ 点散射声波的方向向量,因此

$$G(\boldsymbol{y}, \boldsymbol{x}+\boldsymbol{\xi}, \Omega) = G(\boldsymbol{y}, \boldsymbol{x}, \Omega) \mathrm{e}^{\mathrm{i}\Omega k \xi}$$

(10.22)

因此,得到远场谱密度与声源相关函数、格林函数之间的关系:

$$S(\boldsymbol{y}, \Omega) = \iiint_{V_\infty(\boldsymbol{x})} \iiint_{V_\infty(\boldsymbol{\xi})} \mid G(\boldsymbol{y}, \boldsymbol{x}, \Omega) \mid^2 \mathrm{e}^{\mathrm{i}\Omega k \xi} Q_{12}(\boldsymbol{x}, \boldsymbol{\xi}, \Omega) \mathrm{d}\boldsymbol{\xi} \mathrm{d}\boldsymbol{x}$$

(10.23)

要得到远场谱密度,必须计算流场内各声源点的格林函数 $\mid G(\boldsymbol{y}, \boldsymbol{x}, \Omega) \mid$ 以及各声源点的时空相关函数 $Q_{12}(\boldsymbol{x}, \boldsymbol{\xi}, \Omega)$,格林函数通过数值计算得到,声源点的时空相关函数则通过模化得到。

3. 主要性能参数

衡量喷流噪声的参数主要有声压级、总声压级、声功率级。

1) 声压级

$$\mathrm{SPL} = 10\lg\frac{p^2}{p_0^2} = 20\lg\frac{p}{p_0}$$

(10.24)

式中,p 为声压;$p_0 = 2\times10^{-5}$ Pa 为基准声压。SPL 的单位是 dB。

2) 总声压级

n 个不同的声压级之和为总声压级,即

$$\mathrm{OASPL} = 10\lg(10^{0.1\mathrm{SPL}_1} + 10^{0.1\mathrm{SPL}_2} + \cdots + 10^{0.1\mathrm{SPL}_n})$$
$$= \mathrm{SPL}_1 + 10\lg(1 + 10^{0.1(\Delta\mathrm{SPL}_2)} + \cdots + 10^{0.1(\Delta\mathrm{SPL}_n)})$$

(10.25)

式中,$\Delta\mathrm{SPL}_2 = \mathrm{SPL}_1 - \mathrm{SPL}_2$,$\cdots$,$\Delta\mathrm{SPL}_n = \mathrm{SPL}_1 - \mathrm{SPL}_n$。

3) 声功率级

$$L_W = 10\lg\frac{W}{W_0}$$

(10.26)

式中,W 为声功率;$W_0 = 10^{-12}$ 为基准声功率。L_W 的单位是 dB。

4）声强级

$$L_I = 10\lg \frac{I}{I_0} \qquad (10.27)$$

式中，I 为声强；$I_0 = 10^{-12} \ \mathrm{W/m^2}$ 为基准声强。L_I 的单位是 dB。

10.1.2　喷流噪声预测方法

发动机喷流噪声来源于喷流中的非定常湍流运动，现在还不能用简单的时间和空间函数对其进行描述，在短时间内仍无法彻底解决喷流噪声的准确数值计算问题。除经验公式预测方法外，现在计算喷流流场的方法主要有三种，即直接数值模拟（direct numerical simulation，DNS）、大涡模拟（large eddy simulation，LES）和雷诺平均 N - S 方程（RANS）。DNS 方法可直接计算真实喷流的速度场，但要计算所有的长度尺度和时间尺度，计算量非常大，而计算量又是随着 Re^3（Re 为雷诺数）变化，因此 DNS 方法只适用于低雷诺数到中等雷诺数的流场计算，目前主要用于相关计算程序的校核及喷流发声机理的研究。在 LES 方法中，方程用于计算代表大尺度湍流过滤后的喷流速度场，而小尺度湍流通过间接的模化得到；虽然 LES 方法可以在网格尺度下准确求解喷流中的大尺度湍流，但网格尺度以下的湍流以及它与大尺度湍流的相互作用仍然依赖于模化模型。RANS 方法用于计算喷流平均速度场，雷诺应力通过代数模化或湍流量模化或雷诺应力输运模化得到，其准确性取决于雷诺应力模型。目前发动机喷流噪声预测方法分为经验公式预测方法、基于RANS 平均流场快速数值预测方法和高精度计算气动声学（computational aeroacoustics，CAA）预测方法三大类。

1. 经验公式预测方法

自 20 世纪 50 年代以来，很长时间内 Lighthill 提出的声类比理论[2,3]是喷流噪声预测的主流理论。Lighthill 研究得出的喷流噪声声功率与喷流速度 8 次方成正比的理论被视为最早的喷流噪声预测方法。但从 Lighthill 方程出发声源项中包含太多非真实声源信息，且不能考虑声波与流动的相互作用。Ffowcs-Williams[4] 将声源对流效应考虑进声类比理论中，提出对速度非常高的喷流辐射噪声的声功率与喷流速度的 6 次方成正比的理论，在早期喷流噪声预测中得到了广泛的应用。在 Lighthill 提出的声类比理论中，将非定常流动的特性用占据全部流动区域等效空间的分布声源来代替。因此，Lighthill 理论能够预测喷流发声问题的前提是等效声源场必须是已知的，只有在非定常流场特性完全确定后，声场才能够计算出来。对此，Lighthill 给出的做法是通过实验或数值模拟的方法来获得等效的声源场，然后根据古典声学的方法求解声学波动方程，从而得到气动噪声的声场解。20 世纪60 年代以后，随着喷流噪声实验的发展，Stone 等以大量实验数据为基础，结合

Lighthill 的声类比理论建立了一系列喷流噪声经验模型预测方法,包括 Stone 发展起来的 Stone 模型[22,23]、Pao 发展的 Pao 模型[24]、SAE ARP - 876 模型[25]、基于 SAE ARP - 876 模型改进的 ICAO 模型[26]等预测方法。

1) Stone 模型预测方法

Stone 模型预测方法可以预测单喷流圆形喷管(具有塞锥或无塞锥喷管)和双喷流环形喷管的远场噪声(包括湍流混合噪声和宽带激波相关噪声的预测),对于双喷流环形喷管,该方法仅限于主流(内涵气流)速度大于次流(外涵气流)速度而且次流是亚声速情况的喷流噪声预测。需要输入的有关参数(包括喷管的流动参数和几何参数等)。该方法对各种喷管的噪声预测均是基于两个基本方程,其中一个方程用于预测湍流混合噪声,一个方程用于以预测宽带激波相关噪声。这两个基本方程均是由经验确定的。该方法的一个特点是,把单喷流圆形喷管的预测公式用构型因子进行修正,使之适用于有塞锥喷管和双喷流环形喷管的噪声预测。

(1) 湍流混合噪声。

湍流混合噪声均方声压的计算公式为

$$\langle p^2(r_s^*, \theta) \rangle = \frac{\langle p^2(\sqrt{A_e}, 90°) \rangle^*}{(r_s^*)^2} \left[\frac{1 + (0.124v_1^*)^2}{(1 + 0.62v_1^* \cos \theta)^2 + (0.124v_1^*)^2} \right]^{3/2}$$
$$\times D_m F_m H_m G_C G_P$$

$$(10.28)$$

其中,$\langle p^2(\sqrt{A_e}, 90°) \rangle^*$ 是距离喷管出口的距离 $\sqrt{A_e}$ 在指向角 $\theta = 90°$ 处,喷管静止时计算的喷流噪声均方声压;F_m 为频谱分布函数;H_m 为飞行速度影响因子。G_C 和 G_P 为构型修正因子。D_m 为指向性函数。

在参考距离 $\sqrt{A_e}$、$\theta = 90°$ 处的均方声压 $\langle p^2(\sqrt{A_e}, 90°) \rangle^*$ 的计算公式为

$$\langle p^2(\sqrt{A_e}, 90°) \rangle^* = \frac{2.502 \times 10^{-6} A_{j,1}^* (\rho_1^*)^{\omega_0} (v_1^*)^{7.5}}{[1 + (0.124v_1^*)^2]^{3/2}} \quad (10.29)$$

其中,$A_{j,1}^*$ 为完全膨胀喷流的面积,ρ_1^* 和 v_1^* 分别为完全膨胀喷流的密度和速度,这三个量均是主流参数。

构型因子 G_P 和 G_C 是用来修正预测单喷流圆形喷管噪声均方声压的计算公式,使之适用于有塞锥喷管和双喷流环形喷管。构型因子 G_P 由式(10.30)确定:

$$G_P = \begin{cases} \left(0.10 + \frac{2R_d^2}{1 + R_d^2} \right)^{0.3}, & \text{有塞锥喷管} \\ 1.0, & \text{无塞锥喷管} \end{cases} \quad (10.30)$$

构型因子 G_C 由式(10.31)确定:

$$
G_C = \begin{cases} \left(\dfrac{T_1^*}{T_2^*}\right)^{1/2}\left\{(1-v_2^*/v_1^*)^m + \dfrac{12[\,1+A_{j,2}^*(v_2^*)^2/A_{j,1}^*(v_1^*)^2\,]^4}{(1+A_{j,2}^*/A_{j,1}^*)^3}\right\}, & \text{双喷流环形喷管} \\[6pt] 1.0, & \text{单喷流圆形喷管} \end{cases}
$$

$$(10.31)$$

(2) 宽带激波相关噪声。

喷流中激波-湍流相互干扰产生的噪声的 1/3 倍频程均方声压用式(10.32)计算:

$$
\langle p^2 \rangle^* = \frac{(3.15 \times 10^{-4})A_{j,1}^*}{(r_s^*)^2}\frac{\beta^4}{1-\beta^4}\frac{F_s D_s G_C}{1-Ma_\infty \cos(\theta-\delta)} \tag{10.32}
$$

其中, β 表示压比参数, 只有 $\beta > 1$ 时才出现激波。函数 D_s 反映了指向角 θ 和主流完全膨胀马赫数对静止喷管宽带激波相关噪声的影响。宽带激波相关噪声的频谱特性 F_s 是斯特劳哈尔数的函数。

喷流远场总噪声的均方声压是湍流混合噪声均方声压与宽带激波相关噪声均方声压之和。宽带激波相关噪声的声压级 SPL 为

$$
\text{SPL} = 10\lg\langle p^2 \rangle^* + 20\lg\frac{\rho_\infty C_\infty^2}{p_{\text{ref}}} \tag{10.33}
$$

2) Pao 模型预测方法

Pao 模型预测方法适用于预测次流速度比主流速度大的双喷流环形喷管的远场噪声。该方法的基本思想是通过把双喷流环形喷管转换成一个具有与其相等的推力、流量和能量的等效单喷流圆形喷管, 以实现双喷流环形喷管的噪声预测。

等效喷管的质量流量计算式为

$$
\dot{m}_{\text{eq}}^* = \dot{m}_1^* + \dot{m}_2^* \tag{10.34}
$$

根据等效喷管推力等于双喷流环形喷管总推力, 可计算出等效喷流速度:

$$
V_{\text{eq}}^* = \frac{V_1^* \dot{m}_1^* + V_2^* \dot{m}_2^*}{\dot{m}_{\text{eq}}^*} \tag{10.35}
$$

假定燃烧产物不影响燃气的气体常数, 则根据能量方程可以计算出等效喷流温度:

$$
T_{\text{eq}}^* = \frac{\dfrac{\gamma_1}{\gamma_1-1}T_1^*\dot{m}_1^* + \dfrac{\gamma_2}{\gamma_2-1}T_2^*\dot{m}_2^*}{\dfrac{\gamma_1}{\gamma_1-1}\dot{m}_1^* + \dfrac{\gamma_2}{\gamma_2-1}\dot{m}_2^*} \tag{10.36}
$$

通过质量平均方法计算出等效喷流的比热比：

$$\frac{\gamma_{eq}}{\gamma_{eq} - 1} = \frac{\dfrac{\gamma_1}{\gamma_1 - 1} \dot{m}_1^* + \dfrac{\gamma_2}{\gamma_2 - 1} \dot{m}_2^*}{\dot{m}_1^* + \dot{m}_2^*} \tag{10.37}$$

根据喷流静压等于大气静压的条件，应用完全气体定律计算出等效喷流密度：

$$\rho_{eq}^* = \left[T_{eq}^* \frac{\gamma_{eq} - 1}{2} (V_{eq}^*)^2 \right]^{-1} \tag{10.38}$$

等效喷管面积为

$$A_{eq}^* = \frac{\dot{m}_{eq}^*}{\rho_{eq}^* V_{eq}^*} \tag{10.39}$$

等效喷管直径为

$$d_{eq}^* = \left(\frac{4 A_{eq}^*}{\pi} \right)^{1/2} \tag{10.40}$$

根据单喷流圆形喷管噪声预测方法计算等效喷管的喷流噪声声功率 Π^*，考虑到环形喷管双喷流之间的影响，在声功率计算公式中引入一个得益因子 Q，于是声功率的计算公式为

$$\Pi^* = (6.67 \times 10^{-5})(\rho_{eq}^*)^\omega (V_{eq}^*)^8 P(V_{eq}^*) Q(V_{eq}^*, V_2^*/V_1^*) \tag{10.41}$$

其中，功率偏离因子 P 是速度比 $\lg V_{eg}^*$ 的函数；密度指数 ω 是速度比 $\lg V_{eg}^*$ 的函数；环形得益因子 Q 是速度比 V_2^*/V_1^* 和速度比 $\lg V_{eq}^*$ 的函数。

根据计算的声功率，再应用规范化指向性函数和频谱函数可以计算出喷流噪声的 1/3 倍频程均方声压。在指向角小于 110° 范围，均方声压计算式为

$$\langle p^2 \rangle^* = \frac{\Pi^* A_{eq}^*}{4\pi (r_s^*)^2} \frac{D(\theta, V_{eq}^*)}{1 - Ma_\infty \cos(\theta - \delta)} G(\theta, \sigma_1) \left(\frac{V_{eq}^* - Ma_\infty}{V_{eq}^*} \right)^{m(\theta)} \tag{10.42}$$

在指向角大于 110° 范围内，均方声压计算式为

$$\langle p^2 \rangle^* = \frac{\Pi^* A_{eq}^*}{4\pi (r_s^*)^2} \frac{D(\theta, V_{eq}^*)}{1 - Ma_\infty \cos(\theta - \delta)} \left[\frac{G(\theta, \sigma_1)}{1 + \alpha'} + \frac{\alpha' G(\theta, \sigma_2)}{1 + \alpha'} \right] \left(\frac{V_{eq}^* - Ma_\infty}{V_{eq}^*} \right)^{m(\theta)} \tag{10.43}$$

其中,指向性函数 D 是指向角 θ 和速度 $\lg V_{eq}^*$ 的函数;公式中含有的 Ma_∞ 的项是考虑飞行速度对喷流噪声的影响,飞行速度指数 m 是指向角 θ 的函数;角度 δ 是飞行矢量与发动机进口轴线之间的夹角, δ 的引入是为了从指向角 θ 中扣除这个夹角。环形喷管喷流噪声具有双峰值的频谱特性,第一个峰值为外涵喷流的噪声特性,在全部指向角范围内均存在;第二个峰值为混合气流的噪声特性,只在指向角大于110°范围内存在。频谱特性用斯特劳哈尔数表示。频谱形状由频谱分布因子 G 确定。频谱分布因子 G 是指向角 θ 和规范化斯特劳哈尔数的函数。

环形喷管喷流远场噪声均方声压由上述公式计算得到。如果需要,可以输出环形喷管喷流噪声的声压级 SPL:

$$\mathrm{SPL} = 10\lg\langle p^2\rangle^* + 20\lg\frac{\rho_\infty C_\infty^2}{p_{ref}}$$

3)SAE ARP - 876 模型预测方法

SAE ARP - 876 模型预测方法可以预测单喷流圆形收敛喷管的湍流混合噪声及在超临界工作状态下的宽带激波相关噪声。该方法应用实验数据预测以频率和指向角为函数的噪声频谱。喷管在超临界工作状态下,喷流噪声包括湍流混合噪声和宽带激波相关噪声。该方法采用主控频谱函数和激波干扰函数,以产生作为频率和指向角函数的噪声频谱。

(1)湍流混合噪声。

静止喷管用 1/3 倍频程数据表示的远场湍流混合噪声均方声压的计算公式为

$$\langle p^2\rangle^* = \frac{\Pi^* A_j^*}{4\pi(r_s^*)^2}D(\theta, V_j^*)F(S_c, \theta, V_j^*, T_j^*) \tag{10.44}$$

其中, Π^* 为总声功率; D 为指向性函数; F 为频谱分布函数。

声功率 Π^* 的计算式为

$$\Pi^* = (6.67\times10^{-5})(\rho_j^*)^\omega(V_j^*)^8 P(V_j^*) \tag{10.45}$$

这个式子是古典的速度 8 次方定律的变化形式。计算首先需要确定两个实验函数,其中密度指数 ω 是 $\lg V_j^*$ 的函数;功率偏离因子 P 描述了湍流混合噪声功率对速度 8 次方定律的偏差,它是 $\lg V_j^*$ 的函数。

式(10.32)仅适用于静止喷管 $(Ma_\infty = 0)$ 的湍流混合噪声计算,为了考虑飞行速度对喷流噪声的影响,应改写成

$$\langle p^2\rangle^* = \frac{\Pi^* A_j^*}{4\pi(r_s^*)^2}\frac{D(\theta, V_j^*)F(S_c, \theta, V_j^*, T_j^*)}{1 - Ma_\infty\cos(\theta - \delta)}\left(\frac{V_j^* - Ma_\infty}{V_j^*}\right)^{m(\theta)} \tag{10.46}$$

湍流混合噪声的声压级 SPL 为

$$\text{SPL} = 10\lg\langle p^2 \rangle^* + 20\lg\frac{\rho_\infty C_\infty^2}{p_{\text{ref}}}$$

（2）宽带激波相关噪声。

用 1/3 倍频程数据表示的远场宽带激波相关噪声均方声压的计算公式为

$$\langle p^2 \rangle^* = (1.920 \times 10^{-3}) \frac{A_j^*}{4\pi (r_s^*)^2} \frac{[1 + W(\sigma, \theta, V_j^*)]}{[1 - Ma_\infty \cos(\theta - \delta)]^4} \beta^n H(\sigma)$$

$$(10.47)$$

其中,频谱参数 σ 的计算式为

$$\sigma = 7.80\beta(1 - Ma_\infty \cos\theta)\sqrt{A^*}f^* \qquad (10.48)$$

压比参数 β 定义为

$$\beta = (Ma_j^2 - 1)^{1/2} \qquad (10.49)$$

压比参数表示相对的激波强度。只有当 $\beta > 0$ 时,喷管才会产生宽带激波相关噪声。压比参数 β 的指数 η 取决于喷流马赫数 Ma_j 和喷流总温 T_j^* 的大小。

激波相关函数 W 是频谱参数 σ、指向角 θ 和速度比 V_j^* 的函数,其计算公式为

$$W = \frac{4}{N_s b}\sum_{K=1}^{N_s-1}[C(\sigma)]^{K^2}\sum_{m=0}^{N_s-(K+1)}\frac{\sin(b\sigma q_{Km}/2)}{b\sigma q_{Km}}\cos(\sigma q_{Km}) \qquad (10.50)$$

其中, $q_{Km} = \frac{1.70K}{V_j^*}\left[1 - 0.06\left(m + \frac{K+1}{2}\right)\right](1 + 0.7V_j^* \cos\theta)$; $b = 0.23077$; $C(\sigma)$ 为频谱关联函数。

宽带激波相关噪声的声压级 SPL 为

$$\text{SPL} = 10\lg\langle p^2 \rangle^* + 20\lg\frac{\rho_\infty C_\infty^2}{p_{\text{ref}}}$$

4）ICAO 模型预测方法

ICAO 模型预测方法可以预测单喷流圆形收敛喷管的喷流噪声,喷管在超临界工作状态下,喷流噪声包括湍流混合噪声和宽带激波相关噪声。该方法是对 SAE ARP-876 模型预测方法的改进。

ICAO 模型预测方法与 SAE ARP-876 模型预测方法相比有两点不同:

（1）采用了与 SAE ARP-876 模型预测方法不同的飞行速度指数。

（2）采用频谱分布因子的实验数据表格对 SAE ARP-876 模型预测方法中的

表格进行了补充,增加了速度比 $\lg V_j^* = 0.3$ 的频谱因子 F 的实验数据。

ICAO 模型预测方法与 SAE ARP - 876 模型宽带激波相关噪声预测方法相比不同的是:对其宽带激波相关噪声均方声压计算公式进行了修正,在均方声压计算中增加了一个附加的指向性因子 $D(\theta)$。其定义为

$$\langle p^2 \rangle_{ref}^* = D(\theta) \langle p^2 \rangle^* \qquad (10.51)$$

其中,$\langle p^2 \rangle^*$ 为 SAE ARP - 876 模型预测方法计算的宽带激波相关噪声均方声压;$\langle p^2 \rangle_{ref}^*$ 为 ICAO 模型预测方法计算的均方声压;附加指向性因子 $D(\theta)$ 是指向角的函数。

2. 基于 RANS 平均流场快速数值预测方法

鉴于经验公式预测方法和以直接数值模拟、大涡模拟为代表的数值模拟方法在噪声抑制工程设计应用上的不足,研究者们在计算流体力学(CFD)方法高速发展的基础上建立了基于 RANS 平均流场的喷流噪声快速数值预测方法。基于 RANS 平均流场快速数值预测方法拥有不弱于数值模拟方法的预测精度,且由于只计算平均流动,大大降低了计算成本,因而逐渐成为噪声抑制工程设计应用最多的预测方法。这类基于 RANS 平均流场快速数值预测方法通过建立与湍流信息相关的噪声源模型来模化喷流噪声源强度,并通过求解格林函数计算声波经过喷流流动区域引起的散射效应。基于 RANS 平均流场快速数值预测方法主要有两种,即 MGBK 方法和 TA(Tam-Auriault)方法。

1) MGBK 方法

MGBK 方法由 Khavaran 对 MGB 方法(以 Lilley 方程为基础,结合 CFD 得出的湍流平均流场发展而来)的声源模化方法和格林函数求解方法改进而成,国内外的研究结果证明,MGBK 方法计算时间较短,可以快速地预测喷流噪声和有效地预测不同类型喷管的噪声趋势,在工程应用中运用得比较成熟。由于在求解格林函数时存在先天的不足,与相应的实验结果相比,MGBK 方法的预测结果在整体频谱变化趋势上与之是相同的,但在数值大小上与之还有一定的不同,对发动机喷流噪声抑制设计具有一定的指导作用,适用于设计初期。运用射线声学求格林函数的方法也可以将 MGBK 方法推广到非轴对称和非平行流的喷流噪声预测之中。

2) TA 方法

TA 方法是由 Tam 等提出的不同于声类比理论的小尺度喷流噪声预测方法,是半经验的,主要特点是进行整场求解,而非将方程化为单一方程;其关键之处是两点空间时间相关函数模型和 $k - \varepsilon$ 湍流模型。国内外的研究结果证明,TA 方法能够比较准确地预测发动机喷流噪声,准确性优于 MGBK 方法,但在计算格林函数时比较复杂,计算时间相对 MGBK 方法要长一些,适用于喷流噪声抑制设计中期。

3. 高精度 CAA 预测方法

20 世纪 80 年代中后期以来,随着 CFD 和计算机技术的迅速发展,气动声学开始与 CFD 相结合而形成了计算气动声学这门交叉学科。通过对气动声学现象的直接数值模拟或相类似的模拟方法来研究气动噪声产生的机理和声辐射特性,以获得对其物理本质更深刻的理解。CAA 又可分为直接方法和混合方法两种,其中前者由 DNS、LES、解非定常雷诺平均 Navier – Stokes 方程(URANS)直接计算发动机喷流近场的流场和声场,然后用 Kirchhoff 积分外推到发动机喷流远场;后者将发动机喷流流场与声场分开计算,喷流近场流场声源由 LES、URANS、RANS 计算得到,喷流远场流场声源由各种理论模型计算得到。目前主要的方法有 Lighthill 声类比、涡声理论、Hardin 和 Pope 的分裂方法、有声源项的线化欧拉方法、声扰动方程等,这些方法的主要区别是辨识发动机喷流流场中的声源,这些方法结合由 LES、URANS 得到的喷流瞬时流场作为声源再计算喷流声场。高精度格式与无反射边界条件是 CAA 的两个最重要部分,也是区别于 CFD 的两个重要因素。与传统 CFD 方法相比,CAA 方法具有较高的精度,又具有低频散、低耗散的特性,适应气动声学的发展要求。虽然 CAA 现在已经能够模拟发动机喷流中大尺度湍流结构的发声,但因受到湍流理论发展局限性的影响以及声学数值模拟所需要的计算资源的限制,对于小尺度湍流结构发声的数值模拟仍然比较困难。非定常流动的流场计算非常耗费时间,而且需要高精度离散格式和准确的边界条件,不能充分利用现在已经发展成熟的 CFD 计算方法和程序,CAA 方法适用于喷流噪声抑制设计后期。

10.2 喷流噪声抑制设计

10.2.1 研发依据

自 20 世纪 60 年代以来,飞机噪声抑制技术已经取得了相当的成就(图 10.7),例如,传统型 B737 系列飞机和 A320 系列飞机的噪声水平基本上已经满足了 ICAO 颁布的第四阶段噪声标准,而新一代 B737 系列飞机的噪声水平比 ICAO 颁布的第四阶段噪声标准还要低 3~8 EPNdB。但是 20 世纪 80 年代以来,由于飞机的数目剧增以及飞机起降密度加大,机场附近地区的飞机噪声污染仍然是一个现代社会特别关注的热点问题,并且限制了某些噪声水平较高的民用飞机的飞行范围。超声速的军用飞机则存在更为严重的噪声问题,在噪声污染方面,1977~2005 年美国退伍军人因此造成的每年听力损伤治疗费用呈现逐年上涨的趋势,在2005 年达到惊人的 7.86 亿美元;在飞行安全方面,可能带来飞机仪器系统失灵、飞机结构因声疲劳而断裂等危害。为此,美军对于超声速的军用飞机噪声水平也提出了更高的限制要求。

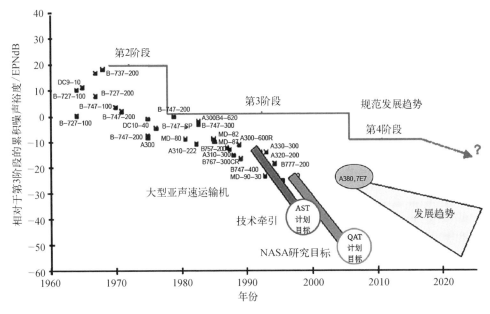

图 10.7　商用飞机噪声降低趋势[27]

飞机噪声主要包括发动机噪声和飞机机体噪声,其中前者是飞机噪声的主要来源。涡扇发动机的噪声源包括风扇噪声、喷流噪声以及压气机、燃烧室和涡轮产生并向外辐射的噪声,各噪声源对发动机噪声水平的贡献与发动机涵道比密切相关,随着涵道比的增大,喷流噪声有较大幅度的降低(图 10.8)。此外,在大涵道比涡扇发动机各噪声源中,着陆状态风扇噪声水平最高,起飞状态喷流噪声最高;在小涵道比涡扇发动机各噪声源中,喷流噪声在着陆状态和起飞状态均最高。为此,喷流噪声抑制不仅是民用涡扇发动机的研究重点,而且也是军用涡扇发动机需要研究的问题。

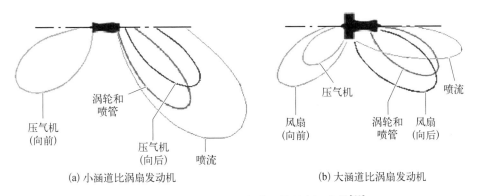

图 10.8　不同涵道比涡扇发动机的噪声源比较[28]

10.2.2　国内外研发情况

1）国外研发情况

国外在发动机喷流噪声抑制技术研究方面起步较早,取得了丰硕成果。在基础研究方面,1975 年,Dosanjh[29]首先提出了使涡扇发动机外涵压力大于内涵从而减弱激波结构的概念;1990 年,Ahuja 等[30]实验比较了 10 种喷流噪声抑制方法的噪声抑制效果,Lord 等[31]完成了应用引射混合喷管抑制发动机喷流噪声的实验研究;1998 年,Tam[32]对圆形、椭圆形和矩形喷管以及塞式喷管进行了湍流混合噪声抑制技术研究;1999~2002 年,Papamoschou[33,34]提出,外涵喷管喷流速度低于内涵喷管,可使各层喷流与其外层喷流的相对速度为亚声速,从而消除马赫波,进而抑制喷流噪声;喷流噪声主要由内涵喷管核心流末端发出,可通过缩短内涵喷管的核心流长度或增加外涵喷管核心流长度以使前者短于后者,从而实现喷流噪声抑制。在工程应用方面,采用周边压槽喷管、波瓣形喷管的强化喷流混合技术早期曾在民用的斯贝发动机和康威发动机上得到应用(图 10.9 和图 10.10);从 20 世纪 80 年代中期开始,采用波瓣形混合器的内外涵强迫混合排气技术陆续在一些采用混合式喷管的大/中等涵道比涡扇发动机上得到应用(表 3.1 和图 1.5、图 3.3);采用锯齿形喷管的强化喷流混合技术也已经在采用分开式喷管的大涵道比涡扇发动机上得到应用,例如,GEnx 发动机和 Trent1000 发动机的外涵喷管(Trent1000 发动机及其锯齿形喷管见图 10.11)、CF34‑10E 发动机和 GP7000 发动机的内涵喷管、Trent800 QTD 发动机的内外涵喷管(图 10.12)均采用了锯齿形喷管。此外,国外针对军用加力式小涵道比涡扇发动机也开展了喷流噪声抑制技术的工程应用研究,例如,GE 公司以 F404‑400 发动机为平台,完成了喷管扩张调节片增设波瓣形隔离板、外调节片增设锯齿和微喷射流三种喷流噪声抑制技术方案的技术演示实验[35,36](图 10.13)。

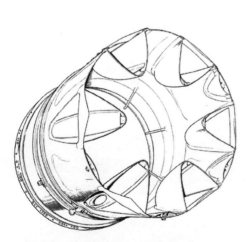

图 10.9　斯贝发动机周边压槽喷管[35]

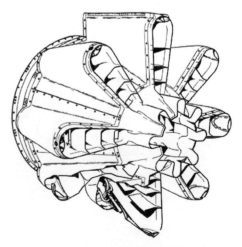

图 10.10　康威发动机波瓣形喷管[35]

图 10.11　Trent1000 发动机及其
锯齿形喷管[36]

图 10.12　Trent800 QTD 发动机及其
锯齿形喷管[37]

图 10.13　GE 公司三种喷流噪声抑制技术方案在 F404‑400
发动机上的技术演示实验照片[38,39]

2）国内研发情况

国内在发动机喷流噪声数值预测和抑制技术研究方面起步较晚,但是也开展了一些研究工作。例如,李晓东等[40-42]开展了喷流噪声数值预测 MGBK 方法、TA 方法、CAA 方法以及喷流噪声抑制技术的数值计算和模型实验工作;张正伟等[43]、邵万仁等[44-46]、单勇等[47]、何敬玉[48]、吴飞等[49]陆续开展了大涵道比涡扇发动机喷流噪声抑制技术的噪声预测及实验研究工作,其中开展较多的是内外涵强迫混合排气和强化喷流混合这两项抑制技术的研究。

10.2.3　技术要点

1. 喷流噪声抑制设计技术

国内外通过大量的研究获得了一些喷流噪声抑制设计技术,其中部分技术已经应用于工程设计并取得一定效果,目前已经得到应用和正在研究之中的喷流噪声抑制设计技术主要有如下几个。

1）内外涵强迫混合排气技术

目前在采用混合式喷管的大/中等涵道比涡扇发动机上得到应用的波瓣形混合器和正在研究的锯齿形混合器就是这种喷流噪声抑制设计技术的典型代表(可参见 3.1 节),相对于环形混合器,设计良好的波瓣形混合器在低频段有很好的噪声抑制效果,并且噪声抑制效果随着外涵马赫数的减小而增大,但使高频段声压级有所增加,而大气对高频噪声有很强的吸收衰减作用(表 10.1),高频噪声将加速衰减;切成凹扇形的波瓣形混合器具有更大的噪声抑制效果,其噪声抑制效果和推力损失随着切凹扇程度的增大呈现出增大的趋势。为获得工程上可以接受的内外涵强迫混合排气技术方案,需要折中考虑噪声抑制收益、推力损失和重量代价。

表 10.1　大气的吸收特性

频率/Hz	125	250	500	1 000	2 000	4 000	8 000
吸收系数/(dB/1 000 ft)	0.2	0.6	1.1	2	3.9	8	16.4

2）强化喷流混合技术

强化喷流混合技术的噪声抑制机理是加速发动机喷流与周围环境大气的混合,并且还可以改善超声速喷流的激波结构。强化喷流混合技术的噪声抑制作用来源于:抑制低频段噪声,使声场频谱分布曲线的峰值向高频段移动;在喷管超临界状态工作时抑制宽带激波相关噪声。早期使用的周边压槽喷管和波瓣形喷管(图 10.9 和图 10.10)在噪声抑制的同时,也增加了推力损失、外部阻力以及

重量,付出的代价较大,已不再采用。目前已经得到应用的锯齿形喷管(图 10.11
和图 10.12)是在喷管出口边缘切出若干类似锯齿的结构,利用锯齿产生流向涡,
增强发动机喷流与周围环境大气的混合,降低喷流速度和核心流长度,增加边界层
厚度,减弱喷流的不稳定波,对于超声速喷流还可减弱喷流啸音的反馈。锯齿形喷
管不仅能同时抑制飞机起飞阶段的湍流混合噪声和巡航状态的宽带激波相关噪
声,而且对发动机的推力性能和重量影响很小,被认为是当今噪声抑制技术在大/
中等涵道比涡扇发动机上应用的代表。NASA 的研究表明,锯齿形喷管能以最小
的推力损失抑制喷流噪声 2~3 EPNdB,与内涵喷管锯齿相比,外涵喷管锯齿起到的
作用较小[50]。为减少锯齿形喷管在抑制低频噪声的同时增加的高频噪声,波音公
司设计了靠近飞机吊挂的锯齿较长、靠近地面的锯齿较短的非均匀锯齿形喷管。
此外,为了在取得噪声抑制效果的同时减小发动机推力损失,国外研究者提出了
变几何锯齿形喷管的概念,即在喷管中埋入能随着喷流温度改变形状的记忆合
金,在起飞状态时,锯齿因为喷流温度较高而向内突出更深一些,以满足相应的
适航噪声要求;在巡航状态时,锯齿因为喷流温度较低而向内突出浅一些,以保
持较高的发动机推力性能。例如,Mabe 等[37]开展了采用形状记忆合金材料的
变几何锯齿设计和调节研究,用于抑制飞机起飞状态和巡航状态的喷流噪声(图
10.14)。

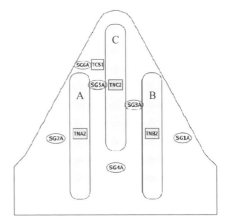

图 10.14 安装在喷管出口的变几何锯齿照片和用于反馈控制的测量位置示意图[24]

目前研究之中的小突片喷管(图 10.15 和图 10.16)是在喷管出口增加若干组
分别向内和向外突出的小突片,其抑制喷流噪声的机理是:在发动机喷流剪切层
中产生一系列可增加喷流与周围环境大气掺混的对旋涡,减小喷流速度和核心流
长度,从而抑制喷流噪声。Zaman[51,52]、Samimy 等[53]通过实验发现小突片喷管可
以基本上消除超声速喷流的啸音,但也会产生一定的推力损失。

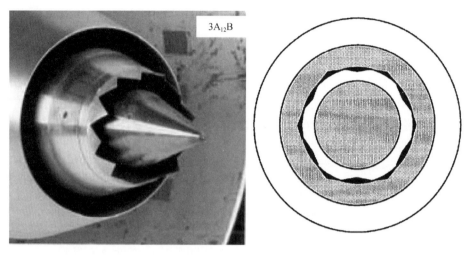

图 10.15　内涵小突片喷管[50]

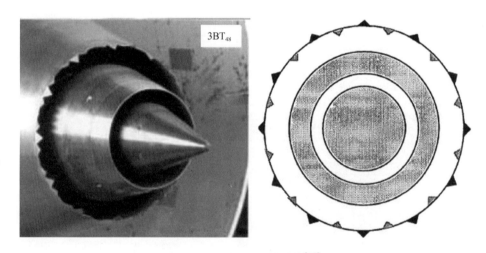

图 10.16　外涵小突片喷管[50]

3) 二元引射混合喷管技术

二元引射混合喷管技术基于超声速民用运输机噪声抑制计划而提出,是抑制超声速民用运输机噪声最有希望的技术之一。二元引射混合喷管由二元波瓣形喷管和二元引射罩组成(图 10.17),引进的环境大气(即次流)由波瓣形喷管和引射罩之间的通道进入引射罩中,与波瓣形喷管出口的高温气流(即主流)进行比较充分的掺混,通过降低喷流的速度和温度实现抑制喷流噪声的目标。国外为此开展了相关研究工作,例如,P&W 公司与 NASA 合作对二元引射混合喷管进行了气动和噪声的实验研究[31],结果表明,与轴对称收敛喷管相比,二元引射混合喷管在 300～1 000 Hz 频率范围内可以明显抑制喷流噪声,但在 1 000～4 000 Hz 频率范围内喷流噪声略有增大。

再如,日本开展了缩尺模型声学风洞试验、缩尺演示验证发动机露天试车等一系列引射混合喷管抑制喷流噪声研究[54],确定了安装多孔陶瓷声衬的二元引射混合喷管技术方案(图 10.18),多孔陶瓷声衬由底板、气孔率 30%的面板和多孔陶瓷组成,安装于引射罩内壁面的声衬可以吸收波瓣形喷管强化掺混产生的喷管内部高频噪声。

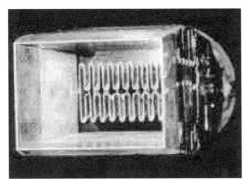

图 10.17　二元混合引射喷管结构示意图[54]

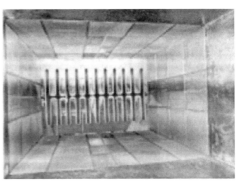

图 10.18　安装多孔陶瓷声衬的二元引射混合喷管[54]

4) 喷管出口斜切技术

如图 10.19 和图 10.20 所示,喷管出口斜切技术是将喷管出口沿一定方向进行斜切,改变发动机喷流噪声辐射的方向,从而减小喷流噪声向地面方向的辐射,而且减小效果随着斜切角度的增加而增加。喷管出口斜切技术在工程上比较容易实现,是一项值得研究的喷流噪声抑制技术。除国外 Tide 等[55]、Powers 等[56]、Viswanathan 等[57-60]开展的喷管出口斜切技术研究外,国内的田玉雯[61]也对喷管出口斜切技术进行了数值研究。研究结果表明,在分开式喷管中,喷管出口斜切后增加了喷流与周围环境大气的掺混作用,使湍流核心区长度有所缩短,有效地使湍流混合噪声由低频段向高频段转移,其中内涵喷管出口斜切后总声压级分布降低幅度为 2~5 dB;外涵喷管出口斜切后,喷流偏转明显,使得总声压级分布在上方局部出现升高现象,其余范围噪声抑制幅值为 1~6 dB;内涵喷管出口斜切的噪声抑制效果比外

图 10.19　分开式喷管出口斜切示意图[61]

图 10.20　混合式喷管出口斜切示意图[61]

涵喷管出口斜切好,而且斜切角度越大,噪声抑制效果越明显。在混合式喷管中,喷管出口斜切后,喷流明显发生了偏转,且斜切角度越大越明显,湍流核心区长度也有所减小,总声压级分布也呈现了明显的不对称性,整体噪声比常规喷管减小 2~6 dB。

5) 可变出口面积外涵喷管技术

可变出口面积外涵喷管(variable area fan nozzle,VAFN)技术是将大/中等涵道比涡扇发动机分开式喷管的外涵喷管设计成出口面积可按需变化的喷管,在飞机起飞和降落时,开大外涵喷管出口面积,可以有效降低外涵喷管的喷流速度并抑制喷流噪声;在飞机巡航状态下,通过调节外涵喷管出口面积,还可以优化风扇载荷并减少耗油率。由此可见,可变出口面积外涵喷管技术是一项既可以有效抑制大/中等涵道比涡扇发动机分开式喷管喷流噪声又有利于提高发动机推力性能的技术,具有很高的工程应用价值。国外针对这一项技术开展了一些研究工作,例如,2008 年,Sloan 等[62]开展了采用形状记忆合金材料的翘曲百叶板改变外涵喷管出口面积的参数分析研究(图 10.21);LEAP 发动机采用了可变外涵喷管出口面积技术,是首例采用可变出口面积外涵喷管技术的民用涡扇发动机。

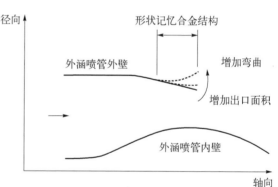

图 10.21　采用形状记忆合金的翘曲百叶板改变外涵喷管出口面积示意图[62]

6) 几何偏置外涵喷管技术

分开式喷管的外涵喷管低速的喷流核心区长度较短,内涵喷管高速的喷流核心区暴露在外的部分则会产生强烈的、大尺度的喷流噪声。如果把外涵喷管进行向下移动的几何偏置设计,外涵喷管下侧的外涵喷管喷流将增厚,则可延长其核心区长度,增加对内涵喷管喷流核心区的覆盖作用[43],为此几何偏置外涵喷管(图 10.22)技术可以减小发动机喷流噪声向地面方向的辐射。研究表明,内外涵喷管形状、位置等的优化设计对发动机喷流噪声的影响在 ±2 dB 左右,但该项技术在工程上目前还难以实现。国外的 Zaman[63]对几何偏置外涵喷管喷流声场进行了研究,国内的张正伟等[43]采用数值预测和实验的方法研究了几何偏置外涵喷管的喷流噪声声压级空间分布特征。

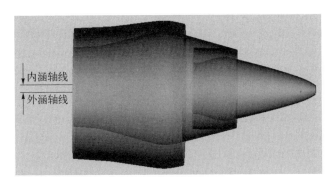

图 10.22　几何偏置外涵喷管示意图[43]

7）外涵排气导流片掺混技术

如图 10.23 所示,外涵排气导流片掺混技术是在大涵道比涡扇发动机外涵喷管出口安装固定式导流片或可调式导流片,引导外涵喷管喷流相对内涵喷管偏转一定的角度,使内涵喷管喷流产生一个低速的次核心流,降低内涵喷管喷流的对流马赫数,从而减少喷流噪声向喷管下游方向和中游方向的辐射。该项技术由Californian 大学提出,在 NASA 进行了实验研究,结果显示,该项技术可以降低喷管下游方向喷流噪声 5 dB 以上[64],目前还处于探索研究阶段。此外,国内张靖周、单勇等研究者也采用数值预测和实验的方法研究了采用外涵排气导流片掺混技术的大涵道比涡扇发动机喷流噪声声压级空间分布特征。研究表明,外涵排气导流片掺混技术的变量包括外涵喷管的形状以及导流片的数目、攻角、轴向位置等。

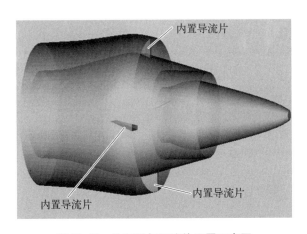

图 10.23　外涵排气导流片设置示意图

8）微喷射流技术

微喷射流技术是以一定的角度向发动机喷流中喷入高速的二次流,形成对喷流的扰流,优化喷流的湍流结构,从而抑制因流动大尺度失稳产生并占喷流噪声主体的噪声[65]。该技术的理论基础是: 大尺度湍流结构是低频段噪声的来源, 将大尺度湍流结构分裂为小尺度湍流结构, 可降低低频段噪声; 虽然小尺度湍流结构的增多会造成高频段噪声的增加, 但高频段噪声不易让人感知, 并容易被固体物质吸收, 对环境污染小。微喷射流技术属于超声速喷流主动噪声抑制技术, 与内外涵强迫混合排气、强化喷流混合、二元引射混合喷管等被动噪声抑制技术相比, 主动噪声抑制技术可以按需控制, 最大限度地避免对发动机性能的影响。国内外进行了很多探索研究, 例如, Krothapalli 等[65-67]、Thomas 等[68]、Brenton 等[39]通过微喷射流技术实验(图 10.24)均得到了有意义的实验结果, 国内的李挺等[69]也采用数值预测方法研究了微喷射流作用下的喷流流场。研究表明, 影响微喷射流技术噪声抑制效果的主要参数包括微型喷嘴直径 d、主喷管半径 R、微型喷嘴之间的角度间隔 θ_s 和喷射角度 θ_i(图 10.25), 基于有限参数优化, 最佳的喷射间距比是 $d/s = 0.04$, 此处 $s = R\theta_s$ 为单个微喷射流影响的弧长; 最佳的喷射角度 θ_i 是 60°; 虽然氮气(N_2)

(a) Krothapalli实验

(b) Thomas实验

(c) Brenton实验

图 10.24　微喷射流技术实验

和水(H_2O)均可以用作微喷射流的工作介质,但是水的噪声抑制效果最好;微喷射流的噪声抑制效果与喷射压力有关,较低的喷射压力产生较小的噪声抑制值,能获得的最大噪声抑制量是 3~5 dB。因此,这项高动量、低质量流量的技术对抑制超声速军用飞机发动机喷流噪声有积极的意义,是一项有前途的方案。

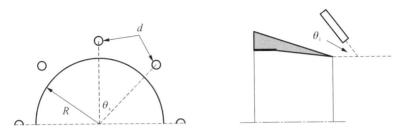

图 10.25　影响微喷射流技术噪声抑制效果的主要参数示意图[36]

9) 气流屏蔽技术

气流屏蔽技术是从发动机喷流噪声辐射途径和噪场指向性角度提出的一项新的发动机喷流噪声抑制技术,其技术措施是:采用一股额外的低速气流包围发动机原有的高速喷流,从而对高速喷流产生的噪声起到屏蔽作用。尽管额外的低速气流也会产生附加的噪声,但低速气流的屏蔽噪声抑制作用是主要的。由于高速喷流产生的噪声在低速气流中存在对称反射,全环面(360°)气流屏蔽(图 10.26)的效果还不够明显。从降低地面观测点噪声的角度考虑,半环面(180°)气流屏蔽(图10.26)的噪声抑制效果更明显,这来源于低速气流对高速喷流所产生噪声的吸收和反射。该项技术由国外研究者提出,并且已经开展了相关研究工作,但要工程应用还存在较大困难。

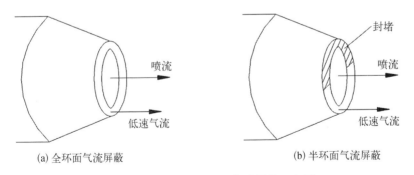

(a) 全环面气流屏蔽　　　　　　　　　　　　(b) 半环面气流屏蔽

图 10.26　全环面/半环面气流屏蔽示意图

10) 内嵌射流技术

如图 10.27 所示,内嵌射流技术是一种新兴的超声速喷流主动噪声抑制技术,该技术是在发动机收扩喷管的扩张段喷入二次流,一方面,内嵌射流引入流向涡,打碎发动机主流中的大尺度湍流结构,从而减少湍流混合噪声;另一方面,内嵌射流改变了收扩喷管出口面积 A_9 与喉道面积 A_8 之比(即 A_9/A_8),使激波结构发生改变,进而减小了宽带激波相关噪声。研究表明,内嵌射流所需注入的质量流量较小,控制效率较高,在相当于5%主流流量之下就可以抑制发动机喷流中的湍流混合噪声和宽带激波相关噪声。例如,宾夕法尼亚州立大学通过机理实验初步验证了内嵌射流技术抑制超声速军用飞机发动机喷流噪声的可行性,在内嵌射流压比(即内嵌喷嘴总压和大气压之比)低于主流压比的条件下,湍流混合噪声和宽带激波相关噪声分别降低了4 dB和2 dB;通过内嵌射流系统的射流压比、喷嘴参数等的系统实验研究,获得内嵌射流系统对喷流噪声的指向性及声压级等噪声特性的影响。在此基础上,宾夕法尼亚州立大学与 GE 公司合作完成了内嵌射流技术的风洞试验,结果表明,内嵌射流技术可以在喷流噪声峰值上降低至少4 dB。

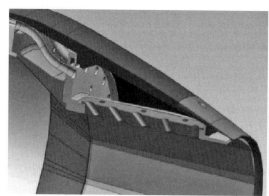

图 10.27　内嵌射流主动噪声抑制技术示意图[70]

11) 分布式喷管技术

分布式喷管(图 10.28)技术就是通过采用一组彼此恰当隔开的小尺寸出口结构将发动机喷管的大股气流分离成很多小股气流,以增加发动机喷流与周围环境大气的掺混面积,降低低频段噪声,使低频段的能量向高频段方向转移。分布式喷管可以有多种形式,其中垂直狭缝形出口结构的分布式喷管、水平狭缝形出口结构的分布式喷管和三角形出口结构的分布式喷管如图 10.29 和图 10.30 所示。国外对这种分布式喷管技术进行了一些研究,例如,Gaeta 等[71]设计出了分布式喷管(图 10.29 和图 10.30)并进行了实

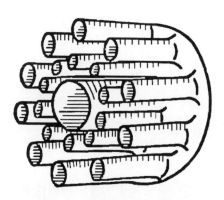

图 10.28　分布式喷管示意图[72]

验研究,研究结果表明,该项技术对发动机喷流远声场各个频段的噪声均有不同程度的抑制作用,而且不产生宽带激波相关噪声和啸音,但目前存在气动损失大、重量增加等问题,在实际应用中还难以接受。

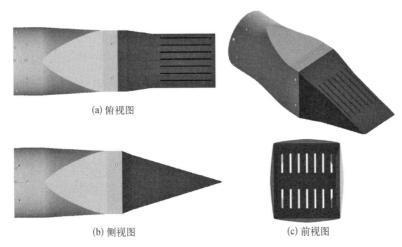

(a) 俯视图

(b) 侧视图　　　　　　　　(c) 前视图

图 10.29　垂直狭缝形出口结构的分布式喷管[71]

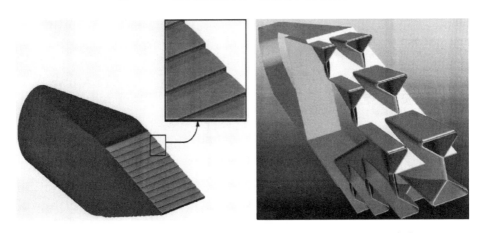

图 10.30　水平狭缝形出口结构和三角形出口结构的分布式喷管[71]

2. 大涵道比涡扇发动机喷流噪声抑制设计准则

（1）大涵道比涡扇发动机喷流噪声抑制设计涉及发动机推力性能、飞机外部阻力及结构重量等多个方面,是民用飞机/发动机噪声抑制设计系统工程的一个部分,必须考虑应用背景和飞机/发动机一体化设计,需要进行综合优化设计和折中考虑。因为噪声抑制设计经常与其他设计要求背道而驰,噪声抑制设计必须考虑付出的相关代价。

① 严格控制喷流噪声抑制设计带来的发动机推力损失,减小对推力的不利影响,保证推力损失控制在允许的范围内,具有良好的设计点性能和较好的非设计点

状态性能,以保证发动机获得最大的推力/最低的耗油率,喷流噪声抑制设计带来的发动机推力损失一般不大于1%。

② 严格控制喷流噪声抑制设计带来的喷管喉道面积的变化,应保证采取喷流噪声抑制设计前后的喷管喉道气动面积相等,保证发动机工作所需要的流量,使发动机工作在最佳工作线上,获得最佳的发动机匹配。

③ 严格控制喷流噪声抑制设计带来的发动机重量增加,保证重量增加控制在允许的范围内,力求结构简单,重量轻,安装方便,易维护。

④ 喷流噪声抑制设计需要进行飞机/发动机一体化设计,确保与发动机短舱和飞机匹配,具有良好的安装性能(包括发动机推力、飞机外部阻力、噪声抑制效果),其中发动机推力、飞机外部阻力对飞行任务航程的影响远超喷管重量,因为总的推力系数对发动机耗油率影响很大,而喷管重量只是整个飞机重量的一小部分。

(2)在喷流噪声抑制设计中,需要考虑向前飞行的影响。即噪声抑制方案在静态(即无外流)获得的噪声抑制效果一般大于在飞行条件下获得的噪声抑制效果,在飞行条件下证明噪声抑制方案的噪声抑制效果是必要的。

(3)喷流噪声抑制策略的目标是:降低发动机喷流噪声声压级和/或改变喷流噪声指向性特性。实现这个目标的最有效途径是:降低喷流速度、改变喷流结构和控制喷流噪声辐射途径。

3. 大涵道比涡扇发动机喷流噪声抑制设计方法

(1)根据发动机的总体设计要求和设计输入,以喷管选型准则、气动设计准则、噪声抑制设计准则等为依据,论证喷管技术方案,综合考虑喷流噪声、发动机推力、飞机外部阻力及结构重量等因素。

(2)依据喷管相关的气动设计方法和优化设计方法,采用相应的商业软件或专业程序,开展喷管技术方案的气动性能估算和优化设计,最终择优确定满足设计指标要求的喷管气动方案。

(3)以喷管气动方案为基础,论证喷流噪声抑制技术方案,目前已得到应用或正在研发中的喷流噪声抑制技术方案有多种,其中锯齿形喷管技术方案和波瓣形混合器技术方案分别在分开式喷管和混合式喷管中得到了工程应用。

(4)针对论证确定的噪声抑制技术方案,采用相应的商业软件或专业程序,开展喷流噪声估算和优化设计,择优确定满足气动性能和噪声抑制设计指标要求的喷流噪声抑制最终方案。

10.2.4　应用案例:大涵道比涡扇发动机分开式喷管喷流噪声抑制方案设计

1. 设计要求

(1)发动机安装形式为机翼下吊装,通过安装结构安装在发动机短舱内(参见

图 3.25),上部通过吊挂与机翼相连接,下部通过连接结构连接短舱后部的左右两半(短舱能左右分开,以便发动机的拆装);发动机采用带安装结构的分开式喷管,安装结构包括吊挂和下隔离板。

(2) 喷管噪声抑制设计采用强化喷流混合技术中的锯齿形喷管方案。

(3) 设计点为海平面静止、标准大气条件下起飞状态,与未采用噪声抑制技术措施的分开式喷管(即基本型喷管)相比,在推力损失不大于 1% 的情况下,锯齿形喷管喷流最大声压级的降低不小于 2 dB。

2. 气动设计输入

发动机总体需要提供设计点内涵喷管和外涵喷管的进口截面气流参数和出口临界截面面积,具体数值在此处省略。

3. 方案论证

(1) 锯齿形喷管强化喷流混合技术的噪声抑制作用来源于: 降低低频段的噪声,使频谱分布曲线的峰值向高频段移动,而大气对高频段噪声有很强的吸收衰减作用。研究表明,就单个锯齿形喷管而言,其噪声抑制效果和推力损失主要与锯齿的个数、切入度(即切入角 α)、长度 L(图 10.31)和对称性有关,其中锯齿的个数和切入度的影响较为明显;随着喷管锯齿结构由无到有和锯齿切入度的不断增大,锯齿形喷管低频段的噪声抑制量不断增大,推力损失也相应增大。

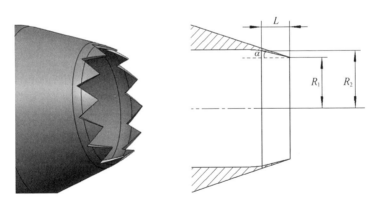

图 10.31　影响锯齿形喷管噪声抑制效果的主要几何参数

就大涵道比涡扇发动机分开式喷管而言,锯齿形喷管的噪声抑制效果和推力损失与内外涵喷管的锯齿组合方式、锯齿参数(包括锯齿的个数、切入度、长度等)密切相关,只有对这些参数进行综合优化,才能获得噪声抑制效果优异、推力损失小的锯齿形喷管设计方案。

(2) 以优化设计的基本型喷管为基准,在前期预先研究取得的成果基础上,论证了两种锯齿形喷管方案: 锯齿形喷管 1 和锯齿形喷管 2,基本型喷管和锯齿形喷管的几何模型见图 10.32,其余主要几何参数见表 10.2。

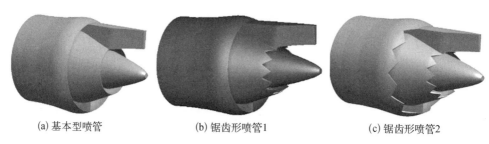

(a) 基本型喷管　　　　　　(b) 锯齿形喷管1　　　　　　(c) 锯齿形喷管2

图 10.32　基本型喷管和锯齿形喷管的几何模型

表 10.2　锯齿形喷管方案主要几何参数

喷 管 方 案	内 涵 喷 管		外 涵 喷 管	
	锯齿个数	切入度/(°)	锯齿个数	切入度/(°)
锯齿形喷管 1	18	18	基本型	基本型
锯齿形喷管 2	12	18	12	18

4. 方案对比分析

1) 锯齿形喷管流场和推力性能的数值模拟结果及分析

TA 方法是基于 RANS 平均流场的喷流噪声数值预测方法,其预测的精确程度很大程度上取决于平均流场计算的可靠性。为提高计算精度和流场计算收敛速度,流场计算采用三维结构化网格计算模型及计算网格,如图 10.33 所示。

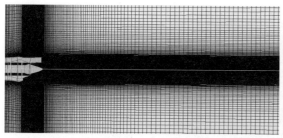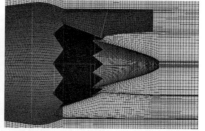

图 10.33　计算网格剖面图和锯齿形喷管计算网格细节图

运用成熟的商业软件数值模拟喷流流场和推力性能,采用标准 k - ε 湍流模型来求解 N - S 方程,计算采用可压缩流湍流和壁面无滑移边界条件,壁面的处理采用壁面函数率 Wall Function。

从喷管流场数值模拟结果(图 10.34)可以看出,锯齿结构对喷流产生了较大的影响,与基本型喷管相比,锯齿形喷管 2(12 齿、切入度 18°内涵喷管与 12 齿、切入度 18°外涵喷管的组合)的流场不均匀性增强,喷流流场变得更为复杂。喷管推力性能的数值模拟结果(表 10.3)表明,基本型喷管具有最大的推力系数,而在基本型喷管基础上改为锯齿结构的锯齿形喷管具有一定的推力损失。与基本型喷管相比,仅内涵喷管为锯齿结构的锯齿形喷管 1(18 齿、切入度 18°内涵喷管与基本型外涵喷管的组合)的推力损失为 0.5%,推力损失较小;内外涵喷管均为锯齿结构的锯齿形喷管 2 的推力损失为 0.75%,推力损失较大。锯齿形喷管 2 的推力损失比锯齿形喷管 1 大的主要原因是:由于大涵道比涡扇发动机的涵道比较大,外涵喷管的质量流量对发动机的推力起到主要的作用,锯齿结构使得外涵喷管的推力受到的影响比较大。

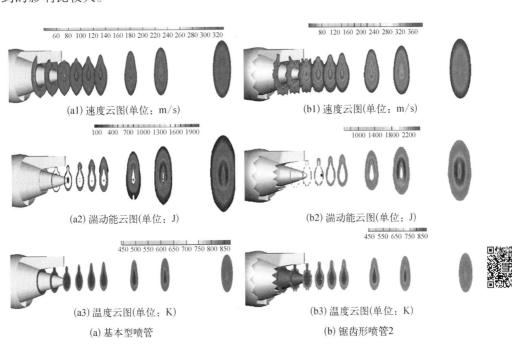

(a1) 速度云图(单位：m/s)　　　(b1) 速度云图(单位：m/s)

(a2) 湍动能云图(单位：J)　　　(b2) 湍动能云图(单位：J)

(a3) 温度云图(单位：K)　　　(b3) 温度云图(单位：K)

(a) 基本型喷管　　　　　(b) 锯齿形喷管2

图 10.34　基本型喷管和锯齿形喷管 2 的轴线各个切面热喷流流场云图

表 10.3　基本型喷管与锯齿形喷管的推力系数对比

喷 管 方 案	推 力 系 数	推力损失/%
基本型喷管	0.977 0	—
锯齿形喷管 1	0.972 1	0.5
锯齿形喷管 2	0.969 7	0.75

2) 锯齿形喷管喷流声场数值预测结果及分析

喷流声场数值预测采用 TA 方法,预测点位置与坐标原点(喷管尾锥出口截面中心)的距离 R 为 64 倍内涵喷管出口直径 D,方位角 θ 是观测点和坐标原点连线与喷管上游方向的夹角(图 10.35)。从基本型喷管、锯齿形喷管 1 和锯齿形喷管 2 的喷流声场数值预测结果(图 10.36 ~ 图 10.38)可以看出,与基本型喷管相比,锯齿形喷管 1 和锯齿形喷管 2 在喷管上游方向($\theta = 60°$)、中游方向($\theta = 90°$)及下游方向($\theta = 150°$)的低频段和中频段声压级均有不同程度的降低,其中在喷管下游方向的低频段噪声抑制效果分别约为 2 dB 和 3.5 dB;锯齿形喷管 1 在喷管上游方向和中游方向的高频段声压级均略有降低,在喷管下游方向的高频段声压级略有增加;锯齿形喷管 2 在喷管上游方向和中游方向的高频段声压级均有一定的增加,在喷管下游方向的高频段声压级有比较明显的降低。基本型喷管和锯齿形喷管喷流噪声的总声压级分布如图 10.39 所示,由图 10.39 可知,在 $\theta = 45° \sim 150°$ 范围内,锯

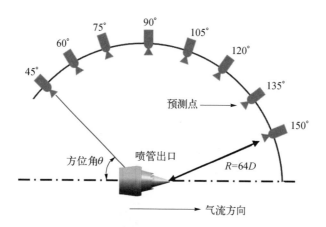

图 10.35 喷流声场数值预测的方位角 θ 示意图

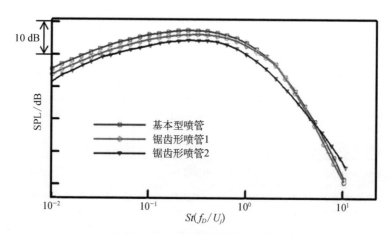

图 10.36 基本型喷管和锯齿形喷管在喷管上游方向($\theta = 60°$)的
喷流噪声远场声压频谱对比

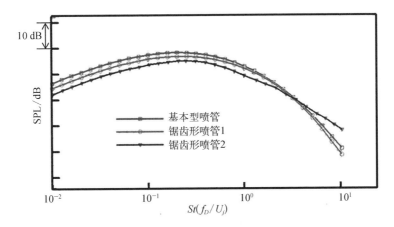

图 10.37　基本型喷管和锯齿形喷管在喷管中游方向($\theta = 90°$)的
喷流噪声远场声压频谱对比

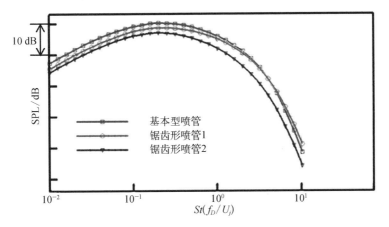

图 10.38　基本型喷管和锯齿形喷管在喷管下游方向($\theta = 150°$)的
喷流噪声远场声压频谱对比

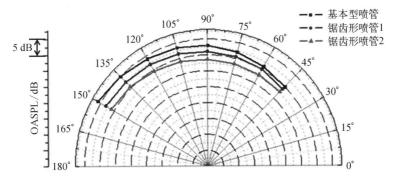

图 10.39　基本型喷管和锯齿形喷管喷流噪声的总声压级分布

齿形喷管 1 和锯齿形喷管 2 的喷流噪声总声压级均比基准型喷管有不同程度的降低,基本型喷管和锯齿形喷管的喷流最大声压级出现在 $\theta = 150°$ 处,锯齿形喷管 1 和锯齿形喷管 2 的喷流噪声总声压级在 $\theta = 150°$ 处的最大噪声抑制量分别约为 2.7 dB 和 5 dB。

5. 方案优选

综上所述,锯齿形喷管 1 和锯齿形喷管 2 均满足设计要求(即与未采用噪声抑制技术措施的基本型喷管相比,在推力损失不大于 1% 的情况下,锯齿形喷管喷流最大声压级的降低不小于 2 dB),其中锯齿形喷管 1 的推力损失为 0.5%,喷流最大声压级的降低约 2.7 dB;锯齿形喷管 2 的推力损失为 0.75%,喷流最大声压级的降低约 5 dB。由此可见,锯齿形喷管在降低发动机喷流噪声的同时不可避免地使发动机推力受到一定的损失,噪声抑制收益越大,付出的推力代价也越大。考虑到在真实发动机情况下喷管进口气流的不均匀性和喷管具体结构等因素对喷管推力性能的不利影响,锯齿形喷管 2 在真实发动机情况下的推力损失有不满足设计要求的风险。此外,锯齿形喷管 1 仅内涵喷管为锯齿结构,结构简单,有利于减轻重量和降低成本。因此,综合考虑各个方面的因素,最终优选锯齿形喷管 1 为大涵道比涡扇发动机分开式喷管噪声抑制技术方案。

参考文献

[1] Csanady G T. The effect of mean velocity variations on jet noise [J]. Journal of Fluid Mechanics, 1966, 26(1): 186 – 197.

[2] Lighthill M J. On sound generated aerodynamically: I. general theory[J]. Proceedings of the Royal Society A Mathematical Physical and Engineering, 1952, 211: 564 – 581.

[3] Lighthill M J. On sound generated aerodynamically: II. turbulence as a source of sound[J]. Proceedings of the Royal Society A Mathematical Physical and Engineering, 1954, 222: 1 – 32.

[4] Ffowcs-Williams J E. The noise from turbulence convected at high-speed [J]. Philosophical Transactions of the Royal Society of London Series A, 1963, 255: 469 – 503.

[5] 张强. 气动声学基础[M]. 北京: 国防工业出版社, 2012.

[6] Rolls-Royce. The Jet Engine[M]. London: Rolls-Royce Technical Publisher, 2005.

[7] Seiner J M, Ponton M K, Jansen B J, et al. The effect of temperature on supersonic jet noise emission[C]. 14th Aeroacoustics Conference, Aachen, 1992.

[8] Norum T D, Seiner J M. Broadband shock noise from supersonic jets [J]. AIAA Journal, 1982, 20: 68 – 73.

[9] Tam C K W, Golebiowski M, Seiner J M. On the two components of turbulent mixing noise from supersonic jets[R]. AIAA Paper 96 – 1716, 1996.

[10] Harper-Bourne M, Fisher M J. The noise from shock waves in supersonic jets[C]. AGARD Conference on Noise Mechanisms, Brussels, 1974.

[11] Tanna H K. An experimental study of jet noise Part II: Shock associated noise[J]. Journal of

Sound and Vibration, 1977, 50(3): 429 - 444.

[12] Seiner J M, Norum T D. Experiments on shock associated noise of supersonic jets[C]. American Institute of Aeronautics and Astronautics, Fluid and Plasma Dynamics Conference, Williamsburg, 1979.

[13] Seiner J M, Norum T D. Aerodynamic aspects of shock containing jet plumes[R]. AIAA Paper 80 - 0965, 1980.

[14] Seiner J M, Yu J C. Acoustic near-field properties associated with broadband shock noise[J]. AIAA Journal, 1984, 22: 1207 - 15.

[15] Norum T D, Seiner J M. Measurements of static pressure and far field acoustics of shock-containing supersonic jets[R]. NASA TM 84521, 1982.

[16] Tam C K W. The sources of jet noise: experimental evidence[R]. AIAA - 2007 - 3641, 2007.

[17] Yamamoto K, Brausch J F, Balsa T F, et al. Experimental investigation of shock-cell noise reduction for single stream nozzle in simulated flight[R]. NASA CR - 1 68234, 1984.

[18] Powell A. On the mechanism of choked jet noise[J]. Proceedings of the Physical Society Section B, 1953, 66(2): 1039 - 1056.

[19] Powell A. The noise of choked jets[J]. Journal of the Acoustical Society of America, 1953, 25: 385 - 389.

[20] Rosfjord T J, Toms H L. Recent observations including temperature dependence of axisymmetric jet screech[J]. AIAA Journal, 1975, 13: 1384 - 1386.

[21] Tam C K M. Supersonic jet noise[J]. Annual Review of Fluid Mechanic, 1995, 27: 17 - 43.

[22] Stone J R. Empirical model for inverted-velocity-profile jet noise prediction[J]. Journal of the Acoustical Society of America, 1977, 62: S81 - S81.

[23] Stone J R. Prediction of in-flight exhaust noise for turbojet and turbofan engines[J]. Noise Control Engineering Journal, 1978, 10: 40 - 46.

[24] Pao S P. A correlation of mixing noise from coannular jets with inverted flow profiles[R]. NASA TP - 1301, 1979.

[25] SAE. Gas turbine jet noise prediction[R]. ARP - 876, 1973.

[26] Zorumski W E. Aircraft noise prediction program theoretical manual[R]. NASA TM - 83199, 1982.

[27] 梁春华,孙广华.商用飞机发动机先进降噪技术[J].航空科学技术,2011(4): 48 - 51.

[28] 乔渭阳.航空发动机气动声学[M].北京: 北京航空航天大学出版社,2010.

[29] Dosanjh D S, Ahuja K K, Bassiouni M R, et al. Some recent developments in supersonic jet noise reduction[R]. AIAA - 75 - 502, 1975.

[30] Ahuja K K, Manes J P, Massey K C. An evaluation of various concepts of reducing supersonic jet[R]. AIAA - 90 - 3982, 1990.

[31] Lord W K, Jones C W. Mixer ejector nozzle for jet noise suppression[R]. AIAA - 1990 - 1909, 1990.

[32] Tam C K W. Influence of nozzle geometry on the noise of high-speed jets[J]. AIAA Journal, 1998, 36(8): 1396 - 1400.

[33] Papamoschou D. Acoustics of under-and over-expanded coaxial jets[R]. AIAA - 99 - 0081,

1999.

[34] Papamoschou D. Noise suppression in moderate-speed multistream jets[R]. AIAA – 2002 – 2557, 2002.

[35] Green M J. Rolls-Royce thrust reverser compatibility and reliability[R]. SAE 690410, 1969.

[36] 陈光. 遄达1000几起严重故障带来的启示[J]. 航空动力, 2018(1): 27 – 31.

[37] Mabe J H, Cabell R H, Butler G W. Design and control of a morphing chevron for takeoff and cruise noise reduction[R]. AIAA – 2005 – 2889, 2005.

[38] John M S, Laurence S U, Bernard J J. Aero-performance efficient noise reduction for the F404 – 400 engine[R]. AIAA 2005 – 3048, 2005.

[39] Brenton G, Anjaneyulu K, John M S, et al. The effects of microjet injection on an F404 engine [R]. AIAA 2005 – 3047, 2005.

[40] Li X D, Gao J H. Numerical simulation of the generation mechanism of axisymmetric supersonic jet screech tones[J]. Physics of Fluids, 2005, 17(8): 085105.

[41] 高军辉. 超音喷流啸音产生机制的数值模拟研究[D]. 北京: 北京航空航天大学, 2007.

[42] Li X D, Gao J H. Numerical simulation of the three dimensional screech phenomenon from a circular jet[J]. Physics of Fluids, 2008, 20(3): 035101.

[43] 张正伟, 张靖周, 邵万仁, 等. 外涵偏轴分开排气喷管的流场和声场数值计算[J]. 航空动力学报, 2012, 27(5): 1139 – 1145.

[44] Shao W R, Xu X H, Hu J Y, et al. Experimental and numerical study of chevron nozzle for jet noise reduction[C]. Proceedings of Asian Joint Conference on Propulsion and Power, Xi'an, 2012.

[45] 邵万仁, 何敬玉, 吴飞, 等. 波瓣混合器喷流噪声抑制技术实验[J]. 航空动力学报. 2015, 30(7): 1645 – 1650.

[46] Shao W R, Wu F, He J Y, et al. Investigation on jet noise reduction of double-mixing exhaust system[J]. Transactions of Nanjing University of Aeronautics & Astronautics, 2016, 33(2): 324 – 330.

[47] 单勇, 张靖周, 邵万仁, 等. 冠状喷口抑制涡扇发动机喷流噪声试验和数值研究[J]. 航空学报. 2013, 34(5): 1046 – 1055.

[48] 何敬玉, 邵万仁, 许影博, 等. V形槽喷管在分开式排气系统中的噪声抑制实验[J]. 航空动力学报, 2015, 30(2): 324 – 330.

[49] 吴飞, 邵万仁, 何敬玉, 等. 分开排气式喷管喷流噪声预测及试验研究[J]. 航空学报, 2016, 37(6): 1790 – 1797.

[50] Saiyed N H, Mikkelsen K L, Bridges J E. Acoustics and thrust of separate-flow exhaust nozzles with mixing devices for high-bypass-ratio engines[R]. AIAA – 2000 – 1961, 2000.

[51] Zaman K B M Q. Supersonic jet mixing enhancement by "Delta-Tabs"[R]. AIAA – 92 – 3548, 1992.

[52] Zaman K B M Q. Effect of oscillating tabs on a jet-in-cross-flow[R]. AIAA – 2003 – 0632, 2003.

[53] Samimy M, Zaman K B M Q. Effect of tabs on the flow an noise field of an axisymmetric jet [J]. AIAA Journal, 1993, 31(4): 609 – 619.

[54] Yoshiya N, Tsutomu O. Sub-scale engine noise test for high speed jet noise suppression system

[R]. AIAA 2000 – 1958, 2000.

[55] Tide P S, Srinivasan K. Aeroacoustic studies of beveled, asymmetric chevron nozzles[R]. AIAA – 2009 – 3404, 2009.

[56] Powers R W, Senft M, Mclaughlin D K. Acoustics measurements of scale models of military style supersonic beveled nozzle jets[R]. AIAA – 2011 – 2702, 2011.

[57] Viswanathan K. An elegant concept for reduction of jet noise from turbofan engines[R]. AIAA – 2004 – 2975, 2004.

[58] Viswanathan K, Shur M, Spalart P R. Flow and noise prediction for single and dual-stream beveled nozzles[J]. AIAA Journal, 2008, 46(3): 601 – 626.

[59] Viswanathan K, Krothapalli A, Seiner J M, et al. Assessment of low-noise nozzle designs for fighter aircraft applications[J]. AIAA Journal, 2011, 48(2): 412 – 623.

[60] Viswanathan K, Czech M J. Adapta of the beveled nozzle for high-speed jet noise reduction [J]. AIAA Journal, 2011, 49(5): 932 – 944.

[61] 田玉雯. 涡扇发动机斜切喷口排气噪声抑制技术研究[D]. 南京：南京航空航天大学, 2014.

[62] Sloan B, Spence S. Parametric analysis of variable nacelle nozzle throat area using warped chevrons[R]. ASME 2008 – GT – 51265, 2008.

[63] Zaman K B M Q. Noise and flow-field of jets from an eccentric roannular nozzle[R]. AIAA – 2004 – 5, 2004.

[64] Dimitri P. Effect of nozzle geometry on jet noise reduction using fan flow deflectors[R]. AIAA – 2006 – 2707, 2006.

[65] Krothapalli A, Venkatakrishnan L, Elavarasan R, et al. Turbulence and noise suppression of a supersonic jet by water injection[J]. Journal of Fluid Mechanics, 2003, 491: 131 – 159.

[66] Krothapalli A. High speed jet noise reduction using microjets[R]. AIAA – 2002 – 2450, 2002.

[67] Krothapalli A, Greska B, Arakeri V. High speed jet noise reduction using microjets[R]. AIAA – 2002 – 145, 2002.

[68] Thomas R, MiRhel S. Effect of microjets on a high-subsonic jet, parametric study of far-field noise reduction[R]. AIAA – 2006 – 2705, 2006.

[69] 李挺, 额日其太. 采用微喷射流技术抑制民用涡扇发动机排气噪声[C]. 大型飞机关键技术高层论坛暨中国航空学会 2007 年年会, 深圳, 2007.

[70] Jessica M, Dennis K M, Philip J M. Supersonic active noise reduction in small-and moderate-scale nozzles[C]. AIAA Aerospace Sciences Meeting, Kissimmee, 2018.

[71] Gaeta R J, Ahuja K K. Jet-noise reductions through distributed nozzles[R]. AIAA – 2002 – 2456, 2002.

[72] 陈光, 洪杰, 马艳红. 航空燃气涡轮发动机结构[M]. 北京：北京航空航天大学出版社, 2010.